住房和城乡建设部"十四五"规划教材

高等学校建筑环境与能源应用工程专业推荐教材

空 气 调 节

（第五版）

李先庭　钱以明　林忠平　于　航

魏庆芃　赵荣义　范存养　薛殿华　编

朱颖心　主审

中国建筑工业出版社

图书在版编目（CIP）数据

空气调节 / 李先庭等编. -- 5 版. -- 北京：中国
建筑工业出版社，2024. 10. --（住房和城乡建设部"十
四五"规划教材）（高等学校建筑环境与能源应用工程专
业推荐教材）. -- ISBN 978-7-112-30452-3

Ⅰ. TU831

中国国家版本馆 CIP 数据核字第 202470K3H4 号

为了更好地支持相应课程的教学，我们向采用本书作为教材的教师提
供课件，有需要者可与出版社联系。

建工书院：http://edu. cabplink. com/index

邮箱：jckj@cabp. com. cn　电话：(010)58337285

责任编辑：齐庆梅

责任校对：张　颖

住房和城乡建设部"十四五"规划教材

高等学校建筑环境与能源应用工程专业推荐教材

空　气　调　节

（第五版）

李先庭　钱以明　林忠平　于　航 编

魏庆芃　赵荣义　范存养　薛殿华

朱颖心　主审

*

中国建筑工业出版社出版、发行（北京海淀三里河路 9 号）

各地新华书店、建筑书店经销

北京红光制版公司制版

建工社（河北）印刷有限公司印刷

*

开本：787 毫米×1092 毫米　1/16　印张：21　插页：1　字数：519 千字

2025 年 2 月第五版　　2025 年 2 月第一次印刷

定价：**66.00** 元（赠教师课件）

ISBN 978-7-112-30452-3

（43601）

第五版前言

随着国家提出"碳达峰"和"碳中和"的目标,空调系统低碳发展的需求越来越大。本书以空气的热湿处理和调节为主体,在加强空气净化和空气质量控制内容的基础上,进一步增强了与空调系统低碳发展相关的内容,以及当前在空调系统和设备方面的新进展。为增强学习本教材人员的国际化能力,书中增加了英国美国常用的焓湿图,并在各章给出了常见术语的中英文对照。本书的多数章节在第四版基础上经过了改写和增删,以尽量反映本门学科的新发展。同时,各章后的思考题与习题、主要参考文献以及附录也进行了更新。此外,本书增加了一些选修内容,在相应小节标题上以星号 * 进行区别,限于篇幅,这些内容采用扫码的方式阅读(阅读方法详见封底说明)。

本教材由李先庭、钱以明、林忠平、于航、魏庆芃、赵荣义、范存养、薛殿华合编,李先庭担任主编。具体分工为:绪论、第 1 章、第 5 章由李先庭、赵荣义执笔;第 2 章由李先庭、薛殿华执笔;第 3 章由钱以明执笔;第 4 章由于航、范存养执笔;第 6 章由钱以明、于航、魏庆芃执笔;第 7 章由林忠平、赵荣义执笔;第 8 章由林忠平、范存养执笔;第 9 章由魏庆芃、赵荣义执笔。本书校稿阶段,贵州大学毛瑞勇老师对书稿进行了认真校核,为提高本书质量做出了贡献,在此表示衷心感谢。

本书早期版本形成于 20 世纪 80 年代前后,曾由多个院校的多位教师参与了书稿的编撰。1994 年,赵荣义、范存养、薛殿华、钱以明在前期教材的基础上,重新编写了该书,并经过修订至第四版。

本书可供高等学校建筑环境与能源应用工程专业及与制冷空调相关的专业选用。

鉴于本书编写者理论和专业水平所限,书中难免有错误和不当之处,恳请读者批评指正。

第四版前言

本书可供高等院校建筑环境与设备工程专业及与制冷空调相关的专业选用。

本书以空气的热湿处理和调节为主体，适当加强空气净化和空气质量控制部分内容，介绍了当前在空调系统和设备方面的新进展。本书不单设"空调系统的节能措施"章节，而采取在有关章节中反映与空调系统紧密相关的节能和合理利用能量的技术措施。本书的多数章节经过改写和增删，以尽量反映本门学科的新发展。同时，在各章后增加了思考题与习题，并列出主要参考文献。

本教材由赵荣义、范存养、薛殿华和钱以明合编，赵荣义担任主编。具体分工为：绪论、第一章、第五章、第七章及第九章由赵荣义执笔；第二章、第六章由钱以明执笔；第三章由薛殿华执笔；第四章、第八章由范存养执笔。

20世纪80年代，当本书形成的初期，曾由四个院校13位教师付出了辛勤劳动。1994年，由本书编者在前期教材的基础上，重新编写了新版教材，并曾得到现西安建筑科技大学的马仁民教授和已故路煜教授（现哈尔滨工业大学）的多方面指正。

本书编写者理论和专业水平有限，书中难免有错误和不当之处，恳请读者批评指正。

编者

二零零九年一月

第三版前言

本书是高等工科院校"供热通风与空气调节"专业的主要教材之一。适于大学本科并按授课时间 70 学时编写。

《空气调节》作为高等学校试用教材已经经历了 1981 年第一版和 1986 年第二版两次出版使用。参加原教材编写的 4 个院校 13 位教师先后为全国统编教材的编写和出版付出了辛勤的劳动。根据《建设部高中等专业技术学校教材工作规程》要求,经与原参编者协商,将编者人数减少为 4 人。

本教材在体系上与《空气调节》第二版基本相同,仍以空气的热湿处理和调节为主体,适当加强空气净化部分内容。此外,不单立"空调系统的能量消费与节能措施"一章,而在各有关章节中反映与空调系统紧密相关的节能和合理利用能量的技术措施。本书的多数章节经过改写和增删,以尽量反映本门学科的新发展并加强其系统性。

本教材由赵荣义、范存养、薛殿华和钱以明合编,赵荣义担任主编。具体分工为:绪论、第一章、第五章、第七章及第九章由赵荣义执笔;第二章、第六章由钱以明执笔;第三章由薛殿华执笔;第四章、第八章由范存养执笔。

本教材在编写中得到了马仁民教授(西安冶金建筑学院)和路煜教授(哈尔滨建筑工程学院)的多方面指正,谨致谢意。

本教材承路煜教授审定。

编者

一九九四年一月

第二版前言

本次修订是根据第一版使用多年后所发现的存在问题以及近年来空调技术的进展情况进行的。全书是根据 1983 年 6 月在重庆教学大纲讨论会上和在 1984 年 4 月在苏州召开的修订、主审单位会议上对本书内容所作的详细安排编写的。

这次修订将原第五章空气的净化处理加以简化与原第四章合并；将气流组织调整到运行调节前面。当前大力开展节能是一项重要国策，也是世界各国的研究重点，为此，我们加重了原第十三章的内容，并将其放在消声防振前面。绪论由吴沈钇教授进行了重写，不再作为一章。这样安排似更符合对事物循序渐进的认识规律。

由于课时的压缩，原第九章风道设计归入《工业通风》课程内讲授，本书不再讲述；同时精简了原第十一章某些类型工程的空调应用。

原书第三章（现为第二章）有关室内冷（热）、湿负荷计算方法，由于近年来国内进行了大量研究工作，1982 年城乡建设环境保护部评议通过了两种新的冷负荷计算方法，本版修订对此已作了详细介绍。

这次修订仍由编写第一版的四个院校负责。其中，清华大学负责修订第三（第一～五、七节）、七章（薛殿华、齐永系）；同济大学负责修订绪论、第三（第六节）、四、六、八章（吴沈钇、范存养、钱以明）；西安冶金建筑学院负责修订第二、九章（马仁民、史钟璋）；重庆建筑工程学院负责修订第一、五章（李惠风）。

本版仍承哈尔滨建筑工程学院通风及空气调节教研室徐邦裕、杜鹏久、路煜审定。

清华大学空调工程教研组
同济大学供热通风教研室
一九八五年十月三十日

第一版前言

空气调节是高等工科院校"供热通风"专业的主要专业课程之一。它的理论基础与实际应用，随着科学技术的发展正在不断得到完善和提高。从六十年代以来，在科学技术先进的国家中，出版的空气调节教学用书、参考书、手册和期刊等为数甚多，而我国近十余年来，除了各校自行编写的教材外，还没有出版过统编的《空气调节》教材，因而不能适应实现四个现代化的需要和满足提高教学质量的要求。

本教材力图系统地阐明空气调节的理论基础和国内外的先进技术与实践经验，以及本学科的最新成就，其目的是使学生在紧密联系《工程热力学》《传热学》及《流体力学》等课程内容的基础上，掌握空气调节的基本原理，从而能进行一般的空气调节设计，并具有测试运转的技能。在制订本教材大纲的过程中，参考了各校《空气调节》教材的内容和章节编排，以便更好地反映学生的认识规律和教学要求。

本教材在绪论之后，先阐述空气的物理性质和室内热湿负荷计算，继之将空气的处理方法（各种热湿处理）并置于一章之中，然后讲述空气调节系统与运行工况，再接着叙述气流组织和管道设计，最后讲述消声防振的测试调整，并增加了某些空调工程设计特点和能源的有效利用两章，分别介绍某些空气调节系统的设计要领和节能的发展方向。本教材按大纲规定采用国际单位制，但鉴于从现用的米制过渡到国际单位制需要一段时间，所以在书后附有两种单位制的换算表。

本书在编写过程中，曾分别征求了有关单位意见，并在一九七八年十月及一九七九年六月两次邀请有关单位代表参加讨论。全国有关研究、设计、施工单位及各兄弟院校对本书的编写工作始终给予大力支持并提出许多宝贵意见，谨此表示衷心的谢忱。

本书由清华大学空调工程教研组、同济大学供热通风教研室担任主编，西安冶金建筑学院、重庆建筑工程学院供热通风教研室参加编写。其中，清华大学编写第一、四、十三章（吴增菲、赵荣义、薛殿华）；同济大学编写第五、六、七、十及十一章（巢庆临、范存养、钱以明）；西安冶金建筑学院编写第三、九、十二章（马仁民、于广荣、史钟璋）；重庆建筑工程学院编写第二、八章（李惠风、穆建君）。

本书承哈尔滨建筑工程学院通风及空气调节教研室徐邦裕、杜鹏久、路煜审定。

清华大学空调工程教研组
同济大学供热通风教研室
一九七九年八月三十一日

目　　录

绪 论

1. 空气调节的历史与发展

人类改造客观环境的能力取决于社会生产力和科学技术的发展水平。面对地球表面自然气候的变化和自然灾害的侵袭，古代人类只能采用简单的防御手段来保持生命的延续。随着生产力和科学技术的发展，人类从穴居到建造不同功能和不同质量的建筑物，从取火御寒、摇扇驱暑到人工地创造受控的空气环境，经历了漫长的岁月。直到 20 世纪初，能够实现全年运行并带有喷水室的空气调节系统，才首次在美国的一家印刷厂内建成。这标志着空气调节技术已经发展到实际应用的阶段。将空气调节技术应用到民用建筑以改善房间内的空气环境，是首先在公共建筑物内实现的（1919～1920 年，芝加哥一家电影院）。我国于 1931 年首先在上海纺织厂安装了带喷水室的空气调节系统，其冷源为深井水。随后，也在一些电影院和银行实现了空气调节。

空气调节（Air Conditioning，简称空调）是指在某一特定空间（或房间）内，对空气温度、湿度、流动速度及清洁度进行人工调节，以满足人们工作、生活和工艺生产过程的要求。一些特殊场合还可能对空气的压力、成分、气味等进行调节与控制。传统上将只实现内部环境空气温度的调节技术称为供暖或降温，将为保持室内环境有害物浓度在一定卫生要求范围内的技术称为通风。显然，供暖、降温及通风都是调节内部空气环境的技术手段，只是在调节的要求上及在调节空气环境参数的全面性方面与空气调节有别而已。因此，可以说空气调节是供暖和通风技术的发展。广义上讲，包括供暖、降温、通风在内的采用技术手段创造并保持满足一定要求的空气环境，都是空气调节的任务。

众所周知，一定空间内的空气环境一般要受到两方面的干扰：一是来自空间内部生产过程、设备及人体等所产生的热、湿和其他有害物的干扰；二是来自空间外部气候变化、太阳辐射及外部空气中的有害物的干扰。空气调节的技术手段主要是：采用换气的方法保证内部环境的空气新鲜；采用热、湿交换的方法保证内部环境的温、湿度，以及采用净化的方法保证空气的清洁度。早期的空气调节技术主要是利用冷热源获得所需要的冷热水，采用冷热水对空气进行喷淋处理，获得所需要温、湿度参数的空气并送入室内，从而实现环境的空气新鲜和温、湿度保障。随着设备制造技术的进一步发展，各种类型的换热器应运而生，大量水与空气进行热、湿交换的换热器代替了传统的喷水室，空气调节系统进入到了大规模工业生产与应用阶段。到 20 世纪 90 年代，电子、电控技术与设备制造技术进一步结合，以多联机为代表的直膨式空气调节技术得到了迅猛发展，空气调节系统进入到标准化大工业生产与应用阶段。

由于传统的空气调节系统主要采用稀释混合的原理来营造所需要的室内空气环境，效率不够高且舒适性不够好，到 20 世纪 90 年代，包括置换通风、地板送风、个性化送风和工位空调等一批高效送风形式，以及地板辐射供暖、吊顶辐射供冷等新型对流辐射末端出现在世人面前，在实现高效送风的同时还显著改善了舒适性。

进入 21 世纪后，人们对空气调节系统的节能提出了更高的要求，以液体吸湿剂构建的溶液喷淋系统为代表的温湿度独立控制系统得到了长足发展，通过将显热负荷和潜热负荷分开处理，实现了空气调节系统能效的显著提升。进入 21 世纪 20 年代，随着全球对实现碳中和目标的日益重视，如何实现空气调节的低碳发展得到越来越广泛的关注。

2. 空气调节系统的功能与应用领域

空气调节对国民经济各部门的发展和对人民物质文化生活水平的提高具有重要意义。这不仅意味着受控的空气环境对工业生产过程的稳定操作和保证产品质量有重要作用，而且对提高劳动生产率、保证安全操作、保护人体健康、创造舒适的工作和生活环境有重要意义。随着我国工农业生产、高新技术、国防军工的快速发展，以及人民生活水平提高的需要，空气调节已成为现代化生产和社会生活中不可缺少的保证条件。

空气调节应用于工业及科学实验过程一般称为"工艺性空调"，而应用于以人为主的空气环境调节则称为"舒适性空调"。显示工艺空调重要作用的典型部门，有以高精度恒温恒湿为特征的精密机械及仪器制造业。在这些工业生产过程中，为避免元器件由于温度变化产生胀缩及湿度过大引起表面锈蚀，一般严格规定环境的基准温度和相对湿度，并制订了温度和相对湿度变化的偏差范围，如：$20\pm0.1℃$，$50\%\pm5\%$。在电子工业中，除有一定的温湿度要求外，尤为重要的是保证室内空气的清洁度。对超大规模集成电路生产的某些工艺过程，空气中悬浮粒子的控制粒径已降低到 $0.1\mu m$，规定每升空气中等于和大于 $0.1\mu m$ 的粒子总数不得超过一定的数量，如 3.5 粒、0.35 粒等。在纺织、印刷等工业部门，对空气的相对湿度要求较高。如在合成纤维工业中，锦纶长丝的多数工艺过程要求相对湿度的控制精度在 $\pm2\%$。此外，如胶片、光学仪器、造纸、橡胶、烟草等工业也都有一定的温湿度控制要求。作为工业中常用的计量室、控制室及计算机房，均要求有比较严格的空气调节。药品、食品工业以及生物实验室、医院病房及手术室等，不仅要求一定的空气温湿度，而且要求控制空气的含尘浓度及细菌数量。

舒适性空调除保障人们需要的舒适温湿度条件外，还需要维持满足健康需要的空气质量，如 PM10、PM2.5 以及多种污染气体浓度。目前舒适性空调已广泛应用于公共建筑、住宅、交通工具中。在公共建筑中，为保证大会堂、会议厅、图书馆、展览馆、档案馆、影剧院、办公楼、交通枢纽等的使用功能，均需设空气调节。空气调节在宾馆、酒店、商业中心、体育场馆、游乐场所、文物保存等方面也是不可缺少的。随着人民生活水平的提高，空气调节在学校、各类住宅建筑中的装备率也越来越高，各类交通运输工具如汽车、飞机、高铁、地铁及船舶，空气调节已经普及。

此外，在航空航天、核能、地下与水下设施以及航母、潜艇等国防军工领域，空气调节也都发挥着重要作用。现代农业的发展也与空气调节密切相关，如大型温室、禽畜养殖、粮种贮存、设施农业、冷链设施等都需要对内部空气环境进行调节。

因此可以概括地说：现代工业、农业以及国民经济的方方面面已离不开空气调节，空气调节已成为人们生活不可缺少的一部分。然而，和世间一切事物一样，空气调节除在各领域显示出其重要作用的同时，也带来如下挑战：

（1）长期生活在与多变的自然环境隔离的空调环境中，会使人体的新陈代谢机能弱化，抵抗力下降。空调长期维持的相对"低温"会使皮肤汗腺和皮脂腺收缩，腺口闭塞，导致血流不畅、神经功能紊乱等症状，产生"空调适应不全综合征"。

（2）由于大量人工合成材料用于建筑装修和家具制作，造成多种挥发性有机化合物向内部空间散发。同时，通风或新鲜空气的供给得不到保证，导致相当数量的建筑物成为"病态建筑"。长时间在这种建筑物内停留和工作的人群会产生闷气、黏膜刺激、头疼及昏睡等各种症状，成为"病态建筑综合征"。特别需要指出的是：作为提供"舒适"环境的空调设备和系统本身竟也成为"病态建筑"的污染源之一。传统使用的纤维过滤器，产生凝水的表冷器、接水盘和加湿器及传动皮带等是产生气味、挥发性有机物、霉菌和灰尘的根源。

（3）伴随经济发展和人民生活水平的提高，工业建筑和民用建筑中的空调能耗迅速增长。据《中国建筑节能年度发展研究报告 2024》统计，我国"2022 年建筑运行的总商品能耗为 11.2 亿吨标准煤，约占全国能源消费总量的 21%"，发达国家则可达 40%，这些能耗中的一半是由空调所消耗的。空调所消耗的电能或热能大部分来自热电厂或锅炉房，这些能源消耗不仅带来了大量碳排放，也是室外雾霾天气形成的主因之一。

为应对上述挑战，促进空调技术的不断完善和可持续发展，未来应该着力研究与自然更加和谐，更好保障人们舒适健康、低能耗的空调手段；要更加重视自然能源与可再生能源的合理利用和能量转换、热湿传递设备的性能改进，使空气调节成为舒适健康室内环境的低碳营造技术。

3. 本书目标与内容

从上面的介绍可见，空气调节主要涉及以下内容：空气的各种处理方法（加热、加湿、冷却、干燥及净化等）；内部空间内、外扰量引起的空调负荷计算；空气调节的方式和方法；空气的输送与分配及在干扰量变化时的运行调节等。此外，空气调节所需的冷热源是为调节空气的温湿度服务的，也是空调系统的重要组成部分。

考虑到有专门的教材在讲授冷热源，本教材没有将冷热源纳入其中。同时，为了更好地掌握空气调节理论，提高工程实践能力，本教材设置了湿空气的物理性质及其焓湿图、空调系统的消声、防振与建筑的防火排烟，空调系统的性能检测与调适等章节。本教材的内容安排如下：

第 1 章是湿空气的物理性质及其焓湿图，为空气调节理论和方法的学习奠定基础；第 2 章是空气的热湿处理，学习掌握各种热湿处理方法和技术；第 3 章是房间空调负荷与送风量，掌握房间负荷的构成与计算方法；第 4 章是空气调节系统，介绍各种空调系统的形式及空调系统应承担的负荷；第 5 章是空调房间的空气分布，学习掌握空调房间的气流组织形式；第 6 章是空调系统的运行调节，介绍内外扰量变化时空调系统如何调控；第 7 章是空气的净化与质量控制，学习掌握空气洁净和空气质量保障方法；第 8 章是空调系统的消声、防振与建筑的防火排烟，介绍与空调系统有关的消声、防振与防火排烟知识；第 9 章是空调系统的性能测定与持续调适，学习掌握空调系统建成后的性能检测与调适方法。

此外，为便于读者查阅相关资料，本教材将一些较有价值的资料做成附录放在书后。同时为了让读者更好地学习和使用英文资料，本教材将常见空调术语中英文对照也附在各章内容的后面。

本教材的目标就是希望读者在学习空气热湿环境的调节原理和设计方法、空气质量控制方法的同时，了解各种技术手段的优缺点，从而在具体的实际工程中灵活应用各种技术手段。此外，还希望读者能够心怀碳中和目标，进一步思考空气调节的碳中和之路。

思考题与习题

1. 回望空气调节的发展历史，你印象最深的技术是什么？印象最深的人物是谁？
2. 面向碳中和目标，我们可以从哪些方面着手提高空调系统性能？

第1章 湿空气的物理性质及其焓湿图

创造满足人类生产、生活和科学实验所要求的空气环境是空气调节的任务。湿空气既是空气环境的主体又是空气调节的处理对象，因此熟悉湿空气的物理性质及焓湿图，则是掌握空气调节的必要基础。

1.1 湿空气的物理性质

大气是由干空气和一定量的水蒸气混合而成的，一般称其为湿空气。干空气的成分主要是氮、氧、氩及其他微量气体，多数成分比较稳定，少数随季节变化有所波动，但从总体上可将干空气作为一个稳定的混合物来看待。

为统一干空气的热工性质，便于热工计算，一般将海平面高度的清洁干空气成分作为标准组成。目前推荐的干空气标准成分如表 1-1 所示。

干空气的标准成分（推荐） 表 1-1

成分气体（分子式）	成分体积百分比（%）	对于成分标准值的变化	分子量（C-12 标准）
氮（N_2）	78.084	—	28.013
氧（O_2）	20.9476	—	31.9988
氩（Ar）	0.934	—	39.934
二氧化碳（CO_2）	0.0314	*	44.00995
氖（Ne）	0.001818	—	21.183
氦（He）	0.000524	—	4.0026
氪（Kr）	0.000114	—	83.80
氙（Xe）	0.0000087	—	131.30
氢（H_2）	0.00005	?	2.01594
甲烷（CH_4）	0.00015	*	16.04303
氧化氮（N_2O）	0.00005	—	44.0128
臭氧（O_3）　夏	0～0.000007	*	47.9982
冬	0～0.000002	*	47.9982
二氧化硫（SO_2）	0～0.0001	*	64.0828
二氧化氮（NO_2）	0～0.000002	*	46.0055
氨（NH_4）	0～微量	*	17.03061
一氧化碳（CO）	0～微量	*	28.01055
碘（I_2）	0～0.000001	*	253.8088
氡（Rn）	6×10^{-13}	?	+

注：* 随时间和场所的不同，该成分对标准值有较大变化；

　　+氡有放射能，由 Rn^{220} 和 Rn^{222} 两种同位素构成，因为同位素混合物的原子量变化，所以不作规定（Rn^{220} 半衰期 54s，Rn^{222} 半衰期 3.83 日）。

空气环境内的空气成分和人们平时所说的"空气"，实际是干空气加水蒸气，即湿空气。

在湿空气中水蒸气的含量虽少，但其变化却对空气环境的干燥和潮湿程度产生重要影响，且使湿空气的物理性质随之改变。因此研究湿空气中水蒸气含量的调节在空气调节中占有重要地位。

地球表面的湿空气中，尚有悬浮尘埃、烟雾、微生物及化学排放物等，由于这些物质并不影响湿空气的物理性质，因此本章不涉及这些内容。

在热力学中对湿空气的物理性质以及焓湿图已有过论述。本书作必要的重复，在于强调其重要性并要求牢固地掌握它们。

在常温常压下干空气可视为理想气体，而湿空气中的水蒸气一般处于过热状态，且含量很少，可近似地视作理想气体。这样，即可利用理想气体的状态方程式来表示干空气和水蒸气的主要状态参数——压力、温度、比容等的相互关系，即

$$P_g V = m_g R_g T \quad 或 \quad P_g v_g = R_g T \tag{1-1}$$
$$P_q V = m_q R_q T \quad 或 \quad P_q v_q = R_q T \tag{1-2}$$

式中　P_g，P_q——干空气及水蒸气的压力，Pa；

$\quad\quad V$——湿空气的总容积，m^3；

$\quad\quad m_g$，m_q——干空气及水蒸气的质量，kg；

$\quad\quad R_g$，R_q——干空气及水蒸气的气体常数，$R_g = 287 J/(kg \cdot K)$，$R_q = 461 J/(kg \cdot K)$；

$\quad\quad T$——湿空气的热力学温度，K；

$v_g = \dfrac{V}{m_g}$、$v_q = \dfrac{V}{m_q}$ 分别为干空气及水蒸气的比容，m^3/kg，而干空气及水蒸气的密度则

等于比容的倒数，即 $\rho_g = \dfrac{m_g}{V} = \dfrac{1}{v_g}$，$\rho_q = \dfrac{m_q}{V} = \dfrac{1}{v_q}$。

根据道尔顿定律，湿空气的压力应等于干空气的压力与水蒸气的压力之和，即

$$B = P_g + P_q \tag{1-3}$$

B 一般称为大气压力，以 Pa 或 kPa（千帕）表示。海平面的标准大气压为 101325Pa 或 101.325kPa，相当于 1013.25mbar（毫巴）。多种大气压力之间的换算见表 1-2。

大气压力单位换算表　　　　　　　　表 1-2

帕（Pa）	千帕（kPa）	巴（bar）	毫巴（mbar）	物理大气压（atm）	毫米汞柱（mmHg）
1	10^{-3}	10^{-5}	10^{-2}	9.86923×10^{-6}	7.50062×10^{-3}
10^3	1	10^{-2}	10	9.86923×10^{-3}	7.50062
10^5	10^2	1	10^3	9.86923×10^{-1}	7.50062×10^2
10^2	10^{-1}	10^{-3}	1	9.86923×10^{-4}	0.750062
101325	101.325	1.01325	1013.25	1	760
133.332	0.133332	1.33332×10^{-3}	1.33332	1.31579×10^{-3}	1

大气压力随海拔高度的变化如图 1-1 所示。大气压力值一般在 ±5% 范围内波动。

下面着重说明湿空气的主要参数及其确定法。

1. 湿空气的密度 ρ

湿空气的密度等于干空气密度与水蒸气密度之和，即

$$\rho = \rho_g + \rho_q = \frac{P_g}{R_g T} + \frac{P_q}{R_q T}$$

$$= 0.003484 \frac{B}{T} - 0.00134 \frac{P_q}{T} \qquad (1\text{-}4)$$

在标准条件下（压力为 101325Pa，温度为 293K，即 20℃）干空气的密度 $\rho_g = 1.205\text{kg/m}^3$，而湿空气的密度取决于 P_q 值的大小。由于 P_q 值相对于 P_g 值而言数值较小，因此，湿空气的密度比干空气密度小，在实际计算时可近似取 $\rho = 1.2\text{kg/m}^3$。

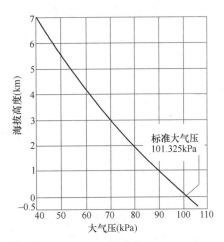

图 1-1　大气压与海拔高度的关系

2. 湿空气的含湿量 d

采用湿空气中水蒸气密度作为含有水蒸气量的度量是一种方法。考虑到在近似等压的条件下，湿空气体积随温度变化而改变，而空调过程经常涉及湿空气的温度变化，因此采用水蒸气密度作为衡量湿空气含有水蒸气量的参数会给实际计算带来诸多不便。

现取湿空气中的水蒸气密度与干空气密度之比作为湿空气含有水蒸气量的指标，换言之，即取对应于 1kg 干空气的湿空气所含有的水蒸气量。所以有

$$d = \frac{\rho_q}{\rho_g} = \frac{R_g}{R_q} \cdot \frac{P_q}{P_g} = 0.622 \frac{P_q}{P_g}$$

或
$$d = 0.622 \frac{P_q}{B - P_q} \quad (\text{kg/kg}_干 \text{ 或 kg/kg}_{干空气}) \qquad (1\text{-}5)$$

考虑到湿空气中水蒸气含量较少，因此含湿量 d 的单位也可用 $\text{g/kg}_干$ 表示，这样公式（1-5）则可写成

$$d = 622 \frac{P_q}{B - P_q} \quad (\text{g/kg}_干) \qquad (1\text{-}5\text{a})$$

3. 相对湿度 φ

另一种度量湿空气水蒸气含量的间接指标是相对湿度，其定义为湿空气的水蒸气压力与同温度下饱和湿空气的水蒸气压力之比，即

$$\varphi = \frac{P_q}{P_{q \cdot b}} \times 100\% \qquad (1\text{-}6)$$

式中　$P_{q \cdot b}$——饱和水蒸气压力，Pa。

由式（1-6）可见，相对湿度表征湿空气中水蒸气接近饱和含量的程度。式中 $P_{q \cdot b}$ 是温度的单值函数，可在一些热工手册中查到，表 1-3 只列出常用的几个数据。$P_{q \cdot b}$ 的具体计算式则可在 1.5 节查得。

空气温度与饱和水蒸气压力及饱和含湿量的关系　　　　表 1-3

空气温度 t（℃）	饱和水蒸气压力 $P_{q \cdot b}$（Pa）	饱和含湿量 d_b（$\text{g/kg}_干$）（B=101325Pa）
10	1225	7.63
20	2331	14.70
30	4232	27.20

湿空气的相对湿度与含湿量之间的关系可由式（1-5）导出。根据

$$d = 0.622 \frac{P_q}{B-P_q} = 0.622 \frac{\varphi P_{q \cdot b}}{B - \varphi P_{q \cdot b}}$$

及

$$d_b = 0.622 \frac{P_{q \cdot b}}{B - P_{q \cdot b}}$$

故

$$\frac{d}{d_b} = \frac{P_q(B - P_{q \cdot b})}{P_{q \cdot b}(B - P_q)} = \varphi \cdot \frac{B - P_{q \cdot b}}{B - P_q}$$

所以

$$\varphi = \frac{d}{d_b} \cdot \frac{B - P_q}{B - P_{q \cdot b}} \times 100\% \qquad (1\text{-}7)$$

式（1-7）中的 B 值远大于 $P_{q \cdot b}$ 和 P_q 值，认为 $B - P_q \approx B - P_{q \cdot b}$ 只会造成 1%～3% 的误差。因此相对湿度可近似表示为

$$\varphi = \frac{d}{d_b} \times 100\% \qquad (1\text{-}8)$$

式中，d_b 为饱和含湿量，kg/kg干 或 g/kg干。

4. 湿空气的焓 h

在空气调节中，空气的压力变化一般很小，可近似于定压过程，因此可直接用空气的焓变化来度量空气的热量变化。

已知干空气的定压比热 $c_{p \cdot g} = 1.005$ kJ/(kg·℃)，近似取 1 或 1.01；

水蒸气的定压比热 $c_{p \cdot q} = 1.84$ kJ/(kg·℃)，则

干空气的焓：$h_g = c_{p \cdot g} \cdot t$，kJ/kg干；

水蒸气的焓：$h_q = c_{p \cdot q} \cdot t + 2500$，kJ/kg汽。

式中，2500 为 $t = 0℃$ 时水蒸气的汽化潜热（r_0）。

显然湿空气的焓 h 应等于 1kg 干空气的焓加上与其同时存在的 $d$kg（或 g）水蒸气的焓，即

$$\left. \begin{array}{l} h = c_{p \cdot g} \cdot t + (2500 + c_{p \cdot q} \cdot t)d \\[2mm] h = c_{p \cdot g} \cdot t + (2500 + c_{p \cdot q} \cdot t)\dfrac{d}{1000} \end{array} \right\} \qquad (1\text{-}9)$$

或

上式 d 以 kg/kg干 计，下式 d 以 g/kg干 计。当 $t = 0℃$ 时，$h = 2.5d$，不为 0（d 以 g 计）。

已知水的质量比热为 4.19kJ/(kg·K)，因此 $t℃$ 时水蒸气的汽化潜热为 $r_t = r_0 + 1.84t - 4.19t$ 或 $r_t = 2500 - 2.35t$，kJ/kg。

上述式（1-5）及式（1-9）构成了湿空气特性的主要方程组，应牢固掌握。

【例1-1】已知大气压力为 101325Pa，温度 $t = 20℃$，（1）求干空气的密度；（2）求相对湿度为 90% 时的湿空气密度。

【解】（1）已知干空气的气体常数 $R_g = 287$J/(kg·K)，此时干空气压力即为大气压力 B，所以

$$\rho_g = \frac{B}{287 \cdot T} = 0.00348 \frac{B}{T} = 0.00348 \frac{101325}{293} = 1.205 \text{kg/m}^3$$

（2）由表1-3查得，20℃时的水蒸气饱和压力为 $P_{q \cdot b} = 2331 \text{Pa}$，利用式（1-6） $P_q = \varphi P_{q \cdot b}$ 代入式（1-4）即可得湿空气的密度：

$$\rho = 0.003484 \frac{B}{T} - 0.00134 \frac{\varphi P_{q \cdot b}}{T}$$

$$= 0.003484 \times \frac{101325}{293} - 0.00134 \times \frac{0.9 \times 2331}{293}$$

$$= 1.195 \text{kg/m}^3$$

可见在大气压力相同时湿空气的密度比完全干空气的密度要小一些。

【例1-2】试求例1-1（2）中空气的含湿量及焓值。

【解】 按式（1-5）计算含湿量：

$$d = 0.622 \frac{\varphi P_{q \cdot b}}{B - \varphi P_{q \cdot b}} = 0.622 \times \frac{0.9 \times 2331}{101325 - 0.9 \times 2331}$$

$$= 0.0132 \text{kg/kg}_\text{干}$$

按式（1-9）计算焓值：

$$h = 1.01t + (2500 + 1.84t)d$$

$$= 1.01 \times 20 + (2500 + 1.84 \times 20) \times 0.0132$$

$$= 53.7 \text{kJ/kg}_\text{干}$$

1.2 湿空气的焓湿图

在空气调节中，经常需要确定湿空气的状态及其变化过程。单纯地求湿空气的状态参数用前述各计算式即可满足要求，或可查业已计算好的湿空气性质表（见附录1-1）。而对于湿空气状态变化过程的直观描述则需借助于湿空气的焓湿图。

根据第1.1节中式（1-5）、式（1-6）及式（1-9），加上 $P_{q \cdot b} = f(t)$ 的函数关系，在反映湿空气的 B、t、d、φ、h 及 P_q 等状态参数之间的联系上，取不同的坐标系可以得到不同的线图形式。

常用的湿空气性质图是以 h 与 d 为坐标的焓湿图（h-d 图）。为了尽可能扩大不饱和湿空气区的范围，便于各相关参数间分度清晰，一般在大气压力一定的条件下，取焓 h 为纵坐标，含湿量 d 为横坐标，且两坐标之间的夹角等于或大于 $135°$（见图1-2及附录1-2）。在实际使用中，为避免图面过长，常将 d 坐标改为水平线。

在选定的坐标比例尺和坐标网格的基础上，进一步确定等温线、等相对湿度线、水蒸气分压力标尺及热湿比等。

1. 等温线

根据公式 $h = 1.01t + (2500 + 1.84t)d$，当 t = 常数，公式化为 $h = a + bd$ 的形式，因此只须给定两个值，即可确定一等温线。显然 $1.01t$ 为等温线在纵坐标轴上的截距，$(2500 + 1.84t)$ 为等温线的斜率。可见不同温度的等温线并非平行线，其斜率的差别在于 $1.84t$，又由于 $1.84t$ 与2500相比很小，所以等温线又可近似看作是平行的（参见图1-3）。

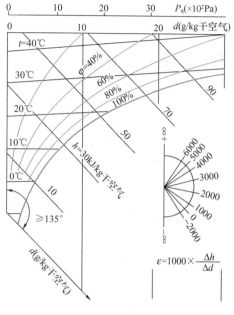

图 1-2　湿空气焓湿图

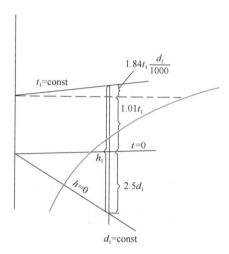

图 1-3　等温线在 h-d 图上的确定

2. 等相对湿度线

由式（1-5）可得

$$P_q = \frac{B \cdot d}{0.622 + d}$$

因此，给定不同的 d 值，即可求得对应的 P_q 值。在 h-d 图上，取一横坐标表示水蒸气分压力值，则如图 1-2 所示。

在已建立起水蒸气压力坐标的条件下，对应不同温度下的饱和水蒸气压力可从附录 1-1 中查到，或由 $P_{q \cdot b} = f(t)$ 的经验式求得（见第 1.5 节）。连接不同温度线和其对应的饱和水蒸气压力线的交点即可得到 $\varphi = 100\%$ 的等 φ 线。又据 $\varphi = \dfrac{P_q}{P_{q \cdot b}}$ 即 $P_q = \varphi P_{q \cdot b}$，当 $\varphi =$ 常数，则可求得各不同温度下的 P_q 值，连接各等温线与 P_q 值相交的各点即成等 φ 线。

这样作出的 h-d 图则包含了 B、t、d、h、φ 及 P_q 等湿空气参数。在大气压力 B 一定的条件下，在 h、d、t、φ 中，已知任意两个参数，就可确定湿空气状态，在 h-d 图上也就是有一确定的点，其余参数均可由此点查出，因此，将这些参数称为独立参数。但 d 与 P_q 则不能确定一个空气状态点，因而 P_q 与 d 只能有一个作为独立参数。

3. 热湿比线

一般在 h-d 图的周边或右下角给出热湿比（或称角系数）ε 线。热湿比的定义是湿空气的焓变化与含湿量变化之比，即

$$\varepsilon = \frac{\Delta h}{\Delta d} \text{ 或 } \varepsilon = \frac{\Delta h}{\dfrac{\Delta d}{1000}} \tag{1-10}$$

若在 h-d 图上有 A、B 两状态点（见图 1-4），则由 A 至 B 的热湿比为

$$\varepsilon = \frac{h_B - h_A}{\dfrac{d_B - d_A}{1000}}$$

进一步，如有 A 状态的湿空气，其热量（Q）变化（可正可负）和湿量（W）变化（可正可负）已知，则其热湿比应为

$$\varepsilon = \frac{\pm Q}{\pm W} \tag{1-11}$$

式中　Q 的单位为 kJ/h；W 的单位为 kg/h。

可见，热湿比有正有负并代表湿空气状态变化的方向。

在图 1-2（详见附录 1-2）的右下角示出不同 ε 值的等值线。如 A 状态湿空气的 ε 值已知，则可过 A 点作平行于 ε 等值线的直线，这一直线（假定如图 1-4 中 $A \rightarrow B$ 的方向）则代表 A 状态的湿空气在一定的热湿作用下的变化方向。

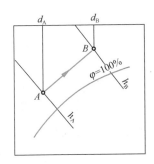

图 1-4　ε 值在 h-d 图上的表示

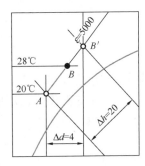

图 1-5　例 1-3 示图

【例 1-3】 已知 $B=101325\mathrm{Pa}$，湿空气初参数为 $t_A=20℃$，$\varphi_A=60\%$，当加入 10000kJ/h 的热量和 2kg/h 湿量后，温度 $t_B=28℃$，求湿空气的终状态。

【解】 在 $B=101325\mathrm{Pa}$ 的 h-d 图上，据 $t_A=20℃$，$\varphi_A=60\%$ 找到空气状态 A（图 1-5）。

求热湿比：

$$\varepsilon = \frac{+Q}{+W} = \frac{10000}{2} = 5000$$

过 A 点作与等值线 $\varepsilon=5000$ 的平行线，即为 A 状态变化的方向，此线与 $t=28℃$ 等温线的交点即为湿空气的终状态 B。由 B 点可查出 $\varphi_B=51\%$，$d_B=12\mathrm{g/kg_{\mp}}$，$h_B=59\mathrm{kJ/kg_{\mp}}$。

过某状态点作热湿比线，可不使用 h-d 图中的 ε 线标尺而直接由 h-d 图上通过作图求得，利用例 1-3 数据，已知 $Q=10000\mathrm{kJ/h}$，$W=2000\mathrm{g/h}$，则

$$\varepsilon = \frac{\Delta h}{\Delta d} = \frac{10000}{2000} = 5$$

亦即 $\Delta h : \Delta d = 5 : 1$。过 A 点任选一 Δd（或 Δh）线段长度，按 5:1 的比例求出 Δh（或 Δd）的值，按 $h_A+\Delta h$ 的等 h 线与 $d_A+\Delta d$ 的等 d 线的交点与 A 的连线即符合 $\dfrac{\Delta h}{\Delta d}$ 的热湿比线。如图 1-5 中 B' 所示。

此外，值得提出的是，附录 1-2 给出的 h-d 图是以标准大气压 $B=101.325\mathrm{kPa}$ 作出

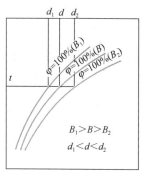

图 1-6　B 变化时，φ 的变化

的。当某地区的海拔高度与海平面有较大差别时，使用此图会产生较大的误差。因此，不同地区应使用符合本地区大气压的 h-d 图。当缺少这种 h-d 图时，简便易行的方法是利用标准大气压的 h-d 图加以修改。已知

$$d = 0.622 \frac{P_q}{B - P_q} = 0.622 \frac{\dfrac{\varphi P_{q \cdot b}}{B}}{1 - \dfrac{\varphi P_{q \cdot b}}{B}}$$

当 φ＝常数，B 增大，d 则减小，反之 d 则增大。以 φ＝100％ 为例，$P_{q \cdot b}$ 只与温度有关，上式中给定 B 值则可求出不同温度下相对应的饱和含湿量 d_b，将各 (t, d_b) 点相连即可画出新 B 值下的 φ＝100％ 曲线（见图 1-6）。其余的相对湿度线可依此类推。如果要用到水蒸气压力坐标则也要用如前所述的方法重新修改此分度值。

1.3　湿球温度与露点温度

湿球温度的概念在空气调节中至关重要。

在理论上，湿球温度是在定压绝热条件下，空气与水直接接触达到稳定热湿平衡时的绝热饱和温度，也称热力学湿球温度。现以图 1-7 说明如下：设有一空气与水直接接触的小室，保证二者有充分的接触表面和时间，空气以 P、t_1、d_1、h_1 状态流入，以饱和状态 P、t_2、d_2、h_2 流出，由于小室为绝热的，所以对应于每 kg 干空气的湿空气，其稳定流动能量方程式为

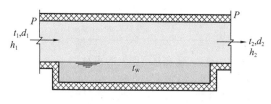

图 1-7　绝热加湿小室

$$h_1 + \frac{(d_2 - d_1)}{1000} h_w = h_2 \tag{1-12}$$

式中　h_w——液态水的焓，h_w＝$4.19 t_w$，kJ/kg。

由式（1-12）可见，空气焓的增量就等于蒸发到空气中的水量所具有的焓。利用热湿比的定义可以导出：

$$\varepsilon = \frac{h_2 - h_1}{\dfrac{d_2 - d_1}{1000}} = h_w = 4.19 t_w \tag{1-13}$$

显然，在小室内空气状态的变化过程是水温的单值函数。由于在前述条件下，空气的进口状态是稳定的，水温也是稳定不变的，因而空气达到饱和时的空气温度即等于水温（$t_2 = t_w$），展开式（1-12），得

$$h_1 + \frac{(d_2 - d_1)}{1000} \cdot 4.19 t_2 = 1.01 t_2 + (2500 + 1.84 t_2) \frac{d_2}{1000} \tag{1-14}$$

可以说，满足式（1-14）的 t_2 即为进口空气状态的绝热饱和温度，也称为热力学湿球温度。

由于绝热加湿小室并非实际装置，一般则用湿球温度计所读出的湿球温度近似代替热

力学湿球温度。

在 h-d 图上,从各等温线与 $\varphi=100\%$ 饱和线的交点出发,作 $\varepsilon=4.19t_s$ 的热湿比线,则可得等湿球温度线(见图 1-8)。显然,所有处在同一等湿球温度线上的各空气状态均有相同的湿球温度。另外,当 $t_s=0℃$ 时,$\varepsilon=0$,即等湿球温度线与等焓线完全重合;而当 $t_s>0$ 时,$\varepsilon>0$;$t_s<0$ 时,$\varepsilon<0$。所以,严格来说,等湿球温度线与等焓线并不重合,但在工程计算中,考虑到 $\varepsilon=4.19t_s$ 数值较小,可以近似认为等焓线即为等湿球温度线。

在 h-d 图上,若已知某湿空气状态点 A(见图 1-9),由 A 沿 $h=$ 常数($\varepsilon=0$)线找到与 $\varphi=100\%$ 的交点 B,B 点的温度 t_B 即为 A 状态空气的湿球温度(近似)。同样,如果已知某湿空气的干球温度 t_A 和湿球温度 t_B,则由 t_B 与 $\varphi=100\%$ 线交点 B 沿等焓线找到与 $t_A=$ 常数线的交点 A 即为该湿空气的状态点。同样方法,如沿等湿球温度线 $\varepsilon=4.19t_s$ 与 $\varphi=100\%$ 线交于 S,则 t_s 即为准确的湿球温度。可见,湿球温度也是湿空气的一个重要参数,而且在多数情况下是一个独立参数,只是由于它的等值线与等焓线十分接近,在 h-d 图上,想利用已知焓值和湿球温度两个独立参数来确定湿空气的状态点是困难的,且在湿球温度为 $0℃$ 时,它成为非独立参数,这时的等焓线与等湿球温度线重合。湿球温度一般用 t_s 来表示。

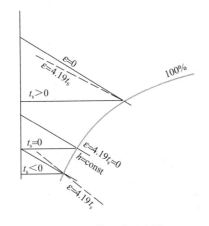

图 1-8 等湿球温度线

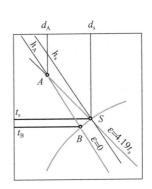

图 1-9 已知干、湿球温度确定空气状态

【例 1-4】已知 $B=101325Pa$,$t=45℃$,$t_s=30℃$,试在 h-d 图上确定该湿空气状态(状态参数 h、d、φ)。

【解】(1)近似作图求法:

以 $t_s=30℃$ 等温线与 $\varphi=100\%$ 饱和线相交得 B 点,由 B 点沿等焓线与 $t=45℃$ 等温线相交得 A 点,A 点即为所求的湿空气状态(见图 1-10),其参数分别为:$h=100kJ/kg_干$;$d=0.0211kg/kg_干$;$\varphi=34.8\%$。

(2)准确作图求法:

同前先找到 B 点,过 B 点作 $\varepsilon=4.19\times30=125.7$ 的热湿比线,该线与 $t=45℃$ 等温线相交于 A' 点,A' 点即为湿空气的准确状态点,其参数为 $h=98.6kJ/kg_干$;$d=0.0206kg/kg_干$;$\varphi=34\%$。

对比(1)、(2)所得结果,误差较小。在工程计算中为方便起见,用近似方法即可。

利用普通水银温度计(广而言之,利用与水不发生作用的各种感温元件),将其球部用湿纱布包敷（见图 1-11），则成为湿球温度计。纱布纤维的毛细作用，能从盛水容器内不断地吸水以湿润湿球表面，因此，湿球温度计所指示的温度值实际上是球表面水的温度。

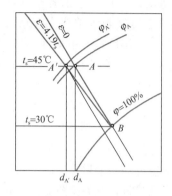

图 1-10　例 1-4 附图

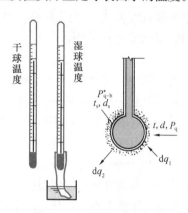

图 1-11　干、湿球温度计

如果忽略湿球与周围物体表面间辐射换热的影响，同时保持球表面周围的空气不滞留，热湿交换充分，则分析球表面的热湿交换情况可以看出：

湿球周围空气向球表面的温差传热量为

$$dq_1 = \alpha(t - t'_s)df \tag{1-15}$$

式中　α——空气与湿球表面的换热系数，W/（$m^2 \cdot ℃$）；

　　　t——空气干球温度，℃；

　　　t'_s——球表面水的温度，℃；

　　　f——湿球表面积，m^2。

根据道尔顿蒸发定律，蒸发速率与实际气压成反比关系。与温差传热同时进行的水的蒸发量为

$$dW = \beta(P'_{q \cdot b} - P_q)df\frac{B_0}{B} \tag{1-16}$$

式中　β——湿交换系数，kg/（$m^2 \cdot s \cdot Pa$）；

　　$P'_{q \cdot b}$——球表面水温下的饱和水蒸气压力，Pa，也相当于水表面一个饱和空气薄层的水蒸气压力（详见第 2 章）；

　　　P_q——周围空气的水蒸气压力，Pa；

B_0，B——分别为标准大气压与当地实际大气压，Pa。

已知水的蒸发量，则可写出水蒸发所需的汽化潜热量：

$$dq_2 = dW \cdot r \tag{1-17}$$

式中　r——水温为 t'_s 时的汽化潜热。

当湿球与周围空气间的热湿交换达到稳定状态时，则湿球温度计的指示值将是定值，同时也说明空气传给湿球的热量必定等于湿球水蒸发所需要的热量，即

$$dq_1 = dq_2 \tag{1-18}$$

亦即

$$\alpha(t - t'_s)df = \beta(P'_{q \cdot b} - P_q)df\frac{B_0}{B} \cdot r \tag{1-19}$$

此时，式（1-19）中的 t'_s 即为湿空气的湿球温度 t_s，球表面的 $P'_{q \cdot b}$ 即为对应于 t_s 下

的饱和空气层的水蒸气压力，记为 $P_{q \cdot b}^*$，整理式（1-19）后可得

$$P_q = P_{q \cdot b}^* - A(t - t_s)B \tag{1-20}$$

式中，$A = \alpha/(r \cdot \beta \cdot 101325)$，由于 α、β 均与空气流过球表面的风速有关，因此 A 值应由实验确定或采用下列经验式计算：

$$A = \left(65 + \frac{6.75}{v}\right) \cdot 10^{-5} \tag{1-21}$$

式中 v——空气流速，m/s，一般取 $v \geq 2.5$m/s。

利用式（1-20），当（$t - t_s$）已知时，则可算出 P_q 值，并进一步可由 $\varphi = P_q/P_{q \cdot b}$ 确定空气的相对湿度。应该注意的是此处的 $P_{q \cdot b}$ 与 $P_{q \cdot b}^*$ 有区别，$P_{q \cdot b}$ 是对应于干球温度 t 时的饱和水蒸气压力。同时，由式（1-20）可见，（$t - t_s$）越小，则 P_q 值越接近 $P_{q \cdot b}^*$，当（$t - t_s$）$= 0$ 时，$P_q = P_{q \cdot b}^*$，也就是空气达到饱和。显然，干湿球温度计读数差值的大小，间接地反映了空气相对湿度的状况。

在湿空气的诸多状态参数中，压力、温度是易测的，含湿量与焓不易直接测量，相对湿度可测，但一般方法不够准确，因此用干湿球温度计测定空气状态就成为常用的主要手段。

实测应用中，为保证空气流速 $v \geq 2.5$m/s，并减小辐射换热的影响，常采用通风式干湿球温度计。

空气的露点温度 t_l 也是湿空气的一个状态参数，它与 P_q 和 d 相关，因而不是独立参数。湿空气的露点温度定义为在含湿量不变的条件下，湿空气达到饱和时的温度。在 h-d 图上（见图 1-12），A 状态湿空气的露点温度即由 A 沿等 d 线向下与 $\varphi = 100\%$ 线交点的温度。显然当 A 状态湿空气被冷却时（或与某冷表面接触时），只要湿空气温度大于或等于其露

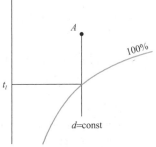

图 1-12 湿空气露点温度

点温度，则不会出现结露现象。因此，湿空气的露点温度也是判断是否结露的判据。

1.4 焓湿图的应用

湿空气的焓湿图不仅能表示空气的状态和各状态参数，同时还能表示湿空气状态的变化过程并能方便地求得两种或多种湿空气的混合状态。

1.4.1 湿空气状态变化过程在 h-d 图上的表示

1. 湿空气的加热过程

利用热水、蒸汽及电能等热源，通过热表面对湿空气加热，则其温度会增高而含湿量不变。在 h-d 图上这一过程可表示为 $A \rightarrow B$ 的变化过程，其 $\varepsilon = \Delta h/0 = +\infty$（见图 1-13）。

2. 湿空气的冷却过程

利用冷水或其他冷媒通过金属等表面对湿空气冷却，在冷表面温度等于或大于湿空气的露点温度时，空气中的水蒸气不会凝结，因此其含湿量也不会变化，只是温度将降低。在 h-d 图上这一等湿冷却（或称干冷）过程表示为 $A \rightarrow C$，其 $\varepsilon = \dfrac{-\Delta h}{0} = -\infty$。

3. 等焓加湿过程

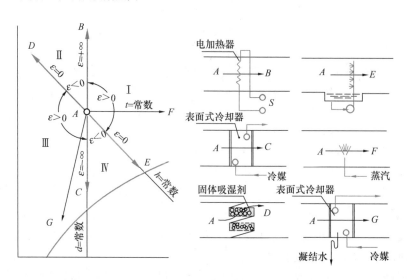

图 1-13　几种典型的湿空气状态变化过程

利用定量的水通过喷洒与一定状态的空气长时间直接接触，则此种水或水滴及其表面的饱和空气层的温度即等于湿空气的湿球温度。因此，此时空气状态的变化过程（$A{\rightarrow}E$）就近似于等焓过程，其 $\varepsilon=4.19t_s$。

4. 等焓减湿过程

利用固体吸湿剂干燥空气时，湿空气中的部分水蒸气在吸湿剂的微孔表面上凝结，湿空气含湿量降低，温度升高，其过程如 $A{\rightarrow}D$ 近似于一个等焓减湿过程。

以上四个典型过程由热湿比 $\varepsilon=\pm\infty$ 及 $\varepsilon=0$ 两条线，以任意湿空气状态 A 为原点将 h-d 图分为四个象限。在各象限内实现的湿空气状态变化过程可统称为多变过程，不同象限内湿空气状态变化过程的特征如表 1-4 所示。

h-d 图上各象限内空气状态变化的特征　　　　　　表 1-4

象　限	热湿比 ε	状态参数变化趋势			过　程　特　征
		h	d	t	
I	$\varepsilon>0$	+	+	±	增焓增湿 喷蒸汽可近似实现等温过程
II	$\varepsilon<0$	+	−	+	增焓，减湿，升温
III	$\varepsilon>0$	−	−	±	减焓，减湿
IV	$\varepsilon<0$	−	+	−	减焓，增湿，降温

向空气中喷蒸汽，其热湿比等于水蒸气的焓值，如蒸汽温度为 $100℃$，则 $\varepsilon=2684$，该过程近似于沿等温线变化，故常称喷蒸汽可使湿空气实现等温加湿过程（见图中 $A{\rightarrow}F$）。

如使湿空气与低于其露点温度的表面接触，则湿空气不仅降温而且脱水，因而即可实现如图 1-13 所示的 $A{\rightarrow}G$，即冷却干燥过程。

前述各节中，一直使用"湿空气"以区别于干空气，以免混淆。同时，在有关单位（量纲）中也均注明千克干，说明是针对每千克干空气而言的。考虑到水蒸气在湿空气中的含量很小，为方便起见，在后续章节和实际应用中可将湿空气简称为空气，将每千克干空气近似为每千克空气。

1.4.2 不同状态空气的混合态在 *h-d* 图上的确定

不同状态的空气互相混合，在空调中是常有的，根据质量与能量守恒原理，若有两种不同状态的空气 A 与 B，其质量分别为 G_A 与 G_B，则可写出

$$G_A h_A + G_B h_B = (G_A + G_B) h_C \tag{1-22}$$

$$G_A d_A + G_B d_B = (G_A + G_B) d_C \tag{1-23}$$

式中，h_C，d_C 分别为混合态的焓值与含湿量。

由式（1-22）及式（1-23）可得

$$\frac{G_A}{G_B} = \frac{h_C - h_B}{h_A - h_C} = \frac{d_C - d_B}{d_A - d_C} \tag{1-24}$$

$$\frac{h_C - h_B}{d_C - d_B} = \frac{h_A - h_C}{d_A - d_C} \tag{1-25}$$

在 *h-d* 图上（见图 1-14）示出 A、B 两状态点，假定 C 点为混合态，由式（1-25）可知，$A \rightarrow C$ 与 $C \rightarrow B$ 具有相同的斜率。因此，A、C、B 在同一直线上。同时，混合态 C 将 $\overline{AB}$ 线分为两段，即 $\overline{AC}$ 与 $\overline{CB}$，且

$$\frac{\overline{CB}}{\overline{AC}} = \frac{h_C - h_B}{h_A - h_C} = \frac{d_C - d_B}{d_A - d_C} = \frac{G_A}{G_B} \tag{1-26}$$

显然，参与混合的两种空气的质量比与 C 点分割两状态连线的线段长度成反比。据此，在 *h-d* 图上求混合状态时，只需将 $\overline{AB}$ 线段划分成满足 G_A/G_B 比例的两段长度，并取 C 点使其接近空气质量大的一端，而不必用公式求解。

两种不同状态空气的混合，若其混合点处于"结雾区"（见图 1-15），则此种空气状态是饱和空气加水雾，是一种不稳定状态。假定饱和空气状态为 D，则混合点 C 的焓值 h_C 应等于 h_D 与水雾焓值 $4.19 t_D \Delta d$ 之和，即

$$h_C = h_D + 4.19 t_D \Delta d \tag{1-27}$$

在式（1-27）中，h_C 已知，h_D、t_D 及 Δd 是相关的未知量，可通过试算找到一组满足式（1-27）的值，则 D 状态即可确定。

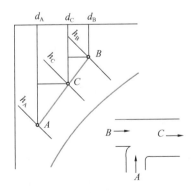

图 1-14　两种状态空气的混合

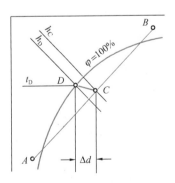

图 1-15　结雾区的空气状态

【**例 1-5**】已知 $G_A = 2000\text{kg/h}$，$t_A = 20℃$，$\varphi_A = 60\%$；$G_B = 500\text{kg/h}$，$t_B = 35℃$，$\varphi_B = 80\%$，求混合后空气状态（$B = 101325\text{Pa}$）。

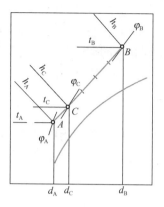

【**解**】（1）在 $B = 101325\text{Pa}$ 的 $h\text{-}d$ 图上根据已知的 t、φ 找到状态点 A 和 B，并以直线相连（见图 1-16）。

（2）混合点 C 在 $\overline{AB}$ 上的位置应符合：

$$\frac{\overline{CB}}{\overline{AC}} = \frac{G_A}{G_B} = \frac{2000}{500} = \frac{4}{1}$$

（3）将 $\overline{AB}$ 线段分为五等分，则 C 点应在接近 A 状态的一等分处。查图得 $t_C = 23.1℃$，$\varphi_C = 73\%$，$h_C = 56\text{kJ/kg}$，$d_C = 12.8\text{g/kg}$。

图 1-16　例 1-5 附图

（4）用计算法验证，可先查出 $h_A = 42.54\text{kJ/kg}$，$d_A = 8.8\text{g/kg}$，$h_B = 109.44\text{kJ/kg}$，$d_B = 29.0\text{g/kg}$，然后按式（1-22）与式（1-23）可得：

$$h_C = \frac{G_A h_A + G_B h_B}{G_A + G_B} = \frac{2000 \times 42.54 + 500 \times 109.44}{2000 + 500} = 56\text{kJ/kg}$$

$$d_C = \frac{G_A d_A + G_B d_B}{G_A + G_B} = \frac{2000 \times 8.8 + 500 \times 29}{2000 + 500} = 12.8\text{g/kg}$$

可见作图求得的混合状态点是正确的。

1.5　空气状态参数的计算法及电子焓湿图

1.5.1　空气状态参数的计算式

由前几节可见，利用 $h\text{-}d$ 图来查找空气状态参数及表达空气状态的变化过程，有其直观性并省去了繁琐的计算。随着计算机的普及，由计算确定空气的状态参数及其变化，利用计算机制成 $h\text{-}d$ 图或数据表已不难实现。现将空气状态参数的计算式汇集如下，以便应用。

1. $T = 273.15 + t$

2. $P_{q \cdot b} = f(T)$ 的经验式

当 $t = -100 \sim 0℃$ 时

$$\ln(P_{q \cdot b}) = \frac{c_1}{T} + c_2 + c_3 T + c_4 T^2 + c_5 T^3 + c_6 T^4 + c_7 \ln(T)$$

式中　$c_1 = -5674.5359$　　　　$c_5 = 0.20747825 \times 10^{-8}$

　　　　$c_2 = 6.3925247$　　　　　$c_6 = -0.9484024 \times 10^{-12}$

　　　　$c_3 = -0.9677843 \times 10^{-2}$　　$c_7 = 4.1635019$

　　　　$c_4 = 0.62215701 \times 10^{-6}$

当 $t = 0 \sim 200℃$ 时

$$\ln(P_{q \cdot b}) = \frac{c_8}{T} + c_9 + c_{10} T + c_{11} T^2 + c_{12} T^3 + c_{13} \ln(T)$$

式中　$c_8 = -5800.2206$　　　　$c_{11} = 0.41764768 \times 10^{-4}$

$c_9 = 1.3914993$ $c_{12} = -0.14452093 \times 10^{-7}$

$c_{10} = -0.048640239$ $c_{13} = 6.5459673$

3. $P_q = P_{q \cdot b}^* - A(t - t_s)B$

或

$$t_s = t - \frac{P_{q \cdot b}^* - P_q}{A \cdot B}$$

式中 $P_{q \cdot b}^*$——湿球温度 t_s 对应的饱和空气层的水蒸气压力；

      A——可根据风速大小计算，即

$$A = \left(65 + \frac{6.75}{v}\right) \cdot 10^{-5}$$

或一般取 $A = 0.000667$。

4. $\varphi = \dfrac{P_q}{P_{q \cdot b}} \times 100\%$

5. $d = 622 \dfrac{P_q}{B - P_q}$ （g/kg）

6. $h = 1.01t + 0.001d(2500 + 1.84t)$

7. $\rho = 0.003484 \dfrac{B}{T} - 0.00134 \dfrac{P_q}{T}$

8. $v = \dfrac{1}{\rho}$

9. $t_l = f(P_q)$ 的经验式

当 $t_l = 0 \sim 93\text{℃}$ 时

$$t_l = c_{14} + c_{15}\ln(P_q) + c_{16}[\ln(P_q)]^2 + c_{17}[\ln(P_q)]^3 + c_{18}(P_q)^{0.1984}$$

式中 $c_{14} = 6.54$ $c_{17} = 0.09486$

      $c_{15} = 14.526$ $c_{18} = 0.4569$

      $c_{16} = 0.7389$

当 $t_l < 0\text{℃}$ 时

$$t_l = 6.09 + 12.608\ln(P_q) + 0.4959[\ln(P_q)]^2$$

利用以上各算式，在已知当地大气压力及任意两个独立参数时，即可求得其他各参数值。

1.5.2 电子焓湿图*

扫码阅读
（详见封底说明）

1.6 英国美国的焓湿图

英国美国的暖通空调专业常用的湿空气性质图与我国所用的焓湿图略有不同，主要有以下两种类型：

（1）用焓和含湿量作坐标的 h-d 图，为非直角系坐标，如美国供暖、制冷与空调工程师学会（ASHRAE）制作的焓湿图；

（2）用温度和含湿量作坐标的 t-d 图，为直角坐标系，如开利等大型企业所制作的焓湿图。

两种湿空气性质图基本相似，同一状态下所查得的值相差小于 1%，ASHRAE 制作的焓湿图目前使用更广泛。图 1-17 为 ASHRAE 手册所绘制的 *h-d* 图示意图，该图为 101.325kPa、0～50℃下的湿空气焓湿图，其他的不同压力下、不同温度区间内的焓湿图

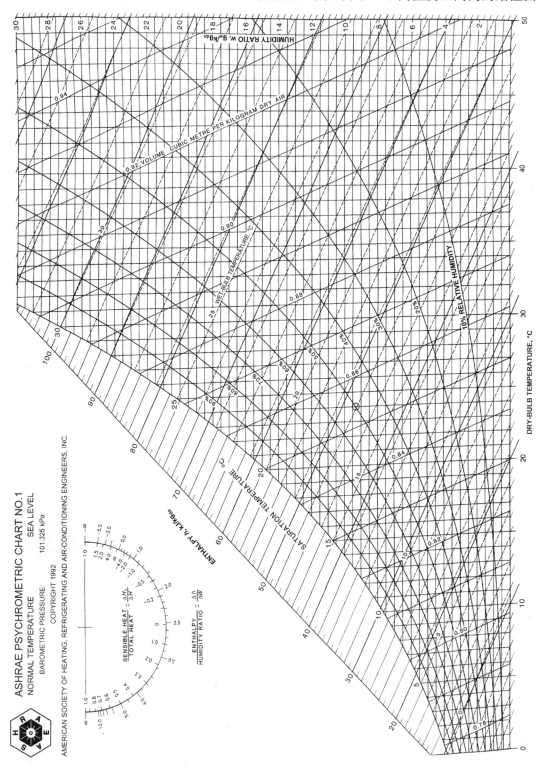

图 1-17　ASHRAE 的焓湿图

可通过 ASHRAE 手册获得。与我国常用的焓湿图相比，除了都有等焓线、等含湿量线、等干球温度线、等相对湿度线外，还有等比容线和等湿球温度线。图的左上角给出了热湿比的方向线和显热与全热比值的方向线。将该图逆时针旋转 90°，再进行水平翻转，此时该图与我国所用的焓湿图类似。

图 1-17 所示的焓湿图的等含湿量线是水平直线，且区间为 0～30g/kg；等干球温度线为接近垂直的直线，区间为 0～50℃；等焓线、等比容线和等湿球温度线均为倾斜的直线，且方向不同；等相对湿度线在图上以 10％为间隔，且相对湿度 0％的线为水平线，其余为曲线。在图的左上侧的量角器显示了两个比例，一个用于显热量与全热量之比；另一个用于焓差与含湿量差的比率，即热湿比线。

下面举例说明该焓湿图的用法。

在 101.325kPa 的压力下，湿空气的干球温度为 40℃、湿球温度为 20℃。求该湿空气状态点的含湿量、焓、露点温度、相对湿度和比容。

在 40℃干球温度和 20℃湿球温度线的交点处找到状态点。读取含湿量 $d=6.5g/kg$；作通过该状态点的等焓线与刻度线相交，经过线性插值读取焓值 $h=56.7kJ/kg$；露点温度可在 $d=6.5g/kg$ 的等含湿量线与饱和相对湿度线的交点处读取，因此露点温度 $t_l=7℃$；相对湿度 φ 可以根据状态点位置进行插值估算，该点 $\varphi=14\%$；比容可以通过 $0.88m^3/kg$ 和 $0.90m^3/kg$ 的等比容线之间的线性插值得到，因此，比容 $v=0.896m^3/kg$。

思考题与习题

1. 试解释用 1kg 干空气作为湿空气参数度量单位基础的原因。

2. 如何用含湿量和相对湿度来表征湿空气的干、湿程度？

3. 某管道表面温度等于周围空气的露点温度，试问该表面是否结露？

4. 有人认为："空气中水的温度就是空气湿球温度"，对否？

5. 已知空气压力为 101325Pa，温度为 20℃，水蒸气分压力为 1600Pa，试用公式求：空气的含湿量 d 及相对湿度 φ。

6. 已知大气压力为 101325Pa，在下列已知空气状态参数条件下利用 h-d 图求其他状态参数：

(1) $t_a=25℃$，$\varphi_a=60\%$；

(2) $h_a=44kJ/kg$ 干，$d_a=8g/kg$ 干。

7. 向 1000kg 状态为 $t=24℃$，$\varphi=55\%$ 的空气加入 2500kJ 的热量并喷入 2kg 温度为 20℃的水全部蒸发，试求空气的终状态。

8. 写出水温为 t_w 时水的汽化潜热计算式。

9. 自行选择不同的干、湿球温度读数组合，来确定空气状态。

10. 为什么喷入 100℃的热蒸汽，如果不产生凝结水，则空气温度不会明显升高？

11. 状态为 $t_1=26℃$，$\varphi_1=55\%$ 和 $t_2=13℃$，$\varphi_2=95\%$ 两部分空气混合至具有 $t=20℃$ 的混合状态，试求这两部分空气的质量比。

中英术语对照

大气压力	atmospheric pressure; barometric pressure
凝结水	condensate
露点温度	dew-point temperature
干空气	dry air

干球温度	dry-bulb temperature
电加热器	electric heater
焓	enthalpy
含湿量	humidity ratio
汽化潜热	latent heat of vaporization
湿空气	moist air
标准温度	normal temperature
焓湿图	psychrometric chart
热湿比	ratio of enthalpy difference to humidity ratio difference
相对湿度	relative humidity
饱和温度	saturation temperature
海平面	sea level
显热	sensible heat
固体吸湿剂	solid desiccant
比容	specific volume
蒸汽	steam
表面式冷却器	surface-type cooler
全热	total heat
水蒸气	water vapor
湿球温度	wet-bulb temperature

本章主要参考文献

［1］ ASHRAE. ASHRAE handbook-fundamentals［M］. SI ed. Atlanta：ASHRAE, Inc.，2013.

［2］ 任泽霈，蔡睿贤. 热工手册［M］. 北京：机械工业出版社，2002.

［3］ 燕达，谢晓娜，宋芳婷，等. 建筑环境设计模拟分析软件 DeST 第一讲 建筑模拟技术与 DeST 发展简介［J］. 暖通空调，2004(07)：48-56.

［4］ 刘兆濡，燕达，吴如宏，等. 基于 DeST 的城市建筑能耗模拟平台开发［J］. 建筑科学，2021，37(10)：16-23.

［5］ 孙红三，燕达，吴如宏. 基于 DeST 平台的联合仿真系统开发［J］. 建筑科学，2018，34(10)：2-8.

［6］ 陈俏俏. 浅谈天正暖通软件在空调设计中的应用［J］. 四川建材，2021，47(06)：198-199.

第 2 章　空气的热湿处理

为满足空调房间送风温、湿度的要求，在空调系统中必须有相应的热湿处理设备，以便能对空气进行各种热湿处理，达到所要求的送风状态。

2.1　空气热湿处理的途径及使用设备的类型

2.1.1　空气热湿处理的各种方案

由 h-d 图分析可见，在空调系统中，为得到同一送风状态点，可能有不同的空气处理方案。以完全使用室外新风的空调系统（直流式系统，见第 4 章）为例，一般夏季需对室外空气进行冷却减湿处理，而冬季则需加热加湿，然而具体到将夏、冬季分别为 W 和 W' 点的室外空气如何处理到送风状态点 O，则可能有如图 2-1 所示的各种空气处理方案。表 2-1 是对这些空气处理方案的简要说明。

表 2-1 中列举的各种空气处理方案都是一些简单空气处理过程的组合。由此可见，可以通过不同的途径，即采用不同的空气处理方案而得到同一种送风状态。至于究竟采用哪种方案，则需结合各种空气处理方案及使用设备的特点，经过分析比较才能最后确定。

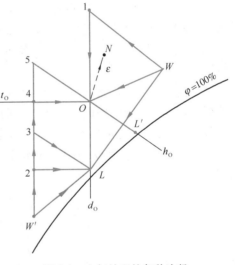

图 2-1　空气处理的各种途径

2.1.2　空气热湿处理设备的类型

在空调工程中，实现不同的空气处理过程需要不同的空气处理设备，如空气的加热、冷却、加湿、减湿设备等。有时，一种空气处理设备能同时实现空气的加热加湿、冷却干燥或者升温干燥等过程。

尽管空气的热湿处理设备名目繁多，构造多样，然而它们大多是使空气与其他介质进行热、湿交换的设备。

各种空气处理方案及其说明 表 2-1

季节	空气处理方案	处理方案说明
夏　季	(1) $W \to L \to O$ (2) $W \to 1 \to O$ (3) $W \to O$	喷水室喷冷水（或用表面冷却器）冷却减湿→加热器再热 固体吸湿剂减湿→表面冷却器等湿冷却 液体吸湿剂减湿冷却

23

续表

季节	空气处理方案	处理方案说明
冬　季	(1) $W' \to 2 \to L \to O$	加热器预热→喷蒸汽加湿→加热器再热
	(2) $W' \to 3 \to L \to O$	加热器预热→喷水室绝热加湿→加热器再热
	(3) $W' \to 4 \to O$	加热器预热→喷蒸汽加湿
	(4) $W' \to L \to O$	喷水室喷热水加热加湿→加热器再热
	(5) $W' \to 5 \to \underset{5}{\overset{L'}{\searrow}} \to O$	加热器预热→一部分喷水室绝热加湿→与另一部分未加湿的空气混合

作为与空气进行热湿交换的介质有水、水蒸气、冰、各种盐类及其水溶液、制冷剂及其他物质。

根据各种热湿交换设备的特点不同可将它们分成两大类：接触式热湿交换设备和表面式热湿交换设备。前者包括喷水室、蒸汽加湿器、高压喷雾加湿器、湿膜加湿器、超声波加湿器以及使用液体吸湿剂的装置等；后者包括光管式和肋管式空气加热器及空气冷却器等。有的空气处理设备，如喷水式表面冷却器，则兼有这两类设备的特点。

第一类热湿交换设备的特点是，与空气进行热湿交换的介质直接与空气接触，通常是使被处理的空气流过热湿交换介质表面，通过含有热湿交换介质的填料层或将热湿交换介质喷洒到空气中去，形成具有各种分散度液滴的空间，使液滴与流过的空气直接接触。

第二类热湿交换设备的特点是，与空气进行热湿交换的介质不与空气接触，二者之间的热湿交换是通过分隔壁面进行的。根据热湿交换介质的温度不同，壁面的空气侧可能产生水膜（湿表面），也可能不产生水膜（干表面）。分隔壁面有平表面和带肋表面两种。

在所有的热湿交换设备中，喷水室和表面式换热器应用最广，所以本章重点介绍它们。

2.2　空气与水直接接触时的热湿交换

2.2.1　空气与水直接接触时的热湿交换原理

空气与水直接接触时，根据水温不同，可能仅发生显热交换，也可能既有显热交换又有潜热交换，即同时伴有质交换（湿交换）。

显热交换是空气与水之间存在温差时，由导热、对流和辐射作用而引起的换热结果。潜热交换是空气中的水蒸气凝结（或蒸发）而放出（或吸收）汽化潜热的结果。总热交换是显热交换和潜热交换的代数和。

如图 2-2 所示，当空气与敞

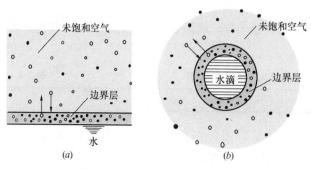

图 2-2　空气与水的热、湿交换
（a）敞开的水面；（b）飞溅的水滴

开水面或飞溅水滴表面接触时，由于水分子做不规则运动的结果，在贴近水表面处存在一个温度等于水表面温度的饱和空气边界层，而且边界层的水蒸气分压力取决于水表面温度。空气与水之间的热湿交换量和边界层周围空气（主体空气）与边界层内饱和空气之间的温差及水蒸气分压力差的大小有关。

如果边界层内空气温度高于主体空气温度，则由边界层向主体空气传热，反之，则由主体空气向边界层传热。

如果边界层内水蒸气分压力大于主体空气的水蒸气分压力，则水蒸气分子将由边界层向主体空气迁移，反之，则水蒸气分子将由主体空气向边界层迁移。所谓"蒸发"与"凝结"现象就是这种水蒸气分子迁移的结果。在蒸发过程中，边界层中减少了的水蒸气分子又由水面跃出的水分子补充；在凝结过程中，边界层中过多的水蒸气分子将回到水面。

如上所述，温差是热交换的推动力，而水蒸气分压力差则是湿（质）交换的推动力。

质交换有两种基本形式：分子扩散和紊流扩散。在静止的流体或做层流运动的流体中的扩散，是由微观分子运动所引起的，称为分子扩散，它的机理类似于热交换过程中的导热。在流体中由于紊流脉动引起的物质传递称为紊流扩散，它的机理类似于热交换过程中的对流作用。

在紊流流体中，除有层流底层中的分子扩散外，还有主流中因紊流脉动而引起的紊流扩散，此两者的共同作用称为对流质交换，它的机理与对流换热相类似。以空气掠过水表面为例，水蒸气先以分子扩散的方式进入水表面上的空气层流底层（即饱和空气边界层），然后再以紊流扩散的方式和主体空气混合，形成对流质交换。

由此可见，质交换与热交换的机理相类似，所以在分析方法上和热交换也有相同之处。

当空气与水在一微元面积 dF（m^2）上接触时，空气温度变化为 dt，含湿量变化为 dd，显热交换量将是：

$$dQ_x = Gc_p dt = \alpha(t - t_b)dF \quad (W) \qquad (2\text{-}1)$$

式中　G——与水接触的空气量，kg/s；

　　　α——空气与水表面间显热交换系数，W/（$m^2 \cdot °C$）；

　　t、t_b——主体空气和边界层空气温度，$°C$。

湿交换量将是：

$$dW = Gdd = \beta(P_q - P_{qb})dF \quad (kg/s) \qquad (2\text{-}2)$$

式中　β——空气与水表面间按水蒸气分压力差计算的湿交换系数，kg/（$N \cdot s$）；

P_q、P_{qb}——主体空气和边界层空气的水蒸气分压力，Pa。

由于水蒸气分压力差在比较小的温度范围内可以用具有不同湿交换系数的含湿量差代替，所以湿交换量也可写成：

$$dW = \sigma(d - d_b)dF \quad (kg/s) \qquad (2\text{-}3)$$

式中　σ——空气与水表面间按含湿量差计算的湿交换系数，kg/（$m^2 \cdot s$）；

　d、d_b——主体空气和边界层空气的含湿量，kg/kg。

潜热交换量将是：

$$dQ_q = rdW = r\sigma(d - d_b)dF \quad (W) \qquad (2\text{-}4)$$

式中　r——温度为 t_b 时水的汽化潜热，J/kg。

因为总热交换量 $dQ_z = dQ_x + dQ_q$，于是，可以写出：

$$dQ_z = [\alpha(t - t_b) + r\sigma(d - d_b)]dF \quad (W) \tag{2-5}$$

通常把总热交换量与显热交换量之比称为换热扩大系数 ξ，即

$$\xi = \frac{dQ_z}{dQ_x} \tag{2-6}$$

由于空气与水之间的热湿交换，所以空气与水的状态都将发生变化。从水侧看，若水温变化为 dt_w，则总热交换量也可写成：

$$dQ_z = Wc\,dt_w \quad (W) \tag{2-7}$$

式中　W——与空气接触的水量，kg/s；

　　　c——水的定压比热，kJ/(kg·℃)。

在稳定工况下，空气与水之间热交换量可以写成下列平衡式，即

$$dQ_x + dQ_q = Wc\,dt_w \quad (W) \tag{2-8}$$

所谓稳定工况是指在换热过程中，换热设备内任何一点的热力学状态参数都不随时间变化的工况。严格地说，空调设备中的换热过程都不是稳定工况。然而考虑到影响空调设备热质交换的许多因素变化（如室外空气参数的变化、工质的变化等）比空调设备本身过程进行得更为缓慢，所以在解决工程问题时可以将空调设备中的热湿交换过程都看成是稳定工况。

在稳定工况下，可将热交换系数和湿交换系数看成沿整个交换面是不变的，并等于其平均值。这样，如能将式（2-1）、式（2-4）、式（2-5）沿整个接触面积分即可求出 Q_x、Q_q 及 Q_z。但在实际条件下接触面积有时很难确定。以空调工程中常用的喷水室为例，水的表面积将是尺寸不同的所有水滴表面积之和，其大小与喷嘴构造、喷水压力等许多因素有关，因此难以计算。

随着科学技术的发展，利用激光衍射技术分析喷水室中水滴直径及其分布情况，并得出具有某一平均直径的粒子总数已成为可能，从而为喷水室热工计算的数值解提供了可能性。

2.2.2　空气与水直接接触时的状态变化过程

空气与水直接接触时，水表面形成的饱和空气边界层与主体空气之间通过分子扩散与

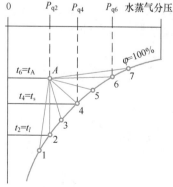

图 2-3　空气与水直接接触时的状态变化过程

紊流扩散，使边界层的饱和空气与主体空气不断混掺，从而使主体空气状态发生变化。因此，空气与水的热湿交换过程可以视为主体空气与边界层空气不断混合的过程。

为分析方便起见，假定与空气接触的水量无限大，接触时间无限长，即在所谓假想条件下，全部空气都能达到具有水温的饱和状态点。也就是说，此时空气的终状态点将位于 h-d 图的饱和曲线上，且空气终温将等于水温。与空气接触的水温不同，空气的状态变化过程也将不同。所以，在上述假想条件下，随着水温不同可以得到图 2-3 所示的七种

典型空气状态变化过程。表 2-2 列举了这七种典型过程的特点。

在上述七种过程中，A-2 过程是空气增湿和减湿的分界线，A-4 过程是空气增焓和减焓的分界线，而 A-6 过程是空气升温和降温的分界线。下面用热湿交换理论简单分析上面列举的七种过程。

如图 2-3 所示，当水温低于空气露点温度时，发生 A-1 过程。此时由于 $t_w < t_l < t_A$ 和 $P_{q1} < P_{qA}$，所以空气被冷却和干燥。水蒸气凝结时放出的热亦被水带走。

空气与水直接接触时各种过程的特点 表 2-2

过程线	水温特点	t 或 Q_x	d 或 Q_q	h 或 Q_z	过程名称
A-1	$t_w < t_l$	减	减	减	减湿冷却
A-2	$t_w = t_l$	减	不变	减	等湿冷却
A-3	$t_l < t_w < t_s$	减	增	减	减焓加湿
A-4	$t_w = t_s$	减	增	不变	等焓加湿
A-5	$t_s < t_w < t_A$	减	增	增	增焓加湿
A-6	$t_w = t_A$	不变	增	增	等温加湿
A-7	$t_w > t_A$	增	增	增	增温加湿

注：表中 t_A、t_s、t_l 为空气的干球温度、湿球温度和露点温度，t_w 为水温。

当水温等于空气露点温度时，发生 A-2 过程。此时由于 $t_w < t_A$ 和 $P_{q2} = P_{qA}$，所以空气被等湿冷却。

当水温高于空气露点温度而低于空气湿球温度时，发生 A-3 过程。此时由于 $t_w < t_A$ 和 $P_{q3} > P_{qA}$，空气被冷却和加湿。

当水温等于空气湿球温度时，发生 A-4 过程。此时由于等湿球温度线与等焓线相近，可以认为空气状态沿等焓线变化而被加湿。在该过程中，由于总热交换量近似为零，而且 $t_w < t_A$，$P_{q4} > P_{qA}$，说明空气的显热量减少、潜热量增加，二者近似相等。实际上，此时水蒸发所需热量取自空气本身。

当水温高于空气湿球温度而低于空气干球温度时，发生 A-5 过程。此时由于 $t_w < t_A$ 和 $P_{q5} > P_{qA}$，空气被加湿和冷却。水蒸发所需热量部分来自空气，部分来自水。

当水温等于空气干球温度时，发生 A-6 过程。此时由于 $t_w = t_A$ 和 $P_{q6} > P_{qA}$，说明不发生显热交换，空气状态变化过程为等温加湿。水蒸发所需热量来自水本身。

当水温高于空气干球温度时，发生 A-7 过程。此时由于 $t_w > t_A$，$P_{q7} > P_{qA}$，空气被加热和加湿。水蒸发所需热量及加热空气的热量均来自于水本身，结果水温降低。以冷却水为目的的湿空气冷却塔内发生的便是这种过程。

和上述假想条件不同，如果在空气处理设备中空气与水的接触时间足够长，但水量是有限的，即所谓理想过程时，则除 $t_w = t_s$ 的热湿交换过程外，水温都将发生变化，同时，空气状态变化过程也就不是一条直线而呈曲线。如在 h-d 图上将整个变化过程依次分段进行考察，则可大致看出曲线形状。

现以水初温低于空气露点温度，且水与空气的运动方向相同（顺流）的情况为例进行分析（图 2-4a）。在开始阶段，状态 A 的空气与具有初温 t_{w1} 的水接触，一小部分空气达到饱和状态，且温度等于 t_{w1}。这一小部分空气与其余空气混合达到状态点 1，点 1 位于点 A 与点 t_{w1} 的连线上。在第二阶段，水温已升高至 $t_{w'}$，此时具有点 1 状态的空气与温度为

t_w 的水接触，又有一小部分空气达到饱和。这一小部分空气与其余空气混合达到状态点 2，点 2 位于点 1 和点 t_w 的连线上。依此类推，最后可得到一条表示空气状态变化过程的折线。间隔划分愈细，则所得过程线愈接近一条曲线，而且在热湿交换充分完善的理想条件下空气状态变化的终点将在饱和曲线上，温度将等于水终温。

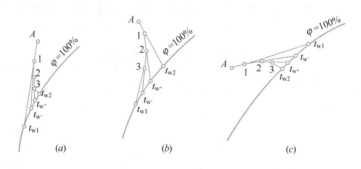

图 2-4　用喷水室处理空气的理想过程

对于逆流情况，用同样的方法分析可得到一条向另外方向弯曲的曲线，而且空气状态变化的终点也在饱和曲线上，温度等于水初温（图 2-4b）。图 2-4（c）是点 A 状态空气与初温 $t_{w1} > t_A$ 的水接触且呈逆流运动时，空气状态的变化情况。

实际上空气与水直接接触时，接触时间也是有限的，因此，空气状态的实际变化过程既不是直线，也难以达到与水的终温（顺流）或初温（逆流）相等的饱和状态。然而在工程中人们关心的只是空气处理的结果，而并不关心空气状态变化的轨迹，所以在已知空气终状态时仍可用连接空气初、终状态点的直线来表示空气状态的变化过程。

2.2.3　热、湿交换的相互影响及同时进行的热湿传递过程

前已述及，在空调设备中空气处理过程常常伴有水分的蒸发和凝结，即常有同时进行的热湿传递过程。美国学者刘伊斯（Lewis）对绝热加湿过程热交换和湿交换的相互影响进行了研究，得出了重要结论。

对于绝热加湿过程，在 dF 接触面积上，空气失去的显热量正好等于水分蒸发需要的潜热量，即

$$\alpha(t - t_b)dF = r\sigma(d_b - d)dF$$

亦即

$$d_b - d = \frac{\alpha}{\sigma r}(t - t_b) \tag{a}$$

对于 Gkg/s 的空气，又可列出下列热平衡方程式：

$$Gr(d_b - d) = Gc_p(t - t_b)$$

即

$$d_b - d = \frac{c_p}{r}(t - t_b) \tag{b}$$

比较（a）、（b）两式可得

$$\frac{\alpha}{\sigma} = c_p$$

或

$$\sigma = \frac{\alpha}{c_p} \tag{2-9}$$

这就是著名的刘伊斯关系式，它表明对流热交换系数与对流质交换系数之比是一常

数。根据刘伊斯关系式，可以由对流热交换系数求出对流质交换系数。

这一结论后来曾一度被推广到所有用水处理空气的过程。但是研究表明，热交换与质交换类比时，只有当质交换的施米特准则（Sc）与热交换的普朗特准则（Pr）数值相等，而且边界条件的数学表达式也完全相同时，反映对流质交换强度的宣乌特准则（Sh）和反映对流热交换强度的努谢尔特准则（Nu）才相等，只有此时热质交换系数之比才是常数。上述绝热加湿过程是符合这一条件的，进一步研究表明，通常空气中的热湿交换都符合或近似符合这些条件，这就使问题大为简化，也为一些空调设备热工计算方法的提出打下了基础。

如果在空气与水的热湿交换过程中存在刘伊斯关系式，则式（2-5）将变成：

$$dQ_z = \sigma[c_p(t-t_b) + r(d-d_b)]dF \qquad (2-10)$$

上式为近似式，因为它没有考虑水分蒸发或水蒸气凝结时液体热的转移。以水蒸气的焓代替式中的汽化潜热，同时将湿空气的比热用 $1.01+1.84d$ 代替。这样，上式就变成：

$$dQ_z = \sigma[(1.01+1.84d)(t-t_b) + (2500+1.84t_b)(d-d_b)]dF$$

或 $\quad dQ_z = \sigma\{[1.01t+(2500+1.84t)d] - [1.01t_b+(2500+1.84t_b)d_b]\}dF$

即 $$dQ_z = \sigma(h-h_b)dF \qquad (2-11)$$

式中 h、h_b——主体空气和边界层饱和空气的焓，kJ/kg。

公式（2-11）又称为麦凯尔（Merkel）方程。它表明在热质交换同时进行时，如果符合刘伊斯关系式的条件存在，则推动总热交换的动力是空气的焓差。因此，总热交换量与湿空气的焓差有关，或者说与主体空气和边界层空气的湿球温度差有关。

2.3　用喷水室处理空气

在空调工程中，用喷水室处理空气的方法得到了普遍应用。喷水室的主要优点是能够实现多种空气处理过程，具有一定的净化空气能力，耗金属量少和容易加工。但是，它也有对水质要求高、占地面积大、水泵耗能多等缺点。所以，目前在一般建筑中已不常使用或仅作为加湿设备使用。但是，在以调节湿度为主要目的的纺织厂、卷烟厂等工程中仍大量使用。

2.3.1　喷水室的构造和类型

图 2-5（a）所示的是应用比较广泛的单级、卧式、低速喷水室，它由许多部件组成。前挡水板有挡住飞溅出来的水滴和使进风均匀流动的双重作用，因此有时也称它为均风板。被处理空气进入喷水室后流经喷水管排，与喷嘴中喷出的水滴相接触进行热湿交换，然后经后挡水板流走。后挡水板能将空气中夹带的水滴分离出来，以减少喷水室的"过水量"。在喷水室中通常设置一至三排喷嘴，最多四排喷嘴。喷水方向根据与空气流动方向相同与否分为顺喷、逆喷和对喷。从喷嘴喷出的水滴完成与空气的热湿交换后，落入底池中。

底池和四种管道相通，它们是：

（1）循环水管：底池通过滤水器与循环水管相连，使落到底池的水能重复使用。滤水器的作用是清除水中杂物，以免喷嘴堵塞。

（2）溢水管：底池通过溢水器与溢水管相连，以排除水池中维持一定水位后多余的水。在溢水器的喇叭口上有水封罩可将喷水室内、外空气隔绝，防止喷水室内产生异味。

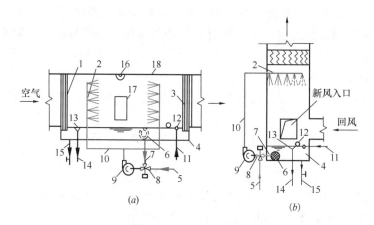

图 2-5　喷水室的构造

（a）卧式喷水室；（b）立式喷水室

1—前挡水板；2—喷嘴与排管；3—后挡水板；4—底池；5—冷水管；6—滤水器；
7—循环水管；8—三通混合阀；9—水泵；10—供水管；11—补水管；12—浮球阀；
13—溢水器；14—溢水管；15—泄水管；16—防水灯；17—检查门；18—外壳

（3）补水管：当用循环水对空气进行绝热加湿时，底池中的水量将逐渐减少，由于泄漏等原因也可能引起水位降低。为了保持底池水面高度一定，且略低于溢水口，需设补水管并经浮球阀自动补水。

（4）泄水管：为了检修、清洗和防冻等目的，在底池的底部需设泄水管，以便在需要泄水时，将池内的水全部泄至下水道。

为了观察和检修的方便，喷水室应有防水照明灯和密闭检查门。

喷嘴是喷水室的最重要部件。我国曾广泛使用 Y-1 型离心喷嘴，其构造与性能见附录 2-1。国内研制出的喷嘴还有 BTL-1 型、PY-1 型、FL 型、FKT 型等。由于使用 Y-1 型喷嘴的喷水室实验数据较完整，故在本章例题中仍加以引用。

挡水板是影响喷水室处理空气效果的又一重要部件。它由多折的或波浪形的平行板组成。当夹带水滴的空气通过挡水板的曲折通道时，由于惯性作用，水滴就会与挡水板表面发生碰撞，并聚集在挡水板表面上形成水膜，然后沿挡水板下流到底池。

用镀锌钢板加工而成的多折形挡水板由于其阻力较大，已较少使用。而用各种塑料板制成的波形和蛇形挡水板，阻力较小且挡水效果较好。

喷水室有卧式和立式、单级和双级，低速和高速之分。此外，在工程上还使用带旁通和带填料层的喷水室。

立式喷水室（图 2-5b）的特点是占地面积小，空气流动自下而上，喷水由上而下，因此空气与水的热湿交换效果更好，一般是在处理风量小或空调机房层高允许的地方采用。

双级喷水室能够使水重复使用，因而水的温升大、水量小，在使空气得到较大焓降的同时节省了水量。因此，它更宜用在使用自然界冷水或空气焓降要求大的地方。双级喷水室的缺点是占地面积大，水系统复杂。关于它的特点后面还要介绍。

一般低速喷水室内空气流速为 2～3m/s，而高速喷水室内空气流速更高。图 2-6 所示的是高速喷水室，在其圆形断面内空气流速可高达 $8\sim10\text{m/s}$，挡水板在高速气流驱动下旋转，靠离心力作用排除所夹带的水滴。图 2-7 所示的是结构与低速喷水室类似的高速喷水室，它的风速范围为 $3.5\sim6.5\text{m/s}$。为了减少空气阻力，它的均风板用流线形导流格栅代替，后挡水板为双波形。这种高速喷水室已在我国纺织行业推广应用。

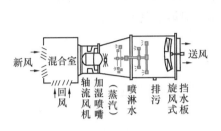

图 2-6　高速喷水室

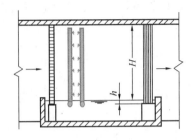

图 2-7　高速喷水室

带旁通的喷水室是在喷水室的上面或侧面增加一个旁通风道，它可使一部分空气不经过喷水处理而与经过喷水处理的空气混合，得到要求处理的空气终参数。

带填料层的喷水室，是由分层布置的玻璃丝盒组成。玻璃丝盒上均匀地喷水（图 2-8），空气穿过玻璃丝层时与各玻璃丝表面上的水膜接触进行热湿交换。这种喷水室对空气的净化作用更好，它适用于空气加湿或者蒸发式冷却，也可作为水的冷却装置。

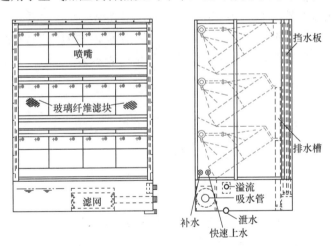

图 2-8　玻璃丝盒喷水室

2.3.2　喷水室的热工计算方法

喷水室的热工计算方法主要分两类，一类基于热质交换系数，另一类基于热交换效率。

在第一类计算方法中，通常是根据实验数据确定与喷水室结构特性、空气质量流速、喷水系数、喷嘴前水压等有关的热、质交换系数。由于空气与水接触的真实面积难以确定，所以也有人按一个假定表面——喷水室横断面积来整理热质交换系数。

第二类方法的特点是使用两个热交换效率、一个热平衡式。下面主要介绍这类方法。

1. 喷水室的热交换效率 E 和 E'

E 和 E' 是喷水室的两个热交换效率，它们表示的是喷水室的实际处理过程与喷水量有限但接触时间足够充分的理想过程接近的程度，并且用它们来评价喷水室的热工性能。

（1）全热交换效率 E

对常用的冷却减湿过程，空气状态变化和水温变化如图 2-9 所示。当空气与有限水量接触时，在理想条件下，空气状态将由点 1 变到点 3，水温将由点 5 之 t_{w1} 变到点 3 之 t_3。在实际条件下，空气状态只能达到点 2，水终温也只能达到点 4 之 t_{w2}。

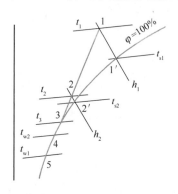
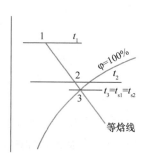

图 2-9　冷却干燥过程空气
与水的状态变化

图 2-10　绝热加湿过程空气
与水的状态变化

喷水室的全热交换效率 E（也叫第一热交换效率或热交换效率系数）是同时考虑空气和水的状态变化的。如果把空气状态变化的过程线沿等焓线投影到饱和曲线上，并近似地将这一段饱和曲线看成直线，则全热交换效率 E 可以表示为

$$E = \frac{\overline{1'2'} + \overline{45}}{\overline{1'5}} = \frac{(t_{s1} - t_{s2}) + (t_{w2} - t_{w1})}{t_{s1} - t_{w1}}$$

$$= \frac{(t_{s1} - t_{w1}) - (t_{s2} - t_{w2})}{t_{s1} - t_{w1}}$$

即
$$E = 1 - \frac{t_{s2} - t_{w2}}{t_{s1} - t_{w1}} \tag{2-12}$$

由此可见，当 $t_{s2} = t_{w2}$ 时，即空气终状态在饱和线上的投影与水的终状态重合时，$E=1$。t_{s2} 与 t_{w2} 的差值愈大，说明热湿交换愈不完善，因而 E 值愈小。

不难证明，式（2-12）除绝热加湿过程外，也适用于喷水室的其他各处理过程。

对于绝热加湿过程（图 2-10），由于空气初、终状态的湿球温度等于水温，所以，在理想条件下，空气终状态可达到点 3，而在实际条件下只能达到点 2，故绝热加湿过程的全热交换效率可表示为

$$E = \frac{\overline{12}}{\overline{13}} = \frac{t_1 - t_2}{t_1 - t_{s1}} = 1 - \frac{t_2 - t_{s1}}{t_1 - t_{s1}} \tag{2-13}$$

（2）通用热交换效率 E'

喷水室的通用热交换效率 E'（也叫第二热交换效率或接触系数）只考虑空气状态变化。因此，根据图 2-9 可知 E' 为

$$E' = \frac{\overline{12}}{\overline{13}} = \frac{t_1 - t_2}{t_1 - t_3}$$

同样如果把图 2-9 中 h_1 与 h_3 之间的一段饱和曲线近似看成直线，则有

$$E' = \frac{\overline{12}}{\overline{13}} = \frac{\overline{1'2'}}{\overline{1'3}} = 1 - \frac{\overline{2'3}}{\overline{1'3}}$$

由于 $\triangle 131'$ 与 $\triangle 232'$ 几何相似，因此

$$\frac{\overline{2'3}}{\overline{1'3}} = \frac{\overline{22'}}{\overline{11'}} = \frac{t_2 - t_{s2}}{t_1 - t_{s1}}$$

所以

$$E' = 1 - \frac{t_2 - t_{s2}}{t_1 - t_{s1}} \tag{2-14}$$

可以证明，式（2-14）适用于喷水室的各种处理过程，包括绝热加湿过程。由于绝热加湿过程的 $t_{s2} = t_{s1}$，所以 E' 为

$$E' = 1 - \frac{t_2 - t_{s2}}{t_1 - t_{s1}} = 1 - \frac{t_2 - t_{s1}}{t_1 - t_{s1}}$$

亦即此时 $E' = E$。

2. 影响喷水室热交换效果的因素及两个效率的实验值

影响喷水室热交换效果的因素很多，诸如空气的质量流速、喷嘴类型与布置密度、喷嘴孔径与喷嘴前水压、空气与水的接触时间、空气与水滴的运动方向以及空气与水的初、终参数等。但是，对一定的空气处理过程而言，可将主要的影响因素归纳为以下四个方面。

（1）空气质量流速的影响

喷水室内的热、湿交换首先取决于与水接触的空气流动状况。然而在空气的流动过程中，随着温度变化其流速也将发生变化。为了引进能反映空气流动状况的稳定因素，采用空气质量流速 $v\rho$（v 为空气流速，m/s；ρ 为空气密度，kg/m³）比较方便。$v\rho$ 的计算式为

$$v\rho = \frac{G}{3600f} \quad (kg/(m^2 \cdot s)) \tag{2-15}$$

式中　G——通过喷水室的空气量，kg/h；

　　　f——喷水室的横断面积，m²。

由此可见，所谓空气质量流速就是单位时间内通过每平方米喷水室断面的空气质量，它不因温度变化而变化。

实验证明，增大 $v\rho$ 可使喷水室的热交换效率系数和接触系数变大，并且在风量一定的情况下可缩小喷水室的断面尺寸，从而减少其占地面积。但 $v\rho$ 过大也会引起挡水板过水量及喷水室阻力的增加。所以常用的 $v\rho$ 范围是 $2.5 \sim 3.5$ kg/(m² · s)。

（2）喷水系数的影响

喷水量的大小常以处理每千克空气所用的水量，即喷水系数来表示。如果通过喷水室的风量为 G（kg/h），总喷水量为 W（kg/h），则喷水系数为

$$\mu = \frac{W}{G} \quad (kg 水 / kg 空气) \tag{2-16}$$

实践证明，在一定的范围内加大喷水系数可增大热交换效率系数和接触系数。此外，

对不同的空气处理过程采用的喷水系数也应不同。μ 的具体数值应由喷水室的热工计算决定。

（3）喷水室结构特性的影响

喷水室的结构特性主要是指喷嘴排数、喷嘴密度、排管间距、喷嘴形式、喷嘴孔径和喷水方向等，它们对喷水室的热交换效果均有影响。空气通过结构特性不同的喷水室时，即使 $v\rho$ 与 μ 值完全相同，也会得到不同的处理效果。下面简单分析一下这些因素的影响。

1）喷嘴排数：以各种减焓处理过程为例，实验证明单排喷嘴的热交换效果比双排的差，而三排喷嘴的热交换效果和双排的差不多。因此，三排喷嘴并不比双排喷嘴在热工性能方面有多大优越性，所以工程上多用双排喷嘴。只有当喷水系数较大，如用双排喷嘴，须用较高的水压时，才改用三排喷嘴。

2）喷嘴密度：每 $1m^2$ 喷水室断面上布置的单排喷嘴个数叫喷嘴密度。实验证明，喷嘴密度过大时，水苗互相叠加，不能充分发挥各自的作用。喷嘴密度过小时，则因水苗不能覆盖整个喷水室断面，致使部分空气旁通而过，引起热交换效果的降低。实验证明，对 Y-1 型喷嘴的喷水室，一般以取喷嘴密度 $n=13\sim24$ 个/（m^2·排）为宜。当需要较大的喷水系数时，通常靠保持喷嘴密度不变，提高喷嘴前水压的办法来解决。但是喷嘴前的水压也不宜大于 0.25MPa（工作压力）。为防止水压过大，此时则以增加喷嘴排数为宜。

3）喷水方向：实验证明，在单排喷嘴的喷水室中，逆喷比顺喷热交换效果好。在双排的喷水室中，对喷比两排均逆喷效果更好。显然，这是因为单排逆喷和双排对喷时水苗能更好地覆盖喷水室断面的缘故。如果采用三排喷嘴的喷水室，则以应用一顺两逆的喷水方式为好。

4）排管间距：实验证明，对于使用 Y-1 型喷嘴的喷水室而言，无论是顺喷还是对喷，排管间距均可采用 600mm。加大排管间距对增加热交换效果并无益处。所以，从节约占地面积考虑，排管间距以取 600mm 为宜。

5）喷嘴孔径：实验证明，在其他条件相同时，喷嘴孔径小则喷出水滴细，增加了与空气的接触面积，所以热交换效果好。但是孔径小易堵塞，需要的喷嘴数量多，而且对冷却干燥过程不利。所以，在实际工作中应优先采用孔径较大的喷嘴。

（4）空气与水初参数的影响

对于结构一定的喷水室而言，空气与水的初参数决定了喷水室内热湿交换推动力的方向和大小。因此，改变空气与水的初参数，可以导致不同的处理过程和结果。但是对同一空气处理过程而言，空气与水的初参数的变化对两个效率的影响不大，可以忽略不计。

通过以上分析可以看到，影响喷水室热交换效果的因素是极其复杂的，不能用纯数学方法确定热交换效率系数和接触系数，而只能用实验的方法，为各种结构特性不同的喷水室提供各种空气处理过程下的热交换效率值。

由于对一定的空气处理过程而言，结构参数一定的喷水室，其两个热交换效率值只取决于 μ 及 $v\rho$，所以可将实验数据整理成 E 或 E' 与 μ 及 $v\rho$ 有关系的图表，也可以将 E 及 E' 整理成以下形式的实验公式：

$$E = A(v\rho)^m \mu^n \tag{2-17}$$

$$E' = A'(v\rho)^{m'} \mu^{n'} \tag{2-18}$$

式中，A、A'、m、m'、n、n' 均为实验的系数和指数，它们因喷水室结构参数及空气处理过程的不同而不同。部分喷水室两个效率实验公式的系数和指数见附录 2-2。

3. 喷水室的热工计算方法与步骤

对结构参数一定的喷水室而言，如果空气处理过程的要求一定，其热工计算的任务就是实现下列三个条件：

(1) 空气处理过程需要的 E 应等于该喷水室能达到的 E；

(2) 空气处理过程需要的 E' 应等于该喷水室能达到的 E'；

(3) 空气放出（或吸收）的热量应等于该喷水室中水吸收（或放出）的热量。

上述三个条件可以用三个方程式表示，例如对冷却干燥过程，三个方程式为

$$1 - \frac{t_{s2} - t_{w2}}{t_{s1} - t_{w1}} = f(vp, \mu) \qquad (2\text{-}19)$$

$$1 - \frac{t_2 - t_{s2}}{t_1 - t_{s1}} = f(vp, \mu) \qquad (2\text{-}20)$$

$$G(h_1 - h_2) = Wc(t_{w2} - t_{w1}) \qquad (2\text{-}21)$$

式（2-21）也可以写成：

$$h_1 - h_2 = \mu c(t_{w2} - t_{w1}) \qquad (2\text{-}22)$$

或

$$\Delta h = \mu c \Delta t_w$$

为了计算方便，有时还利用焓差与湿球温度差的关系 $\Delta h = \psi \Delta t_s$。在 $t_s = 0 \sim 20℃$ 的范围内，由于利用 $\Delta h = 2.86\Delta t_s$ 计算误差不大，上面的方程式也可以用下式代替：

$$2.86\Delta t_s = 4.19\mu\Delta t_w \qquad (2\text{-}23)$$

或

$$\Delta t_s = 1.46\mu\Delta t_w \qquad (2\text{-}24)$$

联立求解方程式（2-19）、式（2-20）和式（2-21）式（2-24）可以解出三个未知数。在实际热工计算中，根据未知数特点分为两种主要计算类型，详见表 2-3。

喷水室的计算类型　　　　表 2-3

计算类型	已 知 条 件	计 算 内 容
设计性计算	空气量 G 空气的初、终状态 t_1、t_{s1}（$h_1\cdots$） t_2、t_{s2}（$h_2\cdots$）	喷水室结构（选定后成为已知条件） 喷水量 W（或 μ） 水的初、终温度 t_{w1}、t_{w2}
校核性计算	空气量 G 空气的初状态 t_1、t_{s1}（$h_1\cdots$） 喷水室结构 喷水量 W（或 μ） 喷水初温 t_{w1}	空气终状态 t_2、t_{s2}（$h_2\cdots$） 水的终温 t_{w2}

需要说明的是，在表 2-3 的设计性计算中喷水室结构一经选定，便成为已知条件。

在设计性计算中，按计算得到的喷水初温 t_{w1}，决定采用何种冷源。如果自然冷源满足不了要求，则应采用人工冷源，即用制冷机制取冷冻水（亦称冷水）。如果喷水初温 t_{w1} 比冷冻水温 t_{le} 高（一般 $t_{le} = 5 \sim 7℃$），则需使用一部分循环水。这时需要的冷冻水量 W_{le}、循环水量 W_x 和回水量 W_h 可以根据图 2-11 的热平衡关系确定。

由热平衡关系式

$$Gh_1 + W_{le}ct_{le} = Gh_2 + W_h ct_{w2}$$

而

$$W_{le} = W_h$$

所以

$$G(h_1 - h_2) = W_{le}c(t_{w2} - t_{le})$$

即

$$W_{le} = \frac{G(h_1 - h_2)}{c(t_{w2} - t_{le})} \qquad (2\text{-}25)$$

又由于

$$W = W_{le} + W_x$$

所以

$$W_x = W - W_{le} \qquad (2\text{-}26)$$

下面通过例题说明喷水室热工计算的方法与步骤。

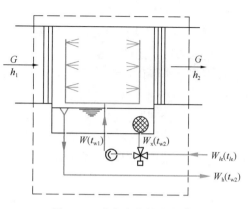

图 2-11　喷水室的热平衡图

【**例 2-1**】已知需处理的空气量 G 为 21600kg/h；当地大气压力为 101325Pa；

空气的初参数为：

$$t_1 = 28℃, t_{s1} = 22.5℃, h_1 = 65.8\text{kJ/kg};$$

需要处理的空气终参数为：

$$t_2 = 16.6℃, t_{s2} = 15.9℃, h_2 = 44.4\text{kJ/kg}。$$

求喷水量 W、喷嘴前水压 p、水的初温 t_{w1}、终温 t_{w2}、冷冻水量 W_{le} 及循环水量 W_x。

【**解**】（1）参考附录 2-2 选用喷水室结构：双排对喷，Y-1 型离心式喷嘴，$d_0 = 5\text{mm}$，$n = 13$ 个/（$\text{m}^2 \cdot$ 排），取 $v\rho = 3\text{kg/(m}^2 \cdot \text{s)}$

（2）列出热工计算方程式

由图 2-12 可知，本例为冷却干燥过程，根据附录 2-2，可以得到三个方程式如下：

$$\begin{cases} 1 - \dfrac{t_{s2} - t_{w2}}{t_{s1} - t_{w1}} = 0.745(v\rho)^{0.07}\mu^{0.265} \\ 1 - \dfrac{t_2 - t_{s2}}{t_1 - t_{s1}} = 0.755(v\rho)^{0.12}\mu^{0.27} \\ h_1 - h_2 = \mu c(t_{w2} - t_{w1}) \end{cases}$$

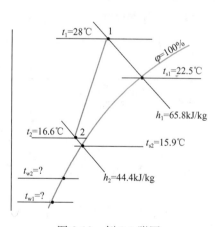

图 2-12　例 2-1 附图

将已知数代入方程式可得

$$\begin{cases} 1 - \dfrac{15.9 - t_{w2}}{22.5 - t_{w1}} = 0.745 \times (3)^{0.07}\mu^{0.265} \\ 1 - \dfrac{16.6 - 15.9}{28 - 22.5} = 0.755 \times (3)^{0.12}\mu^{0.27} \\ 65.8 - 44.4 = \mu \times 4.19(t_{w2} - t_{w1}) \end{cases}$$

经过简化可得

$$\begin{cases} 1 - \dfrac{15.9 - t_{w2}}{22.5 - t_{w1}} = 0.805\mu^{0.265} \\ 0.861\mu^{0.27} = 0.873 \\ \mu(t_{w2} - t_{w1}) = 5.11 \end{cases}$$

（3）联解三个方程式可得

$$\mu = 1.05; t_{w1} = 8.45℃; t_{w2} = 13.31℃$$

（4）求总喷水量

总喷水量为

$$W = \mu \cdot G = 1.05 \times 21600 = 22680 \text{kg/h}$$

（5）求喷嘴前水压

根据已知条件，可求出喷水室断面为

$$f = \frac{G}{v\rho \times 3600} = \frac{21600}{3 \times 3600} = 2.0\text{m}^2$$

两排喷嘴的总喷嘴数为

$$N = 2nf = 2 \times 13 \times 2 = 52 \text{个}$$

根据计算所得的总喷水量 W，知每个喷嘴的喷水量为

$$\frac{W}{N} = \frac{22680}{52} = 436\text{kg/h}$$

根据每个喷嘴的喷水量 436kg/h 及喷嘴孔径 $d_0 = 5$mm，查附录 2-1（b）可得喷嘴前所需水压为 0.18MPa（工作压力）。

（6）求冷冻水量及循环水量。根据前面的计算已知 $t_{w1} = 8.45℃$，若冷冻水初温 $t_{le} = 7℃$，则根据公式（2-25）可得需要的冷冻水量为

$$W_{le} = \frac{G(h_1 - h_2)}{c(t_{w2} - t_{le})} = \frac{21600 \times (65.8 - 44.4)}{4.19 \times (13.31 - 7)} = 17483\text{kg/h}$$

同时可得需要的循环水量为

$$W_x = W - W_{le} = 22680 - 17483 = 5297\text{kg/h}$$

以上就是单级喷水室设计性的热工计算方法和步骤。

对于全年都使用的喷水室，一般也可仅对夏季进行热工计算，冬季就取夏季的喷水系数，如有必要也可以按冬季的条件进行校核计算，以检查冬季经过处理后空气的终参数是否满足设计要求。必要时，冬夏两季可采用不同的喷水系数，用变频水泵以节约运行费。

4. 喷水室喷水温度和喷水量的调整

在喷水室的设计性计算中，只能求出一个固定的水初温，例如在例 2-1 中求出的 $t_{w1} = 8.45℃$。如果能够提供的冷水温度稍高，则可在一定范围内通过调整水量来改变水初温。

研究表明，在新的水温条件下，所需喷水系数大小，可以利用下面关系式求得：

$$\frac{\mu}{\mu'} = \frac{t_{l1} - t'_{w1}}{t_{l1} - t_{w1}} \tag{2-27}$$

式中 t_{w1}、μ——第一次计算时的喷水初温和喷水系数；

t'_{w1}、μ'——新的喷水初温和喷水系数；

t_{l1}——被处理空气的露点温度。

为了验证上述调整喷水温度和喷水系数公式的可信度、下面仍按例 2-1 的条件，但将喷水初温改成 10℃进行一次校核性计算。

【例 2-2】 在例 2-1 中已知 $G = 21600$kg/h，$t_1 = 28℃$，$t_{s1} = 22.5℃$，$t_{l1} = 20.4℃$，$t_2 = 16.6℃$，$t_{s2} = 15.9℃$。并曾通过计算得到 $\mu = 1.05$，$t_{w1} = 8.45℃$，$W = 22680$kg/h。试将喷水初温改成 10℃进行校核性计算。

【解】现在 $t'_{w1}=10℃$，则依据式（2-27）可求出新水温下的喷水系数为

$$\mu'=\frac{\mu(t_{l1}-t_{w1})}{t_{l1}-t'_{w1}}=\frac{1.05\times(20.4-8.45)}{20.4-10}=1.2$$

于是可得新条件下的喷水量为

$$W=1.2\times21600=25920\text{kg/h}$$

下面利用新的 $\mu'=1.2$ 和 $t'_{w1}=10℃$ 计算该喷水室能够得到的空气终状态和水终温。这是校核性计算问题。

将已知数代入热工计算方程式

$$\begin{cases}1-\dfrac{t_{s2}-t_{w2}}{22.5-10}=0.745\times(3)^{0.07}\times(1.2)^{0.265}\\[2mm]1-\dfrac{t_2-t_{s2}}{28-22.5}=0.755\times(3)^{0.12}\times(1.2)^{0.27}\\[2mm]2.86(22.5-t_{s2})=1.2\times4.19(t_{w2}-10)\end{cases}$$

经过化简可得

$$\begin{cases}t_{s2}-t_{w2}=1.945\\t_2-t_{s2}=0.523\\1.758t_{w2}+t_{s2}=40.08\end{cases}$$

联解三个方程式可得

$$t_2=16.3℃;t_{s2}=15.7℃;t_{w2}=13.8℃$$

可见所得空气的终参数与例 2-1 要求的基本相同。

可使用的最高水温可按 $E'=1$ 的条件求得。对于本例，$E'=1$ 时，$\mu=1.73$，$t_{w1}=13.2℃$。

2.3.3　双级喷水室的特点及其热工计算问题

采用天然冷源时（如深井水），为了节省水量，充分发挥水的冷却作用（增大水温升），或者被处理空气的焓降较大，使用单级喷水室难以满足要求时，可使用双级喷水室。典型的双级喷水室是风路与水路串联的喷水室（图 2-13），即空气先进入Ⅰ级喷水室再进入Ⅱ级喷水室，而冷水是先进入Ⅱ级喷水室，然后再由Ⅱ级喷水室底池抽出，供给Ⅰ级喷水室。这样，空气在两级喷水室中能得到较大的焓降，同时水温升也较大。在各级喷水室里空气状态和水温变化情况示于图 2-13 的下部和图 2-14。

双级喷水室的主要特点是：

（1）被处理空气的温降、焓降较大，且空气的终状态一般可达饱和；

（2）Ⅰ级喷水室的空气温降大于Ⅱ级，而Ⅱ级喷水室的空气减湿量大于Ⅰ级；

（3）由于水与空气呈逆流流动，且两次接触，所以水温提高较多，甚至可能高于空气终状态的湿球温度，即可能出现 $t_{w2}>t_{s2}$ 的情况。所以双级喷水室的 E 值可能大于 1，E' 值可能等于 1。

由于双级喷水室的水重复使用，所以两级的喷水系数相同，而且在进行热工计算时，可以作为一个喷水室看待，确定相应的 E、E' 值（见附录 2-2），不必求两级喷水室中间的空气参数。

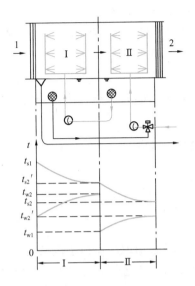

图 2-13 双级喷水室原理图

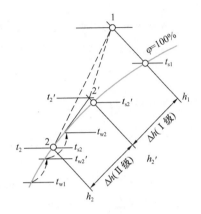

图 2-14 双级喷水室中空气
与水的状态变化

下面通过例题说明双级喷水室的热工计算方法。

【例 2-3】已知被处理的空气初参数及空气量同例 2-1。如果深井水的水温为 14℃，可供使用的水量为 19000kg/h，采用双级喷水室，求处理后的空气终参数及水终温。

【解】喷水系数为

$$\mu = \frac{W}{G} = \frac{19000}{21600} = 0.88$$

根据附录 2-2 列出双级喷水室热工计算方程式

$$\begin{cases} 1 - \dfrac{t_{s2} - t_{w2}}{t_{s1} - t_{w1}} = 0.945(v\varphi)^{0.1}\mu^{0.36} \\[2mm] 1 - \dfrac{t_2 - t_{s2}}{t_1 - t_{s1}} = 1 \\[2mm] 2.86(t_{s1} - t_{s2}) = \mu \times 4.19(t_{w2} - t_{w1}) \end{cases}$$

将已知数代入方程式

$$\begin{cases} 1 - \dfrac{t_{s2} - t_{w2}}{22.5 - 14} = 0.945 \times 3^{0.1} \times 0.88^{0.36} \\[2mm] 1 - \dfrac{t_2 - t_{s2}}{28 - 22.5} = 1 \\[2mm] 2.86(22.5 - t_{s2}) = 0.88 \times 4.19(t_{w2} - 14) \end{cases}$$

经过化简可得

$$\begin{cases} t_{s2} - t_{w2} = -0.06 \\ t_2 - t_{s2} = 0 \\ t_{s2} + 1.289 t_{w2} = 40.55 \end{cases}$$

联解三个方程式可得

$$t_2 = 17.6℃；t_{s2} = 17.6℃；t_{w2} = 17.7℃$$

如果为了得到较大空气焓降使用两个独立的喷水室串联，则应按两个单级喷水室分别计算。

2.3.4 喷水室的阻力计算

空气流经喷水室时将遇到阻力，喷水室的阻力 ΔH 由前后挡水板阻力 ΔH_d、喷嘴管排阻力 ΔH_p 和水苗阻力 ΔH_w 组成，即

$$\Delta H = \Delta H_d + \Delta H_p + \Delta H_w \quad (Pa) \tag{2-28}$$

各部分阻力的计算公式如下：

(1)
$$\Delta H_d = \Sigma \zeta_d \frac{\rho v_d^2}{2} \quad (Pa) \tag{2-29}$$

式中　$\Sigma \zeta_d$——前后挡水板局部阻力系数之和，它的具体数值取决于挡水板结构；

　　　v_d——挡水板处空气迎面风速，m/s，由于挡水板有边框，v_d 比喷水室断面风速 v 大，一般可取 $v_d = (1.1 \sim 1.3) v$。

(2)
$$\Delta H_p = 0.1 z \frac{\rho v^2}{2} \quad (Pa) \tag{2-30}$$

式中　z——喷嘴管排数目；

　　　v——喷水室断面风速，m/s。

(3)
$$\Delta H_w = 1180 b \mu P \quad (Pa) \tag{2-31}$$

式中　μ——喷水系数；

　　　P——喷嘴前水压，MPa（工作压力）；

　　　b——系数，取决于空气和水的运动方向及管排数，一般可取：单排顺喷时 $b = -0.22$，单排逆喷时 $b = 0.13$，双排对喷时 $b = 0.075$。

对于定型喷水室，其阻力已由实测数据整理成曲线或图表，根据喷水室的工作条件亦可查取。

2.4 用表面式换热器处理空气

在空调工程中广泛使用表面式换热器。表面式换热器因具有构造简单、占地少、对水质要求不高、水系统阻力小等优点，已成为常用的空气处理设备。表面式换热器包括空气加热器和表面式冷却器两类。前者用热水或蒸汽做热媒，后者以冷水或制冷剂作冷媒。因此，表面式冷却器又可分为水冷式和直接蒸发式两类。

2.4.1 表面式换热器的构造与安装

1. 表面式换热器的构造

表面式换热器有光管式和肋管式两种。光管式表面换热器由于传热效率低已很少应用。肋管式表面换热器由管子和肋片构成，见图 2-15。

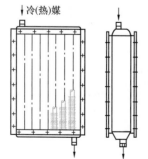

图 2-15 肋管式换热器

为了使表面式换热器性能稳定，应力求使管子与肋片间接

触紧密，减小接触热阻，并保证长久使用后也不会松动。

根据加工方法不同肋片管又分为绕片管、串片管和轧片管等。

将铜带或钢带用绕片机紧紧地缠绕在管子上可制成皱褶式绕片管（图 2-16a）。皱褶的存在既增加了肋片与管子间的接触面积，又增加了空气流过时的扰动性，因而能提高传热系数。但是，皱褶的存在也增加了空气阻力，而且容易积灰，不便清理。为了消除肋片与管子接触处的间隙，可将这种换热器浸镀锌、锡。浸镀锌、锡还能防止金属生锈。

有的绕片管不带皱褶，它们是用延展性好的铝带绕在钢管上制成（图 2-16b）。

将事先冲好管孔的肋片与管束串在一起，经过胀管之后可制成串片管（图 2-16c）。串片管生产的机械化程度可以很高，现在大批铜管铝片的表面式换热器均用此法生产。

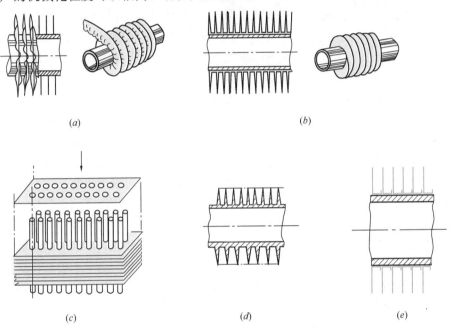

图 2-16　各种肋管式换热器的构造

(a) 皱褶绕片；(b) 光滑绕片；(c) 串片；(d) 轧片；(e) 二次翻边片

用轧片机在光滑的铜管或铝管外表面上轧出肋片便成了轧片管（图 2-16d）。由于轧片管的肋片和管子是一个整体，没有缝隙，所以传热性能更好，但是轧片管的肋片不能太高，管壁不能太薄。

为了提高表面式换热器的传热性能，应该提高管外侧和管内侧的热交换系数。强化管外侧换热的主要措施之一是用二次翻边片（即管孔处翻两次边，见图 2-16e）代替一次翻边片，并提高肋管质量；二是用波形片、条缝片和波形冲缝片等代替平片（图 2-17）。强化管内侧换热的最简单的措施是采用内螺纹管。研究表明，采用上述措施后可使表面

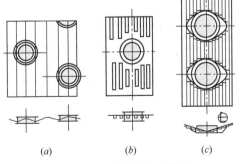

图 2-17　换热器的新型肋片

(a) 波形片；(b) 条缝片；(c) 波形冲缝片

式换热器的传热系数提高（10%～70%）。

此外，在铜管串铝片的换热器生产中，采用亲水铝箔的越来越多。所谓亲水铝箔就是在铝箔上涂防腐蚀涂层和亲水的涂层，并经烘干炉烘干后制成的铝箔。它的表面有较强的

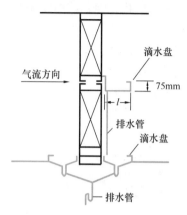

图 2-18 滴水盘与排水管的安装

亲水性，可使换热片上的凝结水迅速流走而不会聚集，避免了换热片间因水珠"搭桥"而阻塞翅片间空隙，从而提高了热交换效率。同时亲水铝箔也有耐腐蚀，防霉菌，无异味等优点，但增加了换热器制造成本。

2. 表面式换热器的安装

表面式换热器可以垂直安装，也可以水平安装或倾斜安装。但是，以蒸汽做热媒的空气加热器最好不要水平安装，以免聚集凝结水而影响传热性能。此外，垂直安装的表面式冷却器必须使肋片处于垂直位置，否则将因肋片上部积水而增加空气阻力。

由于表面式冷却器工作时，表面上常有凝结水产生，所以在它们下部应装接水盘和排水管（图 2-18）。

按空气流动方向来说，表面式换热器可以并联，也可以串联，或者既有并联又有串联。到底采用什么样的组合方式，应按通过空气量的多少和需要的换热量大小来决定。一般是通过空气量多时采用并联，需要空气温升（或温降）大时采用串联。

表面式换热器的冷、热媒管路也有并联与串联之分，不过使用蒸汽做热媒时，各台换热器的蒸汽管只能并联，而用水做热媒或冷媒时各台换热器的水管串联、并联均可。通常的做法是相对于空气来说并联的换热器其冷、热媒管路也应并联，串联的换热器其冷、热媒管路也应串联。管路串联可以增加水流速，有利于水力工况的稳定和提高传热系数，但是系统阻力有所增加。为了使冷、热媒与空气之间有较大温差，最好让空气与冷、热媒之间按逆交叉流型流动，即进水管路与空气出口应位于同一侧。

为了便于使用和维修，冷、热媒管路上应设阀门、压力表和温度计。在蒸汽加热器的管路上还应设蒸汽压力调节阀和疏水器。为了保证换热器正常工作，在水系统最高点应设排空气装置，而在最低点应设泄水和排污阀门。

如果表面式换热器冷热两用，则热媒以用 65℃ 以下的热水为宜，以免因管内壁积水垢过多而影响换热器的出力。

2.4.2 表面式换热器热湿交换过程的特点

表面式换热器的热湿交换是在主体空气与紧贴换热器外表面的边界层空气之间的温差和水蒸气分压力差作用下进行的。根据主体空气与边界层空气的参数不同，表面式换热器可以实现三种空气处理过程：当边界层空气温度高于主体空气温度时，将发生等湿加热过程；当边界层空气温度虽低于主体空气温度，但尚高于其露点温度时将发生等湿冷却过程或称干冷过程（干工况）；当边界层空气温度低于主体空气的露点温度时，将发生减湿冷却过程或称湿冷过程（湿工况）。

由于在等湿加热和冷却过程中，主体空气和边界层空气之间只有温差，并无水蒸气分压力差，所以只有显热交换，而在减湿冷却过程中，由于边界层空气与主体空气之间不但存在温差，也存在水蒸气分压力差，所以通过换热器表面不但有显热交换，也有伴随湿交

换的潜热交换。由此可知，湿工况下的表冷器比干工况下有更大的热交换能力，或者说对同一台表冷器而言，在被处理的空气干球温度和水温保持不变时，空气湿球温度愈高，表冷器的冷却减湿能力愈大。

对于只有显热传递的过程，由传热学可知，换热器的换热量可以写成：

$$Q = KF\Delta t_d \quad (\text{W}) \tag{2-32}$$

式中　K——传热系数，$\text{W}/(\text{m}^2 \cdot \text{℃})$；

$\quad\quad F$——传热面积，m^2；

$\quad\quad \Delta t_d$——对数平均温差，℃。

当换热器的尺寸及交换介质的温度给定时，从式（2-32）可以看出，对传热能力起决定作用的是 K 值。对于在空调工程上常采用的肋管式换热器，如果不考虑其他附加热阻，K 值可按下式计算

$$K = \left[\frac{1}{\alpha_w \phi_0} + \frac{\tau\delta}{\lambda} + \frac{\tau}{\alpha_n}\right]^{-1} \quad \left[\text{W}/(\text{m}^2 \cdot \text{℃})\right] \tag{2-33}$$

式中　α_n、α_w——内、外表面热交换系数，$\text{W}/(\text{m}^2 \cdot \text{℃})$；

$\quad\quad \phi_0$——肋表面全效率；

$\quad\quad \delta$——管壁厚度，m；

$\quad\quad \lambda$——管壁导热系数，$\text{W}/(\text{m} \cdot \text{℃})$；

$\quad\quad \tau$——肋化系数，$\tau = F_w/F_n$；

$\quad F_n$、F_w——单位管长肋管内、外表面积，m^2。

对于减湿冷却过程，由于外表面温度低于空气露点温度，在稳定工况下，可以认为，在整个外壁面上形成一层冷凝水膜，且水膜保持一定厚度，多余的冷凝水不断地从换热面流走。冷凝过程放出的凝结热使水膜温度略高于壁表面温度，然而由于水膜温升及膜层热阻影响较小，计算时可以认为紧贴冷凝水膜的饱和空气边界层温度及水蒸气分压力与不存在水膜时一样。

前已述及表面冷却器热湿交换规律符合刘伊斯关系式，即符合式（2-11）

$$dQ_z = \sigma(h - h_b)dF$$

同样用换热扩大系数 ξ 来表示因存在湿交换而增大了的换热量。平均的 ξ 值可表示为

$$\xi = \frac{h - h_b}{c_p(t - t_b)} \tag{2-34}$$

可见 ξ 的大小也反映了凝结水析出的多少，所以又称 ξ 为析湿系数。显然，干工况下 $\xi = 1$，湿工况下 $\xi > 1$。

由式（2-34）可知

$$h - h_b = \xi c_p(t - t_b)$$

将刘伊斯关系式 $\sigma = \dfrac{\alpha_w}{c_p}$ 及上式代入总热交换微分方程式（2-11）可得

$$dQ_z = \alpha_w \xi(t - t_b)dF \tag{2-35}$$

由此可见，当表冷器上出现凝结水时，可以认为外表面换热系数比只有显热传递时增

大了 ξ 倍。因此，减湿冷却过程的传热系数 K_s 可按下式计算：

$$K_s = \left[\frac{1}{\xi \cdot \alpha_w \phi_0} + \frac{\tau \delta}{\lambda} + \frac{\tau}{\alpha_n} \right]^{-1} \quad [W/(m^2 \cdot \text{℃})] \tag{2-36}$$

在进行表面式换热器的热工计算时，一般多使用通过实验得到的传热系数 K 与 K_s，只有缺少实验数据时才用理论公式计算。根据实验结果，确定按换热器外表面计算的平均传热系数时可以利用下面关系式

$$K = \frac{Gc_p(t_1 - t_2)}{F \Delta t_d} \tag{2-37}$$

以及

$$K_s = \frac{G(h_1 - h_2)}{F \Delta t_d} \tag{2-38}$$

上两式中，Δt_d 为对数平均温差，℃。

由式（2-33）及式（2-36）可见，当表面式换热器的结构形式一定时，等湿冷却过程的 K 值只与内、外表面热交换系数 α_n 及 α_w 有关，而减湿冷却过程的 K_s 值除与 α_n、α_w 有关外，还与过程的析湿系数 ξ 有关。由于 α_n 与 α_w 一般是水与空气流动状况的函数，因此，在实际工作中往往把表面式换热器的传热系数整理成以下形式的经验式：

$$K = \left[\frac{1}{AV_y^m} + \frac{1}{Bw^n} \right]^{-1} \tag{2-39}$$

$$K_s = \left[\frac{1}{AV_y^m \xi^p} + \frac{1}{Bw^n} \right]^{-1} \tag{2-40}$$

式中　　　　　V_y——空气迎面风速，m/s；

　　　　　　　w——表冷器管内水流速，m/s；

A，B，p，m，n——由实验得出的系数和指数。

附带说明，式（2-40）中的 ξ 为过程平均析湿系数。因此，对于被处理空气的初状态为 t_1、h_1，终状态为 t_2、h_2（未达到饱和状态）的减湿冷却过程，ξ 值也可按下式计算：

$$\xi = \frac{h_1 - h_2}{c_p(t_1 - t_2)} \tag{2-41}$$

此外，对于用水做热媒的空气加热器，传热系数 K 也常整理成下列形式：

$$K = A'(v\rho)^{m'} w^{n'} \tag{2-42}$$

对于用蒸汽做热媒的空气加热器，由于可以不考虑蒸汽流速的影响，而将 K 值整理成：

$$K = A''(v\rho)^{m''} \tag{2-43}$$

上两式中的 A'、A''、m'、m''、n' 均为由实验得出的系数和指数。

部分国产表冷器及空气加热器的传热系数实验公式见附录 2-3 和附录 2-6。

2.4.3　表面式换热器的热工计算

2.4.3.1　表面式冷却器的热工计算

因为在空调系统中，表面式冷却器主要是用来对空气进行冷却减湿处理，空气的温度和含湿量都发生变化，因此热工计算问题比较复杂。迄今为止国内外已提出许多计算方法，下面只介绍基于热交换效率的计算方法。

和喷水室一样，在说明计算方法之前先介绍表冷器的热交换效率。

1. 表面式冷却器的热交换效率

（1）全热交换效率 E_g

表冷器的全热交换效率也是同时考虑空气和水的状态变化，其定义式如下（见图2-19）：

$$E_g = \frac{t_1 - t_2}{t_1 - t_{w1}} \tag{2-44}$$

式中　t_1、t_2——处理前、后空气的干球温度，℃；

　　　　t_{w1}——冷水初温，℃。

由于 E_g 的定义式中只考虑空气的干球温度变化，所以又把 E_g 称为表冷器的干球温度效率。

下面先根据传热理论推导 E_g 的计算式。

因为在空气调节系统用的表冷器中，空气与水的流动方式主要为逆交叉流，而当表冷器管排数 $N \geq 4$ 时，从总体上可将逆交叉流看成逆流，所以下面按逆流方式进行推导。

如图 2-20 所示，取表冷器中一微元面积 dF，在 dF 面积两侧空气与水的温差为 $t - t_w$。由于存在热交换，空气的温降为 dt，冷水的温升为 dt_w。如果用 dQ 表示换热量，则有：

$$dQ = K_s(t - t_w)dF \tag{a}$$

$$dQ = -Gc_p\xi dt \tag{b}$$

$$dQ = -Wc\,dt_w \tag{c}$$

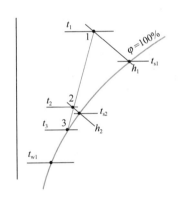

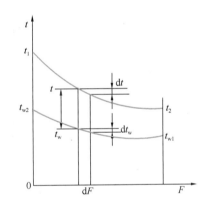

图 2-19　表冷器处理
空气时的各个参数

图 2-20　表冷器的
E_g 推导示意图

式中，K_s 为湿工况下表冷器的传热系数（W/(m²·℃)），G 为空气量（kg/s），W 为水量（kg/s）；ξ 为冷却过程中的平均析湿系数；负号表示经过 dF 面积后温度下降。

由式(b) 得：

$$dt = -\frac{dQ}{\xi Gc_p}$$

由式(c) 得：

$$dt_w = -\frac{dQ}{Wc}$$

故

$$d(t - t_w) = -\frac{dQ}{\xi Gc_p} + \frac{dQ}{Wc} = -\frac{dQ}{\xi Gc_p}\left(1 - \frac{\xi Gc_p}{Wc}\right)$$

令 $\gamma = \dfrac{\xi G c_{\mathrm{p}}}{Wc}$ 则：

$$\mathrm{d}(t - t_{\mathrm{w}}) = -\frac{\mathrm{d}Q}{\xi G c_{\mathrm{p}}}(1 - \gamma) \qquad (d)$$

将式（d）中的 $\mathrm{d}Q$ 值用式（a）代入，经整理后得：

$$\frac{\mathrm{d}(t - t_{\mathrm{w}})}{t - t_{\mathrm{w}}} = -\frac{K_{\mathrm{s}}\mathrm{d}F}{\xi G c_{\mathrm{p}}}(1 - \gamma) \qquad (e)$$

将式（e）从 0 到 F 积分后可得：

$$\ln\frac{t_2 - t_{\mathrm{w1}}}{t_1 - t_{\mathrm{w2}}} = -(1 - \gamma)\frac{K_{\mathrm{s}}F}{\xi G c_{\mathrm{p}}}$$

令 $\beta = \dfrac{K_{\mathrm{s}}F}{\xi G c_{\mathrm{p}}}$，则：

$$\ln\frac{t_2 - t_{\mathrm{w1}}}{t_1 - t_{\mathrm{w2}}} = -(1 - \gamma)\beta \qquad (f)$$

由于

$$\xi G c_{\mathrm{p}}(t_1 - t_2) = Wc(t_{\mathrm{w2}} - t_{\mathrm{w1}})$$

即

$$\frac{t_{\mathrm{w2}} - t_{\mathrm{w1}}}{t_1 - t_2} = \frac{\xi G c_{\mathrm{p}}}{Wc} = \gamma$$

所以

$$t_{\mathrm{w2}} - t_{\mathrm{w1}} = \gamma(t_1 - t_2)$$

此外，由于

$$E_{\mathrm{g}} = \frac{t_1 - t_2}{t_1 - t_{\mathrm{w1}}}$$

而

$$\frac{t_2 - t_{\mathrm{w1}}}{t_1 - t_{\mathrm{w2}}} = \frac{(t_1 - t_{\mathrm{w1}}) - (t_1 - t_2)}{(t_1 - t_{\mathrm{w1}}) - (t_{\mathrm{w2}} - t_{\mathrm{w1}})}$$

$$= \frac{(t_1 - t_{\mathrm{w1}}) - (t_1 - t_2)}{(t_1 - t_{\mathrm{w1}}) - \gamma(t_1 - t_2)} = \frac{1 - \dfrac{t_1 - t_2}{t_1 - t_{\mathrm{w1}}}}{1 - \gamma\dfrac{t_1 - t_2}{t_1 - t_{\mathrm{w1}}}}$$

即

$$\frac{t_2 - t_{\mathrm{w1}}}{t_1 - t_{\mathrm{w2}}} = \frac{1 - E_{\mathrm{g}}}{1 - \gamma E_{\mathrm{g}}}$$

代入式（f）可得

$$\ln\frac{1 - E_{\mathrm{g}}}{1 - \gamma E_{\mathrm{g}}} = -(1 - \gamma)\beta$$

或

$$E_{\mathrm{g}} = \frac{1 - \exp[-\beta(1 - \gamma)]}{1 - \gamma\exp[-\beta(1 - \gamma)]} \qquad (2\text{-}45)$$

为简化计算，也可根据式（2-45）编制线算图，以便由 β、γ 直接查得 E_{g} 值。

用类似方法也可推导顺流及交叉流表冷器的 E_{g} 计算式。

研究表明，用理论推导得到的公式计算 E_{g} 与实验所得结果吻合很好。

式（2-45）还表明，E_{g} 值只与 β 及 γ 有关，亦即与表冷器的 K_{s}、G 及 W 有关。

由于表冷器的 $K_{\mathrm{s}} = f(V_{\mathrm{y}}、w、\xi)$，$G = F_{\mathrm{y}}V_{\mathrm{y}}\rho$，$W = f_{\mathrm{w}}w$（式中 F_{y} 为表冷器的迎风面积，f_{w} 为通水断面积），可见当表冷器的结构形式一定，且忽略空气密度变化时，E_{g} 值也是只与 V_{y}、w 及 ξ 有关。因此也可以通过实验得到 E_{g} 与 V_{y}、w 及 ξ 的关系式。

（2）通用热交换效率 E'

表冷器的通用热交换效率定义与喷水室的通用热交换效率完全相同。

下面根据传热理论推导 E' 的计算式。

根据定义式

$$E' = \frac{t_1 - t_2}{t_1 - t_3} = 1 - \frac{t_2 - t_3}{t_1 - t_3}$$

上式也可写成

$$E' = \frac{h_1 - h_2}{h_1 - h_3} = 1 - \frac{h_2 - h_3}{h_1 - h_3}$$

如图 2-21 所示，在微元面积 $\mathrm{d}F$ 上由于存在热交换，空气放出的热量 $-G\mathrm{d}h$ 应该等于冷却器表面吸收的热量 $\sigma(h - h_3)\mathrm{d}F$，即：$-G\mathrm{d}h = \sigma(h - h_3)\mathrm{d}F$。

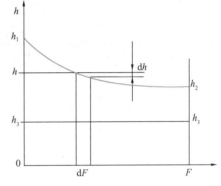

将 $\sigma = \dfrac{\alpha_\mathrm{w}}{c_\mathrm{p}}$ 代入上式经整理后可得：

$$\frac{\mathrm{d}h}{h - h_3} = -\frac{\alpha_\mathrm{w}}{Gc_\mathrm{p}}\mathrm{d}F$$

在空气调节工程范围内，可以假定冷却器的表面温度恒定为其平均值。因此可以认为 h_3 是一常数。

将上式从 0 到 F 积分后可得：

图 2-21 表面冷却器的 E' 推导示意图

$$\ln\frac{h_2 - h_3}{h_1 - h_3} = -\frac{\alpha_\mathrm{w}F}{Gc_\mathrm{p}}$$

即

$$\frac{h_2 - h_3}{h_1 - h_3} = \exp\left(-\frac{\alpha_\mathrm{w}F}{Gc_\mathrm{p}}\right)$$

所以

$$E' = 1 - \exp[(-\alpha_\mathrm{w}F)/(Gc_\mathrm{p})]$$

如果将 $G = F_\mathrm{y}V_\mathrm{y}\rho$ 代入上式，则：

$$E' = 1 - \exp[(-\alpha_\mathrm{w}F)/(F_\mathrm{y}V_\mathrm{y}\rho c_\mathrm{p})] \qquad (2\text{-}46)$$

通常将每排肋管外表面积与迎风面积之比称作肋通系数 a，即

$$a = \frac{F}{NF_\mathrm{y}}$$

式中，N 为肋管排数。

将 a 值代入式（2-46），则得

$$E' = 1 - \exp[(-\alpha_\mathrm{w}aN)/(V_\mathrm{y}\rho c_\mathrm{p})] \qquad (2\text{-}47)$$

由此可见，对于结构特性一定的表冷器来说，由于肋通系数 a 值一定，而空气密度可看成常数，α_w 又与 V_y 有关，所以 E' 就成了 V_y 和 N 的函数，即

$$E' = f(V_\mathrm{y}、N)$$

而且 E' 将随表冷器排数增加而变大，随 V_y 增加而变小。当 V_y 与 N 确定之后，且 α_w 可知，则用式（2-47）可计算表冷器的 E' 值。此外，表冷器的 E' 值也可通过实验得到。

国产部分表冷器的 E' 值可由附录 2-4 查得。

虽然增加排数和降低迎面风速都能增加表冷器的 E' 值，但是排数的增加会引起空气阻力的增加，而且排数过多时，后面几排还会因为空气与冷水之间温差过小而减弱传热作用。所以，表冷器的排数一般以不超过 8 排为宜。此外，迎面风速降低太多，会引起表冷

器尺寸增大和初投资的增加。因此，表冷器的迎面风速最好取 $V_y=2\sim3m/s$。风速再大，除了降低 E' 外，也会增加空气阻力。同时，过大的风速还会把冷凝水带入送风系统，吸热蒸发后影响送风参数。实际上，当 $V_y>2.5m/s$ 时，表冷器后面也应设挡水板。

2. 表面式冷却器的热工计算类型

和喷水室一样，表冷器的热工计算也分两种类型，一种是设计性的，多用于选择定型的表冷器以满足已知空气初、终参数的空气处理要求；另一种是校核性的，多用于检查一定型号的表冷器能将具有一定初参数的空气处理到什么样的终参数。实际上，每种计算类型按已知条件和计算内容的不同还可以再分为数种。表 2-4 是最常见的两种计算类型。

表面式冷却器的热工计算类型　　　　　　　表 2-4

计算类型	已 知 条 件	计 算 内 容
设计性计算	空气量 G 空气初参数 t_1、t_{s1}（$h_1\cdots$） 空气终参数 t_2、t_{s2}（$h_2\cdots$） 冷水量 W（或冷水初温 t_{w1}）	冷却面积 F（表冷器型号、台数、排数） 冷水初温 t_{w1}（或冷水量 W） 冷水终温 t_{w2} （冷量 Q）
校核性计算	空气量 G 空气初参数 t_1、t_{s1}（$h_1\cdots$） 冷却面积 F（表冷器型号、台数、排数） 冷水初温 t_{w1} 冷水量 W	空气终参数 t_2、t_{s2}（$h_2\cdots$） 冷水终温 t_{w2} （冷量 Q）

3. 表面式冷却器的热工计算方法

下面具体介绍基于两个热交换效率 E_g 和 E' 的计算方法，即干球温度效率法。

对于型号一定的表冷器而言，热工计算原则就是满足下列三个条件：

(1) 空气处理过程需要的 E_g 应等于该表冷器能够达到的 E_g；

(2) 空气处理过程需要的 E' 应等于该表冷器能够达到的 E'；

(3) 空气放出的热量应等于冷水吸收的热量。

上面三个条件也可以用下面三个方程式表示

$$\frac{t_1-t_2}{t_1-t_{w1}}=f(\beta,\gamma) \tag{2-48}$$

$$1-\frac{t_2-t_{s2}}{t_1-t_{s1}}=f(V_y,N) \tag{2-49}$$

$$G(h_1-h_2)=Wc(t_{w2}-t_{w1}) \tag{2-50}$$

由此可见，表冷器的热工计算方法和喷水室的热工计算方法相似，也可以通过联解三个方程式来完成。不过由于表冷器的 E_g 与 E' 计算式中包含较多的参数，使手算求解相当困难，故在工程计算中常采用以下做法。

在设计性计算中，先根据已知的空气初参数和要求处理到的空气终参数计算 E'，根据 E' 确定表冷器的排数，继而在假定 $V_y=2.5\sim3m/s$ 范围内确定表冷器的 F_y，据此可以确定表冷器的型号及台数，然后就可以求出该表冷器能够达到的 E_g 值。有了 E_g 值，不难依下式确定水初温 t_{w1}：

$$t_{w1}=t_1-\frac{t_1-t_2}{E_g} \quad (℃) \tag{2-51}$$

如果在已知条件中给定了水初温 t_{w1}，则说明空气处理过程需要的 E_g 已定，热工计算的目的就在于通过调整水量（改变水流速）或调整迎面风速（改变传热面积和传热系数）等办法，使所选择的表冷器能够达到空气处理过程需要的 E_g 值。

对于校核性计算，由于在空气终参数未求出之前，尚不知道过程的析湿系数 ξ，因此为了求解空气终参数和水终温，需要增加辅助方程，使解题程序变得更为复杂。在这种情况下采用试算方法更为方便。具体做法将通过后面例题说明。

附带说明，联立解三个方程式只能求出三个未知数。然而上述热平衡式（2-50）中实际上又包括 $Q=G(h_1-h_2)$ 和 $Q=Wc(t_{w2}-t_{w1})$ 两个方程。所以，解题时如需求出冷量 Q，即需要增加一个未知数时，则应联解四个方程。这就是人们常说的计算表冷器的方程组由四个方程组成的道理。

此外，由表 2-4 可知，无论是哪种计算类型，已知的参数都是六个，未知的参数都是三个（按四个方程计算时，已知参数是六个，未知参数是四个），进行计算时所用的方程数目与要求的未知数个数应是一致的。如果已知参数给多了，即所用方程数目比要求的未知数多，就可能得出不正确的解；同理，如果使用的方程数目少于所求的未知数，也会得出不合理的解。对于这一点进行计算时必须注意。

4. 关于表冷器热工计算中安全系数的考虑

表冷器经长时间使用后，因外表面积灰、内表面结垢等原因，其传热系数会有所降低。为了保证在这种情况下表冷器的使用仍然安全可靠，在选择计算时应考虑一定的安全系数。可以用加大传热面积的办法考虑安全系数，例如增加排数或者增加迎风面积。但是，由于表冷器的产品规格有限，采用这种办法往往做不到安全系数正好合适，或者给选择计算工作带来麻烦（设计性计算可能转化成校核性计算）。因此，在工程上可考虑以下两种做法：（1）在选择计算之初，将求得的 E_g 乘以安全系数 a。对仅做冷却用的表冷器取 $a=0.94$；对冷热两用的表冷器取 $a=0.9$。（2）计算过程中不考虑安全系数。在表冷器规格选定之后将计算出来的水初温再降低一些。水初温的降低值可按水温升的 $10\%\sim20\%$ 考虑。

5. 表冷器热工计算的具体步骤

下面通过例题说明表冷器的设计性计算和校核性计算步骤。

【例 2-4】 已知被处理的空气量为 30000kg/h（8.33kg/s），当地大气压力为 101325Pa，空气的初参数为 $t_1=25.6℃$、$h_1=50.9kJ/kg$、$t_{s1}=18℃$；空气的终参数为 $t_2=11℃$、$h_2=30.7kJ/kg$、$t_{s2}=10.6℃$、$\varphi_2=95\%$。试选择 JW 型表面冷却器，并确定水温、水量。JW 型表面冷却器的技术数据见附录 2-5。

【解】（1）计算需要的 E'，确定表面冷却器的排数

如图 2-22 所示，根据

$$E'=1-\frac{t_2-t_{s2}}{t_1-t_{s1}}$$

得

$$E'=1-\frac{11-10.6}{25.6-18}=0.947$$

根据附录 2-4 可知，在常用的 V_y 范围内，JW 型 8 排表面冷却器能满足 $E'=0.947$ 的要求，所以决定选用 8 排。

（2）确定表面冷却器的型号

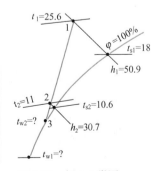

图 2-22 例 2-4 附图

先确定一个 V_y'，算出所需冷却器的迎风面积 F_y'，再根据 F_y' 选择合适的冷却器型号及并联台数，并算出实际的 V_y 值。

假定 $V_y'=2.5 \mathrm{m/s}$，根据 $F_y'=\dfrac{G}{V_y'\rho}$，可得

$$F_y' = \frac{8.33}{2.5 \times 1.2} = 2.8 \mathrm{m^2}$$

根据 $F_y'=2.8 \mathrm{m^2}$，查附录 2-5 可以选用 JW30-4 型表面冷却器一台，其 $F_y=2.57 \mathrm{m^2}$，所以实际的 V_y 为

$$V_y = \frac{G}{F_y\rho} = \frac{8.33}{2.57 \times 1.2} = 2.7 \mathrm{m/s}$$

再查附录 2-4 可知，在 $V_y=2.7 \mathrm{m/s}$ 时，8 排 JW 型表面冷却器实际的 $E'=0.950$，与需要的 $E'=0.947$ 差别不大，故可继续计算。如果二者差别较大，则应改选别的型号表面冷却器或在设计允许范围内调整空气的一个终参数，变成已知冷却面积及一个空气终参数求解另一个空气终参数的计算类型。

由附录 2-5 还可知道，所选表面冷却器的每排传热面积 $F_d=33.4 \mathrm{m^2}$，通水断面积 $f_w=0.00553 \mathrm{m^2}$。

（3）求析湿系数

根据 $\xi=\dfrac{h_1-h_2}{c_p(t_1-t_2)}$ 得：$\xi=\dfrac{50.9-30.7}{1.01 \times (25.6-11)}=1.37$

（4）求传热系数

由于题中未给出水初温和水量，缺少一个已知条件，故采用假定水流速的办法补充一个已知数。

假定水流速 $w=1.2 \mathrm{m/s}$，根据附录 2-3 中的相应公式可算出传热系数为

$$K_s = \left[\frac{1}{35.5 V_y^{0.58} \xi^{1.0}} + \frac{1}{353.6 w^{0.8}} \right]^{-1}$$

$$= \left[\frac{1}{35.5 \times (2.7)^{0.58} \times 1.37} + \frac{1}{353.6 \times (1.2)^{0.8}} \right]^{-1}$$

$$= 71.4 \mathrm{W/(m^2 \cdot {}^\circ\!C)}$$

（5）求冷水量

根据 $W=f_w w \times 10^3$ 得

$$W = 0.00553 \times 1.2 \times 10^3 = 6.64 \mathrm{kg/s}$$

（6）求表面冷却器能达到的 E_g

先求 β 及 γ 值

根据 $\beta=\dfrac{K_s F}{\xi G c_p}$ 得

$$\beta = \frac{71.4 \times 33.4 \times 8}{1.37 \times 8.33 \times 1.01 \times 10^3} = 1.65$$

根据 $\gamma = \dfrac{\xi G c_{\mathrm{p}}}{Wc}$ 得

$$\gamma = \frac{1.37 \times 8.33 \times 1.01 \times 10^3}{6.64 \times 4.19 \times 10^3} = 0.41$$

根据 β 和 γ 值按式（2-45）计算可得

$$E_{\mathrm{g}} = \frac{1 - e^{-1.65(1-0.42)}}{1 - 0.42 e^{-1.65(1-0.42)}} = 0.737$$

（7）求水初温

由公式 $t_{\mathrm{w1}} = t_1 - \dfrac{t_1 - t_2}{\varepsilon_1}$ 可得

$$t_{\mathrm{w1}} = 25.6 - \frac{25.6 - 11}{0.737} = 5.8\text{℃}$$

（8）求冷量及水终温

根据公式（2-50）可得

$$Q = G(h_1 - h_2) = 8.33 \times (50.9 - 30.7) = 168.3\text{kW}$$

$$t_{\mathrm{w2}} = t_{\mathrm{w1}} + \frac{G(h_1 - h_2)}{Wc} = 5.8 + \frac{8.33 \times (50.9 - 30.7)}{6.64 \times 4.19} = 11.8\text{℃}$$

【例 2-5】 已知被处理的空气量为 16000kg/h（4.44kg/s），当地大气压力为 101325Pa，空气的初参数为 $t_1 = 25\text{℃}$，$h_1 = 59.1\text{kJ/kg}$，$t_{\mathrm{s1}} = 20.5\text{℃}$，冷水量为 $W = 23500\text{kg/h}$（6.53kg/s），冷水初温为 $t_{\mathrm{w1}} = 5\text{℃}$。

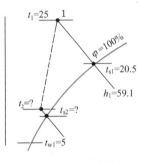

图 2-23 例 2-5 附图

试求用 JW20-4 型 6 排表冷器处理空气所能达到的终状态（图 2-23）和水终温。

【解】（1）求表冷器迎面风速 V_{y} 及水流速 w

由附录 2-5 知，JW20-4 型表面冷却器迎风面积 $F_{\mathrm{y}} = 1.87\text{m}^2$，每排散热面积 $F_{\mathrm{d}} = 24.05\text{m}^2$，通水断面积 $f_{\mathrm{w}} = 0.00407\text{m}^2$，所以

$$V_{\mathrm{y}} = \frac{G}{F_{\mathrm{y}}\rho} = \frac{4.44}{1.87 \times 1.2} = 1.98\text{m/s}$$

$$w = \frac{W}{f_{\mathrm{w}} \times 10^3} = \frac{6.53}{0.00407 \times 10^3} = 1.6\text{m/s}$$

（2）求表冷器可提供的 E'

根据附录 2-4，当 $V_{\mathrm{y}} = 1.98\text{m/s}$、$N = 6$ 排时，$E' = 0.911$

（3）假定 t_2 确定空气终状态

先假定 $t_2 = 10.5\text{℃}$（一般可按 $t_2 = t_{\mathrm{w1}} + (4\sim6)\text{℃}$ 假设），

根据 $t_{\mathrm{s2}} = t_2 - (t_1 - t_{\mathrm{s1}})(1 - E')$ 可得

$$t_{\mathrm{s2}} = 10.5 - (25 - 20.5) \times (1 - 0.911) = 10.1\text{℃}$$

查 h-d 图，或根据关系式 $h = 0.0707 t_{\mathrm{s}}^2 + 0.6452 t_{\mathrm{s}} + 16.18$ 计算，当 $t_{\mathrm{s2}} = 10.1\text{℃}$ 时，$h_2 = 29.9\text{kJ/kg}$。

（4）求析湿系数

根据 $\xi = \dfrac{h_1 - h_2}{c_{\mathrm{p}}(t_1 - t_2)}$ 可得

$$\xi = \frac{59.1 - 29.9}{1.01 \times (25 - 10.5)} = 1.99$$

（5）求传热系数

根据附录 2-3，对于 JW 型 6 排表冷器

$$K_s = \left[\frac{1}{41.5 V_y^{0.52} \xi^{1.02}} + \frac{1}{325.6 w^{0.8}} \right]^{-1}$$

$$= \left[\frac{1}{41.5 \times (1.98)^{0.52} \times (1.99)^{1.02}} + \frac{1}{325.6 \times (1.6)^{0.8}} \right]^{-1}$$

$$= 95.4 \text{W}/(\text{m}^2 \cdot \text{℃})$$

（6）求表面冷却器能达到的 E_g' 值

$$\beta = \frac{K_s F}{\xi G c_p} = \frac{95.4 \times 24.05 \times 6}{1.99 \times 4.44 \times 1.01 \times 10^3} = 1.54$$

$$\gamma = \frac{\xi G c_p}{W c} = \frac{1.99 \times 4.44 \times 1.01 \times 10^3}{6.53 \times 4.19 \times 10^3} = 0.33$$

由 $\beta = 1.54$ 和 $\gamma = 0.33$，按式（2-45）计算可得

$$E_g' = \frac{1 - e^{-1.54(1-0.33)}}{1 - 0.33 e^{-1.54(1-0.33)}} = 0.729$$

（7）求需要的 E_g 并与上面得到的 E_g' 比较

$$E_g = \frac{t_1 - t_2}{t_1 - t_{w1}} = \frac{25 - 10.5}{25 - 5} = 0.725$$

计算时可取 $\delta = 0.01$。

当 $| E_g - E_g' | \leqslant \delta$ 时，证明所设 $t_2 = 10.5$℃合适。如不合适，则应重设 t_2 再算。

于是，在本例题的条件下，得到的空气终参数为 $t_2 = 10.5$℃、$t_{s2} = 10.1$℃、$h_2 = 29.9$kJ/kg。

（8）求冷量及水终温

根据公式（2-50）可得

$$Q = 4.44 \times (59.1 - 29.9) = 129.6 \text{kW}$$

$$t_{w2} = 5 + \frac{4.44 \times (59.1 - 29.9)}{6.53 \times 4.19} = 9.7 \text{℃}$$

上面介绍的计算步骤也可以用下面的框图表示。如果用计算机计算，可按框图编制程序。这种计算程序对多种方案的比较是非常方便的。

6. 用湿球温度效率法计算表冷器湿工况

鉴于用湿球温度效率计算表冷器的湿工况，能更好地反映全热交换的推动力为焓差，为此有一些学者提出了用湿球温度效率计算表冷器湿工况的方法。湿球温度效率法的优点是可能减少或避免试算过程。

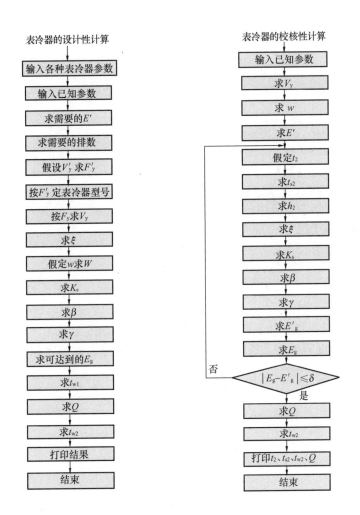

湿球温度效率的定义：

$$E_s = \frac{t_{s1} - t_{s2}}{t_{s1} - t_{w1}} \tag{2-52}$$

研究表明，对于风量、水量、水初温均相同的表冷器，当进风状态点的焓值相同时，则所有湿工况的出风状态点也具有相同的焓值（如图 2-24 所示，$h_1' = h_1''$，$h_2' = h_2''$）。由干工况到湿工况必然存在一个临界工况，又称为湿工况的等价干工况（如图 2-24 中的 1-2-3 工况）。这一工况，不仅能把干、湿工况的计算联系起来，而且是干、湿工况的判据。

由于等价干工况的 E_g 和 E' 为

$$E_g = \frac{t_1 - t_2}{t_1 - t_{w1}}$$

$$E' = \frac{t_1 - t_2}{t_1 - t_3}$$

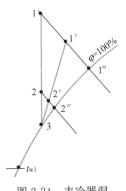

图 2-24 表冷器湿工况的等价干工况

所以
$$\frac{E_g}{E'} = \frac{t_1 - t_3}{t_1 - t_{w1}}$$

令
$$T_0 = \frac{t_1 - t_{l1}}{t_1 - t_{w1}} ; D = \frac{E_g}{E'}$$

则因临界工况的 $t_{l1} = t_3$

所以 $T_0 = \dfrac{t_1 - t_{l1}}{t_1 - t_{w1}} = \dfrac{t_1 - t_3}{t_1 - t_{w1}} = D$

即　$T_0 = D$ 为临界工况。

对于湿工况，因为 $t_{l1} > t_3$

所以 $\left(T_0 = \dfrac{t_1 - t_{l1}}{t_1 - t_{w1}}\right) < \left(\dfrac{t_1 - t_3}{t_1 - t_{w1}} = D\right)$

即　$T_0 < D$ 为湿工况

对于干工况，因为 $t_{l1} < t_3$

所以 $\left(T_0 = \dfrac{t_1 - t_{l1}}{t_1 - t_{w1}}\right) > \left(\dfrac{t_1 - t_3}{t_1 - t_{w1}} = D\right)$

即　$T_0 > D$ 为干工况。

如果图 2-24 中进风状态处于饱和状态 1″，则出风状态将变到 2″。这时进风干球温度 $t_1'' = t_{s1}$，出风干球温度 $t_2'' = t_{s2}$，所以干球温度效率就变成了湿球温度效率：

$$E_s = \frac{t_1'' - t_2''}{t_1'' - t_{w1}} = \frac{t_{s1} - t_{s2}}{t_{s1} - t_{w1}}$$

而析湿系数变成

$$\xi = \frac{h_1'' - h_2''}{c_p(t_1'' - t_2'')} = \frac{\Psi(t_{s1} - t_{s2})}{c_p(t_{s1} - t_{s2})} = \frac{\Psi}{c_p}$$

由此可见，如果用式（2-45）计算 E_g 时，ξ 值用 $\dfrac{\Psi}{c_p}$ 代替（Ψ 为焓差与湿球温度差的平均比例常数），则湿球温度效率也可用类似公式求得

$$E_s = \frac{1 - \exp[-\beta'(1 - \gamma')]}{1 - \gamma\exp[-\beta'(1 - \gamma')]} \tag{2-53}$$

式中　$\beta' = \dfrac{K'F}{G\Psi}$;

$\gamma' = \dfrac{G\Psi}{Wc}$;

K'——按湿球温度差计算的传热系数。

根据式（2-40）知 K' 可按下式计算：

$$K' = \left[\frac{1}{AV_y^m(\Psi/c_p)^p} + \frac{1}{Bw^n}\right]^{-1} \tag{2-54}$$

如果将干球温度效率 E_g 用湿球温度效率 E_s 代替，再联合使用 E' 方程及热平衡式就可以对表冷器的湿工况进行计算，而且计算方法与步骤和前面介绍的类似。

下面仍对本节前面两个例题用湿球温度效率法重新计算以进行比较。

对于例 2-4 第（3）步以后可这样做：

（3）求 Ψ 值

$$\Psi = \frac{50.9 - 30.7}{18 - 10.6} = 2.73$$

（4）求 K' 值

$$K' = \left[\frac{1}{35.5 \times (2.7)^{0.58} \times \left(\frac{2.73}{1.01}\right)^{1.0}} + \frac{1}{353.6 \times 1.2^{0.8}}\right]^{-1}$$

$$= 120.4 \text{W}/(\text{m}^2 \cdot \text{℃})$$

（5）求冷水量

$$W = 0.00553 \times 1.2 \times 10^3 = 6.64 \text{kg/s}$$

（6）求表面冷却器能够达到的 E_s

$$\beta' = \frac{120.4 \times 33.4 \times 8}{8.33 \times 2.73 \times 10^3} = 1.41$$

$$\gamma' = \frac{8.33 \times 2.73 \times 10^3}{6.64 \times 4.19 \times 10^3} = 0.82$$

$$E_s = \frac{1 - e^{-1.41(1-0.82)}}{1 - 0.82 e^{-1.41(1-0.82)}} = 0.616$$

（7）求水温

$$t_{w1} = 18 - \frac{18 - 10.6}{0.616} = 6.0 \text{℃}$$

$$t_{w2} = 6.0 + \frac{8.33 \times 2.73 \times (18 - 10.6)}{6.64 \times 4.19} = 12.0 \text{℃}$$

可见计算结果与例 2-4 的解接近。

对于例 2-5，从第（3）步起也可以这样做：

（3）确定 Ψ 值

因空气终参数不知，一般也可取 $\Psi = 2.86$ 进行计算，且对计算结果影响不大。

（4）求 K'

$$K' = \left[\frac{1}{41.5 \times (1.98)^{0.52} \times \left(\frac{2.86}{1.01}\right)^{1.02}} + \frac{1}{325.6 \times 1.6^{0.8}}\right]^{-1}$$

$$= 125.8 \text{W}/(\text{m}^2 \cdot \text{℃})$$

（5）求 E_s

$$\beta' = \frac{125.8 \times 24.05 \times 6}{4.44 \times 2.86 \times 10^3} = 1.43$$

$$\gamma' = \frac{4.44 \times 2.86 \times 10^3}{6.53 \times 4.19 \times 10^3} = 0.46$$

$$E_s = \frac{1 - e^{-1.43(1-0.46)}}{1 - 0.46 \times e^{-1.43(1-0.46)}} = 0.68$$

（6）求出风湿球温度

$$t_{s2} = 20.5 - (20.5 - 5) \times 0.68 = 10 \text{℃}$$

（7）求 t_2

$$t_2 = 10 + (1 - 0.911) \times (25 - 20.5) = 10.4℃$$

（8）求 t_{w2}

$$t_{w2} = 5 + \frac{4.44 \times 2.86 \times (20.5 - 10)}{6.53 \times 4.19} = 9.9℃$$

可见计算结果与例 2-5 也很接近。

2.4.3.2　空气加热器的热工计算

空气加热器的热工计算也分两种类型：设计性计算和校核性计算。设计性计算的目的是根据被加热的空气量及加热前后的空气温度，按一定热媒参数选择空气加热器；校核性计算的目的是依据已有的加热器型号，检查它能否满足预定的空气加热要求。

空气加热器的计算原则是让加热器的供热量等于加热空气需要的热量。计算方法也有平均温差法和热交换效率法两种。一般的设计性计算常用平均温差法；表冷器做加热器使用时常用效率法。

1. 平均温差法

如果已知被加热空气量为 G（kg/s），加热前的空气温度为 t_1、加热后的空气温度为 t_2 时，加热空气所需热量可按下式计算：

$$Q = Gc_p(t_2 - t_1) \quad （kW） \tag{2-55}$$

空气加热器的供热量可按下式计算：

$$Q' = KF\Delta t_m \tag{2-56}$$

式中　K——加热器的传热系数，W/（$m^2 \cdot ℃$）；

　　　F——加热器的传热面积，m^2；

　　　Δt_m——热媒与空气间的对数平均温差。

对于空气加热过程来说，由于冷热流体在进出口端的温差比值常常小于 2，所以可用算术平均温差 Δt_p 代替对数平均温差 Δt_m。

当热媒为热水时

$$\Delta t_p = \frac{t_{w1} + t_{w2}}{2} - \frac{t_1 + t_2}{2} \quad （℃） \tag{2-57}$$

当热媒为蒸汽时

$$\Delta t_p = t_q - \frac{t_1 + t_2}{2} \quad （℃） \tag{2-58}$$

式中　t_q——蒸汽的温度，℃。

空气加热器的设计性计算可按以下步骤进行：

（1）初选加热器的型号

初选加热器型号一般是从假定通过加热器有效截面 f 的空气质量流速 $v\rho$ 来进行的。在假定 $v\rho$ 之后，根据 $f = \dfrac{G}{v\rho}$ 的关系便可求出需要的加热器有效截面面积。

从加热器传热系数的实验公式（2-42）、式（2-43）可以看出，随着 $v\rho$ 的提高，加热器的传热系数可以增大，从而能在保证同样加热量的条件下，减少加热器的传热面积，降低设备初投资。但是随着 $v\rho$ 的提高，空气阻力也将增加，使运行费提高。因此必须兼顾这两个方面。解决这个问题的办法是采用所谓"经济质量流速"，即采用使运行费和初投

资的总和为最小的 $v\rho$ 值。通常它的范围在 $8\text{kg}/(\text{m}^2 \cdot \text{s})$ 左右。

在加热器的型号初步选定之后，就可以根据加热器的实际有效截面，算出实际的 $v\rho$ 值。

（2）计算加热器的传热系数

有了加热器的型号和空气质量流速后，依据附录 2-6 中相应的经验公式便可计算传热系数。如果有的产品在整理传热系数经验公式时，用的不是质量流速 $v\rho$ 而是迎面风速 V_y，则应根据加热器有效截面与迎风面积之比 α 值（此处 α 称为有效截面系数），使用关系式 $V_y = \dfrac{\alpha(v\rho)}{\rho}$，由 $v\rho$ 求出 V_y 后，再计算传热系数。

如果热媒为热水，则在传热系数的计算公式中还要用到管内热水流速 w。w 值可以根据以下原则选择。

从式（2-42）可知，提高热水流速虽然也能提高传热系数，但是 w 值过大，也会引起水泵电耗的增加，这里同样有技术经济比较问题。目前在低温热水系统中，一般是取 $w = 0.6 \sim 1.8\text{m/s}$。如果热媒是高温热水，由于水的温降很大，所以水的流速应取得更小。

选定水流速 w 之后，可依下式确定通过加热器的水量。

$$W = f_w w \times 10^3 \tag{2-59}$$

式中 W——加热器管子中流动的水量，kg/s；
　　f_w——加热器的管子通水截面积，m^2；
　　10^3——水的密度，kg/m^3。

如果供热系统的热水温降 $(t_{w1} - t_{w2})$ 一定，则按下面热平衡式由加热量 Q 也可以确定热水流速：

$$Q = f_w w c (t_{w1} - t_{w2}) \times 10^3 \quad (\text{kW}) \tag{2-60}$$

（3）计算需要的加热面积和加热器台数

由公式（2-56）可知 $F = \dfrac{Q'}{K \cdot \Delta t_m}$，所以如先按 $Q' = Q$ 代入上式便可计算出需要的加热面积，然后再根据每台加热器的实际加热面积确定加热器的排数和台数。

（4）检查加热器的安全系数

由于加热器的质量和运行中内外表面积灰结垢等原因，选用时应考虑一定的安全系数。一般取传热面积的安全系数为 $1.1 \sim 1.2$。

【例 2-6】需要将 60000kg/h 空气从 $t_1 = -32℃$ 加热到 $t_2 = 31℃$，热媒是工作压力为 0.3MPa 的蒸汽。试选择合适的 SRZ 型空气加热器。

【解】（1）初选加热器型号

因为 $G = 60000\text{kg/h} = \dfrac{60000\text{kg}}{3600\text{s}} = 16.7\text{kg/s}$，假定 $(v\rho)' = 8\text{kg}/(\text{m}^2 \cdot \text{s})$，则需要的加热器有效截面积为

$$f' = \frac{G}{(v\rho)'} = \frac{16.7}{8} = 2.08\text{m}^2$$

根据算得的 f' 值，查空气加热器的技术数据（附录 2-7）可选 2 台 SRZ15×10Z 的加

热器并联，每台有效截面积为 $0.932\mathrm{m}^2$，加热面积为 $52.95\mathrm{m}^2$。

根据实际有效截面积可算出实际的 $v\rho$ 为

$$v\rho = \frac{G}{f} = \frac{16.7}{2 \times 0.932} = 8.9\mathrm{kg/(m^2 \cdot s)}$$

（2）求加热器的传热系数

由附录 2-6 查得 SRZ-10Z 型加热器的传热系数经验公式为

$$K = 13.6(v\rho)^{0.49} \quad (\mathrm{W/(m^2 \cdot ℃)})$$

将 $v\rho$ 值代入上式则得

$$K = 13.6 \times 8.9^{0.49} = 39.7\mathrm{W/(m^2 \cdot ℃)}$$

（3）计算加热面积和台数

先计算需要的加热量：

$$Q = Gc_\mathrm{p}(t_2 - t_1) = 16.7 \times 1.01 \times [31 - (-32)]$$
$$= 1062\mathrm{kW} = 1062 \times 10^3\mathrm{W}$$

需要的加热面积为

$$F = \frac{Q}{K\Delta t_\mathrm{p}} = \frac{1062 \times 10^3}{39.7\left(143 - \dfrac{31-32}{2}\right)} = 185\mathrm{m}^2$$

需要的加热器串联台数为

$$N = \frac{185}{52.95 \times 2} = 1.75$$

取两台串联，则共需四台加热器，总加热面积为 $52.95 \times 4 = 212\mathrm{m}^2$。

（4）检查安全系数

面积富裕量为

$$\frac{212 - 185}{185} \times 100\% = 15\%$$

即安全系数为 1.15，说明所选加热器合适。

2. 热交换效率法

空气加热器的计算只用一个干球温度效率 E_g，它的定义是：

$$E_\mathrm{g} = \frac{t_2 - t_1}{t_\mathrm{w1} - t_1} \tag{2-61}$$

式中　t_1、t_2——空气初、终温度，℃；

　　　　t_w1——热水初温，℃。

干球温度效率 E_g 也可以由 β、γ 值按式（2-45）确定，不过此时 $\beta = \dfrac{K_\mathrm{g}F}{Gc_\mathrm{p}}$，$\gamma = \dfrac{Gc_\mathrm{p}}{Wc}$。
这里的 K_g 是表冷器做加热用时的传热系数。

具体计算可按以下步骤进行：

（1）根据 V_y 及 w（水流速 w 与做表冷器使用时相同或重新设定）求传热系数 K_g；

（2）根据水流速 w 求热水流量；

$$W = f_\mathrm{w} \cdot w \times 10^3 \quad (\mathrm{kg/s})$$

（3）求 β、γ 及 E_g；

（4）根据下式求水初温：

$$t_{w1} = \frac{t_2 - t_1}{E_g} + t_1 \quad (\text{℃})$$

（5）根据下式求需要的加热量：

$$Q = G c_p (t_2 - t_1) \quad (\text{kW})$$

（6）按下式求水终温：

$$t_{w2} = t_{w1} - \frac{Q}{Wc} \quad (\text{℃})$$

2.4.4 表面式换热器的阻力计算

1. 空气加热器的阻力

在选定空气加热器之后，还必须计算通过它的空气阻力及水阻力（热媒为热水时）。加热器的空气阻力与加热器形式、构造以及空气流速有关。对于一定结构特性的空气加热器而言，空气阻力可由实验公式求出：

$$\Delta H = B(v\rho)^p \quad (\text{Pa}) \tag{2-62}$$

式中，B、p 为实验的系数和指数。

如果热媒是蒸汽，则依靠加热器前保持一定的剩余压力（不小于 0.03MPa（工作压力））来克服蒸汽流经加热器的阻力，不必另行计算。如果热媒是热水，则其阻力可按实验公式计算：

$$\Delta h = C w^q \quad (\text{kPa}) \tag{2-63}$$

式中，C、q 为实验的系数和指数。

部分空气加热器的阻力计算公式见附录 2-6。

【例 2-7】 试计算例 2-6 中所选的空气加热器阻力。

【解】 因为热媒为蒸汽，所以只计算空气阻力。

根据附录 2-6，SRZ-10Z 型空气加热器的空气阻力计算公式为

$$\Delta H = 1.47 \times (v\rho)^{1.98} \quad (\text{Pa})$$

串联两排时总阻力为

$$\Delta H = 1.47 \times 8.9^{1.98} \times 2 = 223\text{Pa}$$

2. 表面冷却器的阻力

表面冷却器的阻力计算方法与空气加热器基本相同，也是利用类似形式的实验公式。但是由于表面冷却器有干、湿工况之分，而且湿工况的空气阻力 ΔH_s 比干工况的 ΔH_g 大，并与析湿系数有关，所以应区分干工况与湿工况的空气阻力计算公式。

部分表面冷却器的阻力计算公式见附录 2-3。

【例 2-8】 试计算例 2-4 中选出的 JW 型 8 排表面冷却器的空气阻力与水阻力。

【解】 根据附录 2-3 中 JW 型 8 排表面冷却器的阻力计算公式可得空气阻力为

$$\Delta H_s = 70.56 V_y^{1.21} = 70.56 \times (2.7)^{1.21} = 235\text{Pa}$$

水阻力为

$$\Delta h = 20.19 w^{1.93} = 20.19 \times (1.2)^{1.93} = 28.7\text{kPa}$$

2.4.5　喷水式表冷器和直接蒸发式表冷器

1. 喷水式表冷器

由于表冷器只能冷却或者冷却干燥空气，无法对空气进行加湿，更不容易达到较严格的湿度控制要求，所以在需要时还应另设加湿设备。图 2-25 所示的喷水式表冷器却能弥补普通表冷器这方面的不足，使之兼有表冷器和喷水室的优点。该设备的具体结构是在普通表冷器前设置喷嘴，向表冷器外表面喷循环水。

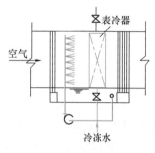

图 2-25　喷水式表面冷却器

由于喷水式表冷器要求喷嘴尽可能靠近表冷器设置，所以流过的空气与喷水水苗接触时间很短，更多的时间是与表冷器表面上形成的水膜接触，热湿交换现象更为复杂。

测定数据表明，在表冷器上喷水可以提高热交换能力，其原因一方面是由于喷水水苗及沿冷却器表面下流的水膜增加了热交换面积，另一方面喷水对水膜也有扰动作用，减少其热阻。但是，喷水式表冷器热交换能力的增加程度与表冷器排数多少有关。排数少时传热系数增加较多，排数多时，由于喷水作用达不到后面几排，所以传热系数增加较少。

用上述表冷器的热工计算方法，也可以计算喷水式表冷器，不过要求用试验方法提供喷水式表冷器能够达到的两个热交换效率。

由于在表冷器上喷的是循环水，经过一段时间以后，水温将趋于稳定，并近似地等于表冷器表面平均温度。此外，由于喷水式表冷器后空气中相对湿度较高（一般都能达到95％以上），因此很容易实现露点控制。

尽管喷水式表冷器能加湿空气，又能净化空气，同时传热系数也有不同程度的提高，但是由于增加了喷水系统及其能耗，空气阻力也将变大，所以也影响了喷水式表冷器的推广应用。

2. 直接蒸发式表冷器

有时为了减少制冷机房面积，就把制冷系统的蒸发器放在空调箱中，直接冷却空气，这就是直接蒸发式表冷器。此外，在空调机组中冷却空气的蒸发器也都是直接蒸发式表冷器。

直接蒸发式表冷器和水冷式表冷器虽然功能和构造基本相同，但因为它又是制冷系统中的一个部件，因此在选择计算方面也有一些特殊的地方。

进行直接蒸发式表冷器的热工计算也应用湿球温度效率 E_s 和通用热交换效率 E'。但直接蒸发式表冷器的湿球温度效率定义式是：

$$E_s = \frac{t_{s1} - t_{s2}}{t_{s1} - t_0} \tag{2-64}$$

式中，t_0 为制冷系统的蒸发温度。E_s 的大小与蒸发器的结构形式、迎面风速及制冷剂性质有关，可由实验求得。

如果有了生产厂家提供的产品结构参数及 E_s、E' 值，进行直接蒸发式表冷器的热工计算方法与前面介绍的水冷式表冷器计算方法大体相同。不过由于蒸发器又是制冷系统中的一个部件，所以它能提供的冷量大小一定要和制冷系统的产冷量平衡，即被处理空气从直接蒸发式表冷器得到的冷量应与制冷系统提供的冷量相等。也就是说，在这种情况下应根据空调系统和制冷系统热平衡的概念对蒸发器进行校核计算，以便定出合理的蒸发温度、冷凝温度、冷却水温、冷却水量等，这里不再详述，需要时可参考有关资料。

2.5 用液体吸湿剂处理空气

2.5.1 液体吸湿剂性能

1. 概述

氯化锂、溴化锂、氯化钙等盐类的水溶液和三甘醇等有机物质对空气中的水蒸气有强烈的吸收作用，因此在空调工程中也利用它们达到空气除湿的目的，并将它们统称为液体吸湿剂。

三甘醇曾被用作空调系统的液体吸湿剂，但由于它是有机溶剂，黏度较大，不利于系统的稳定工作，而且它容易挥发进入空调房间对人体造成危害，从而妨碍了它在民用建筑溶液除湿系统中的使用。

氯化钙是一种无机盐类，具有很强的吸湿性。它吸收空气中的水分后成为水化合物。无水氯化钙是白色呈菱形的多孔结晶块，略带苦咸味，价格低廉，来源丰富。氯化钙水溶液吸湿能力比固体低，但仍有较强的吸湿能力。不过它对金属有很强的腐蚀性，而且它的溶解性不好，黏度大，长期使用会有结晶现象发生，所以使用范围也受到了一定的限制。

溴化锂常温下是天然晶体、无毒、无臭、有苦咸味，极易溶于水。溴化锂水溶液有较强的吸湿能力，对金属材料的腐蚀性比氯化钙溶液低，浓度为 $60\%\sim70\%$ 时在常温下就可能结晶，所以使用浓度不应超过 70%。

氯化锂是一种白色立方晶体，在水中溶解度很大。氯化锂溶液无色透明、无毒无臭，黏度小，传热性能好，容易再生，化学稳定性好，在常温条件下不分解、不挥发，吸湿能力大。氯化锂溶液在浓度大于 40% 后即发生结晶现象，所以用于除湿的溶液浓度宜小于 40%。氯化锂溶液对一般金属也有一定的腐蚀作用，但钛和钛合金、含钼的不锈钢、镍铜合金和树脂等能耐氯化锂溶液的腐蚀。

2. 湿空气与盐水溶液间的热湿交换

由于溶液表面水分子较少，与同温度下的水相比水蒸气分压力较低，所以周围空气中的水蒸气有向溶液表面迁移的可能。溶液中盐含量越高、水分子越少，溶液表面上水蒸气分压力则越低。

溶液中盐的含量用其浓度 ξ（%）来表示：

$$\xi = \frac{G_r}{W + G_r} \times 100\% \tag{2-65}$$

式中　G_r——溶液中盐的质量；

　　　W——溶液中水的质量。

溶液表面上空气层的水蒸气分压力 p 取决于溶液温度 t 和浓度 ξ。因此，一般均用 p-ξ 图来表示各种盐水溶液的性质。

图 2-26 是氯化锂水溶液的 p-ξ 图。横坐标是溶液的浓度，纵坐标是溶液表面的水蒸气分压力，图中各条曲线是氯化锂水溶液的等温线。

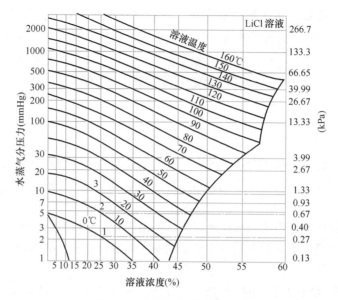

图 2-26　氯化锂溶液的 p-ξ 图

图 2-26 表明，当溶液的温度一定时，溶液表面的水蒸气分压力是随着浓度的增加而不断降低的。例如，当温度为 50℃时，50℃的曲线与纵坐标轴的交点是 13.33kPa。由于该点的溶液浓度 $\xi=0$，所以正好是纯水在 50℃时的饱和蒸汽压力。此后，在 $\xi=25\%$时，溶液表面水蒸气分压力为 $p=6.4$kPa；$\xi=35\%$ 时，$p=3.33$kPa；$\xi=45\%$ 时，$p=1.33$kPa。

需要指出，盐水溶液的浓度是不能无限增加的。当溶液的浓度增加到一定限度时即达饱和。超过这个限度，多余的盐分就会结晶出来。所以，图 2-26 右端的粗线为溶液区与结晶区的分界线。由于这条分界线与 50℃温度线交点是 $\xi=48\%$，说明 50℃的氯化锂溶液中最多只能含 48%的氯化锂。

如果根据溶液 p-ξ 图进一步研究其性质，则不难发现，当浓度一定时，溶液表面饱和空气层的水蒸气分压力 p 与同温度下纯水表面饱和空气层的水蒸气分压力 p_w 之比近似为一常数。例如，在 $\xi=25\%$时，取图 2-26 中的 1、2 及 3 点，则可看出

$$t_1=0℃ \quad p_1=0.31\text{kPa} \quad p_{w1}=0.62\text{kPa} \quad p_1/p_{w1}=0.5$$

$$t_2=10℃ \quad p_2=0.63\text{kPa} \quad p_{w2}=1.26\text{kPa} \quad p_2/p_{w2}=0.5$$

$$t_3=20℃ \quad p_3=1.2\text{kPa} \quad p_{w3}=2.4\text{kPa} \quad p_3/p_{w3}=0.5$$

由此可见，在溶液浓度一定时，反映溶液表面饱和空气层的各状态点 t_1、p_1、t_2、p_2，t_3、p_3 在 h-d 图上都可以找到（图 2-27），而且因为 $p/p_w=$常数$=\varphi$，所以这些状态点位于 h-d 图上同一条相对湿度曲线上。换句话说，盐水溶液的每条浓度线都相当于 h-d 图上某一条等相对湿度线。而 $\xi=0$ 的浓度线相当于 $\varphi=100\%$的饱和曲线。因此，利用 h-d 图也可以将盐水溶液的性质（实际上是盐水溶液表面饱和空气层的性质）表示出来。这样，利图 h-d 图也就可以进行溶液吸湿过程的计算。

值得注意的是，盐水溶液的冰点比纯水的冰点低，而且溶液的冰点将随着浓度增加而

降低。因此，h-d 图上 $t<0℃$ 以下部分的 $\xi=0$ 曲线就代表了溶液的结冰线；各条浓度线与该线的交点都代表了各种浓度下的冰点，如 0、0′、0″等。

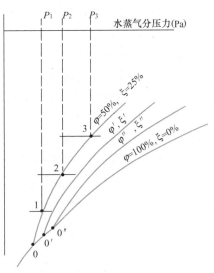

冰点以下的溶液状态变化另有一些特点，下面用溶液的 t-ξ 图说明（图 2-28）。如果溶液的初始浓度较低（点 A），则随着温度降低，到点 B 后溶液中水分不断变成冰，剩余的溶液浓度逐渐增加，到达某一温度后（点 C），溶液中的水分全结成冰，溶液中的盐全变成晶体。这一状态（点 C）叫共晶状态，此时的溶液浓度叫共晶浓度。如果溶液的起始浓度高（点 D），则随着温度降低，从点 E 起溶液中的盐分陆续结晶出来，剩余的溶液浓度逐渐降低，最后也到达共晶状态点 C。

图 2-27　溶液表面饱和空气层状态在 h-d 图上的表示

使用盐水溶液处理空气时，在理想条件下，被处理的空气状态变化将朝着溶液表面空气层的状态进行。根据盐水溶液的浓度和温度不同，可能实现各种空气处理过程，包括喷水室和表冷器所能实现的各种过程（图 2-29）。空气的除湿处理通常采用图 2-29 中的 A-1、A-2 和 A-3 三种过程。其中 A-1 为升温除湿过程，A-2 为等温除湿过程，A-3 为降温除湿过程。在实际工作中，以采用 A-3 过程的情况为多。

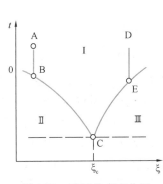

图 2-28　溶液状态变化图
Ⅰ一液态区；Ⅱ一结冰区；Ⅲ一结晶区

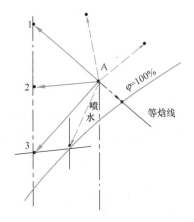

图 2-29　使用盐水溶液处理空气时的各种过程

3. 液体吸湿剂除湿系统

为了增加空气和盐水溶液的接触表面，在实际工作中，往往是让被处理的湿空气通过喷液室或填料塔等除湿器，在溶液和空气充分接触的过程中达到除湿目的。

在采用有腐蚀性的溶液时，必须解决好防腐问题。最好采用耐腐蚀的管道和设备以及效果可靠的气液分离设备。

盐水溶液吸湿后，浓度和温度将发生变化，为使溶液连续重复使用，需要对稀溶液进行再生处理。

再生时稀溶液可以由热水（或蒸汽）盘管表面或电热管表面加热而浓缩，也可以由热空气加热而成浓溶液。

使用热空气再生的溶液再生器，从构造上看与使用溶液吸湿的空气除湿器几乎没有区别，只不过二者中空气与溶液的热质交换方向相反而已。

图 2-30 是一个利用溶液对空调系统新风进行除湿的除湿系统工作原理图，它由除湿器（此处为新风机组的除湿段）、再生器、储液罐、溶液泵和管路系统组成。在溶液除湿系统中，目前采用分散除湿、集中再生的方式较为常见，即将集中再生后的浓溶液分别供应到多个新风机组的除湿器中进行除湿。

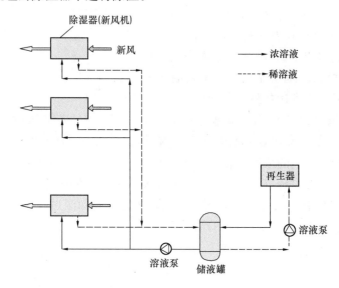

图 2-30 典型的溶液除湿系统

除湿器是溶液除湿系统的主要部件，在工程上目前多采用填料喷淋方式的除湿器，即将溶液喷洒在填料上再与湿空气接触，它有构造简单和比表面积大等优点。由于这些除湿器内部无冷却装置，所以又称它们为绝热型除湿器。图 2-31 就是一种绝热型除湿器的构造示意图。

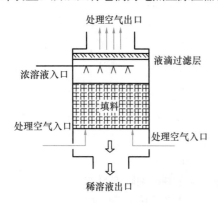

图 2-31 绝热型除湿器

在除湿器内部吸湿溶液吸收空气中的水分后，绝大部分水蒸气的汽化潜热进入了溶液，使得溶液温度显著升高，同时溶液表面的水蒸气分压力也随之升高，导致其吸湿能力下降。如果此时就将溶液浓缩再生，由于溶液浓度变化太小，会使再生器工作效率很低。为解决这个问题，目前常见的做法之一是使用内冷型除湿器，利用冷却水或冷却空气（都不与被处理空气直接接触）将除湿过程放出的热量带走以维持溶液有较高的吸湿能力。这样一来溶液在除湿器前后的浓度可有较大变化。

针对以上问题也有人提出了另外的解决办法，它是采用分级除湿方案，即采用几个除湿器串联，在每一级内为绝热除湿过程，可以采用较大的溶液循环量，使得空气的含湿量和溶液的浓度变化都不大。而在级与级之间加冷却装置，除湿后温度较高的溶液在流入下一级之前被冷却，重新恢复吸湿能力。级间溶液流量比级内溶液循环量要小得多。较小的级间流量使得溶液在各级之间保持一定的浓度差，经过多级除湿后，总的浓度差变化也较大，充分利用了溶液的化学能，即在吸收同样多的湿量情况下，分级方法可使溶液的浓度差比不分级时提高数倍。这样一来送回再生器的溶液浓度降低了，更容易被再生。

对再生器也可采用分级方案，用高温的热源再生比较浓的溶液，用比较低温的热源再生比较稀的溶液，这样一来热源的利用效率将更高。

图 2-32 所示为一个由四个基本单元模块（除湿器）串联组成的除湿系统，它采用了两种温度的冷却水冷却除湿过程。浓溶液从出风侧进入新风机组的最后一级除湿器，稀溶液从新风机组的进风侧排出回再生器。溶液和空气逆向流动。左面两个单元采用18～21℃的冷却水冷却溶液，以获得更好的除湿效果和得到较低的送风温度。右面两个单元用26～30℃的冷却水冷却溶液，以带走除湿过程产生的潜热。这种冷却水可由冷却塔获得。当室外空气湿度逐渐下降时，冷却水温度也会逐渐下降，当冷却水温下降到一定程度时，左面两个单元可停止运行，只需右面两个单元运行。当室外湿度下降到低于要求的送风湿度以下时，可以降低溶液浓度，停止冷却水供应，只利用右面两个单元通过喷洒稀溶液，甚至喷水对空气进行加湿降温。到了冬季还可以将冷却水改为热水，通过喷洒稀溶液或喷水对空气进行加热加湿。由此可见，利用上述装置，通过调整溶液浓度和板式换热器另一侧的水温，就可以实现不同季节、不同工况下的连续转换。

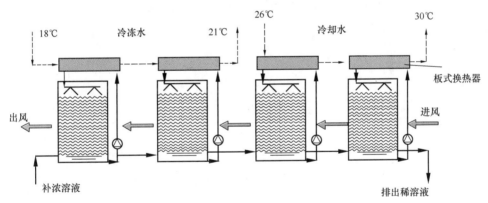

图 2-32　四个空气处理单元串联的除湿系统

4. 液体吸湿剂除湿方法的优点

在空调工程中，目前最常用的空气除湿方法是用表冷器（或喷水室）降温除湿。这样，为了满足除湿要求，经常要把空气冷却到很低的温度。可以说冷源的低温要求首先是为了满足除湿要求而设定的，否则制冷机的蒸发温度可以高很多。实际上，为了除湿，在冷凝过程中是把干空气也冷到了同样低的温度，而在某些情况下还需要再热来满足送风要求，这些都造成了能源的浪费。

与之相比较，液体吸湿剂除湿方法能把空气的除湿和降温分别处理和调节，从而使用较高温度的冷源就能把空气处理到合适的送风状态，不但提高了制冷机效率，也能避免常规空调系统和设备中大量凝水和由此产生的霉菌等，有利于提高室内空气品质。此外，液体吸湿剂除湿系统可以使用低品位热能，为低温热源的利用提供了有效途径。如能贮存浓溶液，也可实现蓄能。

2.5.2　液体吸湿剂处理空气过程在焓湿图中的表示

根据与溶液状态平衡的湿空气状态，可以将溶液的状态在湿空气的焓湿图上表示。图 2-33 给出了两种常用的吸湿盐溶液（溴化锂溶液和氯化锂溶液）在湿空气焓湿图上的对应状态，图中实线表示溶液等浓度线，虚线表示湿空气等相对湿度线。从图中可以看出：相同溶液浓度下，溶液的温度越低，其等效含湿量也越低，溶液的吸湿能力越强；盐溶液的等浓度线与湿空气的等相对湿度线基本重合，例如 40% 的湿空气相对湿度线所对应的溴化锂溶液、氯化锂溶液的浓度分别为 46% 和 31%。由于盐溶液结晶线的限制，在焓湿图左侧某些区域，溶液的状态是达不到的。

溶液处理空气的过程中，被处理空气的水蒸气分压力与吸湿溶液的表面蒸汽压之间的

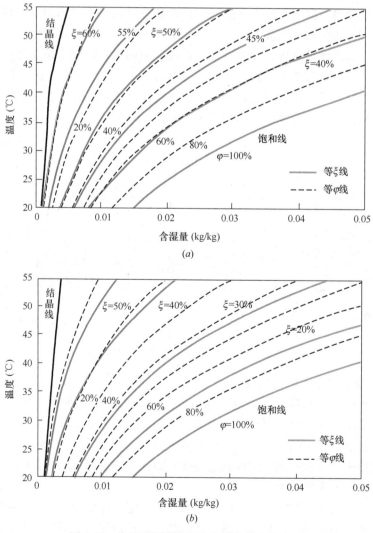

图 2-33　常用吸湿溶液状态在焓湿图上的表示
（a）LiBr 溶液；（b）LiCl 溶液

压差是水分传递的驱动力。因而在相同情况下，溶液表面蒸汽压越低，溶液的除湿能力越强，被处理空气所能达到的湿度越低。从图 2-33 中吸湿溶液状态在焓湿图上的表示可以看出，在同样浓度下，溶液的温度越低，其等效含湿量越低，除湿性能越强；溶液的温度越高其等效含湿量越高，越有利于再生过程。在溶液与湿空气接触过程中，空气与溶液表面间的水蒸气分压力差（即两者间的含湿量差）显著影响着该过程的处理效果。

图 2-34 展示了不同浓度的溶液处理空气的过程。对于相同的除湿侧空气进口状态 a_{in}，使用纯水、稀溶液、浓溶液（入口状态分别为 $s_{in,1}$、$s_{in,2}$、$s_{in,3}$），可将空气分别处理至状态 $a_{out,1}$、$a_{out,2}$、$a_{out,3}$，处理空气后的溶液状态分别为 $s_{out,1}$、$s_{out,2}$、$s_{out,3}$。使用纯水处理空气，纯水可考虑为浓度为 0 的溶液，故其状态（$s_{in,1}$、$s_{out,1}$）表示在焓湿图上位于饱和线上，处理后的空气出口状态（$a_{out,1}$）也接近饱和线；使用稀溶液、浓溶液，将空气除湿到相同的出口含湿量，溶液的入口、出口状态偏离饱和线（$s_{in,2}$、$s_{in,3}$、$s_{out,2}$、$s_{out,3}$），且浓度越大，偏离饱和线的程度越大，空气的出口温度越高，相对湿度越小。加湿再生侧空气的过程类似，对于相同的再生侧空气进口状态 r_{in}，使用纯水、稀溶液、浓溶液（入口状态分别为 $s_{in,1}$、$s_{in,2}$、$s_{in,3}$），可将空气分别处理至状态 $r_{out,1}$、$r_{out,2}$、$r_{out,3}$，加湿再生后的溶液状态分别为 $s_{out,1}$、$s_{out,2}$、$s_{out,3}$。

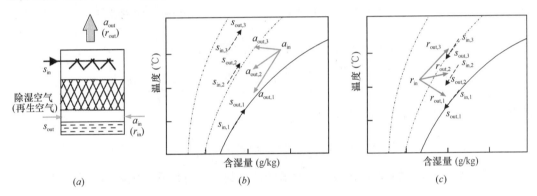

图 2-34 溶液处理空气过程在焓湿图上的表示
（a）处理装置；（b）除湿过程；（c）加湿再生过程

2.5.3 常见液体吸湿剂处理空气的热工计算

1. 热工计算方法

在空调系统中，使用液体吸湿剂对空气进行冷却减湿处理，空气的温度和含湿量都变化，且处理空气用的液体稀释剂的温度和等效含湿量也随之变化，因此热工计算较复杂。迄今为止国内外已推出许多计算方法，下面介绍较为简便准确的解析方法。

液体吸湿剂考虑为常用的盐溶液。为推导盐溶液与空气绝热热质交换过程的解析解，采用如下简化假设：①刘伊斯数（Le）等于 1；②由于空气与溶液的热质交换过程为绝热过程，多采用较大的溶液流量以增加溶液的热容量，确保溶液具有较强的吸/放湿能力，因而假定除湿/再生装置内溶液质量流量和浓度保持不变（溶液吸/放湿过程中吸入/排出水分的速率相比流量小很多）；③吸湿溶液的焓值（h_s）与其温度（t_s）呈线性变化关系，即 $dh_s = c_{p,s} dt_s$；溶液的等效焓值（h_e）与溶液的等效含湿量（ω_e）近似呈线性关系，即 $h_e = c_1 \omega_e + c_2$。

图 2-35 给出了溶液与空气的进口状态，分别用 s 和 a 表示。图中 p 点为进口空气等焓线与进口溶液等浓度线的交点，其含湿量为 ω^*。当进口空气位于进口溶液等浓度线上时，p 点的含湿量与进口空气 a 相同，即 $\omega^* = \omega_{a,in}$。

溶液与空气常见的热质交换过程有顺流、逆流和叉流三种。三种过程中，逆流热质交换过程具有最好的热质交换效率，逆流热质交换过程见图 2-36。

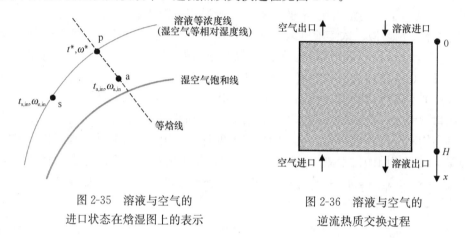

图 2-35　溶液与空气的
进口状态在焓湿图上的表示

图 2-36　溶液与空气的
逆流热质交换过程

对于逆流的热质交换过程，溶液出口等效焓值的解析解为

$$h_{e,out} = \frac{m^*\left[1 - e^{NTU_m(1-m^*)}\right]}{m^* - e^{NTU_m(1-m^*)}} h_{a,in} + \frac{(m^*-1)\,e^{NTU_m(1-m^*)}}{m^* - e^{NTU_m(1-m^*)}} h_{e,in} \tag{2-66}$$

式中　m^*——空气与溶液的热容量比。

$$m^* = \frac{\dot{m}_a\, c_{p,e}}{\dot{m}_s\, c_{p,s}},\ \text{其中}\ c_{p,e} = \frac{dh_e}{dt_s} \tag{2-67}$$

NTU_m 为无量纲的传质单元数，为对流传质系数 α_m、总传质面积 A 和空气流量 $\dot{m}_a$ 的函数关系式：

$$NTU_m = \frac{\alpha_m A}{\dot{m}_a} = \frac{\alpha_m aV}{\dot{m}_a} \tag{2-68}$$

式中，a 为填料的比表面积，单位为 m^2/m^3；V 为热质交换装置的体积（填料的总体积）。

采用填料作为空气和溶液热质交换的场所，可增加溶液和空气的有效接触面积，增强热质交换的效果。不同类型的填料，所提供的比表面积 a 不同。通常填料的表面积 a 为 $200\sim400m^2/m^3$。

对流传质系数 α_m 通常与比表面积相乘，得到体积传质系数 $\alpha_m a$。通常填料的体积传质系数 $\alpha_m a$ 为 $2\sim6kg/(m^3 \cdot s)$。

增加填料体积可以增加总的传质面积，从而 NTU_m 增加，热质交换效果提高，但体积增加也意味着成本的增加。填料体积和 NTU_m 增加到一定程度后，热质交换性能的改善程度十分有限，因此实际使用时不会选择较大的 NTU_m。通常 NTU_m 为 $0.6\sim2$。

吸湿溶液的比热 $c_{p,s}$ 和等效比热 $c_{p,e}$ 受吸湿溶液种类、溶液温度和浓度的影响。表 2-5 给出了溴化锂、氯化锂溶液的比热 $c_{p,s}$ 和等效比热 $c_{p,e}$ 随溶液温度和浓度的变化情况。

常用盐溶液的比热与等效比热 [单位：kJ/(kg·℃)]　　表 2-5

溶液类型	浓度 (%)	比热 $c_{p,s}$			等效比热 $c_{p,e}$		
		20℃	40℃	60℃	20℃	40℃	60℃
溴化锂溶液	45	2.21	2.30	2.34	2.01	4.01	9.36
	50	2.08	2.17	2.21	1.66	3.00	6.48
	55	1.93	2.04	2.08	1.40	2.24	4.45
	60	1.76	1.90	1.94	1.22	1.72	3.05
氯化锂溶液	30	2.91	2.98	3.05	2.02	4.06	9.61
	35	2.79	2.87	2.94	1.71	3.17	7.06
	40	2.67	2.75	2.83	1.47	2.46	5.11

空气焓值与溶液等效焓值沿 x 方向变化的情况为

$$h_a = \frac{m^* \, h_{a,in} - h_{e,out}}{m^* - 1} + \frac{1}{m^* - 1}(h_{e,out} - h_{a,in}) \, e^{NTU_m(m^* - 1)\left(1 - \frac{x}{H}\right)} \qquad (2\text{-}69)$$

$$h_e = \frac{m^* \, h_{a,in} - h_{e,out}}{m^* - 1} + \frac{m^*}{m^* - 1}(h_{e,out} - h_{a,in}) \, e^{NTU_m(m^* - 1)\left(1 - \frac{x}{H}\right)} \qquad (2\text{-}70)$$

空气含湿量与溶液的等效含湿量沿 x 方向变化的情况为

$$\omega_a = \omega^* + (\omega_{a,in} - \omega^*) \, e^{-NTU_m\left(1 - \frac{x}{H}\right)} + (\omega_{e,in} - \omega^*) \frac{1 - e^{NTU_m(m^* - 1)\left(1 - \frac{x}{H}\right)}}{1 - m^* \, e^{-NTU_m(1 - m^*)}} \qquad (2\text{-}71)$$

$$\omega_e = \frac{m^* \, \omega^* - \omega_{e,in} \, e^{NTU_m(1 - m^*)}}{m^* - e^{NTU_m(1 - m^*)}} + \frac{m^* \, e^{NTU_m(1 - m^*)\frac{x}{H}}}{m^* - e^{NTU_m(1 - m^*)}}(\omega_{e,in} - \omega^*) \qquad (2\text{-}72)$$

溶液的等效含湿量 ω_e 受吸湿溶液种类、溶液温度和浓度的影响。表 2-6 给出了溴化锂溶液的等效含湿量 ω_e 随溶液温度和浓度的变化情况。

溴化锂溶液的等效含湿量与温度和浓度的关系（单位：g/kg）　　表 2-6

溴化锂溶液		溶液温度（℃）							
		10℃	15℃	20℃	25℃	30℃	35℃	40℃	45℃	50℃
溶液浓度	10%	7.33	10.31	14.16	19.16	25.71	34.39	45.95	61.41	82.01
	15%	7.03	9.86	13.51	18.28	24.56	32.89	44.01	58.90	78.71
	20%	6.64	9.28	12.71	17.19	23.11	30.97	41.49	55.56	74.22
	25%	6.15	8.57	11.72	15.86	21.33	28.62	38.36	51.36	68.49
	30%	5.55	7.72	10.55	14.28	19.22	25.80	34.59	46.27	61.53
	35%	4.83	6.72	9.19	12.44	16.76	22.52	30.19	40.32	53.40
	40%	4.00	5.56	7.62	10.34	13.96	18.78	25.18	33.57	44.25
	45%	3.04	4.25	5.85	7.98	10.82	14.60	19.60	26.11	34.29
	50%	1.96	2.78	3.88	5.36	7.35	10.01	13.54	18.10	23.77

当 $m^* = 1$ 时，空气与溶液参数的沿程分布情况分别为

$$h_a = h_{a,in} + \frac{NTU_m}{1 + NTU_m}\left(1 - \frac{x}{H}\right)(h_{e,in} - h_{a,in}) \qquad (2\text{-}73)$$

$$h_{e} = h_{e,in} + \frac{NTU_{m}}{1 + NTU_{m}} \frac{x}{H}(h_{a,in} - h_{e,in}) \tag{2-74}$$

$$\omega_{a} = \omega^{*} + (\omega_{a,in} - \omega^{*})e^{-NTU_{m}\left(1-\frac{x}{H}\right)} + (\omega_{e,in} - \omega^{*})\frac{NTU_{m}\left(1 - \frac{x}{H}\right)}{1 + NTU_{m}} \tag{2-75}$$

$$\omega_{e} = \omega_{e,in} + \frac{NTU_{m}}{1 + NTU_{m}} \frac{x}{H}(\omega^{*} - \omega_{e,in}) \tag{2-76}$$

溶液与空气的温度可以根据其（等效）焓值与含湿量计算得到。

2. 热工计算类型

和喷水室、表冷器一样，填料塔中液体吸湿剂处理空气的热工计算也分为两种类型，设计性的和校核性的。设计性的计算指已知空气初、终参数需求，确定使用的填料塔的体积和使用溶液的进口参数；另一种是校核性的，用于检查给定型号的填料塔和溶液进口参数的情况下，能将一定初参数的空气处理到什么样的终参数。表2-7列出了这两种计算类型的已知条件和计算内容。

液体吸湿剂处理空气的热工计算类型　　　　　　　　　　表 2-7

计算类型	已知条件	计算内容
设计性计算	空气量 $\dot{m}_a$ 空气初参数 $t_{a,in}$、$\omega_{a,in}(h_{a,in}\cdots)$ 空气终参数 $t_{a,out}$、$\omega_{a,out}(h_{a,out}\cdots)$ 溶液流量 $\dot{m}_s$ 溶液浓度 ξ_s	填料参数（比表面积 a、体积 V、传质系数 $\alpha_m a$） 溶液进口温度 $t_{s,in}$ 溶液出口温度 $t_{s,out}$ （冷量 Q、除湿量 D）
校核性计算	空气量 $\dot{m}_a$ 空气初参数 $t_{a,in}$、$\omega_{a,in}(h_{a,in}\cdots)$ 填料参数（比表面积 a、体积 V、传质系数 $\alpha_m a$） 溶液流量 $\dot{m}_s$ 溶液进口温度 $t_{s,in}$ 溶液浓度 ξ_s	空气终参数 $t_{a,out}$、$\omega_{a,out}(h_{a,out}\cdots)$ 溶液出口温度 $t_{s,out}$ （冷量 Q、除湿量 D）

3. 热工计算具体步骤

下面通过例题说明液体吸湿剂处理空气的校核性计算。

【例 2-9】已知被处理的空气量为 20000kg/h（$\dot{m}_a = 5.56$kg/s），空气的进口参数为 $t_{a,in} = 26℃$，$\omega_{a,in} = 13$g/kg，$h_{a,in} = 59.3$kJ/kg，选用溴化锂溶液处理空气，溶液的流量为 $\dot{m}_s = 6.25$kg/s，进口温度为 $t_{s,in} = 25℃$，浓度为 $\xi_{s,in} = 45\%$。

试求用 $NTU_m = 1$ 的逆流方式处理空气所能达到的空气出口状态和溶液出口状态。

【解】（1）求空气与溶液的热容量比 m^*

根据空气和溶液的进口参数，确定相应的物性参数后，由式（2-67）计算空气与溶液的热容量比 m^*

$$m^* = \frac{\dot{m}_a\, c_{p,e}}{\dot{m}_s\, c_{p,s}} = \frac{5.56 \times 2.51}{6.25 \times 2.23} \approx 1$$

（2）确定溶液的入口等效焓值 $h_{e,in}$ 和等效含湿量 $\omega_{e,in}$

所使用的溴化锂溶液进口温度为 25℃，浓度为 45%，根据表 2-6 查得溴化锂溶液的进口等效含湿量 $\omega_{e,in} = 7.98\text{g/kg}$。

根据溶液的进口温度 25℃ 和等效含湿量 7.98g/kg，由湿空气的焓湿图确定溶液的入口等效焓值 $h_{e,in} = 45.44\text{kJ/kg}$。

（3）确定进口空气等焓线与进口溶液等浓度线的交点含湿量 ω^*

已知空气的进口焓值 $h_{a,in} = 59.3\text{kJ/kg}$、溶液的进口温度 25℃ 和等效含湿量 7.98g/kg，根据图 2-33 的焓湿图，确定进口空气等焓线与进口溶液等浓度线的交点含湿量 $\omega^* = 11.0\text{g/kg}$。

（4）确定空气和溶液的沿程参数分布

$$h_a = h_{a,in} + \frac{NTU_m}{1+NTU_m}\left(1-\frac{x}{H}\right)(h_{e,in}-h_{a,in}) = 59.3 + \frac{1}{2}\left(1-\frac{x}{H}\right)(45.44-59.3)$$

$$h_e = h_{e,in} + \frac{NTU_m}{1+NTU_m}\frac{x}{H}(h_{a,in}-h_{e,in}) = 45.44 + \frac{1}{2}\frac{x}{H}(59.3-45.44)$$

$$\omega_a = \omega^* + (\omega_{a,in}-\omega^*)e^{-NTU_m\left(1-\frac{x}{H}\right)} + (\omega_{e,in}-\omega^*)\frac{NTU_m\left(1-\frac{x}{H}\right)}{1+NTU_m}$$

$$= 11.0 + (13-11.0)e^{-\left(1-\frac{x}{H}\right)} + (7.98-11.0)\frac{1-\frac{x}{H}}{2}$$

$$\omega_e = \omega_{e,in} + \frac{NTU_m}{1+NTU_m}\frac{x}{H}(\omega^*-\omega_{e,in}) = 7.98 + \frac{1}{2}\frac{x}{H}(11.0-7.98)$$

根据上述公式，可绘制出空气和溶液的沿程参数分布，如图 2-37 所示。

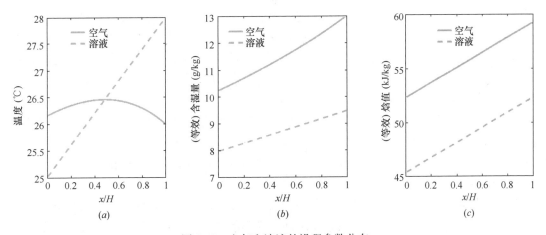

图 2-37 空气和溶液的沿程参数分布

（a）沿程温度分布；（b）沿程（等效）含湿量分布；（c）沿程（等效）焓值分布

（5）确定空气和溶液的出口参数

根据图 2-37，或将 $x=0$ 和 $x=H$ 分别代入空气和溶液的沿程参数分布计算结果的公

式，可确定空气和溶液的出口（等效）焓值和含湿量分别为

$$h_{a,out} = 59.3 + \frac{1}{2}\left(1 - \frac{0}{H}\right)(45.44 - 59.3) = 52.37 \text{kJ/kg}$$

$$h_{e,out} = 45.44 + \frac{1}{2}\frac{H}{H}(59.3 - 45.44) = 52.37 \text{kJ/kg}$$

$$\omega_{a,out} = 11.0 + (13 - 11.0)e^{-\left(1-\frac{0}{H}\right)} + (7.98 - 11.0)\frac{1-\frac{0}{H}}{2} = 10.23 \text{g/kg}$$

$$\omega_{e,out} = 7.98 + \frac{1}{2}\frac{H}{H}(11.0 - 7.98) = 9.49 \text{g/kg}$$

根据空气和溶液的出口（等效）焓值和含湿量，根据湿空气的焓湿图确定空气和溶液的出口温度分别为

$$t_{a,out} = 26.16℃$$
$$t_{e,out} = 27.99℃$$

（6）计算冷量和除湿量

$$Q = \dot{m}_a(h_{a,in} - h_{a,out}) = 5.56 \times (59.3 - 52.37) = 38.53 \text{kW}$$
$$D = \dot{m}_a(\omega_{a,in} - \omega_{a,out}) = 5.56 \times (13 - 10.23) = 15.40 \text{g/s}$$

2.5.4　液体吸湿剂在新排风热回收中的应用

使用液体吸湿剂循环流动可构建溶液全热式热回收装置，实现室内排风和被处理新风之间的冷热量、湿量回收，是降低空气处理能耗、实现空调系统节能的重要措施。

1. 溶液式全热回收装置的工作原理

新风处理过程中，采用热回收技术是降低新风处理能耗的有效措施。热回收装置可分为显热回收装置和全热回收装置。显热回收装置仅能回收室内排风部分的显热，效率较低；全热回收装置，既能回收显热又能回收潜热，且由于夏季排风中潜热在可供回收的能量中占有较大比例（在气候潮湿的地区更为显著），因此全热回收装置通常具有较高的热回收效率。使用吸湿剂溶液循环流动构建的热回收装置属于全热回收装置，具有较高的热回收效率，且避免了新排风直接接触，有效地降低了交叉污染的风险。

以传质性能最优的逆流溶液式全热回收装置为例，该装置由两个逆流热湿交换装置（分别是新风和排风与溶液直接接触进行传热传质的装置）和溶液循环泵构成，如图 2-38 所示。图中新风、排风和溶液分别用 a、r 和 s 表示。考虑夏季利用室内排风对新风进行预冷和除湿的过程，溶液泵从右侧新风处理单元喷淋模块底部的溶液槽中把溶液输送至室内排风处理单元喷淋模块的顶部，溶液自顶部的布液装置喷淋而下润湿填料，并与室内排风在填料中接触，溶液被降温浓缩，排风被加热加湿后排到室外。室内排风处理单元中降温浓缩后的溶液汇集到喷淋模块底部的溶液槽中，再被输送到新风处理单元中的喷淋模块顶部，经布液装置均匀地润湿填料。室外新风在右侧处理单元的填料中与溶液接触，溶液被加热稀释，空气被降温除湿。溶液重新回到底部溶液槽中，完成整个循环过程。夏季工况下，与新风接触和与排风接触的单元喷淋模块分别作为除湿装置与再生装置使用；冬季工况与夏季工况相反。

全热回收装置的重要评价指标为其全热回收效率 η_h、温度回收效率 η_t 与湿度回收效率 η_m，分别为

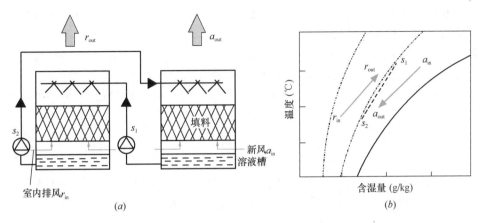

图 2-38 逆流形溶液全热回收装置

(a) 工作原理；(b) 空气处理过程在焓湿图上的表示

$$\eta_{h} = \left| \frac{h(a_{in}) - h(a_{out})}{h(a_{in}) - h(r_{in})} \right|$$

$$\eta_{t} = \left| \frac{t(a_{in}) - t(a_{out})}{t(a_{in}) - t(r_{in})} \right|$$

$$\eta_{m} = \left| \frac{\omega(a_{in}) - \omega(a_{out})}{\omega(a_{in}) - \omega(r_{in})} \right|$$

若要提高热回收装置的效率，最简单的方法就是加大填料塔的体积。填料塔尺寸的设计，通常保持空气迎面风速在一定的经济风速内，即通过被处理空气流量与经济风速确定出填料塔装置的断面尺寸。因此，加大填料塔的体积则需要填料塔的塔高比较高，有些情况下会超出实际工程允许的范围。这种情况下，可采用叉流流形的布置方式，避免填料塔高度过高的情况。

2. 多级叉流全热回收装置

在同样情况下，逆流装置的传热传质性能优于叉流装置，但叉流装置存在空气流程容易布置，且装置高度上的制约低于逆流装置，因此具有较多的应用场景。

图 2-39 (a) 所示为单级叉流装置，其效率较低，因而通常采用多级叉流装置串联以提高溶液热回收装置的效率。图 2-39 (b) 给出了多级叉流溶液全热回收装置的工作原理

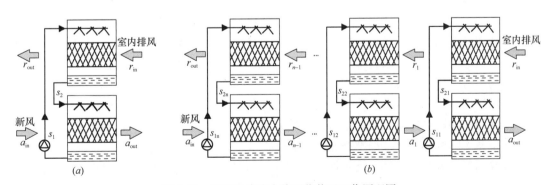

图 2-39 叉流形溶液全热回收装置工作原理图

(a) 单级装置；(b) 多级装置

图，新风和室内排风逆向流经各级并与溶液进行热质交换，每一级内溶液的温度与浓度由新风和室内排风的状态参数决定。

投入相同的 NTU_m 时，叉流装置的热回收效率随级数的增加而增大，表明通过分级可以有效改善叉流溶液热回收装置的性能，提高热回收效率。叉流装置与逆流装置之间的效率差异随级数的增加而减小，三级、四级叉流装置的效率已接近逆流装置的效率水平。

2.6 空气的其他加热加湿方法和设备

在空调系统中，除利用喷水室对空气进行加热加湿，利用表面式换热器（空气加热器）对空气进行加热外，还采用下面一些加热和加湿方法。

2.6.1 用电加热器加热空气

电加热器是让电流通过电阻丝发热而加热空气的设备。它有结构紧凑、加热均匀、热量稳定、控制方便等优点。但是由于电加热器利用的是高品位能源，所以只宜在一部分空调机组和小型空调系统中采用。在恒温精度要求较高的大型空调系统中，也常用电加热器控制局部加热或做末级加热器使用。

电加热器有两种基本形式：裸线式和管式。

裸线式电加热器由裸露在气流中的电阻丝构成。在定型产品中，常把这种电加热器做成抽屉式，检修更为方便。

裸线式电加热器的优点是热惰性小，加热迅速且结构简单，除由工厂批量生产外，也可自己按图纸加工。它的缺点是电阻丝容易烧断，安全性差，所以使用时必须有可靠的接地装置，并应与风机连锁运行，以免发生安全事故。

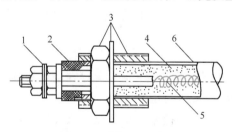

图 2-40 管状电热元件

1—接线端子；2—瓷绝缘子；3—紧固装置；
4—绝缘材料；5—电阻丝；6—金属套管

管式电加热器由管状电热元件组成。这种电热元件是将电阻丝装在特制的金属套管中，中间填充导热性好的电绝缘材料，如结晶氧化镁等（图 2-40）。管状电热元件除棒状外，还有 U 形、W 形等其他形状，具体尺寸和功率可查产品样本。还有一种带螺旋翅片的管状电热元件，它具有尺寸小而加热能力更大的优点。

管状电热元件的优点是加热均匀、热量稳定，使用安全，缺点是热惰性大，结构复杂。

在选用电加热器时，先要根据使用要求确定其类型，然后再根据加热量大小和控制精度要求对电加热器进行分级，最后再根据每级电加热器负担的加热量确定其功率。确定电加热器功率时同样应考虑一定的安全系数。

2.6.2 空气的其他加湿方法和设备

空气的加湿可以在空气处理室（空调箱）或送风管道内对送入房间的空气集中加湿；也可在空调房间内部对空气局部补充加湿。

空气的加湿方法有多种：喷水加湿、喷蒸汽加湿、电加湿、超声波加湿、红外线加湿等。利用外界热源使水变成蒸汽与空气混合的方法在 h-d 图上表现为等温过程，故称为等温加湿；水吸收空气本身的热量变成蒸汽而加湿，在 h-d 图上表现为等焓过程，故称为等熔加湿或绝热加湿。

下面介绍几种主要的加湿方法和设备。

1. 等温加湿

（1）干蒸汽加湿器

干蒸汽加湿器由干蒸汽喷管、分离室、干燥室和电动或气动调节阀等组成（图2-41）。如图2-41所示，蒸汽由蒸汽进口1进入外套2内，它对喷管内的蒸汽起加热、保温、防止蒸汽冷凝的作用。由于外套的外表面直接与被处理的空气接触，所以外套内将产生一些凝结水并随蒸汽一道进入分离室4。由于分离室断面大，使蒸汽减速，再加上惯性作用及分离挡板3的阻挡，冷凝水便被分离下来。分离出冷凝水的蒸汽经由分离室顶部的调节阀孔5减压后，再进入干燥室6，残存在蒸汽中的水滴在干燥室中再汽化，最后从小孔8中喷出的则是干蒸汽。

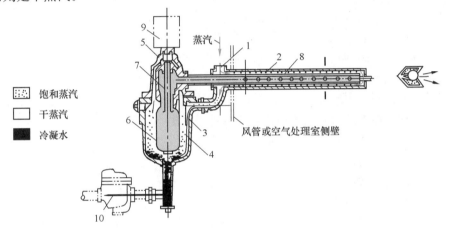

图 2-41　干蒸汽加湿器

1—接管；2—外套；3—挡板；4—分离室；5—阀孔；6—干燥室；

7—消声腔；8—喷管；9—电动或气动执行机构；10—疏水器

干蒸汽加湿器安全可靠，加湿量容易控制，但必须在有蒸汽源的地方使用。

（2）电热式加湿器

通常电热式加湿器是用管状电热元件置于水盘中做成的（图2-42）。元件通电之后便能将水加热而产生蒸汽。补水靠浮球阀自动控制，以免发生断水空烧现象。此种电热式加湿器的加湿量大小取决于水温和水表面积。根据需要的加湿量也可按式（3-66）确定水盘面积 F（m^2）。

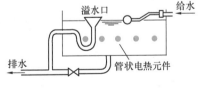

图 2-42　电热式加湿器

将 PTC 发热元件（氧化陶瓷半导体发热元件）置于水中做成的加湿器又称作 PTC 蒸汽加湿器。通电后水被加热而产生蒸汽，它有安全可靠、寿命长、易于控制等优点。

（3）电极式加湿器

电极式加湿器的构造如图2-43所示。它是利用三根铜棒或不锈钢棒插入盛水的容器中做电极。将电极与三相电源接通之后，就有电流从水中通过。在这里水是电阻，因而能被加热蒸发成蒸汽。除三相电外，也有使用两根电极的单相电极式加湿器。

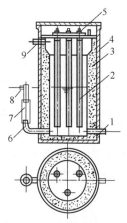

图 2-43 电极式加湿器

1—进水管；2—电极；3—保温层；
4—外壳；5—接线柱；6—溢水管；
7—橡皮短管；8—溢水嘴；
9—蒸汽出口

由于水位越高，导电面积越大，通过电流也越强，因而发热量也越大。所以，产生的蒸汽量多少可以用水位高低来调节。

电极式加湿器的功率应根据所需加湿量大小，按下式确定（考虑结垢影响可设一安全系数）：

$$N = W(h_q - c t_w) \quad (kW) \quad (2-77)$$

式中　W——蒸汽产生量，kg/s；

　　　h_q——蒸汽的焓，kJ/kg；

　　　t_w——进水温度，℃。

电极式加湿器结构紧凑，而且加湿量也容易控制，所以应用较多。它的缺点是电极上易积水垢和腐蚀，因此，宜用在小型空调系统中。

2. 等焓加湿

直接向空调房间空气中喷水的加湿装置主要有压缩空气喷雾器和超声波加湿器。

压缩空气喷雾器是用压力为 0.03MPa（工作压力）左右的压缩空气将水喷到空气中去，压缩空气喷雾器可分为固定式和移动式两种。这里不作详细介绍。

下面介绍几种在空气处理设备中常用的等焓加湿设备。

（1）高压喷雾加湿器

将自来水经过加湿器主机（内有加压泵）增压后，再经过特制的喷头喷到空气中去，并在空气中雾化，然后水雾粒子与空气进行热湿交换，蒸发后将空气加湿（见图 2-44）。这就是高压喷雾加湿器的原理。喷头可以逆向喷射，也可以与空气流垂直喷射。喷嘴可单排，也可多排。

由于水在喷嘴中高速喷出时对喷嘴有强烈的冲刷作用。会使喷嘴严重磨损，影响加湿效果，所以要选用耐磨材料，如陶瓷做喷嘴才好。

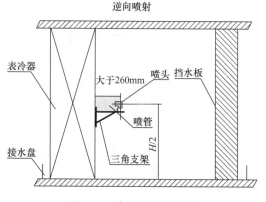

图 2-44 高压喷雾加湿器

由于喷出的水量不可能完全蒸发，所以将蒸发的水量称为有效加湿量，而将有效加湿量与喷出总水量之比定义为加湿效率。现有产品的加湿效率约为 33%。

高压喷雾加湿器具有安全可靠等优点，经济效益也比较高。

（2）湿膜加湿器

将清洁的自来水或循环用水送到湿膜顶部的布水器，水在重力作用下沿湿膜表面下流，从而使湿膜表面湿润，当干燥空气穿过湿膜时即被加湿，这就是湿膜加湿器（图 2-45）。

湿膜材料有复合型湿膜材料、玻璃纤维型湿膜材料和金属刺孔湿膜等，其中复合型湿膜材料由于其加湿性能好、机械强度高、防尘防霉菌效果好，可用自来水反复清洗等优点得到广泛应用。但其结水垢问题也应引起注意。

（3）超声波加湿器

如果利用换能器（也叫振荡片）将电能转化成机械能，产生每秒 170 万次的高频振荡，将水快速雾化成 $1\sim5\mu m$ 的微粒，这些微粒扩散到空气中便吸收空气热量蒸发成水蒸气，从而对空气进行加湿，这就是超声波加湿器的工作原理。超声波加湿器主要优点是产生的水滴颗粒细，运行安静可靠。目前这种产品应用很广。超声波加湿器的缺点是容易在墙壁或设备表面上留下白垢点，因此要求对水进行软化处理。

（4）离心式加湿器

在空调工程中还使用一种靠离心力作用将水雾化的加湿器叫离心式加湿器。图 2-46 所示就是一种离心式加湿器。这种加湿器有一个圆筒形外壳。封闭电机驱动一个圆盘和水泵管高速旋转。水泵管从贮水器中吸水并送至旋转的圆盘上面形成水膜。水由离心力作用被甩向破碎梳，并形成细小水滴。干燥空气从圆盘下部进入，吸收雾化了的水滴从而被加湿。

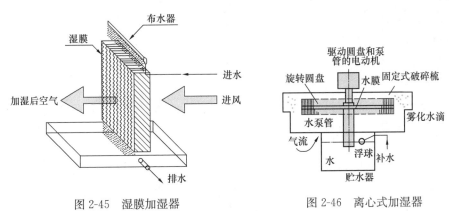

图 2-45　湿膜加湿器　　　　　　　图 2-46　离心式加湿器

这种加湿器可与通风机组配合，成为一个大型的空气加湿设备。

除上面介绍的一些加湿方法外，还有一些利用水表面自然蒸发的简易加湿方法。例如，在地面上洒水、铺湿草垫、让空气在风机作用下通过带水的填料层、设敞口水槽等。但是，它们都有加湿量不易控制、加湿速度慢和占地面积大等缺点。这类装置的加湿量可按经验的湿交换系数及水蒸气分压力差计算。

2.7　空气的其他除湿方法和设备

在空调系统中除可用喷水室和表冷器对空气进行除湿处理外，还可以采用下面一些除湿方法。

2.7.1　用加热通风法减湿

由 h-d 图可知，单纯加热空气的等湿升温过程能降低空气的相对湿度，但不能减少空气中的含湿量，所以它不是一种根本的除湿方法。

如果能掌握有利时机，对需要除湿的房间进行通风，以含湿量低的室外空气代替含湿量高的室内空气，也能达到除湿目的。不过单纯通风不能调节室内温度，所以也就不能调节室内相对湿度。此外，该法还受室外气象条件限制，在有些季节很难达到除湿要求。

把加热与通风结合起来的除湿方法，综合了加热和通风方法的优点，而且由于使用这种方法的设备简单，可省初投资和运行费，所以在自然条件允许的地方应优先选用。

2.7.2 用冷冻除湿机减湿

冷冻除湿机是由制冷系统和风机等组成的除湿装置，其工作原理见图 2-47，除湿过程中的空气状态变化见图 2-48。需要减湿的空气由状态 1 经过蒸发器后达到状态 2，再经过冷凝器达到状态 3，所以经过冷冻减湿机后得到的是温度高、但含湿量低的空气。由此可见，在既需要除湿又需要加热的地方使用冷冻除湿机比较合理。相反，在室内产湿量大、产热量也大的地方，最好不用冷冻除湿机。

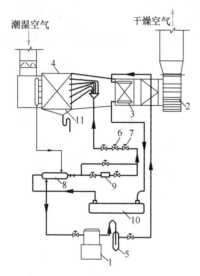

图 2-47　冷冻除湿机原理图

1—压缩机；2—送风机；3—冷凝器；4—蒸发器；5—油分离器；6、7—节流装置；8—热交换器；9—过滤器；10—贮液器；11—集水器

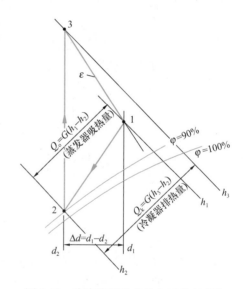

图 2-48　冷冻除湿机中的空气状态变化

由图 2-48 可知，冷冻除湿机的制冷量为

$$Q_o = G(h_1 - h_2) \quad (\text{kW}) \tag{2-78}$$

除湿量为：

$$W = G(d_1 - d_2) \quad (\text{kg/s}) \tag{2-79}$$

如果由式（2-78）求出风量再代入式（2-79），则可以得到 $W = Q_0/\varepsilon$，ε 是过程线 1-2 的角系数。由此可知冷冻除湿机的除湿量与其制冷量成正比，而与过程的角系数成反比。因此每台除湿机的实际除湿量是因空气处理要求不同而有一定变化。

此外，冷凝器的排热量为

$$Q_k = G(h_3 - h_2) \quad (\text{kW}) \tag{2-80}$$

为了求出冷凝器后空气参数（即除湿机出口空气的参数），可依制冷系统热平衡式先求出状态点 3 空气的焓。制冷系统热平衡式为

$$Q_k = Q_o + N_i \quad (\text{kW}) \tag{2-81}$$

即
$$G(h_3 - h_2) = G(h_1 - h_2) + N_i$$

式中 N_i——制冷压缩机输入功率，kW。

由此可得

$$h_3 = h_1 + \frac{N_i}{G}$$

蒸发器后空气的相对湿度一般可按95％计算，蒸发器后空气的含湿量可按式（2-79）求得，即

$$d_2 = d_1 - \frac{W}{G}$$

由 d_2 和 h_3 在 h-d 图上可得到 t_3，t_3 就是除湿机出口空气的温度。

各种除湿机的除湿量及风量可查产品样本。

冷冻除湿机的优点是使用方便，效果可靠，缺点是使用条件受到一定限制，运行费较高。

2.7.3 用固体吸附剂除湿

1. 固体吸附剂的除湿原理

所有固体吸附剂本身都具有大量的孔隙，因此具有极大的孔隙内表面积。通常，1kg固体吸附剂的孔隙内表面积可达数十万平方米。

吸附剂各孔隙内的水表面呈凹面。曲率半径小的凹面上水蒸气分压力比平液面上水蒸气分压力低，当被处理空气通过吸附材料层时，空气的水蒸气分压力比凹面上水蒸气分压力高，则空气中的水蒸气就向凹面迁移，由气态变为液态并释放出汽化潜热。

在空调工程中广泛采用的吸附剂是硅胶。

硅胶（SiO_2）是用无机酸处理水玻璃时得到的玻璃状颗粒物质，它无毒、无臭、无腐蚀性，不溶于水。硅胶的粒径通常为 $2\sim5mm$，密度为 $640\sim700kg/m^3$。1kg硅胶的孔隙面积可达40万 m^2，孔隙容积为其总体积的70％，吸湿能力可达其质量的30％。

硅胶有原色和变色之分，原色硅胶在吸湿过程中不变色，而变色硅胶，如氯化钴硅胶，本来是蓝色，吸湿后颜色由蓝变红逐渐失去吸湿能力。由于变色硅胶价格高，除少量直接使用外，通常是利用它做原色硅胶吸湿程度的指示剂。

硅胶失去吸湿能力后可加热再生，使吸附的水分蒸发，再生后的硅胶仍能重复使用。

如果硅胶长时间停留在参数不变的空气中，则将达到某一平衡状态。在这一状态下硅胶的含湿量不再改变，并称之为硅胶平衡含湿量 d_s，单位为 g/kg 干硅胶。硅胶平衡含湿量 d_s 与空气温度和空气含湿量 d 的关系见图 2-49，它代表了硅胶吸湿能力的极限。

由图 2-49 可见，硅胶的吸湿能力取决于被干燥空气的温度和含湿量。当空气含湿量一定时，空气温度越高，硅胶平衡含湿量越小，通常对高于35℃的空气，最好不用硅胶除湿。

在使用硅胶或其他固体吸附剂时，都不应该达到吸湿能力的极限状态。这是因为吸附剂是沿空气流动方向逐层达到饱和的，不可能所有材料层都达到最大吸湿能力。

图 2-50 是被干燥空气通过厚度为 AD 的吸附剂层时，吸附剂内部含湿量变化情况。横坐标为吸附剂层厚，纵坐标为吸附剂的饱和度 $\frac{x}{a}$（这里 x 是某一时刻吸附剂的含湿量，

a 是吸附剂饱和含湿量），z 为空气通过吸附剂的时间。如图所示，饱和度 $\frac{x}{a}$ 在 0～1 之间变化。经过 z_4 时间之后，在吸附剂层中，厚度为 AB 那部分已经完全达到饱和，即 $\frac{x}{a}=1$，在厚度为 BC 的范围内，$\frac{x}{a}$ 由 0 变到 1，在最后的 CD 厚度内，比值 $\frac{x}{a}\to 0$。显然，此时空气具有由 BC 段出来时的终湿度。在经过 z_6 时间之后，通过吸附剂层的空气已不能干燥到原定的水平，因为从这一时刻开始，吸附剂的利用程度逐渐降低，所以吸附过程应提前结束。

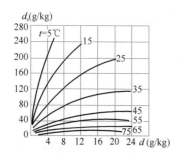

图 2-49　硅胶平衡含湿量 d_s 与空气
温度 t 和含湿量 d 的关系

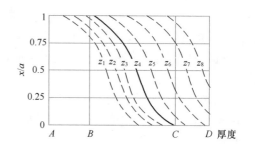

图 2-50　固体吸湿层中
含水率的变化

上述分析表明，吸附剂层厚 AD 越小，饱和度达到极限值的有效厚度也越小。因此为了更充分地利用吸附剂，应尽可能加大吸附剂层厚。然而，随着厚度的增加，空气通过它的阻力也变大。

对于粒径为 1～3mm 的硅胶吸湿层，可依下式计算空气阻力：

$$h = (35 \sim 40)\delta v^2 \quad (\mathrm{Pa}) \tag{2-82}$$

式中　δ——硅胶层厚度，mm，一般可取 $\delta=40\sim60$；

v——硅胶层迎面风速，m/s，一般可取 $v=0.3\sim0.5$。

除硅胶外，也可以利用铝胶（Al_2O_3）来干燥空气。铝胶的孔隙为总体积的 30%，1kg 密度为 800kg/m³ 的干铝胶，孔隙内表面积可达 25 万 m²。铝胶吸湿能力不如硅胶，且不宜用于干燥 25℃ 以上的空气。

采用固体吸附剂干燥空气，可使空气含湿量变得很低。但干燥过程中释放出来的吸附热又加热了空气。所以对需要干燥又需要加热空气的地方最宜采用。

固体吸附剂在除湿过程中将产生 2930kJ/kg 吸附热。其中湿润热为 420kJ/kg，其余为凝结潜热。吸附热不仅使吸附剂本身温度升高，而且加热了被干燥的空气。有时为了冷却吸附剂和被干燥的空气，在吸附层中设冷却盘管。如前所述，冷却吸附剂还能提高其吸湿能力。

在 h-d 图上表示使用固体吸附剂时的空气状态变化过程如图 2-51 所示。点 1 为处理前空气状态点，点 2 为处理后空气状态点。过程线 1-2 的角系数，可由下列方程导出：

热平衡方程：

$$Gh_2 = Gh_1 - W_k c_w t_2 - g_a W_k + 420W_k \tag{2-83}$$

湿平衡方程：

$$Gd_2 = Gd_1 - W_k \qquad (2-84)$$

式中　W_k——1h 内在吸湿剂中凝结的水蒸气量，kg；

g_a——用于加热吸附剂和吸附器结构的热量（约为 420kJ/kg 吸附湿量）；

G——通过吸附剂的空气量，kg/h；

420——比湿润热，kJ/kg 吸附湿量。

将式（2-83）除以式（2-84），经整理后可得

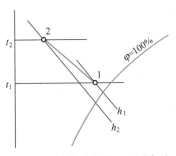

图 2-51　吸附过程的 $h\text{-}d$ 图表示

$$\frac{h_2 - h_1}{d_2 - d_1} = (-W_k c_w t_2 - g_a W_k + 420 W_k)/(-W_k)$$

$$= c_w t_2 + g_a - 420 \approx c_w t_2$$

即

$$\varepsilon = c_w t_2 \qquad (2-85)$$

在吸湿过程中，空气的温升为

$$\Delta t = (r_a - g_a - c_w t_2)(d_1 - d_2)/c_p$$

式中　r_a——比吸附热，kJ/kg。

显然，空气的终温为

$$t_2 = t_1 + \Delta t$$

即

$$t_2 = t_1 + (r_a - g_a - c_w t_2)(d_1 - d_2)/c_p \qquad (2-86)$$

$$\varepsilon = \frac{c_w t_1 + c_w (r_a - g_a)(d_1 - d_2)/c_p}{1 + c_w (d_1 - d_2)/c_p} \qquad (2-87)$$

如果根据除湿要求给定 d_2，则由处理前空气状态点 1 引角系数为 ε 的过程线与 $d_2 = $ const 线的交点就是处理后的空气终状态点。

当吸附剂达到含湿量的极限时，就失去了吸湿能力。为了重复使用吸附剂，可对其进行再生处理，即用 180~240℃ 的热空气（或净化了的烟气）吹过吸附剂层。在高温空气（或烟气）作用下，促使含在孔隙中的水分蒸发，并随热空气（或烟气）排掉。在再生过程中，吸附剂将被加热到 100~110℃，因此在重复使用之前需要冷却。

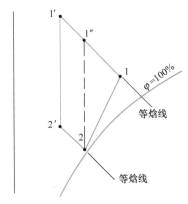

图 2-52　用硅胶处理空气的过程

2. 固体吸附剂的除湿过程及使用方法

由于使用固体吸附剂过程的角系数为 $\varepsilon = c_w t_2$，可知此过程近似为等焓升温过程。所以，如需得到温度较低的空气，还应对干燥后的空气进行冷却处理。

以硅胶为例，上述除湿过程如图 2-52 所示。如果需要将状态 1 的空气处理到状态 2，则可先令其通过硅胶层，等焓干燥到状态点 $1'$，然后等湿冷却到点 $2'$，最后再绝热加湿到点 2。另一种方案是只让一部分空气通过硅胶层，与不通过硅胶层的空气混合到点 $1''$，再等湿冷却到点 2。前一方案的优点是可以使用温度较高的冷却

水，而后一方案要求冷却水温度较低，但可以减少一套绝热加湿设备。

固体吸附剂的除湿方法分为静态和动态两种，静态吸湿就是让潮湿空气呈自然流动状态与吸湿剂接触，而动态吸湿是让潮湿空气在风机作用下通过吸附剂层。显然，动态吸湿比静态吸湿效果好，但设备复杂。

在工程上经常需要连续制备干燥空气，因此采用动态吸湿必须解决好吸湿剂的再生问题。一种办法是在空气流动方向上采用两套并联的设备，一套吸湿时，另一套再生，切换使用。另一种方法是采用转动式吸湿设备，干燥与再生同时进行。

3. 氯化锂转轮除湿机

氯化锂转轮除湿机利用一种特制的吸湿纸来吸收空气中的水分。吸湿纸是以玻璃纤维滤纸为载体，将氯化锂等吸湿剂和保护加强剂等液体均匀地吸附在滤纸上烘干而成。存在于吸湿纸内的氯化锂等晶体吸收水分后生成结晶水而不变成盐水溶液。常温时吸湿纸上水蒸气分压力比空气中水蒸气分压力低，所以能够从空气中吸收水蒸气；而高温时吸湿纸上水蒸气分压力高于空气的水蒸气分压力，因此又可将吸收的水蒸气放出来。如此反复循环使用便可达到连续除湿的目的。

图 2-53 是氯化锂转轮除湿机工作原理图。这种除湿机由吸湿转轮、传动机构、外壳、风机及再生用加热器（电加热器或热媒为蒸汽的空气加热器）等组成。转轮是由交替放置的平吸湿纸和压成波纹的吸湿纸卷绕而成。在纸轮上形成了许多蜂窝状通道，因而也形成了相当大的吸湿面积。转轮以每小时数转的速度缓慢旋转，潮湿空气由转轮一侧的 3/4 部分进入干燥区。再生空气从转轮另一侧 1/4 部分进入再生区。

氯化锂转轮除湿机吸湿能力较强，维护管理方便，是一种较理想的除湿设备。目前，许多厂家都有定型产品可供选用。

近些年来，使用除湿剂的除湿冷却式空调系统得到了进一步发展。如图 2-53 所示，只要能处理出符合要求的送风参数，使用除湿冷却式空调系统在节能、节电和减少环境污染方面有一定应用前景，同时也为工业余热和太阳能的利用开辟了新的途径。除湿冷却式空调系统也有可能和传统的空调制冷设备结合起来使用。

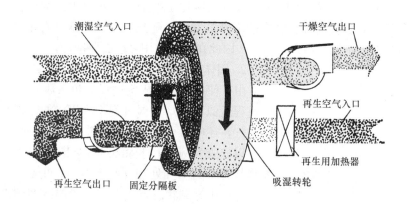

图 2-53　转轮除湿机工作原理图

思考题与习题

1. 已知通过空气冷却器的风量为 5000kg/h，冷却前的空气状态为 $t=27℃$、$t_s=20℃$，冷却后的空气状态为 $t=15℃$、$t_s=14℃$，试问冷却器吸收了多少热量？

2. 需将 $t=35℃$，$\varphi=60\%$ 的室外空气处理到 $t=22℃$，$\varphi=50\%$，为此先通过表冷器减湿冷却，再通过加热器加热，如果空气流量是 $7200m^3/h$，求（1）除去的水汽量；（2）冷却器的冷却能力；（3）加热器的加热能力。

3. 对风量为 1000kg/h，状态为 $t=16℃$，$\varphi=30\%$ 的空气，用喷蒸汽装置加入了 4kg/h 的蒸汽，试问处理后的空气终态是多少？如果加入了 10kg/h 的蒸汽，这时终态又是多少？会出现什么现象？

4. 如果用 16℃ 的井水进行喷雾，能把 $t=35℃$、$t_s=27℃$ 的空气处理成 $t=20℃$、$\varphi=95\%$ 的空气，这时所处理的风量是 10000kg/h，喷水量是 12000kg/h，试问喷雾后的水温是多少？如果条件同上，但是把 $t=10℃$、$t_s=5℃$ 的空气处理成 13℃ 的饱和空气，试问水的终温是多少？

5. 已知室外空气状态为 $t=21℃$，$d=9g/kg$，送风状态要求 $t=20℃$，$d=10g/kg$，试在 h-d 图上确定空气处理方案。如果不进行处理就送入房间有何问题（指余热、余湿量不变时）。

6. 已知通过喷水室的风量 $G=30200kg/h$，空气初状态为 $t_1=30℃$，$t_{s1}=22℃$；终状态为 $t_2=16℃$，$t_{s2}=15℃$，冷冻水温 $t_l=5℃$，大气压力为 101325Pa，喷水室的工作条件为双排对喷，$d_0=5mm$，$n=13$ 个/（m^2·排），$v\rho=2.8kg/$（m^2·s），试计算喷水量 W、水初温 t_{w1}、水终温 t_{w2}、喷嘴前水压 p、冷冻水量 W_l、循环水量 W_x。

7. 仍用上题的喷水室，冬季室外空气状态为 $t=-12℃$，$\varphi=41\%$，加热后绝热喷雾，要求达到与夏季同样的终状态 $t_2=16℃$，$t_{s2}=15℃$，问夏季选的水泵能否满足冬季要求？

8. 仍用第 6 题的喷水室，喷水量和空气的初状态均不变，而改用 9℃ 的水喷淋，试求空气的终状态及水终温。

9. 需要将 30000kg/h 的空气从 -12℃ 加热到 20℃，热媒为 0.2MPa 表压的饱和蒸汽，试选择合适的 SRZ 型空气加热器。（至少做两个方案，并比较它们的安全系数、空气阻力、耗金属量。）

10. 某工厂以表压为 0.2MPa 的蒸汽做热媒，并有一台 SRZ15×6D 型空气加热器，试问能否用这台加热器将 36000kg/h 的空气从 7℃ 加热到 20℃？怎样使用该加热器才能满足这样的要求？

11. 已知需冷却的空气量为 36000kg/h，空气的初状态为 $t_1=29℃$、$h_1=56kJ/kg$、$t_{s1}=19.6℃$，空气终状态为 $t_2=13℃$，$h_2=33.2kJ/kg$，$t_{s2}=11.7℃$，当地大气压力为 101325Pa。试选择 JW 型表面冷却器，并确定水温、水量及表冷器的空气阻力和水阻力。

12. 已知需要冷却的空气量为 $G=24000kg/h$，当地大气压 101325Pa，空气的初参数为 $t_1=24℃$，$t_{s1}=19.5℃$，$h_1=55.8kJ/kg$，冷水量为 $W=30000kg/h$，冷水初温 $t_{w1}=5℃$。试求 JW30-4 型 8 排冷却器处理空气所能达到的空气终状态和水终温。

13. 温度 $t=20℃$ 和相对湿度 $\varphi=40\%$ 的空气，其风量为 $G=2000kg/h$，用 $p=0.15MPa$ 工作压力的饱和蒸汽加湿，求加湿空气到 $\varphi=80\%$ 时需要的蒸汽量和此时空气的终参数。

14. 已知被处理的空气量为 20000kg/h（$\dot{m}_a=5.56kg/s$），空气的进口参数为 $t_{a,in}=30℃$，$\omega_{a,in}=25g/kg$，$h_{a,in}=94.1kJ/kg$，所需处理达到的终参数为 $\omega_{a,out}=15g/kg$。选用溴化锂溶液处理空气，溶液的流量为 $\dot{m}_s=6.25kg/s$，进口浓度为 $\xi_{s,in}=25\%$。备选的填料比表面积 $a=300m^2/m^3$，体积传质系数 $\alpha_m a=4kg/(m^3$·s），采用逆流方式处理空气，试选择所需的填料体积，并计算所选用装置的 NTU_m，以及溶液的进、出口温度和空气出口状态的温度、焓值。

15. 已知被处理的空气量为 10000kg/h（$\dot{m}_a=2.78kg/s$），空气的进口参数为 $t_{a,in}=30℃$，$\omega_{a,in}=25g/kg$，$h_{a,in}=94.1kJ/kg$，选用溴化锂溶液处理空气，溶液的流量为 $\dot{m}_s=2.00kg/s$，进口温度为 $t_{s,in}=$

20℃，浓度为 $\xi_{s,in}=25\%$，采用逆流方式处理空气。试求用 $NTU_m=2$ 所能达到的空气出口状态和溶液出口状态。

中英术语对照

空调箱	air handling unit
算术平均温差	arithmetic mean temperature difference
冷凝温度	condensing temperature
露点温度	dew point temperature
直接蒸发式	direct evaporative
干球温度	dry bulb temperature
干工况	dry cooling condition
干蒸汽加湿器	dry steam humidifier
电加热器	electric heater
电热式加湿器	electric humidifier
电极式加湿器	electrode humidifier
共晶状态	eutectic state
蒸发温度	evaporating temperature
蒸发器	evaporator
高品位能源	high-grade energy
潜热	latent heat
液体吸湿剂	liquid desiccant
对数平均温差	logarithmic mean temperature difference
低品位	low grade
析湿系数	moisture separation coefficient
冷冻除湿机	refrigeration dehumidifier
转轮除湿机	rotary dehumidifier
显热	sensible heat
固体吸附剂	solid adsorbent
喷嘴	spray nozzle
表面式换热器	surface-type heat exchanger
全热交换效率	total heat exchange efficiency
通用热交换效率	universal heat exchange efficiency
喷水室	water spray chamber
喷水系数	water spray coefficient
水冷式	water-cooled
湿球温度	wet bulb temperature
湿工况	wet cooling condition

本章主要参考文献

［1］朱彤，安青松，刘晓华，等. 传热学［M］. 7 版. 北京：中国建筑工业出版社，2020.
［2］薛殿华，张永涛. 关于表冷器热工计算原理的探讨［J］. 制冷学报，1983，（2）：43-52.
［3］薛殿华. 空气调节［M］. 北京：清华大学出版社，1991.

［4］ 电子工业部第十设计研究院. 空气调节设计手册［M］. 北京：中国建筑工业出版社，1995.

［5］ 连之伟. 热质交换原理与设备［M］. 4 版. 北京：中国建筑工业出版社，2018.

［6］ 刘晓华，江亿. 温湿度独立控制空调系统［M］. 2 版. 北京：中国建筑工业出版社，2013.

［7］ 刘晓华，李震，张涛. 溶液除湿［M］. 北京：中国建筑工业出版社，2014.

第3章　房间空调负荷与送风量

空调房间冷（热）、湿负荷是空调系统工程设计中最基本的数据，是确定空调方案、空调系统送风量和空调设备容量的基本依据，直接关系到空调系统的使用效果和经济性。

3.1　室内外空气计算参数

空调房间冷（热）、湿负荷的计算必须确定空调房间要求维持的参数条件和室外气象参数。

3.1.1　室内空气计算参数

根据空调系统所服务对象不同，可分为舒适性空调（例如公共建筑和居住建筑）和工艺性空调（例如精密加工等）。前者主要从人体舒适感出发确定室内温、湿度等设计标准，通常有一定的要求范围；后者主要满足工艺过程对温、湿度等的要求，通常有温、湿度基数和空调精度的要求，例如：$t_N = 20 \pm 0.5℃$，$\varphi_N = 50\% \pm 5\%$，同时兼顾人体的舒适要求。

1. 人体热平衡和舒适感

人体靠摄取食物（糖、蛋白质等碳水化合物）获得能量维持生命。食物在人体新陈代谢过程中被分解氧化，同时释放出能量，最终都变成了热量。在维持体温基本恒定的同时，把热能散发到体外。人体为了维持正常的体温，必须使产热量和散热量保持平衡，人体的热量平衡可用下式❶表示：

$$M - W - E - R - C = S \tag{3-1}$$

式中　M——人体能量代谢率，决定于人体的活动量大小，W/m^2；

$\quad\quad W$——人体所做的机械功，W/m^2；

$\quad\quad E$——汗液蒸发和呼出的水蒸气所带走的热量，W/m^2；

$\quad\quad R$——穿衣人体外表面与周围表面间的辐射换热量，W/m^2；

$\quad\quad C$——穿衣人体外表面与周围环境之间的对流换热量，W/m^2；

$\quad\quad S$——人体蓄热率，W/m^2。

在稳定的环境条件下，S应为零，这时，人体保持了能量平衡。如果周围环境温度（空气温度及围护结构、周围物体表面温度）提高，则人体的对流和辐射散热量将减少；为了保持热平衡，人体会运用自身的自动调节机能来加强汗腺分泌。这样，由于排汗量和消耗在汗分蒸发上的热量的增加，在一定程度上会补偿人体对流和辐射散热的减少。当人

---

❶　该式中各项均以人体单位表面积的产热和散热表示，人体表面积的计算式可用：$A = 0.0061H + 0.0128W - 0.1529$（$H$—身高，m；$W$—体重，kg）。

体余热量难以全部散出时，余热量就会在体内蓄存起来，于是式（3-1）中 S 变为正值，导致体温上升，人体会感到很不舒适；在冷的空气环境下，人体散热增多，过多散出热量，人体有冷感。

周围物体表面温度决定了人体辐射散热的强度。在同样的室内空气参数条件下，围护结构内表面温度高，人体增加热感，表面温度低则会增加冷感。

汗的蒸发强度不仅与周围空气温度有关，而且和相对湿度、空气流动速度有关。

在一定温度下，空气相对湿度的大小，表示空气中水蒸气含量接近饱和的程度。相对湿度越高，空气中水蒸气分压力越大，人体汗分蒸发量则越少。所以，增加室内空气湿度，在高温时，会增加人体的热感；在低温时，由于空气潮湿增强了导热和辐射，会加剧人体的冷感。

周围空气的流动速度是影响人体对流散热和水分蒸发散热的主要因素之一。气流速度大时，由于提高了对流换热系数及湿交换系数，使对流散热和水分蒸发散热随之增强，亦即加剧了人体的冷感，同时也增加了一种不舒适的"吹风感"。

以上各种热交换形式都受人体的衣着影响。衣服的热阻大则换热量小，衣服的热阻小则换热量大。

综上所述，人体冷热感（舒适感）与组成热环境的下述因素有关，即室内空气温度；室内空气相对湿度；围护结构内表面及其他物体表面温度；人体附近的空气流速；人体的衣着情况（衣服热阻）。人体冷热感除与上述各项因素有关外，还和人体活动量以及年龄等因素有关。

历年来，国内外学者对室内热湿环境和人体舒适感进行了大量的研究，提出过较多的分析和评价方法，有关内容可参阅清华大学朱颖心教授主编的《建筑环境学》教材及其他文献。

2. 室内空气温湿度计算参数

室内空气温湿度设计参数的确定，除了要考虑室内参数综合作用下的舒适条件外，还应根据室外气温、经济条件和节能要求进行综合考虑。

（1）舒适性空调

我国最早制定的供暖与空调室内热舒适性国家标准《中等热环境 PMV 和 PPD 指数的测定及热舒适条件的规定》GB/T18049—2000 等同于国际标准 ISO7730，结合我国国情对舒适等级进行了划分，如表 3-1 所示，Ⅰ级热舒适度较高，Ⅱ级热舒适一般。不同功能房间对室内热舒适要求不同，合理选择室内设计参数，可以得到不同的节能效果。

不同热舒适度等级对应的 PMV、PPD 值　　　　　　　　表 3-1

热舒适度等级	PMV	PPD
Ⅰ级	$-0.5 \leqslant PMV \leqslant 0.5$	$\leqslant 10\%$
Ⅱ级	$-1 \leqslant PMV < -0.5, 0.5 < PMV \leqslant 1$	$\leqslant 27\%$

我国 2012 年实施的国家标准《民用建筑供暖通风与空气调节设计规范》GB 50736—2012 中，考虑到人员对长期逗留区域和短期逗留区域舒适度的不同要求，分别规定了相应的空调室内设计参数。

1）人员长期逗留区域空调室内设计参数，如表 3-2 所示。

人员长期逗留区域空调室内设计参数　　　　　　　　　　表 3-2

类型	热舒适度等级	温度（℃）	相对湿度（%）	风速（m/s）
供热工况	Ⅰ级	22～24	≥30	≤0.2
	Ⅱ级	18～22	—	≤0.2
供冷工况	Ⅰ级	24～26	40～60	≤0.25
	Ⅱ级	26～28	≤70	≤0.3

注：1. Ⅰ级热舒适度较高，Ⅱ级热舒适度一般。
　　2. 热舒适度划分见表 3-1。

表 3-2 给出了不同热舒适度等级时，相对应的室内设计干球温度、相对湿度和风速。从空调节能考虑，供热工况空调设计相对湿度越大，能耗越高，相对湿度每提高 10%，供热能耗增加率约 6%，故对Ⅰ级舒适度要求的房间，规定室内相对湿度≥30%，PMV 值为 -0.5～0；热舒适区规定的空气温度范围为 22～24℃；对于Ⅱ级舒适度要求的房间，不规定室内相对湿度范围，舒适区温度范围为 18～22℃。

空调供冷工况时，相对湿度为 40%～70%，相应的满足热舒适的温度范围为 22～28℃。从空调节能角度考虑，在满足热舒适条件下，室温越高越节能，故对Ⅰ级舒适度要求的空调房间规定室内相对湿度为 40%～60%，PMV 为 0～0.5，热舒适区规定的室内空气温度范围为 24～26℃；对于Ⅱ级舒适度要求的房间，规定室内相对湿度≤70%，不设下限，舒适区温度范围为 26～28℃。

室内风速的规定，参照 ISO7730 和 ASHRAE standard55，取室内由于吹风感而造成的不满意度不大于 20%，由于供冷工况室内空气紊流度较高，取室内允许最大风速为 0.3m/s，供热工况室内空气紊流度一般较小，取室内最大风速为 0.2m/s。

应该注意的是，表 3-2 适用于如办公楼等舒适性空调，不适用于游泳馆内泳池区、乒乓球馆等体育建筑、医院特护病房、广播电视等特殊建筑的空调设计，这些建筑应根据相应设计标准确定。

2）人员短期逗留区域空调室内设计参数

短期逗留区域主要指商场、机场、车站、营业厅、展厅、书店等场所。由于逗留时间短，且服装热阻不同于长期逗留区域，热舒适度更受到环境变化的影响，考虑到节约空调能耗，室内设计参数要求有所降低。供冷工况室内设计温度比长期逗留区域提高 1～2℃，风速不大于 0.5m/s；供热工况降低 1～2℃，风速不大于 0.3m/s。

（2）工艺性空调

我国国家标准《工业建筑供暖通风与空气调节设计规范》GB 50019—2015 中，对空调室内设计参数的规定，工艺性空调室内设计参数应根据工艺需要及卫生要求确定。活动区风速，冬季不宜大于 0.5m/s，夏季宜采用 0.2～0.5m/s；当室内温度高于 30℃时，可大于 0.5m/s。

3.1.2　室外空气计算参数

计算通过围护结构传入室内或由室内传至室外的热量，都要以室外空气计算温度为计算依据，另外，空调房间一般使用部分新鲜空气供人体需要，加热或冷却这部分新鲜空气所需热量或冷量也都与室外空气计算干、湿球温度有关。

室外空气的干、湿球温度不仅随季节变化，而且在同一季节的每昼夜、每时每刻都在变化。

1. 室外空气温、湿度的变化规律

（1）室外空气温度的日变化

室外空气温度在一昼夜内的波动称为气温的日变化（或日较差）。气温日变化是由于地球每天接受太阳辐射热和放出热量而形成的。在白天，地球吸收太阳辐射热，使靠近地面的空气温度升高；到夜晚，地面得不到太阳照射，还要由地面向大气层放散热量，黎明前为地面放热的最后阶段，故气温一般在凌晨四、五点钟最低。随着太阳的逐渐升高，地面获得的太阳辐射热量逐渐增多，到下午两、三点钟，达到全天的最高值。此后，气温又随太阳辐射热的减少而下降，到下一个凌晨，气温又达最低值。显然，在一段时间（比如一个月）内，可以认为气温的日变化是以 24h 为周期的周期性波动。周期函数可以用正、余弦函数展开（Fourier 级数），一般用展开的前三阶谐波就能很好地近似日变化曲线，在实际工程中为了简化计算，常常只用一阶谐波，并合并成正弦或余弦函数表示，一般能满足工程计算的精度要求（图 3-1）。

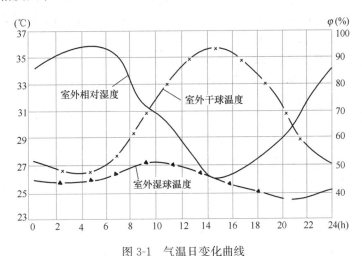

图 3-1 气温日变化曲线

（2）气温的季节性变化

气温季节性变化也呈周期性。全国各地的最热月份一般在 7~8 月，最冷月份在 1 月。图 3-2 给出了北京、西安、上海三地区的十年（1961~1970 年）平均气温变化曲线。

（3）室外空气湿度的变化

空气的相对湿度取决于空气干球温度和含湿量，如果空气的含湿量保持不变，干球温度增高，则相对湿度变小；干球温度降低，则相对湿度加大。就一昼夜内的大气而论，含湿量变化不大（可看作定值），则大气的相对湿度变化规律正好与干球温度的变化规律相反，即中午相对湿度低，早晚相对湿度高，见图 3-1。

2. 夏季室外空气计算参数

室外空气计算参数的取值，直接影响通过建筑围护结构的传热量及处理新风的能耗。若夏季取多年不遇且持续时间较短（如几小时）的当地室外最高干、湿球温度作为计算干、湿球温度，则会导致设备庞大而造成投资浪费。因此，设计规范中规定的设计参数是

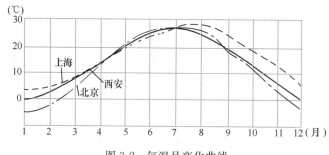

图 3-2　气温月变化曲线

按照一定的不保证率或不保证小时数确定的，亦即当室外参数超过规定的设计参数时允许室内参数偏离规定值。下面介绍我国《民用建筑供暖通风与空气调节设计规范》GB 50736—2012 中规定的室外空气计算参数。

（1）夏季空调室外计算干、湿球温度

夏季空调室外计算干球温度应采用历年平均不保证 50h 的干球温度；夏季空调室外计算湿球温度应采用历年平均不保证 50h 的湿球温度。

统计干球温度和湿球温度时，宜采用当地气象台站每天 4 次的定时温度记录，并以每次记录值代表 6h 的温度值。

（2）夏季空调室外计算日平均温度和逐时温度

夏季计算经围护结构传入室内的热量时，应按不稳定传热过程计算，因此必须已知设计日的室外日平均温度和逐时温度。

夏季空调室外计算日平均温度应采用历年平均不保证 5 天的日平均温度。

考虑到室外逐时气温值受日照影响呈周期性变化，同时因受到一系列随机因素（如风、雨、云等）的影响，夏季空调室外计算逐时温度，可以用正弦（或余弦）函数项的级数表达，亦即可将其变换为傅里叶级数展开式，分解为多阶谐波的组合，则 τ 时刻的室外气温为

$$t_{W,\tau} = A_0 + \sum_{n=1}^{m} A_n \cos(\omega_n \tau - \varphi_n) \tag{3-2}$$

式中　A_0——零阶外扰，即计算周期内室外空气平均温度，$t_{W.p}$，℃，见附录 3-1；

A_n——第 n 阶室外气温变化的波幅；

ω_n——第 n 阶室外气温变化的频率，$\dfrac{360}{T}n$，deg/h；或 $\dfrac{2\pi}{T}n$，rad/h；

φ_n——第 n 阶室外气温变化的初相角，deg 或 rad。

工程上也可以按一阶简谐波近似计算 $t_{W,\tau}$，并给定气温峰值出现在下午 3 时（即 15 时），则式（3-2）可简化为

$$t_{W,\tau} = t_{W.p} + (t_{W.max} - t_{W.p})\cos(15\tau - 225) \tag{3-3}$$

式中　$t_{W.p}$——夏季空调室外计算日平均温度，℃；

$t_{W.max} - t_{W.p}$——设计日室外气温波动波幅，℃。

【例 3-1】试求夏季北京市 13 时的室外计算温度。

【解】由附录3-1查得北京市的 $t_{w.max}=33.5℃$，$t_{w.p}=29.6℃$，则根据式（3-3）13时设计日室外气温为

$$t_{w.13} = 29.6 + (33.5 - 29.6) \times \cos(15 \times 13 - 225) = 33℃$$

3. 冬季室外空气计算参数

由于冬季空调系统加热加湿所需费用小于夏季冷却减湿的费用，为了便于计算，冬季围护结构传热量可按稳定传热方法计算，不考虑室外气温的波动。因而可以只给定一个冬季空调室外计算温度作为计算新风负荷和计算围护结构传热之用。

冬季空调室外计算温度应采用历年平均不保证1天的日平均温度。当冬季不使用空调设备送热风而仅使用供暖装置供热时，则采用供暖室外计算温度。

由于冬季室外空气含湿量远较夏季小，且其变化也很小，因而不给出湿球温度，只给出室外计算相对湿度值。

冬季空调室外计算相对湿度采用累年最冷月平均相对湿度。

《民用建筑供暖通风与空气调节设计规范》GB 50736—2012（附录A）中，提供了我国294个城市的室外气象计算参数，该计算参数选用了1971～2000年各地气象站台的实测气象数据，经统计计算而成。

4. 中国气象局气象信息中心和清华大学建筑技术科学系合作，以全面气象台站实测气象数据为基础建立了一整套全国主要地面气象站的全年逐时气象资料，建立了包括全国270个站点的建筑环境分析专用气象数据集。该数据集包括根据观测资料整理出的设计用室外气象参数，以及由实测数据生成的动态模拟分析用逐时气象参数。附录3-1取自该气象数据集。

3.2　建筑热过程与房间冷、热负荷

3.2.1　建筑热过程

建筑热过程是指房间受到各种外扰和内扰后，引起的室内热、湿环境的波动过程。第3.1节已提到，空调的主要目的是维持室内人体舒适程度（舒适感）的温湿度环境。影响建筑室内热湿环境的主要因素是各种外扰和内扰，外扰主要是室外空气温湿度、太阳辐射、风速以及空气渗入等，内扰主要是室内设备、照明、人体等。这些内外扰量均以热量方式通过对流、导热和辐射三种形式进入室内，称为得热量，该得热量包括显热和潜热两部分。

围护结构（墙体、屋顶等）外表面得到的热量，包括室外空气温度与外表面的对流热和外表面接受的太阳辐射热两部分。太阳辐射又包括太阳对围护结构的短波辐射和围护结构外表面与天空和周围物体之间存在的长波辐射。围护结构外表面得到的热量再通过墙体、屋顶等以导热方式传入室内成为室内得热量。由于围护结构的热惰性，通过围护结构的传热量和温度的波动幅度有数值上的衰减和时间上的延迟。

通过窗户进入室内的得热量有传导得热量和日射得热量两部分。传导得热由室内外温差引起（由于玻璃热惰性很小，传导热量几乎无延迟和衰减）；日射得热因太阳照射到窗户上时，除了一部分辐射能量反射回大气之外，其中一部分能量透过玻璃以短波辐射形式直接进入室内成为室内得热量，另一部分被玻璃吸收，提高了玻璃温度，然后再以对流和

长波辐射的方式向室内外散热，进入室内的部分成为室内得热量。

为了减少太阳辐射通过窗户进入室内的热量，采用遮阳设施能获得显著的节能效果。遮阳设施有外遮阳、内遮阳或建筑遮阳结构。外遮阳可以挡住太阳辐射进入室内的热量；内遮阳向室外和室内反射部分太阳辐射热，但被内遮阳吸收的一部分太阳辐射热又会逐渐散入室内。所以，阻挡太阳辐射热进入室内，外遮阳比内遮阳更为有效，实践证明，如果采用合适的外遮阳措施，甚至可以减少日射热量70%～80%。

室外空气通过门、窗缝隙或开口处亦会渗入室内热量。

室内内扰（设备、照明、人体等）产生的热量直接进入室内，成为室内得热量。

以上因各种外扰和内扰引起的室内全部得热量中的辐射热部分，与房间内表面、家具等存在反复的吸热和再放热过程，把一部分热量再放入室内。所有散入室内的各种热量是动态的、波动的、逐时变化的，是最终造成室内热环境、温湿度波动的根本原因。

3.2.2　房间冷、热负荷

1. 房间冷负荷

空调房间的得热量和冷、热负荷是两个不同的概念。得热量是指在某一时刻由室外和室内热源进入空调房间的总和。根据热量性质的不同，得热量中的显热包括对流热和辐射热两种成分。当得热量为负值时称为耗（失）热量。

空调房间的冷负荷是指某一时刻为了保证房间满足一定舒适感的设计温湿度，空调设备（用送风空调方式）在单位时间内必须从室内取走的热量，也即在单位时间必须向室内提供的冷量。

冷负荷和得热量有时相等，有时则不相等。围护结构热工特性及得热量的类型决定了得热量和冷负荷的关系。在瞬时得热中的潜热得热及显热得热中的对流成分是直接放散到房间空气中的热量，它们立即构成瞬时冷负荷，而显热得热中的辐射成分（如透过窗户的瞬时日射得热及照明辐射热等），则不能立即成为瞬时冷负荷。因为辐射热透过空气被室内各种表面所吸收和贮存。这些表面的温度会提高，一旦其表面温度高于室内空气温度时，它们又以对流方式将贮存的热量再散发给空气，所以房间冷负荷比房间的得热量峰值上有衰减、时间上有延迟。各种瞬时得热量中所含各种热量成分百分比参考数据如表3-3所示。

各种瞬时得热量中所含各种热量成分　　　　表3-3

得热	辐射热（%）	对流热（%）	潜热（%）
太阳辐射热（无内遮阳）	100	0	0
太阳辐射热（有内遮阳）	58	42	0
荧光灯	50	50	0
白炽灯	80	20	0
人体	40	20	40
传导热	60	40	0
机械或设备	20～80	80～20	0
渗透和通风	0	100	0

以一个朝西的房间为例（图 3-3），当室内温度保持一定，空调装置连续运行时，进入室内的瞬时得热量与房间瞬时冷负荷之间的关系。由该图可知，实际冷负荷的峰值大致比得热量的峰值少 40%，而且出现的时间也迟于得热量峰值出现的时间。图中左侧阴影部分表示蓄存于结构中的热量，由于保持室温不变，两部分阴影面积是相等的。

由以上分析可见，得热量转化为冷负荷过程中，存在着衰减和延迟现象。不但冷负荷的峰值低于得热量的峰值，而且在时间上有所滞后，这是由建筑物的蓄热能力所决定的。蓄热能力越强，则冷负荷衰减越大，延迟时间也越长。而围护结构蓄热能力和其热容量有关，热容量越大，蓄热能力也越大，反之则越小。材料的热容量等于重量与比热的乘积，而一般建筑结构材料的比热值大致相等，故材料热容量就单一地与其重量成正比关系，图 3-4 所示为不同重量的围护结构的蓄热能力对冷负荷的影响，重型结构的蓄热能力比轻型结构蓄热能力大得多，其冷负荷的峰值就比较小，延迟时间也长得多。

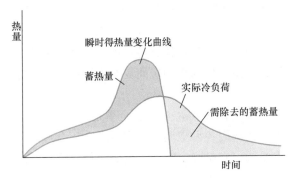

图 3-3　瞬时太阳辐射得热与房间实际冷
荷之关系

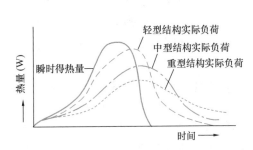

图 3-4　瞬时日射得热与轻、中、重型建
筑实际冷负荷之关系

至于灯光照明散热比较稳定，灯具开启后，大部分的热量被蓄存起来，随着时间的延续，蓄存的热量就逐渐减小。图 3-5 中上部曲线表示荧光灯的瞬时得热，下部曲线表示使空调房间保持温度恒定时，由荧光灯引起的实际冷负荷。阴影部分表示蓄热量和从结构中除去的蓄热量。

由以上分析可知，在计算空调冷负荷时，必须考虑围护结构的吸热、蓄热和放热效应，根据不同的得热量，分别计算得热量所形成的冷负荷。

采用常规的送风空调方式和采用辐射空调方式，对室内空调冷负荷和热负荷大小的影响有所不同，后者对人体的舒适度受辐射的影响较大。常规空调是采用送风方式提供室内冷量（冷负荷）或补偿室内失去的热量（热负荷），以维持室内一定的空气温、湿度（舒适度）；而辐射空调方式的

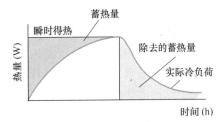

图 3-5　荧光灯得热与实际
冷负荷之关系

冷辐射板会使室内表面温度降低，由室内表面传入到空气中的显热量减少，导致冷辐射板从空气中排除的热量也会有所减少；同样道理，辐射空调方式的热辐射板会使室内表面温度升高，由室内表面传入到空气中的显热量增加，导致热辐射板提供室内的热量减少。

所以，在保持相同的室内空气温湿度（舒适度）条件下，辐射板空调方式的冷、热负

荷与常规的送风空调方式是不同的。为此，我国国家标准《民用建筑供暖通风与空气调节设计规范》GB 50736—2012 中规定：辐射板空调方式，供暖室内设计温度取值宜低于送风空调方式 2℃；供冷室内设计温度取值宜高于送风空调方式 0.5～1.5℃，以达到同样的室内舒适度。

空调房间夏季计算得热量，应根据以下各项热源确定：

① 通过围护结构的传热量；

② 通过透明围护结构（外窗等）进入的太阳辐射热量；

③ 人体散热量；

④ 照明设备散热量；

⑤ 设备、器具及其他内部热源的散热量；

⑥ 渗透空气带入的热量；

⑦ 食品或物料的散热量（餐厅、宴会厅等）；

⑧ 伴随各种散湿过程产生的潜热量。

由于以上各种热源的得热量逐时变化规律不同，故应分别计算各自得热量和冷负荷的逐时值，然后再逐时相加，取其综合相加后的最大值，作为空调房间夏季冷负荷的设计计算值。

由此可见，空调房间的夏季冷负荷是一动态变化的负荷，全天、全季是逐时变化的，为了节省空调系统、设备投资和季节运行费用，在选用各种空调设备容量和全年合理的空调运行控制之前，正确计算空调负荷是十分重要的，它是确定空调系统送风量、空调系统中各种空调设备的基本依据。

我国国家标准《建筑节能与可再生能源利用通用规范》GB 55015—2021 中强制性规定：除乙类公共建筑外，集中空调系统的施工图设计，必须对设置空调装置的每一个房间进行热负荷和逐项逐时冷负荷计算，该项计算方法将在第 3.3 节和第 3.4 节中详细介绍。

2. 房间热负荷

空调房间热负荷（耗热量）是指：在保持室内设计温度条件下，为了抵偿室内耗热量，空调系统给房间提供的热量。对一般公共建筑（办公楼等）、居住建筑等，通常计算房间热负荷时，只计算围护结构耗热量和由门、窗、缝隙等侵入室内的冷空气，从而导致的房间耗热量，而不考虑室内得热量（设备、照明、人员等）。

在工程设计中，由于昼夜室内外温度和室内设备等散热波动较小，故室内热负荷（耗热量）的计算通常采用稳定传热计算方法。

围护结构的热负荷（耗热量）包括基本耗热量和附加耗热量。

（1）基本耗热量

空调房间围护结构的基本耗热量 Q 应按下式计算：

$$Q = \alpha K F(t_N - t_W) \tag{3-4}$$

式中　Q——围护结构的基本耗热量，W；

　　　α——围护结构温差修正系数，见表 3-4；

　　　K——围护结构传热系数，W/(m²·K)；

　　　F——围护结构面积，m²；

t_N——室内设计温度，℃；

t_W——冬季空调室外计算温度，℃。

围护结构温差修正系数 表 3-4

围护结构特征	α
外墙、屋顶、地面以及与室外相通的楼板等	1.00
闷顶和与室外空气相通的非供暖地下室上面的楼板等	0.9
与有外门窗的不供暖楼梯间相邻的隔墙（1~6 层建筑）	0.6
与有外门窗的不供暖楼梯间相邻的隔墙（7~30 层建筑）	0.5
非供暖地下室上面的楼板、外墙上有窗时	0.75
非供暖地下室上面的楼板、外墙上无窗且位于室外地坪以上时	0.6
非供暖地下室上面的楼板、外墙上无窗且位于室外地坪以下时	0.4
与有外门窗的非供暖房间相邻的隔墙	0.7
与无外门窗的非供暖房间相邻的隔墙	0.4
伸缩缝墙、沉降缝墙	0.3
防震缝墙	0.7

与相邻房间的温差大于或等于 5℃，或通过隔墙和楼板等的传热量大于该房间热负荷的 10% 时，应计算通过隔墙或楼板等的传热量。

（2）附加耗热量

围护结构的附加耗热量应按其占基本耗热量的百分率确定，各项附加百分率为

1）朝向修正率

北、东北、西北朝向	0~10%
东、西朝向	−5%
东南、西南朝向	−15%~−10%
南向	−30%~−15%

应根据当地冬季日照率、辐射照度、建筑物使用和被遮挡等情况选用修正率。冬季日照率小于 35% 的地区，东南、西南和南向的修正率宜采用 −10%~0；东、西向可不修正。

2）风力附加率

在不避风的高地、河边、海岸、旷野上的建筑物，以及城镇中明显高出周围其他建筑物的建筑物，其垂直外围护结构宜附加 5%~10%。

3）当建筑物的楼层数为 n 时，外门附加率：

一道门	65%×n
两道门（有门斗）	80%×n
三道门（有两个门斗）	60%×n
公共建筑的主要出入口	500%

4）高度附加率

当房间净高超过 4m 时，每增加 1m 附加率为 2%，最大附加率不超过 15%。高度附

加率应附加于基本耗热量和其他附加耗热量的和之上。

居住建筑一般还应考虑由外门、窗缝隙渗入室内的冷空气耗热量和由外门开启时经外门进入室内的冷空气耗热量，当由外门、窗缝隙渗入室内的冷空气和由外门开启时经外门进入室内的冷空气之和不足以使房间换气次数达到 0.5 次/h 时，可按 0.5 次/h 换气次数计算通风耗热量。

公共建筑，当空调系统开启时，室内通常保持一定的正压，一般可不计入由外门、窗缝隙和外门开启时冷空气进入室内引起的耗热量。室内有较大发热量时，例如建筑物内区、计算机房等，在确定空调热负荷时应扣除这部分的发热量。

其他特殊建筑的空调热负荷计算可参见《供热工程》等相关书籍。

3.3　通过围护结构的得热量及其形成的冷负荷

1946 年美国的 C. O. Mackey 和 L. T. Wight 提出的用当量温差法和 20 世纪 50 年代初苏联 A. T. Школовер 等人提出的用谐波分解法计算通过围护结构的负荷计算方法，其共同的缺点是对得热量和冷负荷不加区分，即认为两者是一回事。所以空调冷负荷量往往偏大。1968 年加拿大 D. G. Stephenson 和 G. P. Mitalas 提出反应系数法以后，掀起了革新负荷计算方法的研究。其基本特点是，把得热量和冷负荷的区别在计算方法中体现出来。1971 年 Stephenson 和 Mitalas 又用 Z 传递函数改进了反应系数法，并提出了适合于手算的冷负荷系数法。我国在 20 世纪 70~80 年代开展了新计算方法的研究，1982 年经城乡建设环境保护部主持，评议通过了两种新的冷负荷计算方法：谐波反应法和冷负荷系数法。

下面分别介绍空调冷负荷的两种计算方法。

3.3.1　室外空气综合温度

由于围护结构外表面同时受到太阳辐射和室外空气温度的热作用，建筑物外表面单位面积上得到的热量为

$$q = \alpha_W (t_W - \tau_W) + \rho I$$

$$= \alpha_W \left[\left(t_W + \frac{\rho I}{\alpha_W} \right) - \tau_W \right]$$

$$= \alpha_W (t_Z - \tau_W) \tag{3-5}$$

式中　α_W——围护结构外表面换热系数，$W/(m^2 \cdot ℃)$；

$\quad\quad t_W$——室外空气温度，℃；

$\quad\quad \tau_W$——围护结构外表面温度，℃；

$\quad\quad \rho$—— 围护结构外表面吸收系数；

$\quad\quad I$——太阳辐射强度，W/m^2。

称 $t_Z = t_W + \dfrac{\rho I}{\alpha_W}$ 为综合温度。所谓综合温度是相当于室外气温由原来的 t_W 值增加了一个太阳辐射的等效温度 $\rho I/\alpha_W$ 值。显然这只是为了计算方便所得到的一个相当的室外温度，并非实际的空气温度。

式（3-5）只考虑了来自太阳对围护结构的短波辐射，没有反映围护结构外表面与天空和周围物体之间存在的长波辐射。

近年来对式（3-5）作了如下修改

$$t_Z = t_w + \frac{\rho I}{\alpha_w} - \frac{\varepsilon \Delta R}{\alpha_w} \tag{3-6}$$

式中　ε——围护结构外表面的长波辐射系数；

ΔR——围护结构外表面向外界发射的长波辐射和由天空及周围物体向围护结构外表面的长波辐射之差，W/m^2。

ΔR 值可近似取用：

垂直表面　　　　　　　　　　　$\Delta R = 0$

水平面　　　　　　　　　$\frac{\varepsilon \Delta R}{\alpha_w} = 3.5 \sim 4.0℃$

可见，考虑长波辐射作用后，综合温度 t_Z 值有所下降。

由于太阳辐射强度因朝向而异，而吸收系数 ρ 因外围护结构表面材料而有别，所以一个建筑物的屋顶和各朝向的外墙表面有不同的综合温度值。

《民用建筑供暖通风与空气调节设计规范》GB 50736—2012 给出了在标准大气压力下、大气质量 $m=2$（太阳高度角取 $\beta=30°$）的条件下，全国各地夏季空气调节的计算大气透明度等级分布图。当地大气透明度等级再用该地夏季大气压力进行修正（用附录 3-2 修正）。太阳辐射强度 I 与地点（纬度）、朝向和大气透明度有关（见附录 3-3）；围护结构外表面吸收系数 ρ 与表面材料有关，不同材料围护结构外表面对太阳辐射热的吸收系数 ρ 值见附录 3-4。

【例 3-2】北京地区某建筑物屋顶吸收系数 $\rho=0.90$，东墙 $\rho=0.75$，试计算 11 时作用于屋顶和东墙的室外综合温度。夏季北京大气透明度等级为 4。

【解】首先计算上午 11 时室外计算温度，北京 $t_{w.p}=29.6℃$，$t_{w.max}=33.5℃$，则

$$t_{w.11} = 29.6 + (33.5 - 29.6) \times \cos(15 \times 11 - 225) = 31.6℃$$

由附录 3-3 查得屋面（水平面）太阳辐射强度为 $919W/m^2$，东墙为 $365W/m^2$，$\alpha_w = 18.6W/(m^2 \cdot ℃)$。于是综合温度为

屋顶　　　　　　$t_Z = 31.6 + \frac{0.9 \times 919}{18.6} - 3.5 = 72.6℃$

东墙　　　　　　$t_Z = 31.6 + \frac{0.75 \times 365}{18.6} = 46.3℃$

3.3.2　谐波反应法计算空调冷负荷

3.3.2.1　通过墙体、屋顶的得热量及其形成的冷负荷

通过墙体、屋顶的得热量及其形成的冷负荷可用图 3-6 表示。

室外空气综合温度呈周期性波动，这就使得围护结构从外表面逐层地跟着波动。这种波幅是由外向内逐渐衰减和延迟的。

定义围护结构外侧综合温度的波幅与内表面温度波幅的比值为该墙体的传热衰减度 ν；内表面温度波对外侧综合温度的相应滞后为该墙体的传热延迟时间 ε。内表面温度和热

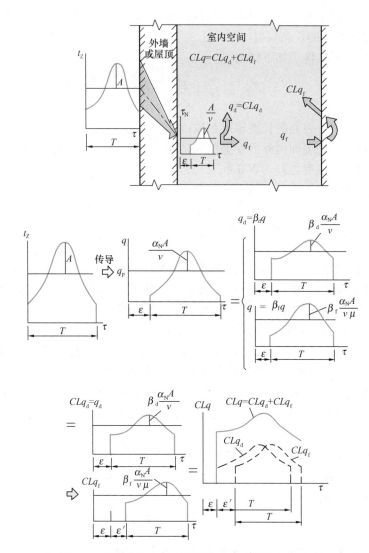

图 3-6　通过墙体、屋顶的得热量及其形成的冷负荷

流有衰减和延迟。若以单位面积计算，热流的平均部分为 $\bar{q}$，波动部分 $\tilde{q}=\dfrac{\alpha_{N}A}{\nu}$，该热流值即为室内得热量。其中对流部分为 q_d，直接变为室内冷负荷 CLq_d；辐射部分为 q_f，经室内围护结构等的吸热-放热反应以后再形成室内冷负荷。相对于辐射得热 q_f，该冷负荷亦有衰减和延迟。

定义进入房间的辐射得热与室内冷负荷波幅的比值为房间的放热衰减度 μ；室内冷负荷对辐射得热的相位滞后为该房间的放热延迟 ε'。

室内总的冷负荷为 $CLq=CLq_d+CLq_f$。

1. 综合温度作用下经围护结构传入热量

与空调室外计算逐时温度相似，计算日室外综合温度的逐时变化可展开为傅里叶级数形式：

$$t_{Z \cdot \tau} = A_0 + \sum_{n=1} A_n \cos(\omega_n \tau - \varphi_n) \tag{3-7}$$

式中　A_0——零阶外扰，即计算日室外综合温度的平均值，$\bar{t}_Z$，℃；

　　　A_n——第 n 阶室外综合温度变化的波幅，$\Delta t_{Z \cdot n}$；

　　　ω_n——第 n 阶室外综合温度变化的频率，$\dfrac{360}{T}n$，$\dfrac{\deg}{h}$；或 $\dfrac{2\pi}{T}n$，$\dfrac{\mathrm{rad}}{h}$；

　　　φ_n——第 n 阶室外综合温度变化的初相角，deg 或 rad。

等式右面第一项 A_0 是综合温度的平均值 $\bar{t}_Z$，第二项是逐时室外综合温度的波动值 $\Delta t_{Z \cdot r}$，

$$\Delta t_{Z \cdot r} = \sum_{n=1}^{m} \Delta t_{Z \cdot n} \cos(\omega_n \tau - \varphi_n)$$

所以在周期性外扰作用下的室内得热量可认为包括两部分：

（1）由于室外平均综合温度 $\bar{t}_Z$ 与室内空气温度 t_N 之差形成的定常（稳定）传热得热量：

$$\overline{Q} = KF(\bar{t}_Z - t_N)$$

（2）由于外扰波动值 $\Delta t_{Z \cdot r}$ 引起围护结构内表面温度波动 $\Delta \tau_{N \cdot r}$，从而产生的附加不稳定传热量 $\widetilde{Q}$：

$$\widetilde{Q} = \alpha_N F \Delta \tau_{N \cdot r}$$

于是 τ 时刻的得热量为

$$Q_\tau = \overline{Q} + \widetilde{Q} = KF\left(\bar{t}_Z - t_N + \frac{\alpha_N}{K}\Delta \tau_{N \cdot r}\right) \tag{3-8}$$

式中　K——围护结构传热系数，$W/(m^2 \cdot K)$；

　　　F——墙体或屋顶的面积，m^2；

　　　α_N——围护结构内表面放热系数，$W/(m^2 \cdot K)$。

而内表面温度在 τ 时刻的波动值 $\Delta \tau_{N \cdot r}$ 是围护结构在除零阶外扰以外的其余各阶外扰 $\Delta t_{Z \cdot r}$ 的频率响应，也就是说 $\Delta t_{Z \cdot r}$ 经过围护结构的衰减和延迟以后所反映出来的波动，即

$$\Delta \tau_{N \cdot r} = \sum_{n=1}^{m} \frac{\Delta t_{Z \cdot n}}{\nu_n} \cos(\omega_n \tau - \varphi_n - \varepsilon_n) \tag{3-9}$$

则　　　　

$$\widetilde{Q} = \alpha_N F \sum_{n=1}^{m} \frac{\Delta t_{Z \cdot n}}{\nu_n} \cos(\omega_n \tau - \varphi_n - \varepsilon_n) \tag{3-10}$$

于是式（3-8）成为

$$Q_\tau = KF\left[\bar{t}_Z - t_N + \frac{\alpha_N}{K} \sum_{n=1}^{m} \frac{\Delta t_{Z \cdot n}}{\nu_n} \cos(\omega_n \tau - \varphi_n - \varepsilon_n)\right] \tag{3-11}$$

上式可简化为

$$Q_\tau = KF\theta \tag{3-12}$$

式中，θ 称为当量温差，即

$$\theta = \bar{t}_Z - t_N + \frac{\alpha_N}{K} \sum_{n=1}^{m} \frac{\Delta t_{Z \cdot n}}{\nu_n} \cos(\omega_n \tau - \varphi_n - \varepsilon_n) \tag{3-13}$$

式中 ν_n——围护结构对 n 阶综合温度扰量的衰减度;

$\qquad \varepsilon_n$——围护结构对 n 阶综合温度扰量的相位延迟,deg。

ν_n、ε_n 是围护结构对周期性外扰的两个重要特性,都与频率有关。

【例 3-3】 计算上海某建筑物南向外墙传热得热量。该外墙从室外至室内的墙体由以下材料组成:20mm 外粉刷,240mm 厚砖墙,20mm 内粉刷。室内设计温度 $t_N = 27℃$,墙体面积 $12m^2$,$\alpha_N = 8.72W/(m^2 \cdot K)$,设已知室外综合温度的计算式为

$$t_{Z \cdot \tau} = 33.3 + 8.02 \times \cos(15\tau - 192.7)$$

计算至一阶谐波。

【解】 查附录3-8,外墙类序号44,该墙热工性能如下:传热系数 $K = 1.95W/(m^2 \cdot K)$,传热衰减度 $\nu_1 = 12.9$,传热相位延迟 $\varepsilon_1 = 8.5h = 127.5°$。

则传热得热量

$$Q = KF(\bar{t}_Z - t_N) + \alpha_N F \frac{\Delta t_{Z \cdot 1}}{\nu_1} \cos(\omega_1 \tau - \varphi_1 - \varepsilon_1)$$

$$= 1.95 \times 12 \times (33.3 - 27) + 8.72 \times 12 \times \frac{8.02}{12.9} \times \cos(15\tau - 192.7 - 127.5)$$

$$= 147.4 + 65\cos(15\tau - 320.2)$$

逐时得热量计算结果如表3-5所示。

计算结果

表 3-5

τ(时)	1	2	3	4	5	6	7	8	9	10	11	12
Q(W)	184.9	169.8	153.3	136.3	120.1	105.8	94.3	86.4	82.6	83.3	88.4	97.4
τ(时)	13	14	15	16	17	18	19	20	21	22	23	24
Q(W)	109.9	125.0	141.5	158.5	174.7	189.0	200.6	208.4	212.2	211.5	206.5	197.3

2. 房间冷负荷

得热量是由对流热成分和辐射热成分组成,其中对流热成分占总得热量的比例为 β_d,辐射热成分占总得热量的比例为 β_f。$\beta_d + \beta_f = 1$。

(1)对流得热形成的冷负荷

稳定得热量和附加不稳定得热量分别为:

$$\bar{Q} = \bar{Q}_d + \bar{Q}_f = \beta_d \bar{Q} + \beta_f \bar{Q} \qquad (3-14)$$

$$\tilde{Q} = \tilde{Q}_d + \tilde{Q}_f = \beta_d \tilde{Q} + \beta_f \tilde{Q} \qquad (3-15)$$

由于得热量的对流成分直接转换为瞬时冷负荷,所以对流冷负荷为:

$$CLQ_d = Q_d = \bar{Q}_d + \tilde{Q}_d = \beta_d(\bar{Q} + \tilde{Q}) = \beta_d Q \qquad (3-16)$$

(2)辐射得热形成的冷负荷

同样可有稳定部分 $\bar{Q}_f$ 和波动部分 $\tilde{Q}_f$。由于房间的蓄热特性(吸热-放热特性),房间围护结构有一吸收辐射热后放出对流热的过程。

1)辐射得热的稳定部分 $\bar{Q}_f$ 形成的冷负荷 $CL\bar{Q}_f$

外墙内表面的稳定辐射热,经室内各内表面多次反复吸收和反射,提高了各表面温度

后由各表面向室内空气放热，形成稳定的对流热冷负荷。另一方面，通过壁体向另一房间传出一部分热而形成邻室的对流热负荷。邻室可分为两类：

第一种情况是向邻室传出热量，又从另一邻室传入相同热量，其冷负荷为

$$CL\,\overline{Q}_f = \overline{Q}_f = \beta_f\overline{Q} \tag{3-17}$$

第二种情况是只传出热量，而不传入热量。由于传出热量为 $K\dfrac{\overline{Q}_f}{\alpha_N}$，则冷负荷为

$$CL\,\overline{Q}_f = \beta_f\left(1-\frac{K}{\alpha_N}\right)\overline{Q} \tag{3-18}$$

2）辐射得热的不稳定部分 $\widetilde{Q}_f$ 形成的冷负荷 $CL\widetilde{Q}_f$

不稳定传热量（式 3-10）中的辐射得热部分

$$\widetilde{Q}_f = \beta_f\widetilde{Q} = \beta_f\alpha_N F\sum_{n=1}^{m}\frac{\Delta t_{Z\cdot n}}{\nu_n}\cos(\omega_n\tau - \varphi_n - \varepsilon_n)$$

进入房间后，以一定的比例 P_j 分配到各个内表面，则第 j 内表面接受的辐射热为

$$\widetilde{Q}_{f\cdot j} = P_j\beta_f\alpha_N F\sum_{n=1}^{m}\frac{\Delta t_{Z\cdot n}}{\nu_n}\cos(\omega_n\tau - \varphi_n - \varepsilon_n)$$

由 $\widetilde{Q}_{f\cdot j}$ 引起的向室内空气的放热反应为

$$CL\,\widetilde{Q}_{f\cdot j} = P_j\beta_f\alpha_N F\sum_{n=1}^{m}\frac{\Delta t_{Z\cdot n}}{\nu_n\nu_{f\cdot j\cdot n}}\cos(\omega_n\tau - \varphi_n - \varepsilon_n - \varepsilon'_{f\cdot j\cdot n})$$

式中　$\nu_{f\cdot j\cdot n}$——第 j 表面 n 阶辐射热扰量的放热衰减度；

　　　$\varepsilon'_{f\cdot j\cdot n}$——第 j 表面 n 阶辐射热扰量的放热相位延迟，deg。

由 Q_f 引起的各表面（1 至 k 表面）放热反应的总和——房间放热反应，即为房间冷负荷的一部分：

$$CL\,\widetilde{Q}_f = \beta_f\alpha_N F\sum_{j=1}^{k}P_j\sum_{n=1}^{m}\frac{\Delta t_{Z\cdot n}}{\nu_n\nu_{f\cdot j\cdot n}}\cos(\omega_n\tau - \varphi_n - \varepsilon_n - \varepsilon'_{f\cdot j\cdot n}) \tag{3-19}$$

将上式中 P_j 与 $\nu_{f\cdot j\cdot n}$，P_j 与 $\varepsilon'_{f\cdot j\cdot n}$ 经一定组合、运算、整理以后，可改写为下式：

$$CL\widetilde{Q}_f = \beta_f\alpha_N F\sum_{n=1}^{m}\frac{\Delta t_{Z\cdot n}}{\nu_n\mu_n}\cos(\omega_n\tau - \varphi_n - \varepsilon_n - \varepsilon'_n) \tag{3-20}$$

式中　μ_n——房间对 n 阶墙体或屋顶传导得热中辐射热扰量的衰减度；

　　　ε'_n——房间对 n 阶墙体或屋顶传导得热中辐射热扰量的相应延迟，deg。

$$\mu_n = (E_{1\cdot n}^2 + E_{2\cdot n}^2)^{-\frac{1}{2}} \tag{3-21}$$

$$\varepsilon'_n = -\arctan\frac{E_{2\cdot n}}{E_{1\cdot n}} \tag{3-22}$$

$$E_{1\cdot n} = \sum_{j=1}^{k}\frac{P_j}{\nu_{f\cdot j\cdot n}}\cos\varepsilon'_{f\cdot j\cdot n} \tag{3-23}$$

$$E_{2\cdot n} = -\sum_{j=1}^{k}\frac{P_j}{\nu_{f\cdot j\cdot n}}\sin\varepsilon'_{f\cdot j\cdot n}$$

可见，房间的放热特性（μ_n 和 ε'_n）与六面体各内表面的放热衰减度（$\nu_{f \cdot j \cdot n}$）、放热相位延迟（$\varepsilon'_{f \cdot j \cdot n}$）以及各表面接受的辐射热扰量比例（$P_j$）有关。房间六面体构造上所接受的辐射热扰量比例与辐射扰量的类型、各围护结构的表面性质和房间各部分的尺寸比例有关。可根据房间尺寸，具体情况下的角系数和各表面的反射因素加以确定。表 3-6 所示为辐射热在某一标准房间各围护结构内表面的分配系数。

辐射热在房间内的分配系数 P_j　　　　　　　　　表 3-6

辐射源	楼板	顶棚	内墙	外墙	外窗
外墙内表面	0.20	0.20	0.60	—	
屋顶内表面	0.35	—	0.50	0.10	0.05
照明	0.35	—	0.50	0.10	0.05
人体	0.30	0.10	0.50	0.05	0.05
设备器具	0.20	0.25	0.45	0.05	0.05
外窗散热辐射	0.20	0.15	0.65	—	
外窗直射辐射	0.80	0.05	0.15	—	

注：标准房间为 1.0（高）：1.2（宽）：1.5（进深），外窗面积比为 $\frac{1}{5}$。

对于空调冷负荷计算而言，影响谐波辐射得热转换为冷负荷过程的是围护结构表面的热工特性，即内表面对辐射热的吸热-放热特性（ν_f 和 ε_f）。从表 3-6 可见，影响房间冷负荷的主要围护结构是内墙和楼板。为了简化计算，按房间内墙和楼板两种围护结构的放热衰减度给房间进行分类，分成轻型、中型和重型三种，如表 3-7 所示。

房间类型和放热特性　　　　　　　　　表 3-7

房间类型	围护结构的放热衰减度 ν_f	
	内墙	楼板
轻　型	1.2	1.4
中　型	1.6	1.7
重　型	2.0	2.0

注：1. ν_f 为一阶谐波（周期 24h）的放热衰减度；

　　2. 地面按重型楼板考虑，如地面上铺地毯，则按轻型楼板考虑。

不同房间类型的各面围护结构及其二阶放热特性值见表 3-8。

房间类型及其围护结构的放热特性　　　　　　　　　表 3-8

房间类型 围护结构 放热特性	轻			中			重		
	楼板	顶棚	内墙	楼板	顶棚	内墙	楼板	顶棚	内墙
$\nu_{f \cdot j \cdot 1}$	1.39	1.42	1.14	1.68	1.39	1.57	2.03	1.25	1.98
$\varepsilon'_{f \cdot j \cdot 1}$	1.0 15.1	0.8 12.3	1.5 23.2	2.2 32.4	0.6 8.5	2.8 41.4	3.0 45.5	1.8 26.6	2.9 42.8
$\nu_{f \cdot j \cdot 2}$	1.57	1.47	1.46	2.28	1.41	2.50	3.25	1.60	3.03

房间类型 围护结构 放热特性	轻			中			重		
	楼板	顶棚	内墙	楼板	顶棚	内墙	楼板	顶棚	内墙
$\varepsilon'_{f \cdot j \cdot 2}$	0.6 18.2	0.5 16.1	1.2 35.8	1.3 40.5	0.3 8.4	1.6 49.3	1.5 43.7	1.3 38.5	1.4 41.9

注：1. ν，ε' 的第三位下角码为谐波阶数；

2. ε' 一栏两行数字的单位：上行—h，下行—deg。

3）总冷负荷

τ 时刻的总冷负荷 CLQ_τ 即为上述分项冷负荷的总和：

$$CLQ_\tau = CLQ_d + CL\overline{Q}_f + CL\widetilde{Q}_f \tag{3-24}$$

将式（3-16）、式（3-17）、式（3-20）代入上式，仿照得热量的形式，亦可把总冷负荷计算式表示成当量温差形式：

$$CLQ_\tau = KF\theta_l \tag{3-25}$$

式中，θ_l 称为计算冷负荷时的当量温差，简称为负荷温差，令

$$\theta_l = \theta - \delta\theta$$

经推导，式中的 $\delta\theta$ 为

$$\delta\theta = \beta_f \frac{\alpha_N}{K} \sum_{n=1}^{m} \frac{\Delta t_{Z \cdot n}}{\nu_n}\left[\cos(\omega_n\tau - \varphi_n - \varepsilon_n) - \frac{1}{\mu_n}\cos(\omega_n\tau - \varphi_n - \varepsilon_1 - \varepsilon'_n)\right] \tag{3-26}$$

显然，如果不考虑房间对各阶谐性辐射热扰量的幅值衰减 μ_n 和时间延迟 ε'_n，即 $\mu_n=1$，$\varepsilon'_n=0$，则 $\delta\theta=0$，于是 $\theta_l=\theta$，亦即总冷负荷 CLQ_τ 与得热量 Q_τ 相等。

归纳上述冷负荷的形成，需经两个过程：

第一，由于外扰（室外综合温度）形成室内得热量的过程（即内扰量）。此一过程考虑外扰的周期性以及围护结构对外扰量的衰减和延迟性。

第二，内扰量形成冷负荷的过程。此一过程是将该热扰量分成对流和辐射两个成分。前者是瞬时冷负荷的一部分，后者则要考虑房间总体蓄热作用（表现为放热衰减和放热延迟）后，才转化为瞬时冷负荷。此两部分叠加即得各计算时刻的总冷负荷值。

【例3-4】计算例题3-3南外墙得热形成的室内冷负荷。房间内墙和楼板一阶谐波的放热衰减度均为 $\nu_f=2.0$，计算至一阶谐波。

【解】由表3-3可知，传导得热的辐射和对流热成分的比例为 $\beta_d=0.4$，$\beta_f=0.6$。由表3-7可知，内墙和楼板的 $\nu_f=2.0$，房间属于重型。

查表3-6和表3-8，热源为外墙内表面，故房间内辐射分配系数 P_j 和一阶谐波各表面的放热衰减度和放热相位延迟为：楼板 $P_1=0.2$，$\nu_{f \cdot 1 \cdot 1}=2.03$，$\varepsilon'_{f \cdot 1 \cdot 1}=45.5°$；吊顶 $P_2=0.2$，$\nu_{f \cdot 2 \cdot 1}=1.25$，$\varepsilon'_{f \cdot 2 \cdot 1}=26.6°$；内墙 $P_3=0.60$，$\nu_{f \cdot 3 \cdot 1}=1.98$，$\varepsilon'_{f \cdot 3 \cdot 1}=42.8°$。

计算房间对辐射热扰量的放热特性 μ_1，ε'_1：

$$E_{1 \cdot 1} = \sum_{j=1}^{3} \frac{P_j}{\nu_{f \cdot j \cdot 1}} \cos\varepsilon'_{f \cdot j \cdot 1}$$

$$= \frac{0.2}{2.03} \times \cos45.5° + \frac{0.2}{1.25} \times \cos26.6° + \frac{0.6}{1.98} \times \cos42.8° = 0.43$$

$$E_{2 \cdot 1} = -\sum_{j=1}^{3} \frac{P_j}{\nu_{f \cdot j \cdot 1}} \sin\varepsilon'_{f \cdot j \cdot 1}$$

$$= -\left(\frac{0.2}{2.03} \times \sin45.5° + \frac{0.2}{1.25} \times \sin26.6° + \frac{0.6}{1.98} \times \sin42.8° \right) = -0.35$$

$$\mu_1 = (E_{1 \cdot 1}^2 + E_{2 \cdot 1}^2)^{-\frac{1}{2}} = [0.43^2 + (-0.35)^2]^{-\frac{1}{2}} = 1.80$$

$$\varepsilon'_1 = -\arctan\frac{E_{2 \cdot 1}}{E_{1 \cdot 1}} = -\arctan\left(-\frac{0.35}{0.43}\right) = 39.1°$$

室内冷负荷：

$$CLQ_\tau = \beta_d Q + \beta_f \overline{Q} + CL\widetilde{Q}_f$$

$$= 0.4Q + 0.6 \times 1.95 \times 12 \times (33.3 - 27)$$

$$+ 0.6 \times 8.72 \times 12 \times \frac{8.02}{12.9 \times 1.83} \times \cos(15\tau - 358.5)$$

$$= 0.4Q + 88.5 + 21.3 \times \cos(15\tau - 358.5)$$

逐时冷负荷计算结果如表3-9所示。

逐时冷负荷计算结果 　　　　　　　　　　　　　　　　表3-9

τ（时）	1	2	3	4	5	6	7	8	9	10	11	12
$\beta_d Q$（W）	74.0	67.9	61.3	54.5	48.1	42.3	37.7	34.6	33.1	33.4	35.3	39
$\beta_f \overline{Q}$（W）						88.5						
CLQ_f（W）	20.4	18.5	14.6	10.1	5.0	−0.5	−6.0	−11.1	−15.5	−18.7	−20.7	−21.3
CLQ_τ（W）	182.4	174.4	163.9	152.6	141.1	129.8	119.7	111.5	105.6	102.7	102.6	105.7
τ（时）	13	14	15	16	17	18	19	20	21	22	23	24
$\beta_d Q$（W）	44.0	50.0	56.6	65.4	69.9	75.6	30.2	83.3	84.9	84.6	82.6	79.0
$\beta_f \overline{Q}$（W）						88.5						
CLQ_f（W）	−20.4	−18.2	−14.6	−10.1	−5.0	0.2	6.1	11.1	15.4	18.7	20.7	21.3
CLQ_τ（W）	111.6	119.8	130	143.3	152.9	163.8	174.3	182.4	188.3	191.3	191.3	188.3

3.3.2.2 通过窗户的得热量及其形成的冷负荷

通过窗户进入室内的得热量有瞬变传热得热和日射得热量两部分。瞬变传热得热由室内外温差引起。日射得热，因太阳照射到窗户上时，除了一部分辐射能量反射回大气之外，其中一部分能量透过玻璃以短波辐射形式直接进入室内；另一部分被玻璃吸收，提高了玻璃温度，然后再以对流和长波辐射的方式向室内外散热。上述进入室内得热量的各部分均含有辐射热成分，各由房间的放热衰减和放热延迟形成相应的房间冷负荷。

1. 瞬变传导得热和冷负荷

当忽略窗户热容时，则各阶谐波的温度波衰减度均为$\frac{\alpha_N}{K}$，相位延迟 $\varepsilon_n = 0$，对应于室外空气温度的多阶谐波展开式（式 3-2）的瞬变传热得热量为

$$Q_\tau = KF \sum_{n=1}^{m} A_n \cos(\omega_n \tau - \varphi_n) \tag{3-27}$$

式中　A_n——n 阶室外空气温度的波幅，℃。

相应的冷负荷

$$CLQ_\tau = \beta_d Q_\tau + \beta_f KF \sum_{n=0}^{m} \frac{A_n}{\mu_n} \cos(\omega_n \tau - \varphi_n - \varepsilon'_n) \tag{3-28}$$

式中　μ_n，ε'_n——房间对 n 阶窗户传导得热中辐射扰量的衰减度和相位延迟，deg；

　　　　F——窗户面积，m²。

2. 日射得热和冷负荷

日射得热量分成两部分：直接透射到室内的太阳辐射热 q_t 和被玻璃吸收的太阳辐射热传向室内的热量 q_a。

日射得热取决于很多因素，从太阳辐射方面来说，辐射强度、入射角均依纬度、月份、日期、时间的不同而不同。从窗户本身来说，它随玻璃的光学性能，是否有遮阳装置以及窗户结构（钢、木窗，单、双层玻璃）等而异。此外，还与内外放热系数有关。

为了计算方便，可先确定厚度为 3mm 的普通平板玻璃作为"标准玻璃"。在特定的内外表面放热系数（$\alpha_N = 8.72$W/(m²·K) 和 $\alpha_W = 18.6$W/(m²·K)）条件下，得出我国 40 个城市夏季九个不同朝向的单位面积日射得热量（附录 3-5），称之为日射得热因数 D_j，即 $D_j = q_t + q_a$。对于非标准玻璃，以及不同遮阳设施，采用修正的办法，即

$$q_{j \cdot \tau} = C_s C_n D_j \tag{3-29}$$

式中　C_s——窗玻璃的遮挡系数（附录 3-6）；

　　　　C_n——窗内遮阳设施的遮阳系数（附录 3-7）。

当把日射得热因数 D_j 用实用调和分析整理成谐波形式后，日射得热可表示为

$$Q_\tau = C_s C_n F \sum_{n=1}^{m} B_n \cos(\omega_n \tau - \varphi_n) \tag{3-30}$$

式中　B_n——n 阶日射得热因数谐波的波幅。

相应的冷负荷

$$CLQ_\tau = \beta_d Q_\tau + \beta_f C_s C_n F \sum_{n=1}^{m} \frac{B_n}{\mu_n} \cos(\omega_n \tau - \varphi_n - \varepsilon'_n) \tag{3-31}$$

式中　μ_n，ε'_n——房间对 n 阶窗户日射得热中辐射扰量的衰减度和相位延迟，deg。

3.3.2.3　谐波法的工程简化计算方法

上述谐波反应法计算冷负荷的过程很繁复，一般需用电子计算机。为了便于计算，工程上可简化为下列计算方法。

1. 外墙和屋顶

将式（3-25）写成以下形式

$$CLQ_\tau = KF \Delta t_{\tau - \varepsilon} \tag{3-32}$$

式中　τ——计算时间，h；

　　　ε——围护结构表面受到周期为 24h 谐性温度波作用，温度波传到内表面的时间延迟，h；

$\tau-\varepsilon$——温度波的作用时间，即温度波作用于围护结构外表面的时间，h；

　　　K——围护结构传热系数，W/(m²·K)；

　　　F——围护结构计算面积，m²；

$\Delta t_{\tau-\varepsilon}$——作用时刻下，围护结构的冷负荷计算温差，简称负荷温差，见附录 3-9（墙体），附录 3-10（屋顶）。

负荷温差 $\Delta t_{\tau-\varepsilon}$ 按照外墙和屋面的传热衰减系数 $\beta=\dfrac{\alpha_{\mathrm{N}}}{K\nu_{\mathrm{n}}}$ 进行分类。围护结构越厚、重（热容量越大），则 ν 值越大，β 值越小；围护结构越轻、薄（热容量越小），则 ν 值越小，β 值越大。β 值在 0 与 1 之间变化。当围护结构 $\beta\leqslant0.2$ 时，由于结构具有较大的惯性对于外界扰量反应迟钝，从而使负荷温差的日变化很小，为了简化计算，可按日平均负荷温差 Δt_{p} 计算冷负荷。

附录 3-9 中，墙体外表面的日射吸收率取 $\rho=0.7$，如有必要按不同的 β 值查取负荷温差时，可按下式对表列负荷温差 $\Delta t_{\tau-\varepsilon}$ 进行修正：

某 ρ 值的负荷温差

$$\Delta t'_{\tau-\varepsilon}=(\Delta t_{\tau-\varepsilon}-\Delta t^0_{\tau-\varepsilon})\times\frac{\rho}{0.7}+\Delta t^0_{\tau-\varepsilon} \tag{3-33}$$

式中　$\Delta t^0_{\tau-\varepsilon}$——表列 0（水平）朝向的负荷温差，℃。

在工程计算时，作为安全考虑，一般可不进行 ρ 的修正。

2. 窗户

按前述可知，窗户应将瞬变传导得热和日射得热形成的冷负荷分开计算。

（1）窗户瞬变传导得热形成的冷负荷

将式（3-28）写成以下形式

$$CLQ_{\mathrm{c}\cdot\tau}=KF\Delta t_{\tau} \tag{3-34}$$

式中　Δt_{τ}——计算时刻的负荷温差，℃，见附录 3-11。

因传导负荷只与气温有关，故按最热月的日较差分区，见附录 3-11。窗户热容小、传热系数较大，故负荷温差按日较差 0.5℃分档。当所计算的城市室外平均气温与制表地点不同时，应适当加以修正。

F 为窗口面积。

（2）窗户日射得热形成的冷负荷

将式（3-31）写成以下形式

$$CLQ_{j\cdot\tau}=x_{\mathrm{g}}x_{\mathrm{d}}C_{\mathrm{n}}C_{\mathrm{s}}FJ_{j\cdot\tau} \tag{3-35}$$

式中　x_{g}——窗的有效面积系数；单层钢窗 0.85，双层钢窗 0.75，单层木窗 0.7，双层木窗 0.6；

　　　x_{d}——地点修正系数，见附录 3-12；

　　　$J_{j\cdot\tau}$——计算时刻时，透过单位窗口面积的太阳总辐射热形成的冷负荷，简称负荷强度，W/m²，见附录 3-12。

【例3-5】 试计算北京地区某空调房间夏季围护结构得热形成的冷负荷。

已知条件：

(1) 屋顶：结构同附录3-8中序号10，$K=1.10\text{W/(m}^2\cdot\text{K)}$，$F=40\text{m}^2$，$\rho=0.75$；

(2) 南窗：单层玻璃钢窗，$K=4.54\text{W/(m}^2\cdot\text{K)}$，挂浅色内窗帘，无外遮阳，$F=16\text{m}^2$；

(3) 南墙：结构同附录3-8中序号12的墙体，$K=1.17\text{W/(m}^2\cdot\text{K)}$，$\beta=0.23$，$F=22\text{m}^2$；

(4) 内墙和楼板：内墙为120mm砖墙，内外粉刷，楼板为80mm现浇钢筋混凝土，上铺水磨石预制块，下面粉刷；邻室和楼下房间均为空调空间，室温均相同；

(5) 室内设计温度 $t_N=26℃$；

(6) 室内压力稍高于室外大气压力。

【解】 由于室内压力稍高于室外大气压，故不需考虑由于外气渗透所引起的冷负荷。从附录3-8查得，内墙（序号3）的放热衰减度 $\nu_f=1.6$，楼板的放热衰减度 $\nu_f=1.52\sim1.8$ 之间，查表3-7可知该房间类型属于中型。围护结构各部分的冷负荷分项计算如下：

1. 屋顶冷负荷

由附录3-8中查得，$K=1.10\text{W/(m}^2\cdot\text{K)}$，衰减系数 $\beta=0.52$，衰减度 $\nu=15.15$，延迟时间 $\varepsilon=5.9\text{h}$。从附录3-10查得扰量作用时刻 $\tau-\varepsilon$ 时的北京市屋顶负荷温差的逐时值 $\Delta t_{\tau-\varepsilon}$，即可按式（3-32）算出屋顶的逐时冷负荷，计算结果列于表3-10中。

屋顶冷负荷（W） 表3-10

计算时刻 τ	7:00	8:00	9:00	10:00	11:00	12:00	13:00	14:00	15:00	16:00	17:00	18:00	19:00
$\Delta t_{\tau-\varepsilon}$	6	5	5	5	6	8	11	13	16	19	21	23	23
K	1.10												
F	40												
CLQ_τ	264	220	220	220	264	352	484	572	704	836	924	1012	1012

2. 南外墙冷负荷

由附录3-8中查得，$K=1.17\text{W/(m}^2\cdot\text{K)}$，衰减系数 $\beta=0.23$，衰减度 $\nu=31.92$，延迟时间 $\varepsilon=10\text{h}$。从附录3-9查得扰量作用时刻 $\tau-\varepsilon$ 时的北京南向外墙负荷温差的逐时值 $\Delta t_{\tau-\varepsilon}$，按式（3-32）算出南外墙的逐时冷负荷，计算结果列于表3-11中。

南外墙冷负荷（W） 表3-11

计算时刻 τ	7:00	8:00	9:00	10:00	11:00	12:00	13:00	14:00	15:00	16:00	17:00	18:00	19:00
$\Delta t_{\tau-\varepsilon}$	7	7	6	6	5	5	5	5	6	6	7	7	8
K	1.17												
F	22												
CLQ_τ	180	180	154	154	129	129	129	129	154	154	180	180	206

3. 南外窗冷负荷

(1) 瞬变传热得热形成冷负荷

由附录 3-11 中查得各计算时刻的负荷温差 Δt_τ，计算结果列于表 3-12。

南外窗瞬时传热冷负荷（W） 表 3-12

计算时刻 τ	7：00	8：00	9：00	10：00	11：00	12：00	13：00	14：00	15：00	16：00	17：00	18：00	19：00
Δt_τ	0	0.8	1.8	2.9	3.9	4.9	5.6	6.2	6.6	6.6	6.4	5.9	5.2
K						4.54							
F						16							
CLQ_τ	0	58	131	211	283	356	407	450	479	479	465	429	378

（2）日射得热形成冷负荷

由附录 3-12 中查得各计算时刻的负荷强度 $J_{j \cdot \tau}$，窗面积为 16m^2，窗有效面积系数为 0.85，地点修正系数为 1，窗户内遮阳系数 $C_n = 0.5$。按式（3-35）计算，计算结果列于表 3-13。

日射得热冷负荷（W） 表 3-13

计算时刻 τ	7：00	8：00	9：00	10：00	11：00	12：00	13：00	14：00	15：00	16：00	17：00	18：00	19：00
$J_{j \cdot \tau}$	32	49	82	130	173	198	199	177	138	102	82	62	41
x_g						0.85							
x_d						1							
C_n						0.5							
C_s						1							
F						16							
CLQ_τ	218	333	558	884	1176	1346	1353	1204	938	694	558	422	279

最后将前面各项逐时冷负荷值汇总于表 3-14。

各项冷负荷的汇总（W） 表 3-14

计算时刻 τ	7：00	8：00	9：00	10：00	11：00	12：00	13：00	14：00	15：00	16：00	17：00	18：00	19：00
屋顶负荷	264	220	220	220	264	352	484	572	704	836	924	1012	1012
外墙负荷	180	180	154	154	129	129	129	129	154	154	180	180	206
窗传热负荷	0	58	131	211	283	356	407	450	479	479	465	429	378
窗日射负荷	218	333	558	884	1176	1346	1353	1204	938	694	558	422	279
总计	662	791	1063	1469	1852	2183	2373	2355	2275	2163	2127	2043	1875

由计算可知，最大的围护结构冷负荷出现在 13：00 时，其值为 2373W。各项冷负荷中以窗的日射得热冷负荷最大。

3.3.3 冷负荷系数法计算空调冷负荷

冷负荷系数法是在传递函数法的基础上为便于在工程中进行手算而建立起来的一种简化计算法。通过冷负荷温度或冷负荷系数直接从各种扰量值求得各分项逐时冷负荷。当计算某建筑物空调冷负荷时，则可按条件查出相应的冷负荷温度与冷负荷系数，用稳定传热公式形式即可算出经围护结构传入热量所形成的冷负荷和日射得热形成的冷负荷。

1. 传递函数法计算空调负荷的基本概念

与谐波反应法不同，传递函数法计算得热和冷负荷不考虑外扰是否呈周期性变化，也不用傅里叶级数表示，用时间序列表示外扰变化即可。因此，它能适用于建筑物的全年逐时（8760h）负荷计算和能耗分析。将围护结构或空调房间连同室内空气视为热力系统，将外扰或室内得热作为系统的输入，而围护结构内表面的传导得热或房间冷负荷为系统的输出。输入与输出各为一组无穷的信号。

在控制理论中，常用传递函数来描述线性定常系统的输入与输出的关系。它的定义是：在初始条件为零时，输出函数的拉氏变换与输入函数的拉氏变换之比，即

$$G(S) = \frac{O(S)}{E(S)} \tag{3-36}$$

式中　　$G(S)$——系统的传递函数；

　　　　$O(S)$——输出函数 $o(\tau)$ 的拉普拉斯变换；

　　　　$E(S)$——输入函数 $e(\tau)$ 的拉普拉斯变换。

传递函数 $G(S)$ 只由系统本身的特性决定，而与输入、输出量无关。如果已知系统的传递函数和输入函数，则可直接求得输出函数（系统的响应或反应）。根据该原理，由室外综合温度引起的围护结构的传热和冷负荷的形成过程可用方块图 3-7 表示。

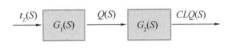

图 3-7　冷负荷形成方块图

用综合温度函数 $t_{Z \cdot \tau}$ 表示外扰，经过墙体或屋顶后转化为房间的传导得热量 Q_τ，该得热量进入室内提高了内壁表面温度，经房间各围护结构及家具等的吸热和放热效应后，最终转化为冷负荷 CLQ_τ。

上述过程，可写成以下两个连续过程：

$$Q(S) = G_1(S)t_Z(S) \tag{3-37}$$

$$CLQ(S) = G_2(S)Q(S) \tag{3-38}$$

式中　　$t_Z(S)$——输入函数（综合温度）的拉普拉斯变换；

　　　　$Q(S)$——房间得热量的拉普拉斯变换；

　　　　$CLQ(S)$——冷负荷的拉普拉斯变换；

　$G_1(S),G_2(S)$——围护结构、房间的传递函数。

式（3-37）中输入函数 $t_{Z \cdot \tau}$ 为已知，如能得到围护结构传递函数 $G_1(S)$ 和房间传递函数 $G_2(S)$，即可得到输出函数冷负荷。

（1）用 Z 传递函数法计算经围护结构传热的得热量

实际扰量（温度和太阳辐射）都以逐时的离散值给出，输出亦都用逐时值表示，因此得热量和冷负荷的计算用离散系统更合适，所以直接采用 Z 变换来表示。输出量和输入量的关系式和式（3-36）相类似，即

$$G(Z) = \frac{Q(Z)}{t_Z(Z)} \tag{3-39}$$

或　　　　　　　　　　　　$Q(Z) = G(Z)t_Z(Z)$

式中　　$G(Z)$——Z 传递函数；

　　　　$Q(Z)$——得热量（输出函数）的 Z 变换；

$t_Z(Z)$——综合温度（输入函数）的 Z 变换。

所谓 Z 变换，是将一个连续函数变为脉冲序列函数，也即将连续函数化成 Z^{-1} 的多项式，这一多项式的各项系数等于该连续函数在相应次幂的采样时刻上的函数值。例如，综合温度的 Z 变换为：

$$t_Z(Z) = t_{Z\cdot 0} + t_{Z\cdot 1}Z^{-1} + t_{Z\cdot 2}Z^{-2} + \cdots$$

式中，$t_{Z\cdot 0}$、$t_{Z\cdot 1}$、$t_{Z\cdot 2}\cdots$为综合温度 t_Z 在时间 $\tau=0$、1、2$\cdots$时的数值。

Z 变换的特点在于传递函数 $G(Z)$ 能表达成一个有理分式，于是式（3-39）写成：

$$G(Z) = \frac{b_0 + b_1 Z^{-1} + b_2 Z^{-2} + \cdots}{d_0 + d_1 Z^{-1} + d_2 Z^{-2} + \cdots} = \frac{N(Z)}{M(Z)} \tag{3-40}$$

式中，b_i 和 d_i（$i=0$、1、2$\cdots$）称 Z 传递函数系数。于是式（3-39）可写成

$$Q(Z) = \frac{N(Z)}{M(Z)}t_Z(Z) \tag{3-41}$$

根据 Z 变换的定义，上式可写成

$$(Q_0 + Q_1 Z^{-1} + Q_2 Z^{-2} + \cdots)(d_0 + d_1 Z^{-1} + d_2 Z^{-2} + \cdots)$$
$$= (b_0 + b_1 Z^{-1} + b_2 Z^{-2} + \cdots)(t_{Z\cdot 0} + t_{Z\cdot 1}Z^{-1} + t_{Z\cdot 2}Z^{-2} + \cdots)$$

将等号两边展开并整理，按等式两边同次幂项的系数相等的原则，两边的第 τ 次项（$Z^{-\tau}$）的系数也相等：

$$Q_\tau d_0 + Q_{\tau-1}d_1 + Q_{\tau-2}d_2 + \cdots = t_{Z\cdot\tau}b_0 + t_{Z\cdot\tau-1}b_1 + t_{Z\cdot\tau-2}b_2 + \cdots \text{ 取 } d_0=1\text{，得}$$
$$Q_\tau = t_{Z\cdot\tau}b_0 + t_{Z\cdot\tau-1}b_1 + t_{Z\cdot\tau-2}b_2 + \cdots - (Q_{\tau-1}d_1 + Q_{\tau-2}d_2 + \cdots)$$

此式可写为以下两个卷积和之差的形式：

$$Q_\tau = \sum_{i=0}^{p} b_i t_{Z\cdot\tau-i} - \sum_{i=1}^{m} d_i Q_{\tau-i} \tag{3-42}$$

这就是第 τ 时刻的得热量表达式。可知要计算 τ 时刻的得热量 Q_τ，不但要知道此时刻及其以前诸时刻的综合温度，还必须知道前一时刻及其以前的得热量。

当输入为室外空气综合温度，并且考虑室温作用，则运用式（3-42）可得经屋顶、墙壁等壁体传热得热量公式：

$$Q_\tau = F\left[\sum_{i=0}^{p} b_i t_{Z\cdot\tau-i} - \frac{1}{F}\sum_{i=1}^{m} d_i Q_{\tau-i} - t_N \sum_{i=0}^{n} c_i\right] \tag{3-43}$$

式中　Q_τ——在 τ 时刻经壁体传入的得热量，W；

　　$Q_{\tau-i}$——在 $\tau-i$ 时刻壁体传入的热量，W；

　　$t_{Z\cdot\tau-i}$——在 $\tau-i$ 时刻的室外综合温度，℃；

　　t_N——室内温度，℃；

　　F——壁体计算面积，m²；

b、c、d——围护结构的 Z 传递函数的诸系数；

p、m、n——正整数，表示所取系数 b、c、d 的个数。

b、d、c 等值取决于平壁的结构及其热工特性和内外表面放热系数，它们是被事先给出的，是利用常用围护结构的热工性能和特定的边界条件，通过解一维导热微分方程用电算运算得出的，在计算时可直接查用。

由于传递函数系数收敛得很快，实际采用的项数一般不大于6。在计算 τ 时刻的传热量时，要知道 τ 时刻以前的 $t_{z,\tau-i}$ 和 $Q_{\tau-i}$。但在开始时刻不知道 $Q_{\tau-1}$，$Q_{\tau-2}$…，这时可假设其为零。为了消除这一假设的影响，可以采用起始周期方法，即用开始时刻起的 24h 扰量为一周期，连续作用几个周期，一般计算到 4~5 个周期（96~120h）时，逐时就趋向稳定，取这 24h 的值，再继续以后的计算。

（2）用 Z 传递函数法计算经围护结构温差传热形成的冷负荷

把得热量转化为冷负荷的关系式写成 Z 变换形式：

$$CLQ_\tau = G_2(Z)Q(Z) \tag{3-44}$$

式中 $G_2(Z)$ 称为空调房间热力系统的 Z 传递函数。

到 τ 时刻为止，作为输入量的得热量，其采样值的 Z 变换为

$$Q(Z) = Q_\tau Z^{-\tau} + Q_{\tau-1}Z^{-(\tau-1)} + Q_{\tau-2}Z^{-(\tau-2)} + \cdots \tag{3-45}$$

同理，作为输出量的冷负荷，其采样值的 Z 变换为

$$CLQ(Z) = CLQ_\tau Z^{-\tau} + CLQ_{\tau-1}Z^{-(\tau-1)} + CLQ_{\tau-2}Z^{-(\tau-2)} + \cdots \tag{3-46}$$

空调房间热力系统传递函数用多项式表示：

$$G_2(Z) = \frac{V_0 + V_1 Z^{-1} + V_2 Z^{-2} + \cdots + V_\tau Z^{-\tau}}{W_0 + W_1 Z^{-1} + W_2 Z^{-2} + \cdots + W_\tau Z^{-\tau}} \tag{3-47}$$

将式（3-45）~式（3-47）代入式（3-44）中，并将 Z 传递函数式（3-47）中只取三项系数，即 $G_2(Z) = (V_0 + V_1 Z^{-1})/(1 + W_1 Z^{-1})$，经运算，按等式两边同次幂项的系数相等的原则，得出 τ 时刻的冷负荷计算式为

$$CLQ_\tau = V_0 Q_\tau + V_1 Q_{\tau-1} - W_1 CLQ_{\tau-1} \tag{3-48}$$

式中　CLQ_τ、$CLQ_{\tau-1}$——τ 时刻和 $\tau-1$ 时刻的冷负荷；

　　　　Q_τ、$Q_{\tau-1}$——τ 时刻和 $\tau-1$ 时刻的得热量；

　　　　V_0、V_1、W_1——房间的 Z 传递函数诸系数。

系数 W_1 只与房间的结构和表面特性如表面放热系数等有关。V_0 和 V_1 除与房间有关外，还与得热种类有关。式（3-48）表示某种得热在 τ 时刻的冷负荷，V_0 可以明确地解释为该得热在当时转化为冷负荷的比例。式中等号右边的后两项表示以前得热对现时负荷的综合影响，在形式上，V_1 可以当作前时刻得热转化为现时负荷的比例，但它还要受到前时刻负荷的部分影响（W_1 为小于 1 的负值）。

知道了房间传递函数值 V_0、V_1 和 W_1 就可用电算计算围护结构传热冷负荷。

2. 冷负荷系数法

为了简化，把用 b、d 计算的传导得热和用 V、W 计算的相应负荷合并在一起，用冷负荷温度（或冷负荷温差）直接从外扰来计算负荷。而冷负荷温度可以根据某地的标准气象、室内设计参数，不同的建筑结构等典型事件事先计算成表格查用。对日射得热等采用与负荷强度意义类似的冷负荷系数来简化计算。

（1）用冷负荷温度计算围护结构传热形成的冷负荷

1）冷负荷温度

针对一些定型的围护结构（墙体、屋顶等）、根据典型条件（室外温度、日较差、纬度等）用式（3-43）、（3-48）计算出它们的冷负荷逐时值 CLQ_τ，然后将逐时冷负荷再除

以该结构的传热系数和面积，得出温差值，从而得到一组计算冷负荷的相当的逐时温度值，称为"冷负荷温度 $t_{l,\tau}$"。对 302 种墙体和 324 种屋顶结构进行归纳，根据其热工特性，分成六种类型，按不同类型给出逐时冷负荷温度值。

玻璃窗的瞬时传热过程与墙体传热得热过程不同，因玻璃窗蓄热性能差，可假定其传递函数 $G(Z)=K$，它的传热得热可直接从该时刻的室内、外温差求得，但两者的得热量转化为冷负荷的过程相同，所用的房间传递函数系数值相同。

2）基本计算式

墙体、屋顶或窗户瞬变传热所形成的逐时冷负荷，可用下列冷负荷温度简化公式计算

$$CLQ_\tau = KF(t_{l\cdot\tau} - t_N) \tag{3-49}$$

式中　K——墙、屋顶或窗的传热系数，$W/(m^2 \cdot K)$；

$\quad\quad F$——外墙、屋顶及窗户的计算面积，m^2；

$\quad\quad t_N$——室内设计温度，℃；

$\quad\quad t_{l\cdot\tau}$——冷负荷温度逐时值。

（2）用冷负荷系数计算窗户因日射得热形成的冷负荷

若日射得热量是以时间序列形式逐时给出的，则在 τ 时刻的冷负荷 CLQ_τ 同样可按与式（3-48）相同形式的公式计算，即

$$CLQ_\tau = V_0 D_\tau + V_1 D_{\tau-1} - W_1 CLQ_{\tau-1} \tag{3-50}$$

式中　$CLQ_{\tau-1}$——$\tau - 1$ 时刻的日射得热冷负荷，W；

$\quad\quad D_\tau$，$D_{\tau-1}$——τ 和 $\tau - 1$ 时刻的日射得热，W；

$\quad\quad V_0$，V_1，W_1——Z 传递函数系数。

按式（3-50）递推计算冷负荷的逐时值时，还必须给出不同城市不同朝向的逐时日射得热量。为了便于计算，提出了利用冷负荷系数的简化计算法。

$$CLQ_\tau = FC_s C_n D_{\tau\cdot\max} C_{LQ} \tag{3-51}$$

式中　F——玻璃窗净有效面积，m^2；

$\quad\quad D_{\tau\cdot\max}$——日射得热因数最大值，$W/m^2$；

$\quad\quad C_{LQ}$——冷负荷系数，无因次；

$\quad\quad C_s$，C_n——分别为窗玻璃的遮挡系数（附录 3-6）及窗内遮阳设施的遮阳系数（附录 3-7）。

（3）室内热源散热形成的冷负荷

$$CLQ_\tau = QC_{LQ} \tag{3-52}$$

式中　Q——人体、照明、设备等散热量，W；

$\quad\quad C_{LQ}$——相应的人体、照明、设备显热散热冷负荷系数。

用冷负荷温度和冷负荷系数法计算空调冷负荷，所采用的大量附表和附录本书未列入。学习需用时可查阅《民用建筑供暖通风与空气调节设计规范》GB 50736—2012。

3.3.4　稳定方法计算围护结构冷负荷

在工程设计时，以下两种情况，可简化用稳定方法计算围护结构冷负荷：

（1）室温允许波动范围大于或等于 ±1.0℃ 的空调房间，其非轻型外墙传热形成的冷负荷可近似按下两式计算

$$CLQ = KF(t_{Z\cdot p} - t_N) \tag{3-53}$$

$$t_{Z.p} = t_{w.p} + \frac{\rho I_p}{\alpha_w} \tag{3-54}$$

式中　$t_{Z.p}$——夏季空调室外计算日平均综合温度,℃;

　　　$t_{w.p}$——夏季空调室外计算日平均温度,℃,见附录 3-1;

　　　I_p——围护结构所在朝向太阳总辐射强度的日平均值,W/m²;

　　　ρ——围护结构外表面对于太阳辐射热的吸收系数;

　　　α_w——围护结构外表面换热系数,W/(m²·K)。

（2）有邻室的空调房间

空调室内与邻室的夏季温差大于 3℃时,其通过隔墙、楼板等内围护结构传热形成的冷负荷,可按下式计算

$$CLQ = KF(t_{w.p} + \Delta t_{l.s} - t_N) \tag{3-55}$$

式中　$\Delta t_{l.s}$——邻室计算平均温度与夏季空调室外计算日平均温度差值,℃。

3.4 其他热源和湿源形成的冷负荷与湿负荷

室内热源包括工艺设备散热、照明散热及人体散热等。

室内热源散出的热量包括显热和潜热两部分,显热散热中对流热成为瞬时冷负荷,而辐射热部分则先被围护结构等物体表面所吸收,然后再缓慢地逐渐散出,形成冷负荷。潜热散热即为瞬时冷负荷。

3.4.1 室内热源散热量

1. 工艺设备散热

（1）电动设备

电动设备系指电动机及其所带动的工艺设备。电动机在带动工艺设备进行生产的过程中向室内空气散发的热量主要有两部分:一是电动机本体由于温度升高而散入室内的热量;二是电动机所带动的设备散出的热量。

当工艺设备及其电动机都放在室内时:

$$Q = 1000 n_1 n_2 n_3 N / \eta \quad (W) \tag{3-56}$$

当工艺设备在室内,而电动机不在室内时:

$$Q = 1000 n_1 n_2 n_3 N \quad (W) \tag{3-57}$$

当工艺设备不在室内,而只有电动机放在室内时:

$$Q = 1000 n_1 n_2 n_3 \frac{1-\eta}{\eta} N \quad (W) \tag{3-58}$$

式中　N——电动设备的安装功率,kW;

　　　η——电动机效率,可由产品样本查得,或见表 3-15;

　　　n_1——利用系数（安装系数）,系电动机最大实耗功率与安装功率之比,一般可取 0.7～0.9,可用以反映安装功率的利用程度;

　　　n_2——同时使用系数,即房间内电动机同时使用的安装功率与总安装功率之比,根据工艺过程的设备使用情况而定,一般为 0.5～0.8;

n_3——负荷系数，每小时的平均实耗功率与设计最大实耗功率之比，它反映了平均负荷达到最大负荷的程度，一般可取 0.5 左右，精密机床取 0.15～0.4。

电动机效率

表 3-15

电动机功率（kW）	0.25～1.1	1.5～2.2	3～4	5.5～7.5	10～13	17～22
电动机效率 η（%）	76	80	83	85	87	88

上述各系数的确切数据，应根据设备的工作情况确定。

（2）电热设备的散热量

对于保温密闭罩的电热设备，按下式计算：

$$Q = 1000 n_1 n_2 n_3 n_4 N \quad (\text{W}) \tag{3-59}$$

式中　n_4——考虑排风带走热量的系数，一般取 0.5。

其他符号意义同前。

（3）电子设备

计算公式同式（3-58），其中系数 n_3 的值根据使用情况而定，对于已给出实测的实耗功率值的电子计算机可取 1.0。一般仪表取 0.5～0.9。

工艺设备得热中的对流、辐射成分比例很难给出统一的数据，不同类型的工艺设备，该比例在表 3-3 所列的范围内。

2. 照明得热

照明设备散热量属于稳定得热，一般得热量是不随时间变化的。根据照明灯具的类型和安装方式的不同，其得热量为

白炽灯 $\qquad\qquad\qquad Q = 1000N \quad (\text{W}) \tag{3-60}$

荧光灯 $\qquad\qquad\qquad Q = 1000 n_1 n_2 N \quad (\text{W}) \tag{3-61}$

式中　N——照明灯具所需功率，kW；

n_1——镇流器消耗功率系数，当明装荧光灯的镇流器装在空调房间内时，取 $n_1 = 1.2$；当暗装荧光灯镇流器装设在顶棚内时，可取 $n_1 = 1.0$；

n_2——灯罩隔热系数，当荧光灯罩上部穿有小孔（下部为玻璃板），可利用自然通风散热于顶棚内时，取 $n_2 = 0.5～0.6$；而荧光灯罩无通风孔者，则视顶棚内通风情况，取 $n_2 = 0.6～0.8$。

照明设备所散出的热量同样由对流和辐射两种成分组成（见表 3-3），照明得热辐射部分在室内表面的分配比例与房间尺寸和照明设备位置有关。

3. 人体散热与散湿

人体散热与性别、年龄、衣着、劳动强度以及环境条件（温、湿度）等多种因素有关。从性别上看，可认为成年女子总散热量约为男子的 85%、儿童则约为 75%。

由于性质不同的建筑物中有不同比例的成年男子、女子和儿童数量，而成年女子和儿童的散热量低于成年男子。为了实际计算方便，可以成年男子为基础，乘以考虑了各类人员组成比例的系数，称群集系数。表 3-16 给出了一些数据，可作参考。于是人体散热量则为

$$Q = qnn' \quad \text{(W)} \tag{3-62}$$

式中 q——不同室温和劳动性质时成年男子散热量，W，见表 3-17；

$\quad\quad n$——室内全部人数；

$\quad\quad n'$——群集系数，见表 3-16。

群集系数 n' 表 3-16

工作场所	n'	工作场所	n'
影剧院	0.89	图书阅览室	0.96
百货商店	0.89	工厂轻劳动	0.90
旅　馆	0.93	银　行	1.00
体育馆	0.92	工厂重劳动	1.00

人体散湿量应同样考虑和计算，成年男子散湿量亦可直接由表 3-17 中查到。

不同温度条件成年男子散热散湿量   表 3-17

体力活动性质		热湿量（W）（g/h）	室　内　温　度　（℃）										
			20	21	22	23	24	25	26	27	28	29	30
静坐	影剧院 会　堂 阅览室	显热	84	81	78	74	71	67	63	58	53	48	43
		潜热	26	27	30	34	37	41	45	50	55	60	65
		全热	110	108	108	108	108	108	108	108	108	108	108
		湿量	38	40	45	50	56	61	68	75	82	90	97
极轻 劳动	旅　馆 体育馆 手表装配 电子元件	显热	90	85	79	75	70	65	61	57	51	45	41
		潜热	47	51	56	59	64	69	73	77	83	89	93
		全热	137	135	135	134	134	134	134	134	134	134	134
		湿量	69	76	83	89	96	102	109	115	123	132	139
轻度 劳动	百货商店 化学实验室 电子计算 机房	显热	93	87	81	76	70	64	58	51	47	40	35
		潜热	90	94	100	106	112	117	123	130	135	142	147
		全热	183	181	181	182	182	181	181	181	182	182	182
		湿量	134	140	150	158	167	175	184	194	203	212	220
中等 劳动	纺织车间 印刷车间 机加工车间	显热	117	112	104	97	88	83	74	67	61	52	45
		潜热	118	123	131	138	147	152	161	168	174	183	190
		全热	235	235	235	235	235	235	235	235	235	235	235
		湿量	175	184	196	207	219	227	240	250	280	273	283
重度 劳动	炼钢车间 铸造车间 排练厅 室内运动场	显热	169	163	157	151	145	140	134	128	122	116	110
		潜热	238	244	250	256	262	267	273	279	285	291	297
		全热	407	407	407	407	407	407	407	407	407	407	407
		湿量	356	365	373	382	391	400	408	417	425	434	443

在人体散发的热量中，辐射成分和对流成分所占比例见表 3-3。

人员得热中辐射成分在室内各表面的分配比可参见表 3-6，亦可近似采用某内表面面积与室内总内表面面积之比。

3.4.2　室内热源散热形成的冷负荷

设备、照明和人体散热得热的特点是：得热出现的时间决定于室内设备启用时间、开灯时间和人员在室内停留时间的长短。在该段时间内，得热量是一常量（Q）。故扰量的时间曲线可认为是有规则的矩形波，该矩形波表达式可展开成傅里叶级数形式，并合并正余弦项后，可写成：

$$Q_\tau = Q \sum_{n=0}^{m} A_n \cos(\omega_n \tau - \varphi_n) \tag{3-63}$$

类似于前述围护结构得热形成的冷负荷，可推算以下相应的冷负荷：

$$CLQ_\tau = \beta_d Q_\tau + \beta_f Q \sum_{n=0}^{m} \frac{A_n}{\mu_n} \cos(\omega_n \tau - \varphi_n - \varepsilon'_n) \tag{3-64}$$

式中　β_d，β_f——设备、照明和人体得热中对流和辐射成分的比例，%；

μ_n，ε'_n——房间对设备、照明或人体得热中辐射扰量的 n 阶衰减度和相位延迟，deg。

由于不同得热（设备、照明或人体）中的辐射成分在房间各表面的辐射分配系数 P_j 不同，故不同得热在房间对辐射扰量的衰减度和相位延迟也不同，故对各种得热和冷负荷均要分项进行计算。

3.4.3　工程简化计算方法

设备、照明和人体散热得热形成的冷负荷，在工程上可用下式简化计算：

$$CLQ_\tau = QJX_{\tau-T} \tag{3-65}$$

式中　　Q——设备、照明和人体的得热，W；

T——设备投入使用时刻或开灯时刻或人员进入房间时刻，h；

$\tau - T$——从设备投入使用时刻或开灯时刻或人员进入房间时刻到计算时刻，h；

$JX_{\tau-T}$（$JE_{\tau-T}$、$JL_{\tau-T}$、$JP_{\tau-T}$）——$\tau - T$ 时间的设备负荷强度系数（附录 3-13），照明负荷强度系数（附录 3-14）、人体负荷强度系数（附录 3-15）。

【例 3-6】有一空调房间，白天从上午 9 时至 17 时室内有 10 人办公（属极轻劳动），室内有 400W 电热设备，从上午 9 时~17 时连续使用 8h；室内有三支 40W（包括镇流器）荧光灯，开灯时间亦从上午 9 时~17 时。试计算中午 12 时的设备、照明和人体的冷负荷。室内温度 26℃，房间类型属中等。

【解】1. 设备冷负荷

查附录 3-13，设备投入使用后的小时数 $\tau - T = 12 - 9 = 3h$，连续使用时间 $17 - 9 = 8h$，则负荷系数 $JE_{\tau-T} = 0.81$，故

$$CLQ_{12} = 0.81 \times 400 = 324W$$

2. 照明冷负荷

查附录 3-14，开灯后的小时数 $\tau - T = 12 - 9 = 3h$，连续开灯时间 $17 - 9 = 8h$，则负

荷系数 $JL_{\tau-T}=0.7$，故

$$CLQ_{12} = 0.7 \times 3 \times 40 = 84\text{W}$$

3. 人体冷负荷

从表 3-17 查得成年男子散热散湿量为：显热 61W/人，潜热 73W/人，散湿 109g/(h·人)。查附录 3-15，工作开始后的小时数 $\tau-T=12-9=3$h，连续工作 8h，则负荷系数 $JP_{\tau-T}=0.77$，故人体显热冷负荷

$$CLQ_{12} = 10 \times 61 \times 0.77 = 470\text{W}$$

12 时房间内设备、照明、人体总冷负荷为：

$$\Sigma CLQ_{12} = 324 + 84 + 470 + 73 \times 10 = 1608\text{W}$$

3.4.4 其他湿源散湿量

1. 敞开水槽表面散湿量按下式计算

$$W = \beta(P_{q\cdot b} - P_q)F\frac{B}{B'} \quad (\text{kg/s}) \tag{3-66}$$

式中　$P_{q\cdot b}$——相应于水表面温度下的空气饱和水蒸气分压力，Pa；

　　　　P_q——空气中水蒸气分压力，Pa；

　　　　F——蒸发水槽表面积，m²；

　　　　β——蒸发系数，kg/(N·s)，β 按下式确定：

$$\beta = (a + 0.00363v) \times 10^{-5};$$

　　　　B——标准大气压力，其值为 101325Pa；

　　　　B'——当地实际大气压力，Pa；

　　　　a——周围空气温度为 15~30℃时，不同水温下的扩散系数，kg/(N·s)，其值见表 3-18；

　　　　v——水面上周围空气流速，m/s。

不同水温下的扩散系数 a 表 3-18

水温（℃）	<30	40	50	60	70	80	90	100
a [kg/(N·s)]	0.0046	0.0058	0.0069	0.0077	0.0088	0.0096	0.0106	0.0125

2. 地面积水蒸发量

地面积水蒸发量与水槽蒸发量计算方法相同。

在工业房屋中随着工艺流程可能有各种材料表面蒸发水汽或管道漏汽，其确定方法视具体情况而定，可从现场调查得其数据，也可从有关资料中查到。

3.5　空调房间送风量的确定

在已知空调热（冷）湿负荷的基础上，本节讨论如何利用不同的送风和排风状态来消除室内余热余湿，以维持空调房间所要求的空气参数。下面讨论送入空气的状态及空气量的确定。

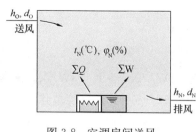

图 3-8　空调房间送风

3.5.1　夏季送风状态及送风量

图 3-8 为一个空调房间送风示意图。室内余热量（即室内冷负荷）为 Q（W），余湿量为 W（kg/s）。为了消除余热余湿，保持室内空气状态为 N 点，送入 G（kg/s）的空气；其状态为 O。当送入空气吸收余热 Q 和余湿 W 后，由状态 O（h_O、d_O）变为状态 N（h_N、d_N）而排出，从而保证了室内空气状态为 h_N、d_N。

根据热平衡可得

或

$$\left.\begin{array}{l} Gh_O + Q = Gh_N \\[2mm] h_N - h_O = \dfrac{Q}{G} \end{array}\right\} \tag{3-67}$$

根据湿平衡可得

或

$$\left.\begin{array}{l} G\dfrac{d_O}{1000} + W = \dfrac{Gd_N}{1000} \\[4mm] \dfrac{d_N - d_O}{1000} = \dfrac{W}{G} \end{array}\right\} \tag{3-68}$$

式（3-68）中除以 1000 是将 g/kg 的单位化为 kg/kg，该式说明 1kg 送入空气量吸收了 W/G 的湿量后，送风含湿量由 d_O 变为 d_N。

由于送入空气同时吸收了余热量 Q 和余湿量 W，其状态则由 O（h_O、d_O）变为 N（h_N、d_N）。显然将式（3-67）和式（3-68）相除，即得送入空气由 O 点变为 N 点时的状态变化过程（或方向）的热湿比（或角系数）ε。

$$\varepsilon = \frac{Q}{W} = \frac{h_N - h_O}{\dfrac{d_N - d_O}{1000}}$$

这样，在 h-d 图上就可利用热湿比 $\varepsilon = \dfrac{Q}{W}$ 的过程线（方向线）来表示送入空气状态变化过程的方向（图 3-9）。这就是说，只要送风状态点 O 位于通过室内空气状态点 N 的热湿比线上，那么将一定数量的这种状态的空气送入室内，就能同时吸收余热 Q 和余湿 W，从而保证室内要求的状态 N（h_N、d_N）。

既然送入的空气同时吸收余热、余湿，则送风量必定符合以下等式：

$$G = \frac{Q}{h_N - h_O} = \frac{W}{d_N - d_O} 1000 \tag{3-69}$$

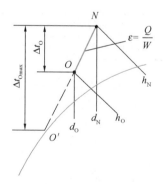

图 3-9　夏季送入空气状态
变化过程线

Q 和 W 都是已知的，室内状态点 N 在 h-d 图上的位置也已确定，因而只要经 N 点作出 $\varepsilon = Q/W$ 的过程线，即可在该过程线上确定 O 点，从而算出空气量 G。但从公式（3-67）的关系上看，凡是位于 N 点以下的该过程线上的诸点直到

O'点（图3-9）均可作为送风状态点，只不过O点距N点越近，送风量则越大，距N点越远则风量越小。送风量小一些，则处理空气和输送空气所需设备可相应地小些，从而初投资和运用费用均可小些，但要注意的是，如送风温度过低，送风量过小时，可能使人感受冷气流的作用，且室内温度和湿度分布的均匀性和稳定性将受到影响。

表3-19给出了夏季送风温差的建议值，该值和恒温精度有关。表3-19还推荐了换气次数。换气次数是空调工程中常用的衡量送风量的指标，它的定义是：房间通风量L（m³/h）和房间体积V（m³）的比值，即换气次数$n=\dfrac{L}{V}$（次/h）。如用表中送风温差计算所得空气量折合的换气次数n值大于表中的n值，则符合要求。

送风温差与换气次数　　　　表3-19

室温允许波动范围	送风温差（℃）	换气次数（次/h）
$\pm 0.1 \sim 0.2$℃	$2 \sim 3$	$150 \sim 20$
± 0.5℃	$3 \sim 6$	>8
± 1.0℃	$6 \sim 10$	$\geqslant 5$
$> \pm 1$℃	人工冷源：$\leqslant 15$ 天然冷源：可能的最大值	

对于有洁净度要求的净化厂房，换气次数有的高达每小时数百次，这种情况不在此限。

选定送风温差之后，即可按以下步骤确定送风状态和计算送风量。

（1）在h-d图上找出室内空气状态点N；

（2）根据算出的Q和W求出热湿比$\varepsilon=Q/W$，再通过N点画出过程线ε；

（3）根据所确定的送风温差Δt_{O}求出送风温度t_{O}，t_{O}等温线与过程线ε的交点O即为送风状态点；

（4）按式（3-69）计算送风量。

【**例3-7**】某空调房间总余热量$\Sigma Q=3314$W（3.314kW），总余湿量$\Sigma W=0.264$g/s，要求室内全年维持空气状态参数为：$t_{N}=22\pm 1$℃，$\varphi_{N}=55\pm 5\%$，当地大气压力为101325Pa，求送风状态和送风量。

【**解**】（1）求热湿比$\varepsilon=\dfrac{Q}{W}=\dfrac{3314}{0.264}=12553$；

（2）在h-d图上（图3-10）确定室内空气状态点N，通过该点画出$\varepsilon=12553$的过程线。取送风温差为$\Delta t_{O}=8$℃，则送风温度$t_{O}=22-8=14$℃。从而得出：

$h_{O}=36$kJ/kg,　　　　$h_{N}=46$kJ/kg,

$d_{O}=8.5$g/kg,　　　　$d_{N}=9.3$g/kg

（3）计算送风量

按消除余热：

$$G=\dfrac{Q}{h_{N}-h_{O}}=\dfrac{3314}{46-36}=0.33\text{kg/s}$$

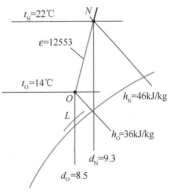

图3-10　例3-7示图

按消除余湿：

$$G = \frac{W}{d_N - d_O} = \frac{0.264}{9.3 - 8.5} = 0.33 \text{kg/s}$$

按消除余热和余湿所求通风量相同，说明计算无误。

顺便指出，计算送风量和确定送风状态也可利用余热量中的显热部分和送风温差来计算。因为在总余热中既包括引起空气温度变化的显热部分，也包括引起空气含湿量变化的潜热部分，即：

$$Q = Q_x + Q_q$$

式中，Q_x 是只对空气温度有影响的显热量，Q_q 是由于人体等散发水汽所带给空气的潜热量。由于显热部分只对空气温度起作用，则 Gkg/s 空气送入室内后温度由 t_O 变为 t_N，它就吸收了余热量中显热部分 Q_x，可近似用下式表示：

$$Q_x = G \times 1.01(t_N - t_O)$$
$$G = \frac{Q_x}{1.01(t_N - t_O)} \quad (\text{kg/s})$$

式中　1.01——干空气定压比热，kJ/(kg·K)。

用此式所求出的送风量是近似的，但误差不大。根据所求送风量，利用式（3-69）求出 d_O，于是得出送风状态点。

3.5.2　冬季送风状态与送风量的确定

在冬季，通过围护结构的温差传热往往是由内向外传递，只有室内热源向室内散热，因此冬季室内余热量往往比夏季少得多，有时甚至为负值。而余湿量则冬夏一般相同。这样，冬季房间的热湿比值常小于夏季，也可能是负值。所以空调送风温度 $t_{O'}$ 往往接近或高于室温 t_N，$h_{O'} > h_N$（见图 3-11）。由于送热风时送风温差值可比送冷风时的送风温差值大，所以冬季送风量可以比夏季小，故空调送风量一般是先确定夏季送风量，在冬季可采取与夏季相同风量，也可少于夏季。全年采取固定送风量是比较方便的，只调送风参数即可。而冬季用提高送风温度减少送风量的做法，则可以节约电能，尤其对较大的空调系统减少风量的经济意义更为突出。当然减少风量也是有所限制的，它必须满足最少换气次数的要求，同时送风温度也不宜过高，一般以不超出 45℃ 为宜。

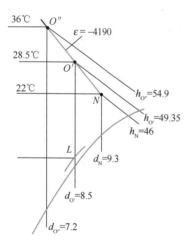

图 3-11　冬季送入空气状态变化过程线及例 3-8 示图

【例 3-8】仍按上题基本条件，如冬季余热量 $Q = -1.105$kW，余湿量 $W = 0.264$g/s，试确定冬季送风状态及送风量。

【解】（1）求冬季热湿比

$$\varepsilon = \frac{-1.105}{\frac{0.264}{1000}} = -4190$$

（2）决定全年送风量不变，计算送风参数。由于冬夏室内散湿量相同，所以冬季送风

含湿量应与夏季相同，即

$$d_O = d_{O'} = 8.5\text{g/kg}$$

过 N 点作 $\varepsilon = -4190$ 之过程线（图 3-11），它与 8.5g/kg 等含湿量线的交点即为冬季送风状态点 O'。

$$h_{O'} = 49.35\text{kJ/kg} \qquad t_{O'} = 28.5℃$$

其实，在全年送风量不变的条件下，送风量是已知数，因而可算出送风状态即：

$$h_{O'} = h_N + \frac{Q}{G} = 46 + \frac{1.105}{0.33} = 49.35\text{kJ/kg}$$

由 $h\text{-}d$ 图查得：$t_{O'} = 28.5℃$

如希望冬季减少送风量，提高送风温度，例如使 $t_{O'} = 36℃$，则在 $\varepsilon = -4190$ 过程线上可得到 O' 点：

$$t_{O'} = 36℃, h_{O'} = 54.9\text{kJ/kg}, d_{O'} = 7.2\text{g/kg}$$

送风量则为

$$G = \frac{-1.105}{46 - 54.9} = 0.124\text{kg/s} = 447\text{kg/h}$$

思考题与习题

1. 什么是得热量？什么是冷负荷？什么是湿负荷？得热量和冷负荷有什么区别？

2. 室内得热量通常包括哪些内容？它们分别如何转化为室内冷负荷？

3. 影响人体舒适感的因素有哪些？这些因素对人体冷热感有何相互影响？

4. 舒适区的概念是什么？PMV 和 PPD 指标为什么能评价人体热环境的舒适程度？

5. 一天内室外空气干球温度和相对湿度的变化规律有何不同？原因何在？

6. 冬季空调室外计算参数的确定方法为何与夏季不同？为什么？

7. 试计算夏季北京市设计日的逐时室外计算干球温度？

8. 建筑物表面受到的太阳辐射强度与哪些因素有关？围护结构外表面所吸收的太阳辐射热与哪些因素有关？

9. 空调房间的冷负荷计算包括哪些内容？

10. 夏季室内空调送风温差受到哪些因素的影响？

11. 已知空调房间内总余热量 $\Sigma Q = 4800\text{W}$，总余湿量 $\Sigma W = 0.31\text{g/s}$；室内空气设计参数为 $t_N = 27℃$，$\varphi_N = 60\%$；如以接近饱和状态（$\varphi = 95\%$）送风，试确定送风状态参数和送风量。

12. 试计算上海地区某空调房间夏季围护结构空调冷负荷。

已知条件：（1）屋顶：结构同附录 3-8 中序号 11，$K = 1.22\text{W/(m}^2 \cdot \text{K)}$，$F = 45\text{m}^2$，$\rho = 0.7$；

（2）南窗：中空玻璃，$K = 2.5\text{W/(m}^2 \cdot \text{K)}$，挂浅色内窗帘，无外遮阳，$F = 18\text{m}^2$；

南墙：结构同附录 3-8 中序号 17 的墙体，$K = 0.95\text{W/(m}^2 \cdot \text{K)}$，$\beta = 0.21$，$F = 20\text{m}^2$；

（3）内墙和楼板：内墙为 120mm 砖墙，内外粉刷；楼板为 80mm 现浇钢筋混凝土，上铺水磨石预制块，下面粉刷；邻室和楼下房间均为空调房间，室温均相同；

（4）室内设计干球温度为 $t_N = 27℃$。

中英术语对照

吸收率	absorptivity
空气调节	air conditioning

送风量	air supply volume
风速	air velocity
围护结构	building envelope
传热系数	coefficient of heat transfer
导热	conduction
对流	convection
冷负荷	cooling load
冷负荷系数	cooling load factor
发射率	emissivity
得热量	heat gain
散热量	heat release
热负荷	heating load
湿度	humidity
潜热	latent heat
散湿量	moisture gain
湿负荷	moisture load
新风	outdoor air
预计平均热感觉指数	predicted mean vote，PMV
预计不满意者的百分数	predicted percentage of dissatisfied，PPD
辐射强度	radiant intensity
辐射	radiation
遮阳系数	shading coefficient
太阳辐射	solar radiation
综合温度	sol-air temperature
热舒适	thermal comfort
传递函数法	transfer function method
通风	ventilation

本章主要参考文献

[1] 钱以明. 高层建筑空调和节能[M]. 上海：同济大学出版社，1990.

[2] 钱以明，范存养，杨国荣，等. 简明空调设计手册[M]. 2版. 北京：中国建筑工业出版社，2017.

[3] 朱颖心. 建筑环境学[M]. 5版. 北京：中国建筑工业出版社，2024.

[4] 木村建一. 空气调节的科学基础[M]. 单寄平，译. 北京：中国建筑工业出版社，1981.

[5] 中国气象局气象信息中心气象资料室，清华大华建筑技术科学系. 中国建筑热环境分析专用气象数据集[M]. 北京：中国建筑工业出版社，2005.

[6] 中华人民共和国住房和城乡建设部. 民用建筑供暖通风与空气调节设计规范：GB 50736—2012[S]. 北京：中国建筑工业出版社，2012.

[7] 中国有色金属工业协会. 工业建筑供暖通风与空气调节设计规范：GB 50019—2015[S]. 北京：中国计划出版社，2015.

[8] 中华人民共和国住房和城乡建设部. 建筑节能与可再生能源利用通用规范：GB 55015—2021[S]. 北京：中国建筑工业出版社，2022.

第4章 空气调节系统

4.1 空气调节系统的分类和系统负荷

空气调节系统一般由空气处理设备、空气输送管道以及空气分配装置组成，根据需要组成许多不同形式的系统。在工程上应考虑建筑物的用途和性质、热湿负荷特点、温湿度调节和控制的要求、空调机房的面积和位置、初投资和运行维修费用等许多方面的因素，选定合理的空调系统。因此，首先要研究一下空调系统的分类。

4.1.1 按空气处理设备的设置情况分类

（1）集中系统　集中系统的所有空气处理设备（包括风机、冷却器、加湿器、过滤器等）都设在一个集中的空调机房内。

（2）半集中系统　除了集中空调机房外，半集中系统还设有分散在被调房间内的换热装置（又称末端装置）。

（3）全分散系统（局部机组）　这种机组把冷热源和空气处理、输送设备（风机）集中设置在一个箱体内，形成一个紧凑的空调系统。可以按照需要，灵活而分散地设置在空调房间内，因此局部机组不需集中的机房。

4.1.2 按负担室内负荷所用的介质种类分类

（1）全空气系统　是指空调房间的室内负荷全部由经过处理的空气来负担的空调系统。如图 4-1（a）所示，在室内热湿负荷为正值的场合，用低于室内空气焓值的空气送入房间，吸收余热余湿后排出房间。低速集中式空调系统、双管高速空调系统均属这一类型。由于空气的比热较小，需要用较多的空气量才能达到消除余热余湿的目的，因此要求有较大断面的风道或较高的风速。

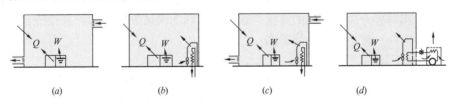

图 4-1　按负担室内负荷所用介质的种类对空调系统分类示意图
（a）全空气系统；（b）全水系统；（c）空气-水系统；（d）冷剂系统

（2）全水系统　空调房间的热湿负荷全靠水作为冷热介质来负担（图 4-1b）。由于水的比热比空气大得多，所以在相同条件下只需较小的水量，从而使管道所占的空间减小许多。但是，仅靠水来消除余热余湿，并不能解决房间的通风换气问题，因而通常不单独采用这种方法。

（3）空气-水系统　随着空调装置的日益广泛使用，大型建筑物设置空调的场合越来越多，全靠空气来负担热湿负荷，将占用较多的建筑空间，因此可以同时使用空气和水来负担空调的室内负荷（图 4-1c）。带盘管的诱导器空调系统和风机盘管＋新风系统就属于这种形式。

（4）冷剂系统　这种系统是将制冷系统的蒸发器直接放在室内来吸收余热余湿。这种方式通常用于分散安装的局部空调机组（图 4-1d），但由于冷剂管道不便于长距离输送，因此这种系统在规模上有一定限制。冷剂系统也可以与空气系统相结合，形成空气-冷剂系统。

4.1.3　根据集中式空调系统处理的空气来源分类

（1）封闭式系统　它所处理的空气全部来自空调房间本身，没有室外空气补充，全部为再循环空气。因此房间和空气处理设备之间形成了一个封闭环路（图 4-2a）。封闭式系统用于密闭空间且无法（或不需）采用室外空气的场合。这种系统冷、热消耗量最省，但卫生效果差。当室内有人长期停留时，必须考虑空气的再生。这种系统应用于战时的地下庇护所等战备工程以及很少有人进出的仓库。

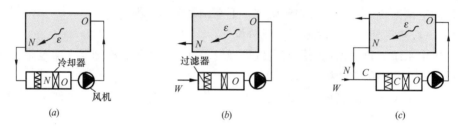

图 4-2　按处理空气的来源不同对空调系统分类示意图
(a) 封闭式；(b) 直流式；(c) 混合式（N 表示室内空气，W 表示室外空气，
C 表示混合空气，O 表示冷却器后空气状态）

（2）直流式系统　它所处理的空气全部来自室外，室外空气经处理后送入室内，然后全部排出室外（图 4-2b），因此与封闭系统相比，具有完全不同的特点。这种系统适用于不允许采用回风的场合，如放射性实验室以及散发大量有害物的车间等。为了回收排出空气的热量或冷量用来加热或冷却新风，可以在这种系统中设置热回收设备。

（3）混合式系统　从上述两种系统可见，封闭式系统不能满足卫生要求，直流式系统经济上不合理，所以两者都只在特定情况下使用，对于绝大多数场合，往往需要综合这两者的利弊，采用混合一部分回风的系统。这种系统既能满足卫生要求，又经济合理，故应用最广。图 4-2 (c) 就是这种系统图式。

4.1.4　系统负荷

空调系统的夏季冷负荷需综合考虑所服务空调区的同时使用情况、空调系统类型及控制方式等的不同来进行计算。当空调系统的末端设备具有适应负荷变化的调节能力时，系统冷负荷按各空调区冷负荷的综合最大值计算，即从所服务的各空调区的设计日逐时冷负荷相加后所得数列中找出最大值。当末端设备无温度自动控制装置时，系统冷负荷按各空调区冷负荷的累计值计算。此外，系统冷负荷还应计入新风负荷、再热负荷以及附加冷负荷。附加冷负荷包括风系统由于风机、风管温升以及系统漏风等引起的附加冷负荷，水系统由于水泵、水管、水箱温升以及系统补水引起的附加冷负荷。

空调系统的冬季热负荷按照所服务各空调区热负荷的累计值确定。一般情况下，空调风管、热水管道均布置在空调区内，其附加热负荷可以忽略不计。但当空调风管局部布置在室外环境时，则应计入其附加热负荷。

4.2 新风量的确定和空气平衡

既然在处理空气时，大多数场合要利用相当一部分回风，所以，在夏、冬季节混入的回风量越多，使用的新风量越少，就越显得经济。但实际上不能无限制地减少新风量，以确保卫生和安全。集中空调系统的新风应直接取自室外。

确定新风量的依据有下列三个因素。

4.2.1 卫生要求

在人长期停留的空调房间内，新鲜空气的多少对健康有直接影响。人体总要不断地吸进氧气，呼出二氧化碳。表4-1给出了一个人在不同条件下呼出的二氧化碳量，而表4-2则规定了各种场合下室内二氧化碳的允许浓度。

人体在不同状态下的二氧化碳呼出量 表4-1

工作状态	CO_2 呼出量 [L/(h·人)]	CO_2 呼出量 [g/(h·人)]
安静时	13	19.5
极轻的工作	22	33
轻劳动	30	45
中等劳动	46	69
重劳动	74	111

二氧化碳允许浓度 表4-2

房间性质	CO_2 的允许浓度 (L/m³)
人长期停留的地方	1
儿童和病人停留的地方	0.7
人周期性停留的地方（机关）	1.25
人短期停留的地方	2.0

在一般的农村和城市，室外空气中二氧化碳含量为 $0.5 \sim 0.75 g/kg$。

二氧化碳浓度指标可在一定程度上反映人员污染程度，由于二氧化碳很容易测量，且能作为反映室内通风有效性的指示物，因而长期以来将二氧化碳作为衡量指标来确定新风量。根据以上条件，可利用相关课程中确定全面通风量的基本原理，来计算某一房间消除二氧化碳所需的新鲜空气量。然而，随着大量新型建筑材料、装饰材料、清洁剂和胶粘剂等的使用，建筑污染问题变得越来越突出，应当通过新风同时控制人员污染和建筑污染。在实际工程中，一般可按《民用建筑供暖通风与空气调节设计规范》GB 50736—2012 及《工业建筑供暖通风与空气调节设计规范》GB 50019—2015 根据人员新风量指标或换气次数法确定。对于人员密集的建筑物，由于新风量对冷量影响很大，所以在确定新风量时应十分慎重。

4.2.2 补偿排风和保持空调房间的"正压"要求

当空调房间内有排风柜等局部排风装置时，为了不使车间产生负压，在系统中必须有相应的新风量来补偿排风量。

为了防止外界环境空气（室外的或相邻的空调要求较低的房间）渗入空调房间，干扰空调房间内温湿度或破坏室内洁净度，需要在空调系统中用一定量的新风来保持房间的正压（即室内大气压力高于外界环境压力）。图4-3表示了空调系统的空气平衡关系。从图中可以看出：当把

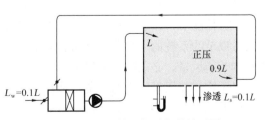

图4-3 空调系统空气平衡的关系图

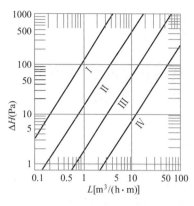

图 4-4 在内外压差作用下，
每米窗缝的渗透风量

Ⅰ—窗缝有气密设施，平均缝宽 0.1mm；
Ⅱ—有气密压条，可开启的木窗，缝宽
0.2～0.3mm；Ⅲ—气密压条安装不良，优
质木窗框，缝宽 0.5mm；Ⅳ—无气密压条，
中等质量以下的木窗框，缝宽 1～1.5mm

这个系统中的送、回风口调节阀调节到使送风量 L 大于从房间吸走的回风量（如 $0.9L$ 时），房间即呈正压状态，而送、回风量差 L_s 就通过门窗的不严密处（包括门的开启）或从排风孔渗出。室内的正压值 ΔH（Pa）正好相当于空气从缝隙渗出时的阻力。一般情况下室内正压在 5～10Pa 即可满足要求，过大的正压不但没有必要，而且还降低了系统运行的经济性。

不同窗缝结构情况下内外压差为 ΔH 时，经过窗缝的渗透风量，可参考图 4-4 查得。因此可以根据室内需要保持的正压值，确定系统中新风的数量。

4.2.3 除湿要求

对于温湿度独立控制空调系统等用干盘管、辐射末端装置负担显热负荷的空调系统，湿负荷需要由新风来承担，此时新风量需要满足除湿要求。

由上所述，空调系统的新风量可按图 4-5 所示的框图来确定，即按照人员所需新风量、补偿排风和保持空调区空气压力所需新风量之和，以及除湿所需新风量中的最大值确定。

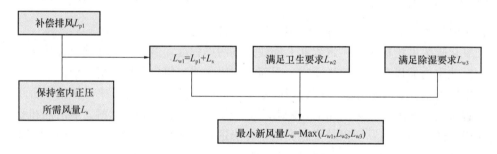

图 4-5 新风量确定示意框图

当全空气空调系统必须服务于不同新风比的多个空调区域时，不应采用新风比最大区域的数值作为系统的总新风比。为了较合理地确定空调系统的最小新风量，做到保证人体健康的卫生要求，又尽可能地减少空调系统的能耗，可按《民用建筑供暖通风与空气调节设计规范》GB 50736—2012 根据空调房间和系统的风量平衡来确定空调系统的最小新风量。

必须指出，在冬夏季室外设计计算参数下规定最小新风百分数，是出于经济方面的考虑。多数情况下，在春、秋过渡季节中，可以提高新风比例，从而利用新风所具有的冷量或热量以节约系统的运行费用，这就成了全年新风量变化的系统。为了保持室内恒定的正压和调节新风量，必须进一步讨论空调系统中的空气平衡问题。

对于全年新风量可变的系统，和在室内要求正压并借门窗缝隙渗透排风的情况下，空气平衡的关系如图 4-6 所示。设房间内从回风口吸走的风量为 L_a，门窗渗透排风量为 L_s，进空调箱的回风量为 L_h，新风量为 L_w，则：

对房间来说，送风量 $L=L_a+L_s$

对空调处理箱来说，送风量 $L=L_h+L_w$

当过渡季节采用比额定新风比大的新风量，而要求室内恒定正压时，则在上两式中必然要求 $L_a>L_h$，及 $L_w>L_s$。而 $L_a-L_h=L_p$，L_p 即系统要求的机械排风量。通常在回风管路上装回风机和排风管（图 4-6）进行排风，根据新风量的多少来调节排风量，这就可能保持室内恒定的正压（如果不设回风机，则像图 4-3 所示那样，室内正压随新风多少而变化），这种系统称为双风机系统。

对于其他场合（例如室内有局部排风等），可用同样的原则去分析空气平衡问题。

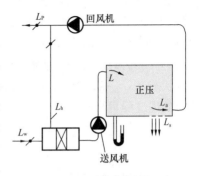

图 4-6 全年新风量
变化时的空气平衡关系图

4.3 普通集中式空调系统

普通集中式空调系统属典型的全空气系统。

在集中式空调系统和局部空调机组中，最常用的是混合式系统，即处理的空气来源一部分是新鲜空气，一部分是室内的回风。夏季送冷风和冬季送热风都用一条风道，此外管道内风速都用得较低（一般不大于 8m/s），因此风管断面较大，它常用于工厂、公共建筑等有较大空间可供设置风管的场合。

根据新风、回风混合过程的不同，工程上常见的有两种形式：一种是回风与室外新风在喷水室（或空气冷却器）前混合，称一次回风式；另一种是回风与新风在喷水室前混合并经喷雾处理后，再次与回风混合，称二次回风式。下面着重对这两种系统的空气处理过程进行分析和计算。在以下介绍中，主要以室内空气参数全年固定（恒温恒湿）的空调系统作为讨论的对象。

4.3.1 一次回风式系统

1. 装置图式（图 4-7a）和在 h-d 图上夏季过程的确定

根据第 3 章所介绍的送风状态点和送风量的确定方法，可在 h-d 图上标出室内状态点

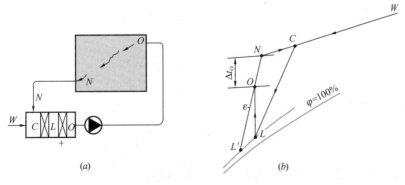

图 4-7 一次回风系统
（a）系统图式；（b）h-d 图上的表示

N（图 4-7b），过 N 点作室内热湿比线（ε 线）。根据选定的送风温差 Δt_O，画出 t_O 线，该线与 ε 的交点 O 即为送风状态点。为了获得 O 点，常用的方法是将室内、外混合状态 C 的空气经喷水室（或空气冷却器）冷却减湿处理到 L 点（L 点称机器露点，它一般位于 $\varphi=90\%\sim95\%$ 线上），再从 L 加热到 O 点，然后送入房间，吸收房间的余热余湿后变为室内状态 N，一部分室内排风直接排到室外，另一部分再回到处理室和新风混合。因此整个处理过程可写成：

$$\underset{N}{\overset{W}{\diagdown}}\xrightarrow{\text{混合}} C \xrightarrow{\text{冷却减湿}} L \xrightarrow{\text{加热}} O \overset{\varepsilon}{\rightsquigarrow} N$$

按 h-d 图上空气混合的比例关系：

$\dfrac{\overline{NC}}{\overline{NW}}=\dfrac{G_w}{G}$，而 $\dfrac{G_w}{G}$ 即新风百分比 $m\%$，如取 15%，则 $\overline{NC}=0.15\ \overline{NW}$。这样 C 点的位置就确定了。

2. 一次回风系统夏季设计工况所需的冷量

根据 h-d 图上的分析，为了把 $G\text{kg/s}$ 空气从 C 点降温减湿（减焓）到 L 点，所需配置的制冷设备的冷却能力，就是这个设备夏季处理空气所需的冷量，即

$$Q_0 = G(h_C - h_L) \quad (\text{kW}) \tag{4-1}$$

在采用喷水室或水冷式表面冷却器处理时，这个冷量是由制冷机或天然冷源提供的，而对于采用直接蒸发式冷却器的处理室来说，这个冷量是直接由制冷机的冷剂提供的。

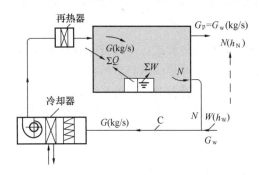

图 4-8　一次回风系统冷量分析

如果从另一个角度来分析这个"冷量"的概念，则可从空气处理和房间所组成的系统的热平衡关系来认识（图 4-8），它反映了以下三部分：

（1）风量为 G，参数为 O 的空气到达室内后，吸收室内的余热余湿，沿 ε 线变化到参数为 N 的空气后离开房间。这部分热量就是第 3 章中所计算的"室内冷负荷"。它的数值相当于：

$$Q_1 = G(h_N - h_O) \quad (\text{kW})$$

（2）从空气处理的流程看：新风 G_w 进入系统时的焓为 h_w，排出时为 h_N，这部分冷量称为"新风冷负荷"，其数值为

$$Q_2 = G_w(h_W - h_N) \quad (\text{kW})$$

（3）除上述二者外，为了减少"送风温差"，有时需要把已在喷水室（或空气冷却器）中处理过的空气再一次加热，这部分热量称为"再热量"，其值为

$$Q_3 = G(h_O - h_L) \quad (\text{kW})$$

抵消这部分热量也是由冷源负担的，故 Q_3 称为"再热负荷"。

上述三部分冷量之和就是系统所需要的冷量，即 $Q_0 = Q_1 + Q_2 + Q_3$，因此这一关系也可写成

$$Q_0 = G(h_N - h_O) + G_w(h_W - h_N) + G(h_O - h_L) \tag{4-2}$$

由于在一次回风系统的混合过程中 $\dfrac{G_{w}}{G}=\dfrac{h_{C}-h_{N}}{h_{W}-h_{N}}$，即 $G_{w}(h_{w}-h_{N})=G(h_{C}-h_{N})$，所以代入式（4-2）可得

$$Q_{0}=G(h_{N}-h_{O})+G(h_{C}-h_{N})+G(h_{O}-h_{L})=G(h_{C}-h_{L}) \quad (kW)$$

这一转换进一步证明了一次回风系统的冷量在 $h\text{-}d$ 图上的计算法和热平衡概念之间的一致性。

对于送风温差无严格限制的空调系统，若用最大送风温差送风，即用机器露点送风（如图 4-7b 中的 L' 点），则不需消耗再热量，因而制冷负荷亦可降低，这是应该在设计时考虑的。

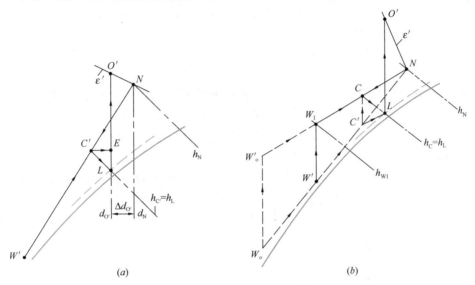

图 4-9 一次回风系统的冬季过程
（a）一次回风系统冬季处理过程；（b）确定装置预热器的条件（一次回风系统）

3. 一次回风系统的冬季处理过程

设冬季室内状态点与夏季相同。在冬季，室外空气参数将移到 $h\text{-}d$ 图的左下方（图 4-9a）。室内热湿比 ε' 因房间有建筑耗热而减小（也可能成为负值）。假设室内余湿量为 W（kg/s），同时，一般工程中冬季往往与夏季采用相等的风量，则送风状态点含湿量 $d_{O'}$ 可确定如下：

由于

$$\Delta d_{O'}=d_{N}-d_{O'}=\frac{W}{G}\times 1000$$

故

$$d_{O'}=d_{N}-\frac{W\times 1000}{G}$$

因此，冬季送风点就是 ε' 线与 $d_{O'}$ 线的交点 O'，这时的送风温差当然与夏季不同。若冬夏的室内余湿量 W 不变，则 $d_{O'}$ 线与 $\varphi=90\%$ 线的交点 L 将与夏季相同，如果把 h_{L} 与 $\overline{NW'}$ 线的交点 C' 作为冬季的混合点，则可以看出：从 C' 到 L 的过程，采用绝热加湿法即可达到，这时如果 $\dfrac{\overline{C'N}}{\overline{W'N}}\times 100\% \geqslant$ 新风百分比 $m\%$，那么这个方案完全可行。这一处理过程的流程是：

$$\begin{matrix} N \\ \;\;\;\;\searrow \\ W' \end{matrix} \xrightarrow[\;]{\text{绝热加湿}} C' \xrightarrow[\;]{\text{加热}} L \xrightarrow{} O' \overset{\varepsilon'}{\rightsquigarrow} N 。$$

上述处理方案中除了用绝热加湿方法达到增加含湿量外，也可以采用喷蒸汽的方法，即从 C' 等温加湿到 E 点，然后加热到 O' 点，这两种办法实际消耗的热量是相同的。

当采用绝热加湿的方案时，对于要求新风比较大的工程，或是按最小新风比而室外设计参数很低的场合，都有可能使一次混合点的焓值 h_C 低于 h_L，这种情况下应将新风预热（或室内外空气混合后预热），使预热后的新风和室内空气混合后混合点落在 h_L 线上，这样就可采用绝热加湿的方法（图 4-9b）。至于应该预热到什么状态，则可通过混合过程的关系确定：

已知
$$\frac{G_\mathrm{w}}{G} = \frac{\overline{CN}}{\overline{W_1N}} = \frac{h_\mathrm{N} - h_\mathrm{C}}{h_\mathrm{N} - h_\mathrm{W1}}$$

且 $h_\mathrm{C} = h_\mathrm{L}$，所以简化可得：

$$h_\mathrm{W1} = h_\mathrm{N} - \frac{G(h_\mathrm{N} - h_\mathrm{L})}{G_\mathrm{w}} = h_\mathrm{N} - \frac{h_\mathrm{N} - h_\mathrm{L}}{m\%} \quad \text{(kJ/kg)} \tag{4-3}$$

因此 h_W1 就是经预热后既满足规定新风比和仍能采用绝热加湿方法的焓值。所以根据设计所在地的冬季室外参数就可确定是否用预热器以及所需的预热量。

从图 4-9（b）中可知，从 $C' \rightarrow L$ 用喷淋热水的方法代替以上做法也是可能的。但这种方法采用不广。

【例 4-1】室内要求参数 $t_\mathrm{N} = 23℃$，$\varphi_\mathrm{N} = 60\%$（$h_\mathrm{N} = 49.8$kJ/kg）；室外参数 $t_\mathrm{W} = 35℃$，$h_\mathrm{W} = 92.2$kJ/kg，新风百分比为 15%，已知室内余热量 $Q = 4.89$kW，余湿量很小可以忽略不计，送风温差 $\Delta t_\mathrm{O} = 4℃$，采用水冷式表面冷却器，试求夏季设计工况下所需冷量。

【解】（1）计算室内热湿比：

$$\varepsilon = \frac{Q}{W} = \frac{4.89}{0} = \infty$$

（2）确定送风状态点，过 N 点作 $\varepsilon = \infty$ 的直线与设定的 $\varphi = 90\%$ 的曲线相交得 L 点（图 4-10）：$t_\mathrm{L} = 16.4℃$，$h_\mathrm{L} = 43.1$kJ/kg。取 $\Delta t_\mathrm{O} = 4℃$，得送风点 O 为：$t_\mathrm{O} = 19℃$，$h_\mathrm{O} = 45.6$kJ/kg。

（3）求风量：$G = \dfrac{Q}{h_\mathrm{N} - h_\mathrm{O}} = \dfrac{4.89}{49.8 - 45.6}$ $= 1.164$kg/s(4190kg/h)

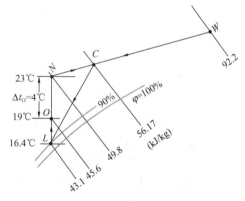

图 4-10　例 4-1 用图

（4）由新风比 0.15（即 $G_\mathrm{w} = 0.15G$）和混合空气的比例关系可直接确定出混合点 C 的位置：$h_\mathrm{C} = 56.17$kJ/kg。

（5）空调系统的所需冷量：

$$Q_0 = G(h_\mathrm{C} - h_\mathrm{L}) = 1.164 \times (56.17 - 43.1) = 15.21\text{kW}$$

（6）冷量分析：$Q_1 = 4.89$kW；

$$Q_2 = G_\mathrm{w}(h_\mathrm{W} - h_\mathrm{N}) = 1.164 \times 0.15 \times (92.2 - 49.8) = 7.40\text{kW};$$

$$Q_3 = G(h_\mathrm{O} - h_\mathrm{L}) = 1.164 \times (45.6 - 43.1) = 2.91\text{kW};$$

∴　$Q_0 = 4.89 + 7.40 + 2.91 = 15.2$kW，与前述计算一致。

4. 夏、冬季室内参数不同的一次回风式系统

前面所考虑的对象都是空调系统全年要求室内参数不变（恒温恒湿）的系统。对于大多数舒适空调，夏季和冬季要求维持的室内状态是不同的。这时夏季和冬季可以采用各自的机器露点温度。

图 4-11 就是这种系统在 h-d 图上的表示。夏季室内状态点为 N_1 （t_1、φ_1），冬季为 N_2 （t_2、φ_2），对于过渡季节，室内状态允许在 t_1、t_2、φ_1、φ_2 所包围的这一范围内变动。

如果夏季的热湿比线为 ε_1，用机器露点送风（L_1 点），则可根据室内余热或余湿算出夏季的风量 G。当冬季空调室内参数要求为 N_2，但室内仅有余热变化而余湿不变时，则 ε_2 必小于 ε_1。若冬季采用与夏季相同的风量 G，那么可根据 Δd 冬夏相同的原则在 ε_2 线上定出冬季送风点 O'，从图中可知，O' 点可由加热达到，而加热的起点就是冬季的机器露点 L_2，它可由新风、回风一次混合后经绝热加湿获得。

4.3.2 二次回风式系统

1. 装置图式和在 h-d 图上夏季过程的分析

一次回风系统用再热器来解决送风温差受限制的问题，这样做不符合节能原则。二次回风系统则采用在喷水室（或空气冷却器）后与回风再混合一次的办法来代替再热器以节约热量与冷量。

典型的二次回风系统的夏季过程如图 4-12 （a）所示。空气处理过程在 h-d 图上的表示见图 4-12 （b）（图中画出了在相同新风比时与一次回风系统处理过程的区别），其处理过程为

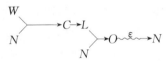

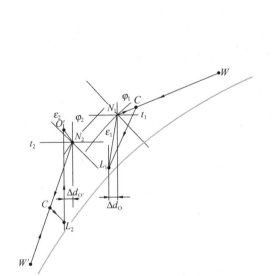

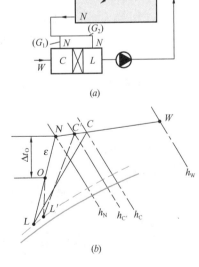

图 4-11　夏、冬季室内参数要求
不同的空调方式

图 4-12　二次回风系统的处理过程
和在 h-d 图上的表示

由于这个过程中回风混合了两次，所以称为"二次回风"。

从图4-12（b）中看出，既然O点是N与L状态空气的混合点，三点必在一条直线上，因此第二次混合的风量比例亦已确定。但第一次混合点C的位置不像一次回风系统那样容易得到。这里必须先算出喷水室（或空气冷却器）风量G_L后才能进一步确定一次混合点。从二次回风的混合过程可求得

$$G_L = \frac{\overline{ON}}{\overline{NL}} \times G = \frac{h_N - h_O}{h_N - h_L} \times G = \frac{Q}{h_N - h_L} \quad (kg/s) \qquad (4\text{-}4)$$

可知，通过喷水室（或空气冷却器）的风量G_L就相当于一次回风系统中用机器露点送风（最大Δt_O）时的送风量。

求得了G_L，则一次回风量$G_1 = G_L - G_w$，这样C点的位置可由混合空气焓h_C与NW线的交点所确定：

$$h_C = \frac{G_1 h_N + G_w h_W}{G_1 + G_w} \quad (kJ/kg) \qquad (4\text{-}5)$$

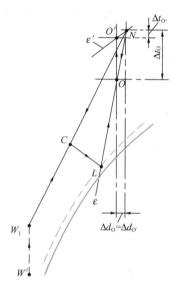

图4-13　二次回风系统的冬季工况

从C点到L点的连线便是空气在处理室内的降温去湿过程，这个处理过程消耗的冷量为

$$Q_o = G_L(h_C - h_L) \quad (kW) \qquad (4\text{-}6)$$

如果分析二次回风系统的冷量，可以证明它同样是由室内冷负荷和新风冷负荷构成的，如果与相同条件下（指N、W、O和ε线以及室内冷负荷相同）的一次回风系统比较，它节省的是再热器冷负荷。但另一方面从图4-12（b）中可看出，它的机器露点一般比一次回风系统的低（当$\varepsilon \neq \infty$时），这样制冷系统运转效率较差，此外，由于机器露点低，也可能使天然冷源的使用受到限制。

2. 冬夏具有同一机器露点的二次回风系统的冬季工况（图4-13）

和前述一次回风系统一样，假定室内参数和风量冬、夏一样，同时考虑二次回风的混合比也不变，则机器露点的位置也与夏季相同。

对冬夏室内余湿相同的房间，虽然因有冬季建筑耗热而使$\varepsilon' < \varepsilon$，但其送风点$O'$仍在$d_O$线上，可通过加热使$O \rightarrow O'$点，而$O$点就是原有的二次混合点。为了把空气处理成$L$点，仍采用预热（或不预热）、混合、绝热加湿等方法。其流程为：

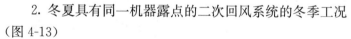

这里和一次回风系统一样，同样有是否需设预热器的问题，除了可根据一次混合后的焓值 h_C 是否低于 h_L 来确定外，也可像一次回风系统那样推出一个满足要求的室外空气焓值 h_{W1}（图 4-14），然后与实际的冬季室外设计焓值相比较后确定。

从 h-d 图上的一次混合过程看：设所求的 h_{W1} 值能满足最小新风比而混合点 C 正好在 h_L 线上时，则

$$\frac{h_N - h_L}{h_N - h_{W1}} = \frac{G_w}{G_1 + G_w}（其中 h_L = h_C）$$

即

$$h_{W1} = h_N - \frac{(G_1 + G_w)(h_N - h_L)}{G_w} \quad （kJ/kg）$$

$$(4-7)$$

又从第二次混合的过程可知：

$$(G_1 + G_w)(h_N - h_L) = G(h_N - h_O)$$

$$(4-8)$$

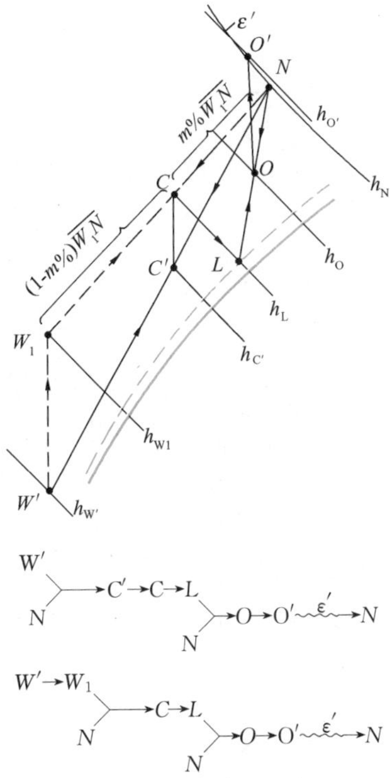

图 4-14　二次回风系统冬季一次加热的两种方案

将式（4-8）代入式（4-7），得

$$h_{W1} = h_N - \frac{G(h_N - h_O)}{G_w}$$

$$= h_N - \frac{h_N - h_O}{m\%} \quad （kJ/kg）$$

$$(4-9)$$

式（4-9）和式（4-3）具有相同的意义，它可以用来判别二次回风系统（全年固定露点，冬季绝热加湿）是否需要设预热器。从上式可以看出：对于某一既定负荷的具体工程对象来说，h_{W1} 值与送风焓差大小和新风百分数有关，对于 Δt_O 用得较小和新风比大的系统，算出的 h_{W1} 往往高于当地的室外空气设计焓值 $h_{W'}$，因而应进行预热，其预热量为

$$Q = G_w(h_{W1} - h_{W'}) \quad （kW）$$

$$(4-10)$$

此外，从图 4-14 可知，如果先将室内外空气一次混合后再预热，也能实现这一处理方案，而所耗的预热热量必然与式（4-10）的热量相等。

和一次回风系统一样，空调箱内亦应设再热器，但它在夏季不需使用，而是为冬季和过渡季节服务的。冬季设计工况下的再热器加热量为：

$$Q = G(h_{O'} - h_O) \quad （kW）$$

$$(4-11)$$

3. 二次回风系统的夏、冬处理过程计算例（如图 4-15 所示的 h-d 图）

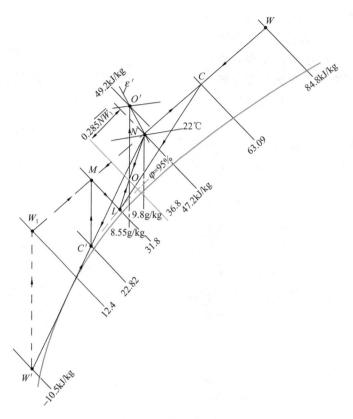

图 4-15　例 4-2 用图

【例 4-2】 某地一生产车间需要设空调装置，已知：

(1) 室外计算条件为，夏季：$t = 35℃$，$t_s = 26.9℃$，$\varphi = 54\%$，$h = 84.8kJ/kg$；冬季：$t = -12℃$，$t_s = -13.5℃$，$\varphi = 49\%$，$h = -10.5kJ/kg$。大气压力为 101325Pa（760mm 汞柱）。

(2) 室内空气参数由工艺确定为：$t_N = 22 \pm 1℃$，$\varphi_N = 60\%$（$h_N = 47.2kJ/kg$，$d_N = 9.8g/kg$）。

(3) 按建筑、人、工艺设备及照明等资料已算得夏季、冬季的室内热湿负荷为：

夏季：$Q = 11.63kW$（kJ/s），$W = 0.0014kg/s$（5kg/h）；

冬季：$Q = -2.326kW$，$W = 0.0014kg/s$。

(4) 车间内有局部排风设备，排风量为 $0.278m^3/s$（1000m³/h）。

要求采用二次回风系统，试确定空调方案并计算设备容量。

【解】 1. 夏季处理方案

(1) 由热湿负荷算出热湿比 ε 值和定出送风状态：

$$\varepsilon = \frac{Q}{W} = \frac{11.63}{0.0014} = 8307$$

在相应大气压力的 h-d 图上，过 N 点作 ε 线，与 $\varphi = 95\%$ 线的交点得 $t_L = 11.5℃$，$h_L = 31.8kJ/kg$。考虑工艺要求取 $\Delta t_O = 7℃$，可得送风点 O，$t_O = 15℃$（$h_O = 36.8kJ/kg$，$d_O = 8.55g/kg$）。

（2）计算送风量：

按室内余热量计算：$G = \dfrac{Q}{h_N - h_O} = \dfrac{11.63}{47.2 - 36.8} = 1.118 \text{kg/s}$

（3）通过喷水室的风量 G_L：

$$G_L = \dfrac{Q}{h_N - h_L} = \dfrac{11.63}{47.2 - 31.8} = 0.755 \text{kg/s}$$

（4）二次回风量 G_2：

$$G_2 = G - G_L = 1.118 - 0.755 = 0.363 \text{kg/s}$$

（5）确定新风量 G_w：

由于室内有局部排风，补充排风所需的新风量为：

$$G_w = 0.278 \times 1.146 = 0.319 \text{kg/s}（式中 1.146 为空气 35℃ 时的密度）$$

其所占风量的百分数为：

$$\dfrac{G_w}{G} \times 100\% = \dfrac{0.319}{1.118} \times 100\% = 28.5\%$$

所算得的百分数已满足一般卫生要求。同时应注意：当新风量根据局部排风量确定时，车间内并未考虑保持正压。

（6）一次回风量 G_1：

$$G_1 = G_L - G_w = 0.755 - 0.319 = 0.436 \text{kg/s}$$

（7）确定一次回风混合点 C：

$$h_C = \dfrac{G_1 h_N + G_w h_w}{G_1 + G_w} = \dfrac{0.436 \times 47.2 + 0.319 \times 84.8}{0.436 + 0.319} = 63.09 \text{kJ/kg}$$

h_C 与 $\overline{NW}$ 线的交点 C 就是一次回风混合点。

（8）计算冷量：从 h-d 图上看，空气冷却减湿过程的冷量为

$$Q = G_L(h_C - h_L) = 0.755 \times (63.09 - 31.8) = 23.62 \text{kW}$$

这个冷量包括了以下两部分，即：

室内冷负荷 Q_1——已知为 11.63kW；

新风冷负荷 $Q_2 = G_w(h_w - h_N) = 0.319 \times (84.8 - 47.2) = 11.99 \text{kW}$

$\therefore \quad Q = Q_1 + Q_2 = 11.63 + 11.99 = 23.62 \text{kW}$

2. 冬季处理方案

（1）冬季室内热湿比 ε' 和送风点 O' 的确定：

$$\varepsilon' = \dfrac{Q}{W} = \dfrac{-2.326}{0.0014} = -1661$$

当冬、夏季采用相同风量和室内散湿量不变时，冬、夏季的送风含湿量应相同，即

$$d_{O'} = d_O = d_N - \dfrac{W \times 1000}{G} = 9.80 - \dfrac{0.0014 \times 1000}{1.118} = 9.80 - 1.25 = 8.55 \text{g/kg}$$

则送风点为 $d_O = 8.55$ 线与 $\varepsilon' = -1661$ 线的交点 O'，可得 $h_{O'} = 49.2 \text{kJ/kg}$，$t_{O'} = 27.0℃$。

（2）由于 N、O、L 等参数与夏季相同，即二次混合过程与夏季相同。因此可按夏季相同的一次回风混合比求出冬季一次回风混合点位置 C'：

按混合焓计算：

$$h_{C'} = \frac{G_1 h_N + G_w h_W}{G_1 + G_w} = \frac{0.436 \times 47.2 + 0.319 \times (-10.5)}{0.436 + 0.319} = 22.82 \text{kJ/kg}$$

由于 $h_{C'} = 22.82 \text{kJ/kg} < h_L = 31.8 \text{kJ/kg}$，所以应设置预热器。

（3）过 C' 点作等 $d_{C'}$ 线与 h_L 线得交点 M，则可确定冬季处理的全过程为：

（4）加热量：

一次混合后的预热量：

$$Q_1 = G_L (h_M - h_{C'}) = 0.755 \times (31.80 - 22.82) = 6.78 \text{kW}$$

如先把新风预热后混合（图中虚线所示），所耗热量是相同的。

二次混合后的再加热量：

$$Q_2 = G (h_{O'} - h_O) = 1.118 \times (49.2 - 36.8) = 13.86 \text{kW}$$

所以冬季所需的总加热量为

$$Q = Q_1 + Q_2 = 6.78 + 13.86 = 20.64 \text{kW}$$

如果将本例改为一次回风系统（除室内外参数等相同外，包括 Δt_O 也相等），则可算得夏季它所增加的冷量正好相当于一次回风系统需补充的再热器热量，而冬季则两种系统的加热量是相等的。

4. 冬季用蒸汽加湿的二次回风方案处理过程的确定

如果二次回风系统的夏季处理过程和前述方式相同，而冬季采用喷蒸汽加湿的方法，则处理过程如图 4-16 所示，即：

在室内散湿量和送风量不变的情况下，冬季的送风含湿量差 Δd 与夏季相同，即送风点为 d_O 与 ε' 的交点 O'，而二次混合点 C_2 亦应在 d_O 线上。此外还应该注意，当二次混合比不变时，经一次混合并加湿后的空气应在夏季的 d_L 线上，这是从图中两个三角形（$\triangle NML \cong \triangle NC_2O$）相似所决定的。据此，可以看出，应按如下确定加湿后的状态点：

（1）用与夏季相同的一次回风混合比定出冬季一次混合点 C_1；

（2）过 C_1 作等温线与 d_L 线相交得 M 点，则 M 点就是冬季经喷蒸汽加湿后应有的状态。

同时可以看出：$\dfrac{\overline{NC_2}}{\overline{C_2 M}} = \dfrac{\overline{NO}}{\overline{OL}} =$ 二次混合比

从以上分析可知：当室外参数较低，一次混合点的 d_{C_1} 一般也较小，在 $d_{C_1} < d_L$ 的范围内，都需要进行不同程度的加湿。

以上对一次回风式系统和二次回风式系统在夏、冬设计工况下进行了分析，可以看出：前者处理流程简单，操作管理方便，故对允许直接用机器露点送风的场合都应采用。当 Δt_O 有限制时，为了夏季节省再热量则可用二次回风式系统。但因二次回风式系统的处理流程较复杂，给运行管理带来了不便。

此外，对于集中式空调系统设计不仅只考虑到夏、冬两个设计工况，还应根据全年（包括过渡季）运行的要求考虑调节的可能性（详细讨论见第6章），同时必须做到节能和使运行管理方便。基于这种考虑，在实践中，在一二次回风系统的基础上又派生出其他系统。

5. 二次回风方式的应用

前已述及，二次回风方式通常应用在室内温度场要求均匀、送风温差较小、风量较大而又不采用再热器的空调系统中，如恒温恒湿的工业生产车间等。此外，对于洁净度要求极高的净化车间，满足洁净度要求所采用的换气次数远远大于消除余热余湿所需的换气次数，这种系统有时也采用二次回风方式。具体应用详见第7章。

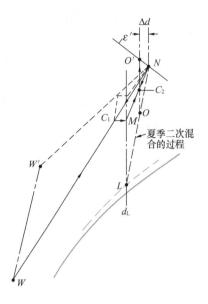

图 4-16　冬季用蒸汽加湿的
二次回风处理过程
图中：----表示冬季室外在
非设计参数时的工况

4.3.3 集中空调装置的系统划分和分区处理

1. 系统划分

按照集中空调系统所服务建筑物的使用要求，往往需要划分成几个系统，尤其在风量大，使用要求不一的场合更有必要，通常可根据以下原则进行系统的划分：

（1）室内参数（温湿度基数和精度）相近以及室内热湿比相近的房间可合并在一起，这样空气处理和控制要求比较一致，容易满足要求。

（2）朝向、层次等位置上相近的房间宜组合在一起，这样风管布置和安装较为合理，同时也便于管理。

（3）对于建筑平面很大的办公楼，其周边房间或区域的冷热负荷与内部房间或区域的负荷特征有很大区别（如外围结构进入的负荷不仅直接受日照方向的影响，且变化大，而内部负荷较稳定），为控制和调节室内参数方便，可划分为内区和外区系统。

（4）工作班次和运行时间相同的房间采用同一系统，这样有利于运行和管理，而对个别要求 24h 运行或间歇运行的房间可单独配置空调机组。

（5）对室内洁净度等级或噪声级别不同的房间，为了考虑空气过滤系统和消声要求，宜按各自的级别设计，这对节约投资和经济运行都有好处。

（6）产生有害气体的房间不宜和一般房间合用一个系统。

（7）根据防火要求，空调系统的分区应与建筑防火分区相对应。

此外，当空调风量特别大时，为了减少与建筑配合的矛盾，可根据实际情况把它分成多个系统，如纺织厂、体育馆等。

2. 空调系统的分区处理

虽然在系统划分时已尽量把室内参数、热湿比相同的房间合用一个系统，但仍然不可避免地会遇到以下这些情况：

（1）对于室内状态 N 点要求相同，但各室的热湿比 ε 值均不同，如果采用一个处理系统而又要求不同送风温差，在此情况下，可以用同一个露点而分室加热的方法。

例如图 4-17（a）所示的空调系统为甲、乙两个房间送风，夏季热湿比分别为 ε_1、ε_2（若 $\varepsilon_1 > \varepsilon_2$），可先根据甲室的热湿比 ε_1 在 Δt_{O_1} 得送风点 O_1，并算出风量 G_1，同时还可确定露点 L。由于只能用同一露点，所以乙室的送风点 O_2 即 d_L 与 ε_2 之交点（图 4-17b），送风温差为 Δt_{O_2}，因而 G_2 亦接着可以求得。系统总风量为两者之和。从 L 点到 O_1、O_2 靠加热达到，如结合冬季要求，则除在空调箱设有再热器之外，在分支管路上可另设调节加热器。

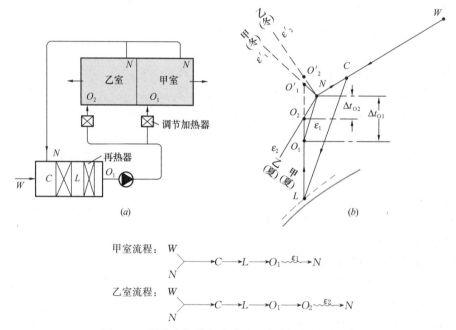

甲室流程：

$$W \backslash N \longrightarrow C \longrightarrow L \longrightarrow O_1 \overset{\varepsilon_1}{\sim} N$$

乙室流程：

$$W \backslash N \longrightarrow C \longrightarrow L \longrightarrow O_1 \longrightarrow O_2 \overset{\varepsilon_2}{\sim} N$$

图 4-17　用分室加热方法满足两个房间的送风要求

这个方法也存在着缺点，即乙室由于用了同样的露点使 Δt_{O_2} 较小，因而只能用较大风量。

（2）要求室内 t_N 相同，φ_N 允许有偏差，而室内热湿比也各不相同，但为了处理方便，需采用相同的 Δt_O 以及相同露点 L，即不用分室加热的方法。

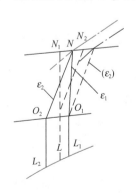

根据这个前提，设计的任务就是对室内相对湿度 φ_N 的偏差进行校核。首先对两个房间用相同的 Δt_O 并根据不同的送风点 O_1、O_2 算出各室的风量。如果甲室为主要房间，则可用与 O_1 对应的露点 L_1 加热后送风，这时乙室 φ_N 必有偏差，如在许可范围内即可。两个房间具有相同的重要性时，则可取 L_1、L_2 之中间值 L 作为露点（图 4-18），结果两室的 φ_N 都将有较小的偏差。如偏差在允许范围内，则既经济，又合理。

（3）当要求各室参数 N 相同，温湿度不希望有偏差，又 Δt_O 均要求相同，势必要求各室采用不同的送风含湿量 d_O，这时可采用如下方案：

图 4-18　两个房间室内 φ_N 允许偏差时可用相同的送风温差

用集中处理新风、分散回风、分室加热（或冷却）的处理方法，其装置流程示意如图 4-19 所示。在工程实践上，它用于多层多室的建筑物而采用分层控制的空调系统（图4-20），国外又称这种空调方式为"分区（层）空调方式"。

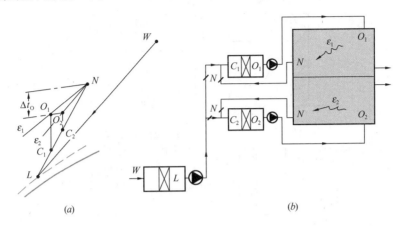

图 4-19　分区空调方式
(*a*) *h-d* 图上的表示；(*b*) 处理流程（夏季）

从处理流程与 *h-d* 图（夏季）可以看出，先把室外空气集中处理到露点 *L*，然后，

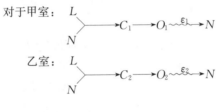

对于甲室：

乙室：

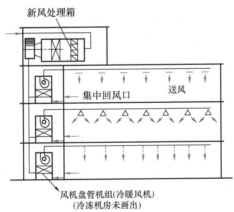

图 4-20　分区空调方式的应用

对于热湿比较大的建筑物，可将室内回风先在分区空调箱内冷、热处理后再与处理后的新风相混合而送入各区（层）。

为了满足上述分区空调的要求，也可以通过专用的多分区空气处理箱来实现。空调箱具有同时加热或冷却的功能，使两种不同参数的空气可借多组混合风门（连杆控制）按所需的混合比例混合后送入各个区域（或楼层）。图 4-21为这种空气处理箱的示意图。该方式一般可设新风预处理段。

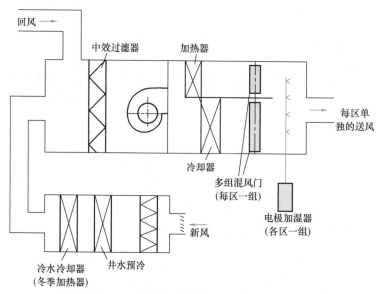

图 4-21 由多分区空调箱构成的分区空调方式

4.4 变风量系统

前述的集中式空调系统是按房间的设计热湿负荷确定送风量，并在全年运行中保持送风量不变，称为定风量（CAV）系统。实际上，房间热湿负荷不可能经常处于设计最大值。当室内负荷低于最大值时，定风量系统靠调节再热量以提高送风温度（减小送风温差）来维持室温。这种调节方法既浪费热量，又浪费冷量。如果采用改变送风量（送风参数不变）的方法来保持室温不变，则不仅可以节省再热所消耗的冷热量，而且风量减小还能降低风机的功耗和供冷量。

变风量（VAV）系统在一些大型民用和工业建筑中得到较多应用，并在应用过程中不断完善其相关技术。但是，由于变风量（VAV）系统的风量变化有一定范围，导致湿度不易控制，在温湿度允许波动范围要求高的工艺性空调区不宜采用。

4.4.1 变风量空调系统的特点

变风量系统的简单模式是只控制一个房间或区域。随着房间显热负荷的减少，室温下降，这时恒温器（室内温度传感器）将信号传给控制装置使送风机降低送风量。表 4-3 列举了定风量与变风量系统的主要区别。

定风量与变风量系统的主要区别 表 4-3

基本原理	原理图式	定风量	变风量
		O *N* ε *W* CC HC	*O* *N* *W* CC

		定风量	变风量
基本原理	h-d 图分析	$G=\dfrac{Q_s\downarrow}{1.01(t_N-t_O)}$ （Q_s为室内显热负荷）	$G\downarrow=\dfrac{Q_s\downarrow}{1.01(t_N-t_O)}$
能耗情况	能耗	实际室内需冷量 再热抵消的冷量 用以抵消冷量的再热量 室内冷负荷100%	实际室内需冷量 室内冷负荷100%
	结论	建筑物空调负荷大部分时间在部分负荷工况下运行，全风量再热运行能耗大	通过全年变风量运行，大量节约能耗
	控制质量	室内相对湿度控制质量高	室内相对湿度控制质量稍差
	新风量	新风比不变时，新风量不变	新风比不变时，新风量改变，调小时影响室内空气质量
	室内气流	气流分布稳定	风量调小时室内气流受影响
	造价	末端设备简单，控制系统比变风量简单，造价较低	末端设备（VAV 风口）造价高，控制系统亦较复杂，故造价高

由表 4-3 可见，变风量系统可以节约能耗。当室内热湿比不变时，能得到较好的温湿度控制。但当热湿负荷变化不成比例时，只适应显热负荷变化的变风量调节，就会使房间相对湿度偏离设计点，从而降低了室内相对湿度的控制质量。

再者，变风量系统当风量减少时，相应地送入房间的新风量也减少了（新回风比不变时），同时，风量的减少还会使室内气流分布均匀性变差，甚至出现局部吹冷风。

此外，当变风量系统服务于多个房间或区域时，则需要有多个可以调节风量的变风量"末端装置"。当这些末端装置中的一个或几个调整风量时，则整个系统内的压力状况即发生变化，因而会影响到其余末端装置的送风量变化。

4.4.2 变风量系统的主要形式

1. 单风道变风量系统

（1）系统形式

单风道变风量系统一般采用节流型末端装置和变频风机。以可分内、外区的办公楼建筑为例，单风道变风量系统的基本组成见图 4-22。图 4-23 则表示该系统在具有不同负荷要求的内外区处理工况。

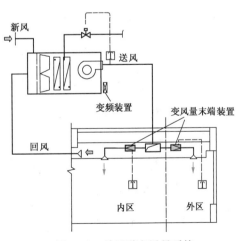

图 4-22 单风道变风量系统

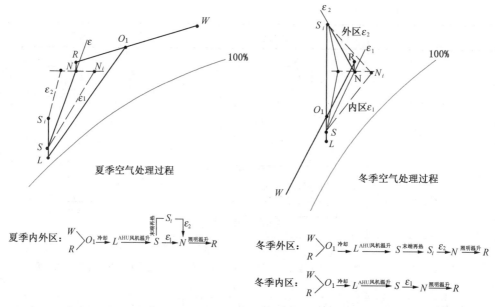

图 4-23　单冷型和再热型单风道系统夏、冬空气处理焓湿图

单风道变风量系统可细分为单冷型、单冷再热型和冷热型变风量系统。单冷型系统的末端装置不带加热器，用于需全年供冷的内区或无需供暖的夏热冬暖地区。单冷再热型系统既有不带加热器的末端装置，又有带加热器的末端装置。前者用于需全年供冷的内区，后者多用于夏季供冷、冬季供暖的外区或需要再热的区域，系统全年送冷风。冷热型系统按季节进行供冷或供热转换。

（2）变风量末端装置

实现送风末端变风量大多采用节流方式，其节流部件可以是单叶（或多叶）阀，也可以是其他形式的，如气囊、滑阀等。

变风量末端装置就其调节方式分为"压力有关型"和"压力无关型"。压力有关型是指该末端装置能根据被调房间或区域的负荷变化调节送风量，但送风量会随送风系统的静压变化而波动。而压力无关型在装置内装有风速（风量）传感器（如测压管），使节流装置调节的送风量不因系统内静压变化而改变。同时压力无关型还可由用户设定最大、最小送风量。图 4-24 以简图方式示出压力无关型末端装置的结构。详细的末端装置型号与规格可参考各生产厂的产品样本。

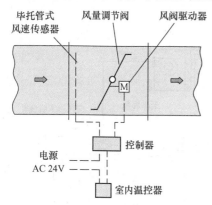

图 4-24　变风量末端装置
结构示意图

（3）设计特点与适用性

承担多区调节的单风道变风量系统的同时负荷（或最大设计负荷）并非各区最大设计负荷的总和，需要通过设计日冷、热负荷逐时累加后得出系统的设计负荷，并依此按既定的送风温差求得系统的送风量。当变风量系统的一次风送风量减少时，新风量也随之减少。为了保证室内人员的卫生条件，末

端装置的最小风量必须兼顾最小新风量要求，即限定一个能保证新风需求的最小送风量，一般应不低于最大送风量的40％，此时变风量系统转为定风量运行。

单风道变风量系统的节流型末端装置构造简单、体积小、价格便宜、系统运行噪声较低，因此被广泛应用于各种办公建筑中。但是，系统存在的一些缺点限制了其适用范围，例如：供冷时送风量变化幅度较大，小风量时因出风速度减小，无法利用吊顶的贴附效应，会产生不舒适的冷风下沉现象，这种现象随着送风温度的降低会变得更加突出。因此，该系统对送风口的性能有一定要求，且仅适用于气流组织要求一般的场合。此外，系统加热时受末端最小风量和热空气分层现象限制，加热风量小，送风温度不能过高，加热能力有限，不能用于热负荷较大的场合。另外，在再热过程中还存在着风系统内冷、热混合损失现象。

2. 风机动力型变风量系统

风机动力型变风量系统是在单风道变风量系统基础上发展而来。由于在末端装置处加装了一台驱动风机，与原有的变风量系统末端送风成串联或并联方式连接后，可以实现适用于外区的冬季加热功能，并在风机运行时，即使在变风量条件下，也可以保持送风量基本稳定。

图4-25与图4-26分别为串联和并联式风机动力型变风量系统的流程图和夏季工况的焓湿图分析。

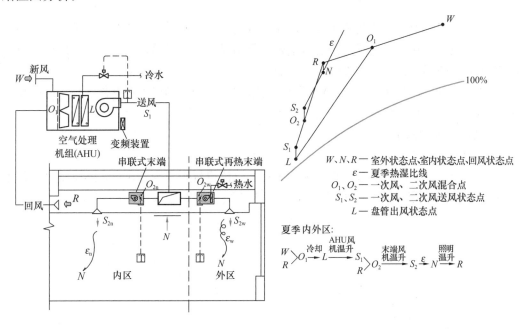

图4-25 串联式风机动力型变风量系统流程及夏季焓湿图分析

由图4-25可见，串联式风机动力型末端装置不论来自空气处理机组的送风量是否变化，由末端风机送出的风量是稳定不变的。这样可以保持室内气流分布的稳定性，而且在外区冬季需要供暖时可以设置末端加热器补充热量。不过，当内、外区使用一个空调系统时，外区存在较大的冷热抵消。

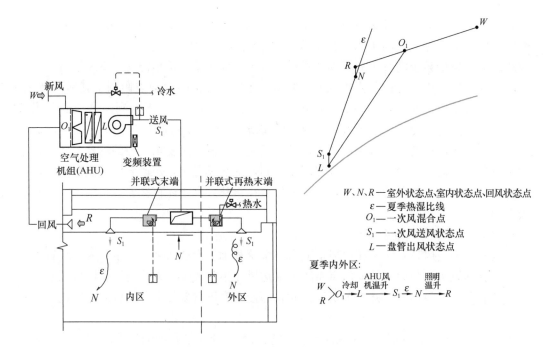

图 4-26　并联式风机动力型变风量系统流程及夏季焓湿图分析

　　并联式风机动力型末端装置实质上是在原有变风量系统的末端装置上加装一台增加循环风的小风机，且在变风量系统的送风量处于限制风量时才启动，同样，这一风机动力末端可以加装加热器，以便用于外区冬季的加热。

　　加装风机的变风量末端装置虽然可以改善室内气流分布和提供冬季外区使用时的加热功能，但风机的电耗和噪声增大是其不利因素。

　　3. 其他变风量系统

　　（1）旁通型系统

　　当室内负荷减少时，通过旁通型末端装置的分流机构来减少送风量，其余空气送入吊顶内转而进入回风管。其系统原理图及焓湿图见图 4-27，送入房间的空气量是可变的，

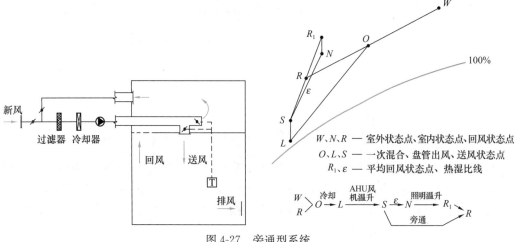

图 4-27　旁通型系统

但风机的风量是一定的。图中所表示的机械式旁通型末端装置的旁通口和送风口上设有动作相反的风阀,并与电动(或气动)执行机构相连接,且受室内温度控制器控制。旁通型末端装置也可以选配热水再热盘管或电加热器,以增加再热功能。

旁通型系统的特点是:

1)室内负荷变化但系统风量和静压不变,亦不会增加噪声,风机也不用调速控制。

2)室内负荷减少时不必增大再热量(比较定风量系统),但风机动力没有节省。

3)采用大风量旁通型系统经济性不明显,适用于小型系统并采用直接蒸发式冷却器的空调装置。

(2)诱导型系统

诱导型末端装置的变风量系统,其作用是用一次风高速诱导由室内进入吊顶内的二次风,经混合后送入室内。其系统原理图及焓湿图见图4-28。

诱导型系统的特点是:

1)由于系统诱导回风可以提高送风温度,一次风温度可以较低。另外,风量少了,又可以采用高速送风,风管断面较小。然而为了达到诱导作用须提高风机压头。

2)室内二次回风不能进行有效的过滤。

3)即使负荷减少,房间风量变化不大。一次风量不小于50%时,总风量几乎不变。一次风量减少到20%时总风量仍可保持到60%。所以对气流分布的影响小于节流型。

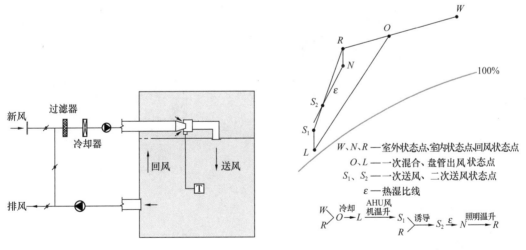

图 4-28 诱导型系统

4.5 半集中式空调系统

大型建筑如宾馆、医院、办公楼等建筑的房间多、层数多,全由集中空调机房输送处理后的空气进入建筑物去承担热湿负荷虽然可行,但因风道庞大,占空间多而影响建筑物整体的设计,因此可考虑同时使用空气和水(或冷剂)以负担室内热湿负荷。此时,集中输送的部分仅为热湿处理后的新鲜空气（室外空气），故风道较小；而室内则分散设置由水或冷剂直接换热的装置（又称末端装置），故称为半集中式空调系统。

4.5.1 半集中式空调系统的分类

按末端装置中的换热介质可分为空气—水、空气—冷剂系统两大类，其主要形式可如表 4-4 所示的分类。

半集中式空调系统的分类 表 4-4

分类	末端换热介质	形式	特点和应用
空气—水系统	水	风机+水盘管（FCU）	由小型低压头风机和表冷器构成，表冷器（盘管）有干、湿之分。风机盘管出风口与新风系统可分别设置
		诱导器（IU）	借新风系统之动力，诱导室内回风经显热盘管（干盘管）热交换后与新风混合后送风
		辐射板（平面盘管）	由盘管构成的辐射换热装置独立设置于房间顶部等，新风送出口位置无限制
空气—冷剂系统	冷剂	风机+冷剂盘管（供冷时为蒸发器/供热时为冷凝器）	由小型低压头风机和冷剂盘管（制冷机之蒸发器或冷凝器）所构成，俗称室内机，而室外机即制冷压缩冷凝机组（供冷时），新风系统可独立设置

图 4-29 表示了上表中所列出的诸方式。

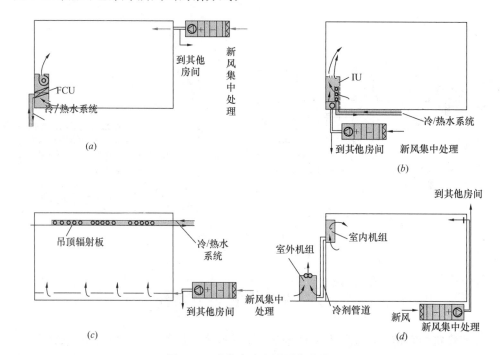

图 4-29 半集中式空调系统分类

（a）风机盘管+新风系统；（b）诱导空调系统；（c）辐射板+新风系统；（d）冷剂机组+新风系统

4.5.2 风机盘管系统

1. 构造、分类和特点

风机盘管机组由盘管（热交换器一般采用二或三排管，铜管铝片）和风机（采用前向多翼离心风机或贯流风机）组成。它使室内回风直接进入机组进行冷却去湿或加热处理，和集中空调系统不同，它采用就地处理回风的方式。与风机盘管机组相连接的有冷、热水管路和凝结水管路，图 4-30 表示了风机盘管机组的构造。

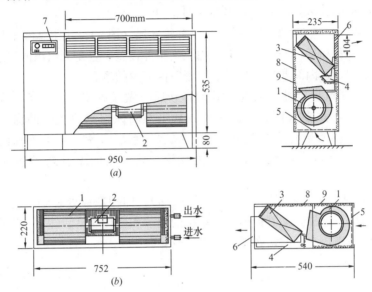

图 4-30　风机盘管构造图

(a) 立式；(b) 卧式

1—风机；2—电机；3—盘管；4—凝水盘；5—循环风进口及过滤器；

6—出风格栅；7—控制器；8—吸声材料；9—箱体

机组一般分为立式和卧式两种。可按室内安装位置选定，同时根据室内装修的需要可做成明装或暗装。此外，在要求高的场合，风机盘管内分别设有冷盘管及热盘管，由冷、热水两套管路供水，以便按需可随时供冷或供热，即所谓"四管制风机盘管系统"。

近年来由于风机盘管系统的广泛采用，进一步开发了多种形式，如立柱式、顶棚式等，分别用于旅馆客房、办公室和商业建筑中。

风机盘管的一般容量范围为：风量：$0.007 \sim 0.236 \mathrm{m^3/s}$（$250 \sim 850 \mathrm{m^3/h}$），冷量：$2.3 \sim 7 \mathrm{kW}$，风机电机功率一般在 $30 \sim 100 \mathrm{W}$ 范围内，水量约 $0.14 \sim 0.22 \mathrm{L/s}$（$500 \sim 800 \mathrm{L/h}$），盘管水压损失 $10 \sim 35 \mathrm{kPa}$。

从风机盘管的结构特点来看，它的优点是：布置灵活，各房间可独立调节室温，房间无人时可方便地关掉机组（关风机），不影响其他房间，从而比其他系统较节省运行费用。此外，房间之间空气互不串通。又因风机多挡变速，在冷量上能由使用者直接进行一定的调节。

它的缺点是：对机组制作应有较高的质量要求，否则在建筑物大量使用时会带来维修方面的困难。当风机盘管机组没有新风系统同时工作时，冬季室内相对湿度偏低，故此种方式不能用于全年室内湿度有要求的地方。风机盘管由于噪声的限制因而风机转速不能过高，所以机组剩余压头很小，气流分布受限制，适用于进深小于 6m 的房间。

当机组主要用于冬季供暖时，应采用立式机组，并布置在窗台下，以便获得比较均匀的室温分布。

风机盘管机组在其循环空气入口处应安装可清洗或可更换的过滤器。

2. 风机盘管机组的新风供给方式和新风处理方案

（1）新风供给方式

风机盘管机组的新风供给方式有多种（图 4-31）：

1）靠渗入室外空气（浴厕机械排风）以补给新风（图 a），机组基本上处理再循环空气。这种方案初投资和运行费经济，但室内卫生条件较差，且受无组织的渗透风影响，造成室内温度场不均匀，因而此种方式只适用于室内人少的场合。

2）墙洞引入新风直接进入机组（图 b），新风口做成可调节的，冬、夏季按最小新风量运行，过渡季尽量多采用新风。这种方式虽然新风得到比较好的保证，但随着新风负荷的变化，室内参数将直接受到影响，故这种系统只用于要求不高的建筑物。国外从节能出发生产有带全热交换器的风机盘管，故外墙应设有新风和排风两个风口（图 4-32）。

3）由独立的新风系统供给室内新风（图 c、d），即把新风处理到一定参数，也可承担一部分房间负荷。这种方案既提高了该系统的调节和运转的灵活性，且进入风机盘管的供水温度可适当提高，水管的结露现象可得到改善。

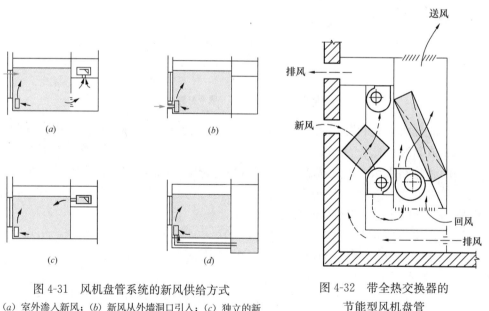

图 4-31 风机盘管系统的新风供给方式

（a）室外渗入新风；（b）新风从外墙洞口引入；（c）独立的新风系统（上部送入）；（d）独立的新风系统送入风机盘管机组

图 4-32 带全热交换器的节能型风机盘管

国外在大型办公楼设计中，在周边区采用风机盘管时，新风的补给常由内区系统提供。

（2）新风处理方案的分析

具有独立新风系统的风机盘管机组的夏季处理过程如图 4-33 所示，其特点为新风处

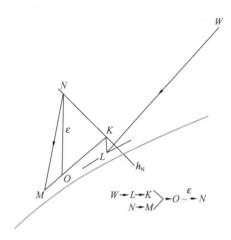

图 4-33 不承担室内负荷方案

理到室内空气焓值，不承担室内负荷。

1）确定新风处理状态：根据室内空气 h_N 线、新风处理后机器露点的相对湿度和风机温升 Δt 即可定出新风处理后的机器露点 L 及温升后的 K 点；

2）确定总风量与风机盘管风量：过 N 点作 ε 线与 $\varphi = 90\% \sim 95\%$ 线相交（按最大限度提高送风温差考虑），即得送风点 O，因为风机盘管系统大多用于舒适性空调，一般不受送风温差限制，故可采用较低的送风温度。则房间风量 $G = \sum Q / (h_N - h_O)$，连接 K、O 两点并延长到 M 点，使

$$\overline{OM} = \overline{KO}\frac{G_w}{G_F}$$

式中　G_w——新风量，kg/s；

　　　G_F——风机盘管风量，kg/s。

故房间总送风量 $G = G_F + G_w$，而 M 即风机盘管的出风状态点，为了使新风与风机盘管出风有较好的混合效果，应使新风送风口紧靠风机盘管的出口。

还有一种处理过程为：新风处理到低于室内空气的焓值，并低于室内空气的含湿量，承担部分室内负荷。此时，风机盘管做成显热冷却盘管（又称干盘管），即部分室内显热冷负荷与房间所有湿负荷由新风负担（参见第 4.6 节温湿度独立控制空调系统）。

3. 风机盘管机组的选择

如图 4-33 所示，风机盘管夏季应提供的冷量为：

$$Q = G_F(h_N - h_M) \quad (\text{kW}) \tag{4-12}$$

可见，风机盘管机组的选择实际上就是选定某种型号的机组，使其满足式（4-12）所确定的冷量要求。

一般风机盘管机组的产品性能资料均比较完善，提供给设计者有关机组在不同风量（高/中/低速）、不同水初温和水量以及不同进风参数时的总冷量和显热冷量。

【例 4-3】已知一房间夏季室内冷负荷 $Q = 5.38\text{kW}$，湿负荷 $W = 0.22\text{g/s}$（0.00022kg/s）；室内空气温度 $t_N = 27℃$，相对湿度 $\varphi = 60\%$；室外空气干球温度 $t_w = 34℃$，相对湿度 $\varphi_w = 65\%$；新风机组和送风管道的温升 $\Delta t = 0.5℃$，该房间要求的新风量 $G_w = 0.08\text{kg/s}$（约 300kg/h）。拟采用风机盘管机组加独立新风系统，试确定风机盘管的型号、数量及主要运行参数。

【解】采用新风不负担室内负荷的方案，即送入室内新风的焓处理到与室内空气焓 h_N 相等。根据室内空气 h_N 线、新风处理后的机器露点相对湿度即可定出新风处理后的机器露点 L 及温升后的 K 点（参见图 4-33）。

（1）室内热湿比及房间送风量

$$\varepsilon = \frac{Q}{W} = \frac{5.38}{0.00022} = 24455\text{kJ/kg}$$

采用可能达到的最低参数送风，过 N 点作 ε 线按最大送风温差与 $\varphi=95\%$ 线相交，即得送风点 O，则总送风量为

$$G = \frac{Q}{h_N - h_O} = \frac{5.38}{61.5 - 51.5} = 0.538\text{kg/s}$$

（2）风机盘管风量：要求的新风量 $G_w = 0.08\text{kg/s}$，则风机盘管风量

$$G_F = G - G_w = 0.538 - 0.08 = 0.458\text{kg/s}$$

（3）风机盘管机组出口空气的焓 h_M

$$h_M = \frac{Gh_O - G_w h_K}{G_F}$$

$$= \frac{0.538 \times 51.5 - 0.08 \times 61.5}{0.458} = 49.8\text{kJ/kg}$$

连接 K、O 两点并延长与 h_M 相交得 M 点（风机盘管的出风状态点），查出 $t_M = 18.2℃$。

（4）风机盘管显冷量

$$Q_s = G_F c_p (t_N - t_M) = 0.458 \times 1.01 \times (27.0 - 18.2)$$

$$= 4.07\text{kW}$$

或者 $Q_s = G c_p (t_N - t_O) - G_w c_p (t_N - t_K)$

$$= 0.538 \times 1.01 \times (27.0 - 18.8) - 0.08 \times 1.01 \times (27.0 - 22.1)$$

$$= 4.06\text{kW}$$

（5）选用某厂 42CM-003 型风机盘管机组三台，每台机组高挡风量 $0.142\text{m}^3/\text{s}$（0.170kg/s）。在进水温度 $t_{w1} = 10.0℃$，水流量 0.1kg/s 时，每台机组的全冷量 1.99kW，显冷量 1.57kW 均能满足要求。并且，高挡风量、全冷量、显冷量分别有 11%、11%、16% 的富余量。

4. 风机盘管的水系统

（1）水系统的种类

风机盘管的水系统与供暖工程相似，一般采用双水管系统，一供一回，但因其有供冷供暖的不同要求，故与供暖有所差别，其水管体制可参见表 4-5 的分类。

风机盘管水系统 表 4-5

水管体制及接法	特点	使用范围
两管制： FCU	供回水管各一根，夏季供冷水，冬季供热水；简便，省投资；冷热水量相差较大	全年运行的空调系统，仅要求按季节进行冷却或加热转换；目前用得最多
三管制： 冷热　　回水 FCU	盘管进口处设有三通阀，由室内温度控制装置控制，按需要供应冷水或热水； 使用同一根回水管，存在冷热量混合损失；初投资较高	要求全年空调且建筑物内负荷差别很大的场合；过渡季节有些房间要求供冷有些房间要求供热；目前较少使用

水管体制及接法	特点	使用范围
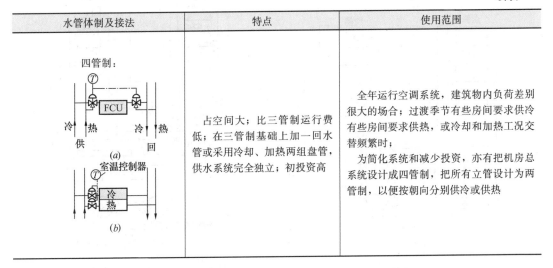	占空间大；比三管制运行费低；在三管制基础上加一回水管或采用冷却、加热两组盘管，供水系统完全独立；初投资高	全年运行空调系统，建筑物内负荷差别很大的场合；过渡季节有些房间要求供冷有些房间要求供热，或冷却和加热工况交替频繁时； 为简化系统和减少投资，亦有把机房总系统设计成四管制，把所有立管设计为两管制，以便按朝向分别供冷或供热

（2）水系统设计应注意的问题

1）水系统在高层建筑中，应按承压能力进行竖向分区（每区高度可达100m），两管制系统还应按朝向作分区布置，以便调节。当管路阻力和盘管阻力之比在1：3左右可用直接回水方式，否则宜用同程回水方式。对于水环路压差悬殊的场合亦可用平衡阀进行调整。

2）风机盘管用于高层建筑时，其水系统应采用闭式循环，膨胀水箱的膨胀管应接在回水管上。此外管路应该有坡度，并考虑排气和排污装置。

3）风机盘管承担室内和新风湿负荷时，盘管为湿工况，应重视冷凝水管系统的布置。

（3）风机盘管水系统的调节

风机盘管一般均采用个别的水量调节阀，和空调器中盘管的水量调节一样，当在进入盘管处设置二通阀调节进入盘管水量时，则系统水量改变，当设有盘管旁通分路及出口三通阀时，则进入盘管流量虽改变而系统水量不变。

目前国内风机盘管广泛使用二通阀ON/OFF控制方式（电磁阀通断控制），即在风机盘管温控器作用下，通过调节电磁阀通电时间的长短（占空比）来控制阀门开启的时长，从而调节一定时间内进入风机盘管的水量。

对于风机盘管无局部水量调节装置时，则可采用按朝向分区的区域控制方式，如图4-34所示，在各区回水管上装有三通阀（MV_1），根据室温控制器调节进入盘管的水量，这对总的系统来说水量不变，故称为定水量方式。此外，亦可采用二通阀代替三通阀以控制进入盘管的水量（称变水量方式），但当制冷机调节性能欠佳时，因进入制冷机水量过小将导致冷水温度过低而引起机器故障。为使系统回到制冷机的水量不发生变化，可用各种控制方法，例如在供、回水集管之间设一旁通管道，管间设阀门（MV_2），当负荷减少，供水量被调而供水集管压力上升时，可由它与回水集管间的压差控制器D打开旁通阀MV_2，将水量旁通掉。除控制水量外，还可采用分区控制水温的调节方法（图4-35），在二次泵与供水集管间设三通阀，利用回水和供水混合得到要求的水温，这种方法多用于高层和规模大的场合。

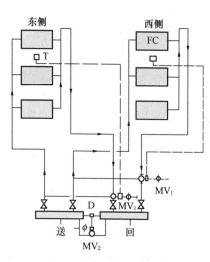

图 4-34　水量调节原理

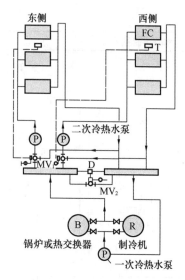

图 4-35　分区控制水温的调节方法

4.5.3　冷剂末端装置与新风系统结合的方式

自 20 世纪 80 年代以来，以冷剂直接相变的制冷空调设备大量生产，不仅形式多样，而且容量范围大，因此空调所需的热量交换除通过水和空气之外，也可直接利用制冷剂的相变换热，一般制冷剂每千克的传递热量（汽化潜热）约 200kJ/kg，几乎为水的 10 倍（温差为 5℃时）、空气的 20 倍（温差为 10℃时），因此可使输送管道的断面大大缩小，同时也节省了输送介质的能耗。

随着小型制冷压缩机（或热泵）的变容量控制技术、电子膨胀阀和微机的应用以及配管技术的进步，使冷剂的输送与控制能够使系统的分布达到一定范围，从而使传统的用于局部空调的个别分散空调机组（器）可以延伸到具有一定规模的整个建筑物，也就是说由一台置于室外的制冷压缩机组（风冷为主）能够向分散在室内的若干室内机组（末端装置的形式）制冷或供热（热泵工况）。由于这种方式设计、安装相对于其他方式的空调系统来得方便，施工安装周期短，与土建施工的配合容易，初投资较低，另外具有运行操作的灵活性大，易于实施行为节能，所以近来很受市场欢迎。但是由于其压缩机的制冷效率偏低（相对于大型制冷机）、噪声、气流组织等存在一定的缺陷，故在舒适度要求较高、规模大和空间高大的场合在使用上必然受到一定的限制。

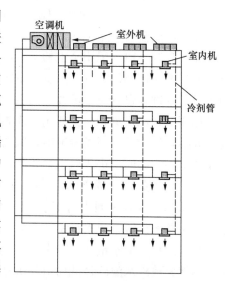

图 4-36　冷剂末端装置与新风系统
相结合的空调方式

图 4-36 所示为具有冷剂盘管的末端装置（蒸发器＋风机）室内机与新风系统组合而成的空调系统。

4.6 温度湿度独立控制空调系统

常规空调系统采用热湿耦合的控制方法对空气进行降温除湿处理，同时去除建筑物内的显热负荷与潜热负荷。经过冷凝除湿处理后，空气的湿度（含湿量）虽然满足要求，但温度过低，有时还需要再热才能满足送风温湿度的要求，造成冷热量混合损失（例如一次回风式系统）。温湿度独立控制空调系统的显热负荷和湿负荷分别由温度控制系统和湿度控制系统承担，避免了常规空调系统中温度与湿度联合处理所带来的混合损失，如图4-37所示。

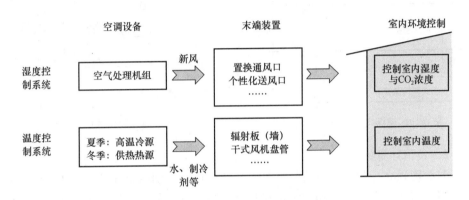

图4-37 温湿度独立控制空调系统

4.6.1 系统形式

温湿度独立控制空调系统由温度控制系统和湿度控制系统组成，适用于散湿量较小（不超过 $30g/(m^2 \cdot h)$）的空调区。温度控制系统以水作为输送媒介，冷水供水温度低于室内空气的干球温度，从而为天然冷源、蒸发冷却或高温型冷水机组的利用创造了条件，制冷机的性能系数可大幅度提高。湿度控制系统采用新风作为能量输送的媒介，通过改变送风量实现对湿度的调节，与常规空调系统相比，能够更好地控制空调区湿度，满足室内热湿比的变化，同时排除室内 CO_2 和异味，保证室内空气质量。

针对不同的气候、地域条件及建筑类型、负荷特点等，温湿度独立控制系统有多种形式。在气候干燥地区，室外空气含湿量低于室内设计参数对应的含湿量水平，此时可将适量的室外干燥空气经间接或直接蒸发冷却后送入室内，即能达到控制室内湿度的要求。还可以通过直接蒸发冷却或间接蒸发冷却方式制备冷水，满足室内温度的控制要求。图4-38是干燥地区温湿度独立控制系统示例。

在气候潮湿地区，室外空气的含湿量水平较高，需要对新风进行除湿处理后再送入室内。独立新风除湿机组可以是溶液除湿新风机组、固体吸湿材料新风机组、直膨型冷凝除湿机组等。以自然冷源、高温冷水机组、变制冷剂流量空调系统（VRF）等作为温度控制系统的冷源。图4-39是独立新风除湿系统示例。

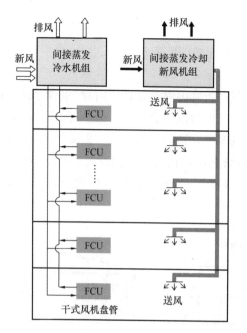

图 4-38　干燥地区温湿度独立控制系统形式

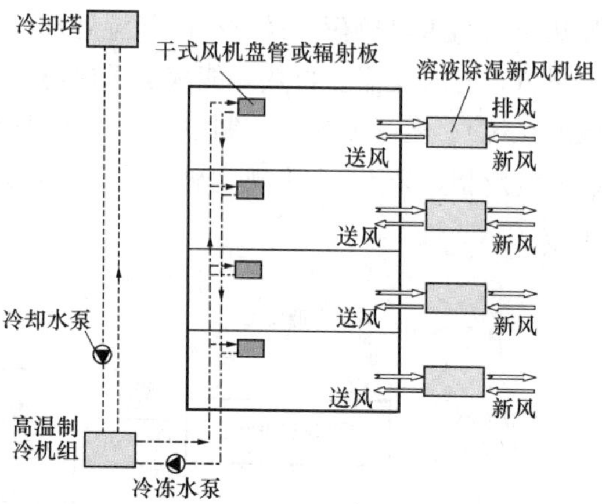

图 4-39　独立新风除湿机组形式

4.6.2　负荷计算特点

由于温湿度独立控制空调系统的显热负荷和湿负荷分别由温度控制系统和湿度控制系统承担，因此需要分别计算房间的湿负荷和房间的总显热负荷。如第 3 章所述，室内余热的来源包括通过围护结构传入室内的热量、透过外窗进入室内的太阳辐射热量、人员与设备散热量等。室内余湿的来源包括人体散湿量、室内潮湿表面的散湿量、食品或其他物料的散湿量等。需要注意的是，由于新风处理方式的不同，新风送风温度存在差异，当送风温度与室内温度不同时，会带走（或带入）一部分显热负荷。例如采用冷凝除湿、溶液除湿等方法处理新风时，送风温度一般低于室内空气温度，湿度控制系统承担一部分室内显热负荷。采用转轮除湿方式处理新风时，送风温度一般高于室内温度，温度控制系统除了承担全部室内显热负荷外，还需要承担因新风送风温度高于室内温度而带来的显热负荷。

4.6.3　显热末端装置

空调区的全部显热负荷由干工况室内末端设备承担。用于去除显热的室内末端装置可以采用辐射板、干式风机盘管等多种形式，由于供水温度高于室内空气的露点温度，不存在结露的危险，卫生条件较好。

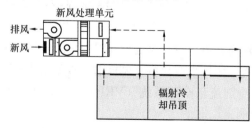

图 4-40　辐射板系统示意图

1. 辐射板

辐射板换热装置仅能负担显热负荷，故辐射板供冷一般采用温度较高的冷水（16～18℃），以防止板表面结露；冬季供暖时，辐射板的供水一般采用较低的热水温度（30～35℃），可有利于冷热源的选择。图 4-40 为辐射板系统的示意图。

（1）辐射板的构造与分类

根据基本构造大致分为两类：一类是与传统的辐射供暖方式相同，将高分子材料的管材或金属管道直接埋入混凝土地板（楼板）中，形成与房间面积相同的辐射换热面，从而与在室内的人体进行以辐射为主的换热。这种方式的特点是必须在现场施工。另外，由于该方式具有很大的蓄热性，故其运行工况非常稳定。除了在混凝土内埋管外，当仅需供暖时也有采用埋设发热电缆的方式。图 4-41 为全室型现场埋管的混凝土辐射板结构示意图。

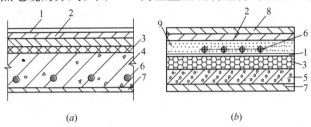

图 4-41 混凝土辐射板

(a) 顶面式；(b) 地面式

1—防水层；2—水泥找平层；3—绝热层；4—埋管楼板（或顶板）；5—钢筋混凝土板；

6—流通热（冷）媒的管道；7—抹灰层；8—面层；9—填充层

另一类是现场装配的模块化辐射板，现在欧洲有较大市场，该方式分为两种主要形式：

1）将盘管固定在模数化的金属板（或穿孔）上，并悬挂在吊顶下面，构成辐射吊顶，与土建施工关系少，易于检修。

2）采用小直径（$\phi 3 \sim 5\text{mm}$）的高分子材料 PPR 管道，管间距很小（$10 \sim 30\text{mm}$），可直接敷设在吊平顶表面，并与吊顶粉刷层（如石膏板等）相结合，由于这种传热管直径细小，故称毛细管型辐射板。这一类的主要特点是它属于设备末端装置的形式，由工厂生产，性能稳定，而且与第一种相比，无热惰性，适合于非长时间启用的场合，故这类装置又称为"即时型"辐射板，图 4-42 所示为该类辐射板的形式。

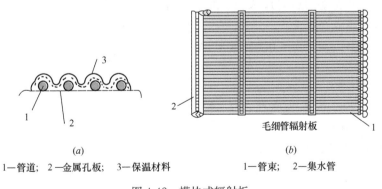

毛细管辐射板

(a) (b)

1—管道；2—金属孔板；3—保温材料   1—管束；2—集水管

图 4-42 模块式辐射板

(a) 模数化辐射板；(b) 毛细管型

当辐射方式仅用于供暖时，也可采用电缆线辐射方式和电热膜辐射方式。

（2）辐射板的换热性能

辐射板表面的实际出力，即与室内环境的换热量可用下式计算：

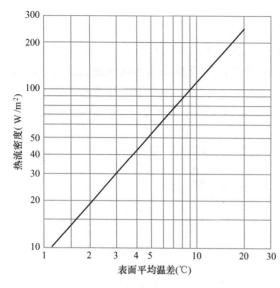

图 4-43　辐射地板供热和辐射顶板
供冷时表面散热量计算图表

$$q = a(t_{ps} - t_N)^b \quad (\text{W/m}^2)(4\text{-}13)$$

式中　t_{ps}——辐射板表面平均温度，℃；

t_N——室内空气温度，℃；

a、b——根据各种产品实验确定的系数。

地板供暖顶板供冷时 a 值为 9，顶板供暖时为 6；b 值则为 $1\sim1.08$。

当顶板辐射供冷装置附近受气流影响时，换热量可增加 15% 以内。

图 4-43 给出了辐射地板供热或顶板供冷时的换热量。由图可知，由于一般情况下二者温差不大于 10℃，故换热量一般也不超过 100W/m²。

（3）辐射冷却顶板系统的空调过程计算例

【例 4-4】 已知一办公楼，建筑面积为 14580m²，室内空气参数 $t_N = 26$℃，$\varphi_N = 60\%$，夏季室内冷负荷 $Q = 1211$kW，湿负荷 $W = 147.8$kg/h（0.041kg/s），房间要求的新风量已按卫生要求确定为 $G_w = 12.15$kg/s；室外空气计算参数 $t_W = 34$℃，$h_W = 82.35$kJ/kg；大气压力 $B = 101325$Pa。

试对冷却吊顶空调系统作计算分析。

【解】 （1）确定新风系统处理的终状态点 L：新风系统的空气处理过程如图 4-44 所示，在 h-d 图上确定 N 点和 W 点，得 $h_N = 61$kJ/kg。

由于室内湿负荷全部由新风承担，可求得新风处理后的终状态点含湿量：

$$d_L = d_N - \frac{W}{G_w} = 13.7 - \frac{0.041 \times 1000}{12.15}$$

$$= 10.32 \text{g/kg}$$

则 d_L 线与 $\varphi = 90\%$ 线之交点即为 L 点，$t_L = 16.2$℃，$h_L = 42.4$kJ/kg。

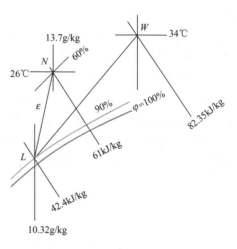

图 4-44　例 4-4 计算用图

（2）新风机组表冷器的冷量：

$$Q_w = G_w(h_W - h_L) = 12.15 \times (82.35 - 42.4) = 485.39 \text{kW}$$

（3）新风所承担的室内冷负荷：

$$Q_{WCL} = G_w(h_N - h_L) = 12.15 \times (61 - 42.4) = 225.99 \text{kW}$$

（4）要求冷却顶板承担的室内负荷：

$$Q_{pc} = Q - Q_{WCL} = 1211 - 225.99 = 985.01 \text{kW}$$

（5）冷却顶板承担的单位面积冷量：

$$q_{pc} = \frac{985.01 \times 1000}{14580} = 67.6 \text{W/m}^2$$

人体与周围冷或热表面之间的辐射换热是影响人体热感觉的重要因素之一。在夏季适当提高室内空气温度和降低壁面平均辐射温度可以使人有满意的热感觉，并可能取得一定的节能效果。当采用辐射末端装置时，新风的气流组织也可采用自下而上的近似"置换通风"的形式。

图 4-45 干式风机盘管
（MCW200～1400GF）

2. 干式风机盘管

与湿工况风机盘管不同，干式风机盘管（图 4-45）的冷水供水温度可以提高到 16～18℃。由于换热温差减小降低了干式风机盘管单位面积的换热能力，在承担相同显热负荷时，干式风机盘管需要更大换热面积或风量。风机盘管在湿工况和干工况运行条件下的工作性能比较见表 4-6。

风机盘管湿工况和干工况运行条件下的工作性能 表 4-6

型号	干工况（冷水供回水温度为 17℃/21℃）		湿工况（冷水供回水温度为 7℃/12℃）	
	FP-5	FP-10	FP-5	FP-10
额定风量（m³/h）	619	1058	619	1058
室内状态	干球温度：26℃，相对湿度：50%			
送风温度（℃）	20.7	20.6	14.2	14.0
送风相对湿度（%）	69	69	95	95
冷量（W）	1102	1914	2976	5312

从表中可以看出，将普通风机盘管直接运行于干工况，其冷量仅为湿工况的 1/3 左右。为了提高干式风机盘管的换热性能，需要从结构形式、翅片间距、水管管径等方面进行优化设计。图 4-46 是普通风机盘管（图 a）和干式风机盘管（图 b）的流路示意图，与普通风机盘管的交叉逆流比较，干式风机盘管的准逆流结构延长了流程，可以提高换热效率。

此外，还可以采用低阻波纹翅片和开窗翅片等减少空气阻力。

干式风机盘管是为温湿度独立控制空调系统开发的设备，其特点如下：

1）较大的设计风量；

2）较大的盘管换热面积，较少的盘管排数，以降低空气侧流动阻力；

3）选用大流量、小压头、低电耗的贯流风机或轴流式风机，或以自然对流方式实现空气侧的流动；

4）选取灵活的安装布置方式，例如吊扇形式、安装于墙角或工位转角等，充分利用无凝水盘和凝水管所带来的灵活性。

如图 4-47 所示，吊扇式风机盘管在空气通路上布置换热盘管，不占用吊顶空间，还可以减少阻力，降低所需风压。

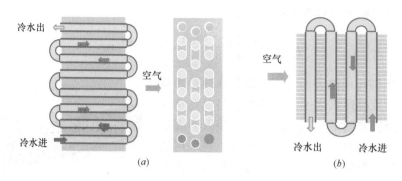

图 4-46　普通风机盘管和干式风机盘管的流路示意图

（a）普通风机盘管结构形式；（b）准逆流结构形式

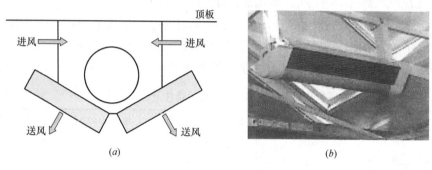

图 4-47　仿吊扇形式的风机盘管

（a）示意图；（b）安装照片

图 4-48　紧凑式风机盘管

图 4-48 为紧凑式风机盘管，可与建筑物配合安装在墙角或转角等部位。采用直流无刷电机，在 400～3000r/min 范围内连续调节。在风扇和导流板之间设置消声材料消除高风速引起的噪声。

4.6.4　新风处理方式

空调区的全部散湿量由经过除湿的干空气承担。由于显热末端装置只能负担室内显热负荷，因而空气系统（即新风系统）则需负担全部室内湿负荷，且同时还能负担部分显热负荷。新风除了调节湿度外，还具有排除室内 CO_2 和异味、保证室内空气质量的作用。新风处理可以采用溶液除湿、固体吸湿、冷凝除湿或组合除湿方式，如图 4-49 所示。

（1）转轮除湿方式是通过在转芯中添加具有吸湿性能的固体材料（如硅胶等），使被处理空气与固体吸湿材料直接接触从而完成对空气的除湿过程。转轮除湿机的工作原理见图 2-53，除湿过程接近等熔过程，转轮的 3/4 为干燥区，1/4 为再生区，可实现连续除湿。

（2）溶液除湿方式也是新风处理的可行途径。将空气直接与吸湿盐溶液接触（如溴化锂溶液等），空气中的水蒸气被盐溶液吸收。该方式还可实现对空气的加热、加湿、降温等处理过程。吸湿后的盐溶液需要浓缩再生才能重新使用。用热泵驱动的溶液式新风机，热泵的制冷量用于降低除湿溶液的温度从而提高其除湿性能，热泵的排热量用于溶液的浓缩再生，性能系数 COP 达到 5 以上。

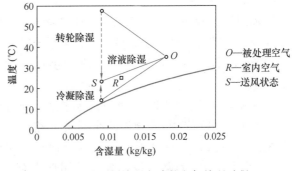

图 4-49　不同除湿方式的空气处理过程

（3）在气候潮湿地区，夏季室外温度和含湿量都很高，需要对新风进行降温除湿，可采用冷凝除湿方式处理新风。干式风机盘管加新风的空气处理过程在 h-d 图上的过程如图 4-50所示。该系统在 h-d 图上的过程确定如下：

1）过 N 作 ε 线，并由送风温差确定送风状态点 O，则风量 G 可得。当 G_w 已定时，G_F 亦可确定。

2）作 $\overline{NO}$ 延长线至 P 点，使 $\overline{NO}/\overline{OP}=G_w/G_F$，则得 P 点。

3）由 d_p 线与机器露点相对湿度线相交得 L 点，考虑新风机温升可确定实际的 K 点，连 KO 延长与 d_N 相交得 M 点，M 即风机盘管要求的出口状态点。风机盘管机组在干工况（无凝结水）下运行，可以防止细菌滋生，有利于提高室内空气质量。

由 h-d 图分析，该方式所需的新风处理焓差较大（>40kJ/kg），故新风处理箱的供冷水温度可能低于5℃，需增加盘管排数，降低迎面风速。利用高温冷源对新风进行预冷，实现新风的分级处理能够提高系统能效。经过冷凝除湿的新风温度较低，可以利用排风或新风对送风进行再热，提高送风温度，节约空气处理能耗，如图 4-50 所示。

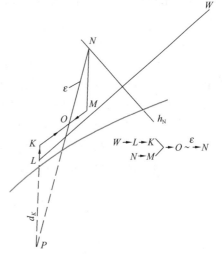

图 4-50　干式风机盘管加新风的空气处理过程

（4）在气候干燥地区，可以通过向室内通入适量的干燥新风来达到排除室内余湿的目的，此时新风处理机组的主要任务是对新风进行降温。一般根据当地夏季室外空气状况，由直接或间接蒸发冷却新风机组制备新风送入室内，带走房间的全部湿负荷和部分显热负荷。采用蒸发冷却方式处理新风，应正确地确定蒸发冷却的级数，合理控制送风除湿能力，满足室内湿度要求。

温湿度独立控制空调系统夏季间歇运行时，为了防止末端设备表面结露，系统开启时应先开启新风送风，待室内含湿量降低后再开启温度控制末端。

4.6.5　水系统

以辐射顶板为例，为了避免冷吊顶表面结露（板面温度应比室内空气露点温度高1～2℃），故供冷期的冷水温度较高，而新风系统空气处理有较大的除湿要求，故盘管的供水温度要求较低，一般为5～7℃，前者供回水温差较小（取2℃），而后者温差较大（取5℃）。

当采用单一工况的制冷机（冷水机组）时，新风系统和冷吊顶装置可分为两个系统回路，冷却顶板的水温由其自身之回水与之混合而得，如图4-51所示。每个回路上设置各自的循环水泵4和5，以满足新风系统和冷却吊顶系统对供、回水温度的不同要求。由冷水机组2统一提供5～7℃的冷冻水，其中一部分直接供新风系统使用，即新风的水系统回路；另一回路为冷却吊顶1的水系统回路，其供水温度通过由三通电动调节阀8调节5～7℃的冷冻水与冷却吊顶的回水的混合比来达到。冷却吊顶的供冷量由水路上的电动阀7控制（开或关）。

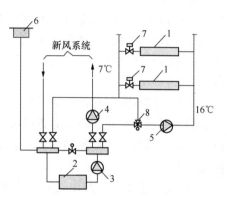

图4-51　用混合法制备冷却
吊顶冷媒的水系统图

1—冷却吊顶；2—冷水机组；3—冷水机组
循环水泵；4—新风系统循环水泵；5—冷却
吊顶系统循环水泵；6—膨胀水箱；7—电
动阀；8—三通电机调节阀

另一种方式是冷吊顶板系统的水与冷源水（一次水）热交换后获得，即系统中设热交换器，在各房间的辐射板水管上设三通调温阀，通过水温调节可有效地防止辐射板表面结露，这种方式如图4-52所示，可以看出，新风机组的冷源也是来自制冷机房的冷水。该方法由于有热交换器控温，故对辐射板的温控更为可靠。

由于供冷时冷却吊顶板供水为温度较高的冷水，故为了节约能源可以尽可能考虑自然冷源，如冷却塔循环水、地下水等。

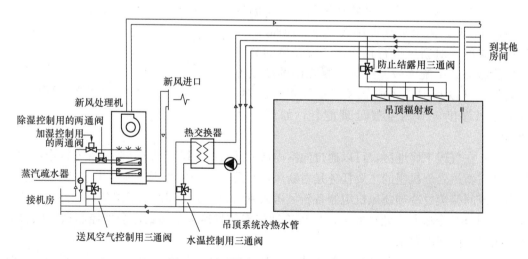

图4-52　辐射板空调系统的水系统控制

4.7　局部空调机组及其系统化应用

前已述及冷剂末端装置与新风系统相结合的空调方式，所谓冷剂末端装置一般属于局部空调机组的范畴，本节着重叙述局部空调机组的基本知识以及系统化应用，有的也称之为冷剂式空调系统或分散式空调系统。

4.7.1　局部空调机组的分类

常见的局部空调机组如窗式空调器、分体式空调器和柜式空调机。由于柜式空调机制冷量稍大，可用于小型商业建筑等场合，一般当制冷量大于7kW者亦可称为单元式空调机。由于局部空调机组使用灵活、控制方便，能满足不同场合的要求，生产企业开发了种类很多的机种供选择应用。表4-7按安装形式、冷却方式等许多方面进行了分类。

局部空调机组的分类　　　　　　　　　　　　　　　　　　　　表4-7

分类	形式		单冷/热泵	特　点	容量中	容量小	使用场合	参考图
按室内装置形式	1) 窗式（RAC）		○/○	最早使用的形式，冷凝器风机为轴流型，冷凝器突出安装在室外		○	对室内噪声限制不严的房间	图4-53（a）
	2) 挂壁式		○/○	压缩冷凝机组设在室外，室内机组噪声低，为分体式		○	用于室内噪声限制较严者，室内、外机用冷剂管道连接，注意安装防泄漏	图4-53（d）
	3) 嵌墙式（TWU）		/○	两侧均为离心风机，机组不突出墙外		○	附有热交换器，可供新风，适用于办公楼之外区	图4-53（f）
	4) 柜式（PAC）		○/○	风机可带余压，能接短风道	○		当餐厅等噪声要求不严时，可直接出风式	图4-53（b）
	5) 吊顶式		/○	做成分体型		○	不占居室的空间，餐厅等可使用	图4-53（e）
按冷凝器冷却方式	水冷型		○/	一般要配置冷却塔，水冷柜机一般为整体型	○		制冷COP值高于风冷，有条件时可应用	图4-53（c）
	风冷型		○/○	因系风冷，大多构成热泵方式并为分体型	○	○	因与热泵供热相结合，故市场极大	图4-53（b）
按机组整体性	整体式		○/○	同表中1)、3)项		○	无室内、外侧机组冷剂管道相连的工作，冷剂不易渗漏	
	分体式多联机	普通型	/○	室外一台压缩机匹配多台室内机（一拖几方式）		○	多居室使用空调时，压缩机按各室负荷累计的最大值配置	图4-53（g）
		VRF型	/○	普通型之发展，可带动十多台，用变频器调节循环冷剂量	○		同上，因采用变频装置，提高了运行经济性	图4-36

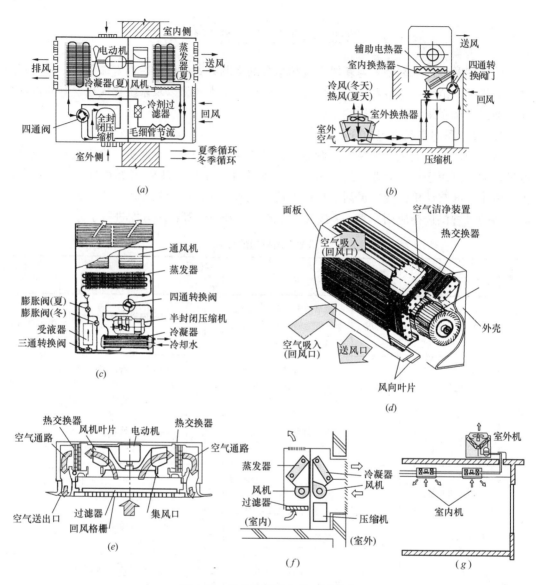

图 4-53 局部空调机组的不同形式

(a) 风冷式空调机组（窗式、热泵式）；(b) 风冷式空调机组（冷凝器分开安装、热泵式）；
(c) 水冷式热泵空调机组；(d) 挂壁式机组；(e) 吊顶式机组；(f) 穿墙式机组；(g) 分体式多联机

图 4-53 所示分别为风冷式空调机组（图 a）、分体式风冷立柜型热泵机组（图 b）和水冷式柜式空调机组（图 c），以及挂壁式机组（室内机）（图 d）和吊顶式机组（室内机）（图 e），图（f）为穿墙式机组，（g）为分体式多联机（一台室外机（压缩冷凝机组）接两台室内机，俗称"一拖二"方式）。

空调机组除满足民用之外，在商业和工业方面也广泛应用，按其功能需要可生产成诸多专用机组，如全新风机组、低温机组、通用型恒温恒湿机组、程控机房专用机组、净化空调机组等。此外，还生产有与冰蓄冷相结合以及具有蓄热功能或热水供应的机组。

表4-8列出了若干具有专用功能的空调机组的特点和应用场合。

若干专用空调机组的特点与使用场合　　　　表 4-8

机组类型	单冷/热泵	特　点	容量		使用场合
			中	小	
恒温恒湿机组	○/○	风冷、水冷均可为保证室内恒温恒湿精度，设微调加热、加湿器	○		精密加工工艺、程控机房、文物保管库房等
低温机组	○/	新风比小，机器露点低，处理焓差小	○		低温冷藏仓库（无人的场合）
全新风机组	○/○	全新风，处理焓差大，有的设热回收器	○	○	不允许使用回风的场合
净化空调机组	○/○	具有三级过滤系统，末端设高效空气过滤器，风机压头较大	○	○	中小型洁净生产环境，如医院手术室等

此外，空调机组的驱动能源除大多利用电能之外，也可利用热力驱动（油、燃气）。当使用燃气或燃油驱动时，其余热可以利用，即在冬季热泵运行时用余热提高室外机中蒸发器的温度，从而提高制热效率，并减少蒸发器除霜的需求。

4.7.2 空调机组的性能和选择应用

空调机组实际上是一个制冷装置和空气处理装置的结合体，因此可以直接为建筑物所用。不同用途（功能）的空调机其配置的冷量与风量并不相同，而同一用途的空调机组其冷量与风量匹配关系则相同。此外，空调机组还需通过其制冷（热）容量（出力）和配置的动力（制冷压缩机与风机等）大小来体现其能效的大小。

1. 空调机组的冷风比

机组在额定工况时所配置的冷量与送风机风量之比，实际上就是 h-d 图上示出的空气处理焓差（kJ/kg）。对舒适性空调的空气处理焓差一般在 15～18kJ/kg 范围内。

2. 空调机组的性能系数

性能系数分为制冷工况和制热工况两种：

（1）制冷工况：　　$COP_c = \dfrac{\text{机组名义工况下的制冷量（W）}}{\text{整机的功率消耗（W）}}$　　（4-14）

机组的名义工况（额定工况）制冷量是指国家标准规定的进风湿球温度、风冷冷凝器进口空气的干球温度等检验工况下测得的制冷量。

（2）制热工况（热泵）：　　$COP_h = \dfrac{\text{机组（热泵）名义工况下的制热量（W）}}{\text{整机的功率消耗（W）}}$　　（4-15）

在同一工况下，根据制冷机循环原理，$COP_h = COP_c + 1$。

由于热泵在冬季运行时，随着室外温度降低，有时必须提供辅助加热量（如电加热设备），因此，用制热季节性能系数（Heating Seasonal Performance Factor, HSPF）来评价其性能比较合理。即

$$HSPF = \frac{\text{供热季节热泵总的制热量}}{\text{供热季节热泵总的输入能量}}$$

$$= \frac{\text{供热季节热泵制热量＋辅助电热量}}{\text{供热季节热泵运行电耗量＋辅助电热量}} \quad (4-16)$$

为比较客观地考核空调机组全年运行时的综合性能，应注意空调机组在部分负荷运行时，由于制冷机容量调节方法的不同所造成的部分负荷效率的差别；同时还要考虑空调机组全年运行情况，用全年能源消耗效率（Anual Performance Factor，APF）、制冷季节能源消耗效率（Seasonal Energy Efficiency Ratio，SEER）考核，这可在相关的文献中查得。

3. 空调机组的选用及其变工况性能

根据空调房间的总冷负荷（包括新风负荷）和 h-d 图上处理过程的实际要求，查空调机组的特性曲线或性能表（不同进风湿球温度和不同冷凝器进水或进风温度下的制冷量），使冷量和出风温度能符合工程设计的要求。

某一形式、规格、容量已定的空调机组的基本特性曲线如图 4-54 所示。蒸发器特性线和压缩冷凝机组特性线的交点称为空调机组的工作点。工作点已定则可查出此时的制冷量。

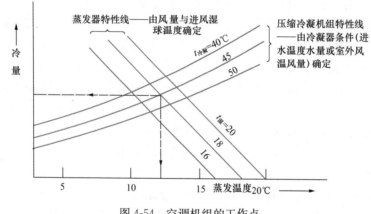

图 4-54　空调机组的工作点

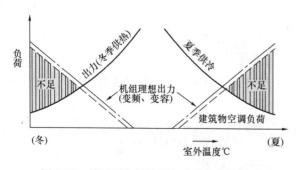

图 4-55　热泵型空调机组与建筑负荷的关系

4. 热泵型空调机组对于建筑负荷的适应性

对于风冷型热泵空调机组在夏热冬冷地区使用时，都存在其出力与建筑物冷热负荷需求的不平衡性，如图 4-55 所示，以实线表示机组从冬季到夏季其出力的大致变化，以虚线表示冬夏季建筑物供热供冷量随室外温度变化的需求规律，从图中可知，冬夏季出力与需求相平衡的室外温度只有两个点。其余室温下均不能满足（多余或不足）。因此如果可以随气候变化而改变其出力，则就满足使用要求了。现在国内外已生产有通过压缩机变频而能够在运行中改变冷热出力的机组。这种理想的情况也示意于图4-55中。

4.7.3 局部空调机组的系统化应用

将大规模生产、规格多样、品质稳定的小型整体式局部空调机组作为末端装置来应用，并利用冷剂管道传输热量的有效性，从而简化了空调工程的实施过程。这不仅扩大了应用范围，同时通过产品本身的技术进步和系统的优化组合，可提高能源使用效率，节约空调装置的能源消耗。以下介绍两种有代表性的装置和系统。

1. 水环热泵（WLHP）空调系统

水环热泵空调系统是由许多水-空气热泵机组通过水侧管路的网络化，以平衡同时进行制冷或供热的机组之间的热量需求。因此它不仅比单独运行的空气-空气热泵效率高，而且可实现建筑物内部的热回收，即通常可将大型建筑物内部的热量（如冬季建筑物内区需供冷）转移到建筑物的外区（供热用）。

（1）系统构成和运行

闭环水源热泵系统由水源热泵单元机组（水-空气热泵）、辅助加热装置、冷却塔和水系统所组成。图4-56（a）所示为典型的构造示意图。由于在建筑物内使用时，同时供冷、供热的热回收过程不可能完全匹配，故夏季靠冷却塔投入运行，冬季靠投入辅助加热器，这种情况如图4-56（b）所示。

夏季大部分机组处于制冷工况时，循环水温上升到一定温度（35℃）则由温控器使循环水流入冷却塔回路，水温下降。随着冷负荷下降循环水温降低到30℃时，冷却塔停止运行。当水温进一步下降到25℃时，温控器动作将循环转入辅助加热系统，利用蓄热运行。当水温低于15℃时，温控器控制辅助加热器工作使水温不低于15℃，这种系统最好设有蓄热槽，可将多余热量储存其中，同时可以利用夜间廉价电力以提高运行的经济性。

（2）系统的特点和适用性

该系统特点为：①具有热回收功能，可以节能；②在建筑物内可同时供冷供热，且机组停开相互无影响，灵活性大；③不需专设制冷机房和锅炉房，节省初投资；④水管在室内，水温适中，不必保温；⑤应注意冷却塔水系统的污染，故建议采用闭式冷却塔或用板式热交换器将冷却水系统和水环路隔断。

该系统适用于：①建筑规模较大，内外区有明显相逆负荷者，且这种负荷的平衡时间越长越经济；②用户需独立计费的出租办公楼；③建筑扩建时系统可在原有基础上扩展，不必添置大型冷热源；④旧建筑增设空调。采用此系统时应注意噪声处理和新风供给设施。

2. 变制冷剂流量多联分体式空调系统

这是由多联机发展而成的冷剂式空调系统，由一台（组）空气（水）源制冷或热泵机组配置多台室内机，通过改变制冷剂流量适应各房间负荷变化的直接膨胀式空调系统。20世纪80年代始于日本，现在我国亦有多家企业生产，其特点是系统可根据负荷变化通过变制冷剂流量而改变压缩机制冷量。改变制冷剂流量的方法有两种：一种是调节制冷压缩机的电机频率，以改变制冷机的出力；另一种是利用数字控制的涡旋压缩机通过控制负载与卸载时间的比例实现不同的冷剂输出量。前一种称为变冷剂流量（VRF）方式，后者称为"数字涡旋变流量方式"（简称变容多联机系统）。

图4-57为一多联机系统的示意图。由于采用电子膨胀阀和变频压缩机等技术可使室

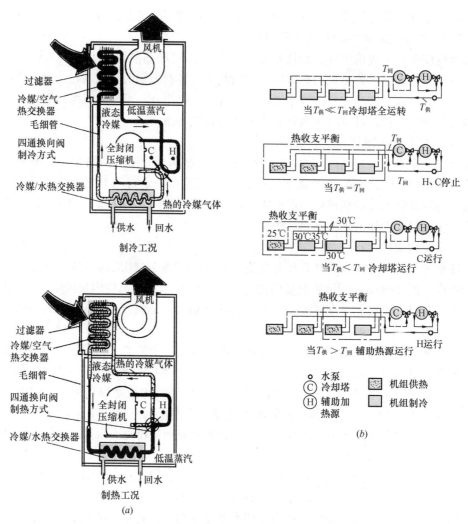

图 4-56　水源热泵的构造与闭环系统

(a) 水源热泵构造示意；(b) 闭环水源热泵系统

内机组的负荷变动通过冷剂连续调节而保持稳定的室温，同时使每一系统中室内机总容量配比范围为 50%～130%。每一台室内机均可单独运行和控制。压缩机的变频范围为 30～90Hz，故严寒时系统仍有较好的制热效果。

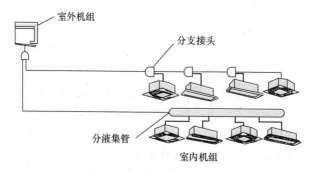

图 4-57　多联机系统示意图

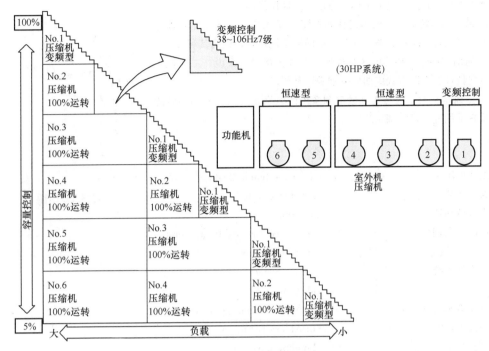

图 4-58　制冷量为 85kW 组合式室外机频率控制

当制冷量较大时，可以采用模块式室外机组，同时可用定容量（定频）和变容量（变频）相结合的搭配方式。图 4-58 表示了一个总制冷量为 85kW 的组合例，共采用 6 台 14kW 的压缩机组，其中采用一台变容量的机组就能获得满意的负荷控制。

多联机系统的特点和适用性为：1) 设备紧凑，占空间小，无粗大风道及水管路；与建筑施工配合简单，故安装进度快。不需大型制冷机房、锅炉房和空调机房。2) 机组平均 COP 值虽不如大型制冷设备高，但它无大容量的水系统和通风系统，即整个系统的输送能耗低，加之使用灵活，故其运行费用比集中式系统低。此外，由于个别控制与启动，启动负荷对电网的影响相对较小。3) 多联机系统制冷剂管路过长，会导致制冷能力的下降，故设计布置时应控制管路的末端距离以及输送高度。此外，与相同容量的集中系统相比，由于冷剂管路长，其中冷剂充注量比较大，且管路均在室内，应考虑其泄漏对环境的影响。4) 运行管理方便，维修由厂商负责。5) 可设新风。在新风量不能保证的条件下，应加设新风系统。

思考题与习题

1. 某一次回风空调系统，已知室内设计温湿度为 26℃、55%，室内冷负荷为 100kW，湿负荷为 36kg/h，室外空气干、湿球温度为 30℃、25℃，用机器露点送风，新风比为 30%，试绘出 h-d 图处理过程，并求该系统的新风量、新风负荷及制冷设备负荷？

2. 同上题，已知冬季建筑热负荷为 75kW（显热），湿负荷为 36kg/h，室内设计温湿度为 22℃、55%，室外冬季温湿度为 -5℃、70%，送风量、新风量同上题，求冬季室内热湿比、送风状态点、新风热负荷、空调机中空气加热器的热负荷及加湿装置的容量（在 h-d 图上表示出冬季处理过程）。

3. 以人体负荷为主的电影院观众厅的热湿比值大约为何值？当用最大送风温差送风时，能否确定人均风量为多少? 若按一般卫生标准考虑, 新风比是多少?

4. 某空调系统的空气处理过程如附图 h-d 图所示, 试按此处理过程画出空气处理系统示意图, 并与二次回风系统比较, 说明其利弊。

5. 何谓空调建筑物的内区和外区? 对办公楼建筑来说, 二者在负荷上有何特征? 空调方式应如何分别满足其要求?

6. 定风量空调系统与变风量空调系统的区别是什么? 何种性质的工程适宜采用变风量空调系统?

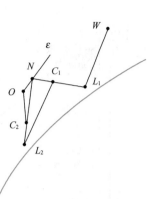

习题4 附图

中英术语对照

绝热加湿	adiabatic humidification
换气次数	air change rate
空气冷却器	air cooler
风冷式空调机组	air-cooled air conditioning unit
空气-水系统	air-water system
全空气系统	all-air system
全水系统	all-water system
全年能源消耗效率	annual performance factor
直流无刷电机	brushless DC motor
围护结构	building envelope
旁通阀	by-pass damper
吊顶式机组	ceiling air conditioning unit
集中式空调系统	central air conditioning system
冷吊顶	chilled ceiling
冷冻水（冷水）	chilled water
循环水	circulating water
净化空调机组	clean room air handling unit
洁净度	cleanliness
闭环水源热泵系统	closed-loop water source heat pump system
贴附效应	coanda effect
舒适性空调	comfort air conditioning
凝水盘	condensation basin
冷凝除湿	condensation dehumidification
空调区	conditioned zone
定风量（CAV）系统	constant air volume system
恒湿	constant humidity
恒温	constant temperature
降温除湿	cooling and dehumidification
冷源	cooling source
冷却塔	cooling tower
冷却水系统	cooling water system
贯流风机	cross-flow fan
设计负荷	design load
直接蒸发式冷却器	direct evaporative cooler

置换通风	displacement ventilation
干球温度	dry bulb temperature
干盘管	dry cooling coil
干式风机盘管	dry fan-coil unit
双风机系统	dual fans system
占空比	duty ratio
电加热器	electric heater
电动阀	electric valve
闭式冷却塔	enclosed cooling tower
电子膨胀阀	electronic expansion valve
余热	excessive heat
膨胀管	expansion pipe
膨胀水箱	expansion tank
风机盘管系统	fan-coil system
过滤器	filter
前向多翼离心风机	forward-curved multi-blade centrifugal fan
四管制风机盘管系统	four-tube fan-coil system
变频风机	frequency conversion fan
设备散热量	heat gain from appliance and equipment
照明热量	heat gain from lighting
人员散热量	heat gain from occupant
热泵	heat pump
蓄热槽	heat storage tank
换热介质	heat transfer medium
制热季节性能系数	heating seasonal performance factor
夏热冬暖地区	hot summer and warm winter area
逐时冷负荷	hourly cooling load
湿度控制系统	humidity control system
含湿量	humidity ratio
冰蓄冷	ice cool storage
诱导器	induction unit
工艺性空调	industrial air conditioner
等温线	isotherm
潜热	latent heat
平均辐射温度	mean radiant temperature
余湿	moisture excess
散湿量	moisture gain
多叶阀	multiblade damper
新风机组	outdoor air handling unit
新风负荷	outdoor air load
新风量	outdoor air volume
柜式空调机	package air conditioner
新风比	percentage of outdoor air

相变换热	phase-change heat transfer
测压管	piezometric tube
板式热交换器	plate heat exchanger
预热器	preheater
新风系统	primary air system
一次回风系统	primary return air comditioning system
辐射吊顶	radiant ceiling
辐射换热	radiant heat transfer
辐射板	radiant panel
循环风	recirculating air
冷剂	refrigerant
制冷压缩机	refrigerating compressor
回风	return air
转轮除湿	rotary dehumidification
制冷季节能源消耗效率	seasonal energy efficiency ratio
二次泵	secondary pump
二次回风系统	secondary return air conditioning system
半集中式空调系统	semi-central air conditioning system
显热负荷	sensible heat load
滑阀	slide valve
电磁阀	solenoid valve
比热	specific heat capacity; specific heat
分体式空调器	split air conditioner
静压	static pressure
送风温度	supply air temperature
送风温差	supply air temperature difference
温度控制系统	temperature control system
温度场	temperature field
末端装置	terminal device
恒温器	thermostat
三通阀	three-way valve
嵌墙式空调机组	through-wall air conditioning unit
全热交换器	total heat exchanger
二通阀	two-way valve
单元式空调机	unitary air conditioner
变风量（VAV）	variable air volume
变冷剂流量（VRF）	variable refrigerant flow
水源热泵单元机组	water source heat pump unit
喷水室	water spray chamber
水冷式空调机组	water-cooled air conditioning unit
水冷式表面冷却器	water-cooled surface cooler
水环热泵（WLHP）	water-loop heat pump
窗式空调器	window-type room air conditioner

本章主要参考文献

[1] 赵荣义. 简明空调设计手册[M]. 北京：中国建筑工业出版社，1998.

[2] 井上宇市. 空气调节手册[M]. 范存养，等，译. 北京：中国建筑工业出版社，1986.

[3] 陆亚俊，马最良，邹平华. 暖通空调[M]. 3版. 北京：中国建筑工业出版社，2015.

[4] 黄翔. 空调工程[M]. 北京：机械工业出版社，2006.

[5] 叶大法，杨国荣. 变风量空调系统设计[M]. 北京：中国建筑工业出版社，2007.

[6] 蒋能照. 空调用热泵技术及应用[M]. 北京：机械工业出版社，1997.

[7] 朱颖心. 建筑环境学[M]. 5版. 北京：中国建筑工业出版社，2024.

[8] 黄晨. 建筑环境学[M]. 北京：机械工业出版社，2005.

[9] 井上宇市. 空气调和ハンドブック（改订5版）[M]. 东京：丸善株式会社，2008.

[10] 陆耀庆. 实用供热空调设计手册[M]. 2版. 北京：中国建筑工业出版社，2008.

[11] 马最良，姚扬. 民用建筑空调设计[M]. 北京：化学工业出版社，2003.

[12] 徐邦裕，陆亚俊，马最良. 热泵[M]. 北京：中国建筑工业出版社，1988.

[13] 尉迟斌. 实用制冷与空调工程手册[M]. 北京：机械工业出版社，2002.

[14] 空气调和·卫生工学会. 空气调和·卫生工学便览（Ⅱ）空调设备篇[M]. 1987.

[15] Recknagel-Sprenger. Hönmann. Taschenbuch für HEIZUNG＋KLIMA TECHNIK，Oldenbourg 90/91.

[16] 黄素逸. 采暖空调制冷手册[M]. 北京：机械工业出版社，1996.

[17] Baumgarth/Hörner/Reeker（Hrsg）. Handbuch der Klimatechnik，C. F. Müller Verlag，Heidelberg，1999.

[18] ASHRAE. ASHRAE handbook-HVAC systems and equipment. SI ed. Atlanta：ASHRAE，Inc.，2000.

[19] EASTOP T D，WATSON W E. Mechanical services for buildings[M]. Hong Kong：Longman Asia Ltd.，1992.

[20] WANG S K. Handbook of air conditioning and fefrigeration[M]. 2nd ed. New York：McGraw-Hill，2000.

[21] F. C. 麦奎斯顿. 采暖通风与空气调节分析与设计[M]. 杜鹏久，等，译. 北京：中国建筑工业出版社，1981.

[22] 薛殿华. 空气调节[M]. 北京：清华大学出版社，1991.

[23] 刘晓华，江亿，张涛. 温湿度独立控制空调系统[M]. 2版. 北京：中国建筑工业出版社，2013.

[24] 张旭，周翔，王军. 民用建筑室内设计新风量研究[J]. 暖通空调，2012，42(7)：27-32.

第5章 空调房间的空气分布

房间的空气分布对于空调能耗及人员热舒适有着重要的影响。良好的空气分布是通过合理的气流组织营造出来的，为此需要对末端设备、气流分布形式、气流流动规律、气流组织计算方法及气流分布对于空调负荷的影响有深入的理解，本章将围绕这些关键因素进行全面的介绍。

5.1 空调房间常见空气末端形式与特点

空气处理后需要通过特定的空调末端送入室内，从而形成需要的室内环境。常见的空气末端有散流器、百叶风口、喷射式送风口、孔板、旋流风口等，理解不同末端的形式与特点是设计房间气流组织的重要基础，本节对常见的空气末端逐一进行介绍。

5.1.1 散流器

散流器在民用建筑中有广泛的应用，可根据使用要求制成正方形、长方形或圆形，从而满足施工及美观的需求。散流器通常安装在顶棚上，将送风分为多个不同的方向，实现送风气流在房间中均匀分布的效果。

图 5-1 展示了两种典型的散流器。图 5-1(a) 为圆形散流器，内部为多层锥体结构，其吹出气流为贴附型，具有送风温差大、吹出气流均匀、能抑制体感气流等特点，但是当送热风时，热空气会上浮，送风难以到达房间下部的工作区。图 5-1(b) 为方形散流器，根据需要也可做成矩形。该散流器有多层同心的平行导向叶片，空气通过导向叶片均匀分散到周围，然后与房间空气混合，这种类型散流器兼顾了送冷风及送热风，使用十分广泛。

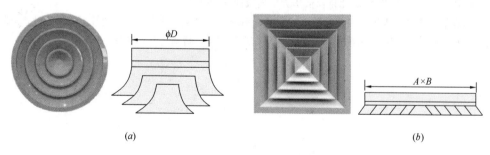

(a)   (b)

图 5-1 方形和圆形散流器

(a) 圆形散流器；(b) 方形散流器

5.1.2 百叶风口

百叶风口具备较强的灵活性，应用同样十分广泛，可作为房间的送风口、排风口或回风口使用。常见的百叶风口有单层百叶风口、双层百叶风口和条缝形格栅风口等。

图 5-2 展示了常见的单层百叶风口，根据需要可以调节叶片角度实现需要的送风角度。其中图 5-2(a) 为竖向布置的单层百叶风口，可调节水平方向的扩散角；图 5-2(b) 为横向布置，可调节垂直方向的仰角。如果有调节风量的需求，可加装对开式风量调节阀。由于单层百叶风口空气动力性能比双层百叶风口差，因此多用于房间的回风或排风口，只在少量工程中用作侧送风口。

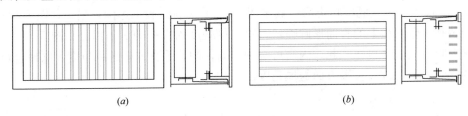

图 5-2　单层百叶风口

(a) 竖向布置；(b) 横向布置

图 5-3 展示了常见的双层百叶风口，它由双层叶片组成，前面一层叶片是可调的，后面一层叶片是固定的，根据需要可配置对开式多叶风量调节阀，用来调节风口风量。其中图 5-3(a) 为 VH 式，前面叶片为竖向布置，后面叶片为横向布置；图 5-3(b) 为 HV 式，前面叶片为横向布置，后面叶片为竖向布置。与单层百叶风口类似，双层百叶风口可通过调节前面叶片的角度改变送风的角度，实现设计的气流分布。如果有调节风量的需求，可加装对开式风量调节阀。

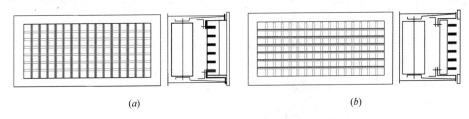

图 5-3　双层百叶风口

(a) VH 式；(b) HV 式

条缝形格栅风口广泛应用于公共建筑空调中，通常安装在顶棚上，既可用作送风口，也可用作回风口。当格栅风口用于送风时，风口上方需设静压箱，以确保送风气流分布均匀。图 5-4 展示了一些条缝形格栅风口，该风口可根据需求设计成不同的形状及尺寸，从而配合不同的建筑需求。

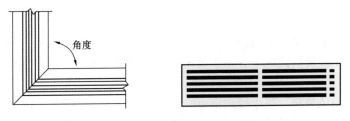

图 5-4　条缝形格栅风口

5.1.3 喷射式送风口

喷射式送风口简称喷口，在高大空间中有较为广泛的应用。空气经过喷嘴以较高的速度喷射出去，形成射流，将空气送至较远的目标区域。喷口送风角度可通过同心的旋转部件进行小幅的调节。此外考虑到美观因素，喷嘴也可安装在圆筒形、球形或半球形的壳体内，构成不同形式的喷口。

图5-5展示了常见的喷口类型。其中图5-5(a)为直线收缩形圆形喷口；图5-5(b)为直接安装在风管壁面上的直筒形圆喷口，喷口的长度为直径的2倍以上；图5-5(c)为两个圆筒形喷口同心套接在一起，内筒可绕轴转动，调节垂直方向送风角度，同理也可调整喷口的安装方向，改变水平方向送风角度。

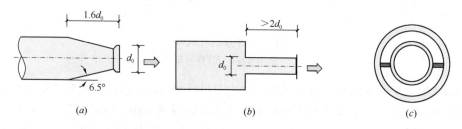

图 5-5 射流喷口（嘴）的形式
(a) 直线收缩形圆形喷口；(b) 直筒形圆喷口；(c) 两个圆筒形喷口同心套接

5.1.4 孔板

孔板送风在工业建筑中应用较多，送风射流能够快速混合均匀，在工作区形成均匀的温度和速度分布。因此，孔板送风适用于区域温差和工作区风速要求严格、单位面积送风量比较大、室温允许波动范围较小的有恒温或洁净要求的空调房间。图5-6展示了孔板送风的方式，空气先由风管进入顶部的静压箱中，形成稳定的正压，再经过若干均匀分布的圆孔进入房间，流出小孔的射流能够快速混合形成均匀的气流。

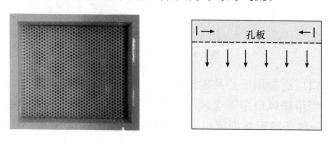

图 5-6 孔板

5.1.5 旋流风口

旋流风口在工业建筑中应用较多，依靠起旋器或旋流叶片等部件，使轴向气流起旋形成旋转射流。由于旋转射流的中心处于负压区，它能诱导周围大量空气与之相混合，然后送至工作区。

旋流风口由出风格栅、集尘箱和旋流叶片组成，如图5-7所示。适用于计算机房等有夹层地板的房间，空调送风送入夹层，通过旋流叶片切向进入集尘箱，形成旋流后由与地面平齐的格栅送入室内。还有一种带有锥形分流器，通过一次风喷射，二次风经旋流环引入的旋流风口，其混掺效果也较好，速度衰减较快，适用于多种送风口布置方式。

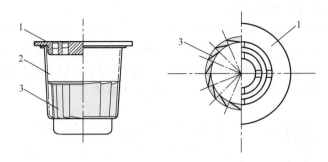

图 5-7　旋流式风口
1—出风格栅；2—集尘箱；3—旋流叶片

5.1.6　诱导器

诱导器是分设于各房间或走廊顶棚的末端装置，它由外壳、喷嘴、静压箱和一次风管连接组成。图5-8为诱导器系统的原理图，经过集中处理的空气，首先由风机送入空调房间诱导器的静压箱，然后以极高的速度从喷嘴喷出，在喷射气流的作用下，在诱导器中形成负压，因而可将室内空气诱导进来，再与一次风混合形成空调房间的送风。在被诱导空气经过的路径上还可以加装盘管，用于被诱导空气的加热或冷却。

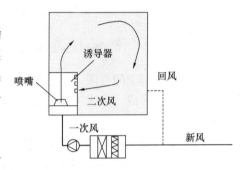

图 5-8　诱导器系统原理图

5.2　空调房间常见气流分布形式

空间气流分布的形式多种多样，取决于送风口的形式及送排风口的布置方式，可分为混合通风和非均匀环境通风两大类，其中混合通风作为最传统的通风方式应用十分广泛，但存在效率低的问题，因此又发展了多种非均匀环境下的通风方式。

5.2.1　混合通风

混合通风又称稀释通风，它的原理是用一定量的清洁空气送入房间，稀释室内污染物，使其浓度达到卫生规范的允许浓度，并将等量的室内空气连同污染物排到室外。送回风方式可采用上送下回、上送上回、下送下回等。

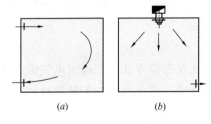

图 5-9　上送下回气流分布
(a) 侧送侧回；(b) 散流器送风

（1）由空间上部送入空气、由下部排出的"上送下回"送风形式是混合通风的基本方式。图 5-9 所示为两种不同的上送下回方式，其中图 5-9(a) 为侧送侧回形式，可根据空间的大小扩大为双侧送双侧回；图 5-9(b) 为散流器上送下回形式，可由多个散流器从上部送风，共用下部的回风口。在上送下回的气流分布形式中，送风气流不直接进入工作区，有较长的与室内空气混掺的距离，能够在下部工作区形成比较均匀的温度场和速度场。

（2）为方便布置回风口，许多场合采用了"上送上回"的气流形式。图 5-10 为三种上送上回的气流分布方式，其中图 5-10(*a*) 为单侧上送上回形式，图 5-10(*b*) 为异侧上送上回形式，图 5-10(*c*) 为散流器上送上回。上送上回的方式可将送排（回）风管道集中于空间上部，从而可将风管设置在顶棚中使管道成为暗装。

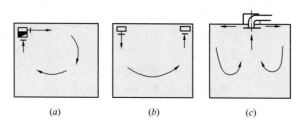

图 5-10　上送上回气流分布

(*a*) 单侧上送上回；(*b*) 异侧上送上回；(*c*) 散流器上送上回

（3）对于顶部空间有限，不方便安装风口的房间，将落地式风机放置在房间一侧的地面上进行送风，形成"下送下回"的气流分布方式，如图 5-11 所示。若空间较大，送风可扩展为双侧。

（4）在某些高大空间内，为使送风更加高效，可采用"中送上下回"的方式，如图 5-12 所示。其中图 5-12(*a*) 的送风由侧墙的中部送出，回风口布置在间的顶部和底部；对于跨度较大的空间，可采取图 5-12(*b*) 中的方式，进行双侧布置。

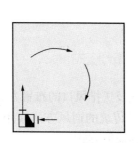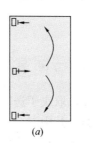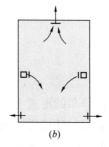

图 5-11　下送下回气流分布　　图 5-12　中送上下回气流分布

(*a*) 单侧中送上下回；(*b*) 双侧中送上下回

由于混合通风并不严格考虑保障区的位置，通常需要很大的送风速度才能送达工作区，往往会造成能源的浪费，而且人们呼入的空气也是送入的新风和室内原有污浊空气混合而成的，对人的健康也会造成一定的不利影响。

5.2.2　非均匀环境通风方式

非均匀环境的通风方式采用更加合理的送回风口形式及布置方式，使得送风气流能够以较短路径进入到目标保障区，更高效地营造所需要的环境。常见的非均匀环境通风方式包括置换通风、个性化送风、层式通风、地板下送风等。

1. 置换通风

置换通风是一种下送上回的气流分布方式，送风口位于房间下部，具体可分为两种形式，如图 5-13 所示。图 5-13(*a*) 为侧下送风的方式，将处理后的干净冷空气通过侧墙下部的送风口直接送入，在地板上扩散成为空气湖，形成稳定的冷空气薄层。室内人员及设备等内部热源产生向上的热羽流，冷空气会置换掉热源周围的空气，随热羽流向上部流动形成室内空气运动的主导气流。排（回）风口设置在房间的顶部，最后将污染空气排出。图 5-13(*b*) 为孔板下送风方式，在地面上安装一个架空层，作为送风静压箱，上表面为孔板，气流通过孔板均匀地进入室内，排（回）风口设置在房间顶部，这样便可形成单向流，使得房间下部的空气更加新鲜。

置换通风的目的是保持人员活动区的温度和污染物浓度符合设计要求，允许活动区上方存在较高的温度和污染物浓度。与混合通风相比，设计良好的置换通风能改善室内空气质量，减少空调能耗。置换通风可在教室、会议室、剧院、超市、室内体育馆等公共建筑，以及厂房和高大空间等场合中应用。

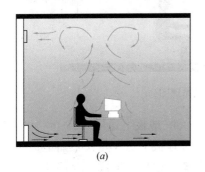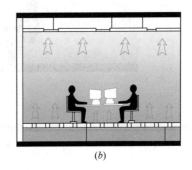

图 5-13　置换通风原理图

(*a*) 侧下送风；(*b*) 孔板下送风

2. 个性化送风

个性化送风原理如图 5-14 所示，它将处理后的空气直接送到人员工作区，从而用较少的新风和冷/热量营造出令人满意的局部环境。由于送风末端通常配备有风速、风量及温度的调节装置，人们可根据需求进行调节，从而实现个性化的环境参数。个性化送风口可布置在工位周围的地板上、桌面下方或者工位的侧墙上，这种送风方式 20 世纪末开始应用于舒适性空调中，目前已用于办公室、影剧院等场所的空调系统中。

图 5-14　个性化送风原理图

个性化送风通常与背景空调相结合。以供冷工况为例，背景空调设定的温度可以显著高于个性化送风设定温度，从而实现节能。个性化送风的主要优点包括：（1）送风到达人的呼吸区距离短，空气龄很小，换气效率高，空气质量好；（2）可按个人的热感觉调节风量、风向和温度，充分体现了"个性化"的特点；（3）以供冷工况为例，背景空调设定的房间温度较高，且人员离开时可关闭个性化送风口，因此空调的运行能耗低。

3. 层式通风

层式通风是一种区别于传统混合通风、置换通风、个性化通风的新型通风方式。很多场景的工作区位于房间的中下部，此时并不需将整个空间都作为控制调节的对象，采用层式通风可以高效地满足要求。其原理如图 5-15 所示，送风口及回风口布置在侧墙上，高度与坐姿情况下人体上半身的高度一致，形成一侧送风、对侧回风的气流组织，这样会在房间中部形成一个新鲜的空气层，该区域可以达到较高的热舒适度，并将污染物浓度控制在较低的范围。由于保障区域明显减小且送风可以直接到达工作区，因此层式通风的夏季送风温度可以提高到 21℃ 左右，使得层式通风和传统的混合通风相比具有显著的节能效果。

图 5-15　层式通风原理图

图 5-16　地板下送风原理图

4. 地板下送风

地板下送风是在距离地面一定高度安装架空地板，形成一个静压室，处理后的空气送入夹层中，再通过架空地板上的风口送至工作区或者人员活动区，实现目标区域的高效保障。送风在吸收了空调区的余热、余湿后，最后从顶棚上的排（回）风口排出，如图 5-16 所示。

地板下送风与传统混合通风相比，送风直接进入目标区域，通风效率更高，供冷时的送风温度明显高于顶部送风，供热时的送风温度低于顶部送风。地板下送风与置换通风的区别之处在于，置换通风以很低的流速输送空气，而地板下送风利用速度较高的风口送风，形成强烈的混合。与置换通风相比较，它改变了空间下部区的特性，即加大了混合的空气量，提高了地面附近的温度并降低了温度梯度。

5.3　送风射流和排风口的流动规律

由流体力学可知，空气从一定形状和大小的喷口出流可形成层流或紊流射流，除雷诺数很小以外，一般多属后者。根据射流与周围流体的温度状况可分为等温射流与非等温射流；按射流流动过程中是否受周界表面的限制又可分为自由射流和受限射流。在空调工程中常见的情况，多属非等温受限射流。现简要说明紊流射流的一般规律。

5.3.1　自由射流

由直径为 d_0 的喷口以出流速度 u_0，射入同温空间介质内扩散，在不受周界表面限制

的条件下，则形成如图 5-17 所示的等温自由
射流。由于射流边界与周围介质间的紊流动量
交换，周围空气不断被卷入，射流不断扩大，
因而射流断面的速度场从射流中心开始逐渐向
边界衰减并沿射程不断变化。结果，流量沿程
增加，射流直径加大。但在各断面上的总动量
保持不变。在射流理论中，将射流轴心速度保
持不变的一段长度称为起始段，其后称为主体
段。空调中常用的射流段为主体段。

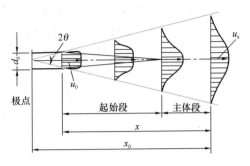

图 5-17 自由射流

对自由射流的规律性研究结果表明，射流

主体段的参数变化与 $\dfrac{ax_0}{d_0}$ 有关。x_0 为由极点至给定断面的距离，a 为无量纲紊流系数，其数值的大小决定于风口形式并与射流的扩散角有关，即 $\tan\theta=3.4a$。因此，对不同的风口形式则有不同的 a 值（见表 5-1）。由表内数值可见，风口结构越有利于出流紊动和射流扩散，则 a 值越大，换言之，a 值越大，则射流的扩散和速度衰减越大。

不同风口的 a 值 　　　　　　表 5-1

风 口 形 式		紊 流 系 数 a
圆 射 流	收缩极好的喷口	0.066
	圆管	0.076
	扩散角为 8°~12° 的扩散管	0.09
	矩形短管	0.1
	带可动导叶的喷口	0.2
	活动百叶风口	0.16
平面射流	收缩极好的扁平喷口	0.108
	平壁上带锐缘的条缝	0.115
	圆边口带导叶的风管纵向缝	0.155

射流主体段轴心速度的衰减规律，经典地表示为

$$\frac{u_{x0}}{u_0} \approx \frac{0.48}{\dfrac{ax_0}{d_0}} \qquad\qquad (5\text{-}1)$$

式中　u_{x0}——以极点为起点至所计算断面距离 x_0 处的轴心速度，m/s；

　　　u_0——风口出流的平均速度，m/s。

采用式（5-1）计算时，由于 x_0 是从极点算起，不便于直接确定实际距风口的距离，所以一般均以风口作为起点并相应地将式（5-1）改写成

$$\frac{u_x}{u_0} = \frac{0.48}{\dfrac{ax}{d_0}+0.145} \qquad\qquad (5\text{-}2)$$

或忽略由极点至风口的一段距离，在主体段计算时直接用

$$\frac{u_x}{u_0} \approx \frac{0.48}{\dfrac{ax}{d_0}} \qquad\qquad (5\text{-}3)$$

式中　u_x——以风口为起点，到射流计算断面距离为 x 处的轴心速度，m/s；

　　　　x——由风口至计算断面的距离，m。

由式（5-3）可见，当风口形式一定，除 x、d_0 为几何尺寸外，$0.48/a$ 则代表射流的衰减特性。设 $m=0.48/a$，则

$$\frac{ax}{d_0} = \frac{0.48/m \cdot x}{d_0} = \frac{0.48x}{md_0}$$

代入式（5-3）得

$$\frac{u_x}{u_0} = \frac{0.48}{\dfrac{0.48x}{md_0}} = \frac{md_0}{x} \tag{5-4}$$

进一步将 d_0 以风口出流面积 F_0 表示，则 $d_0 = 1.13\sqrt{F_0}$，代入式（5-4）得

$$\frac{u_x}{u_0} = \frac{1.13m\sqrt{F_0}}{x} = \frac{m_1\sqrt{F_0}}{x} \tag{5-5}$$

式中　$m_1 = 1.13m$。

对于方形或矩形出风口，式（5-5）同样适用，但在出风口的边长比大于 10 时，则应按扁射流计算，即

$$\frac{u_x}{u_0} = m_1\sqrt{\frac{b_0}{x}} \tag{5-6}$$

式中　b_0——扁口的高度，m。

当射流温度与周围空气温度不同，具有一定的温差时，射流与周围空气的混掺结果使射流的温度场（浓度场）与速度场存在相似性，只是射流边界比速度分布的边界有所扩大。定量的研究结果得出：

$$\frac{\Delta T_x}{\Delta T_0} = 0.73\frac{u_x}{u_0}$$

即

$$\frac{\Delta T_x}{\Delta T_0} = \frac{0.73m_1\sqrt{F_0}}{x} = \frac{n_1\sqrt{F_0}}{x} \tag{5-7}$$

式中　$\Delta T_x = T_x - T_n$；$\Delta T_0 = T_0 - T_n$；

　　　　T_0——射流出口温度，K；

　　　　T_x——距风口 x 处射流轴心温度，K；

　　　　T_n——周围空气温度，K；

　　　　$n_1 = 0.73m_1$，代表温度衰减的系数。

上述式（5-5）～式（5-7）是射流计算的基本公式。

对于非等温自由射流，由于射流与周围介质的密度不同，在浮力和重力不平衡条件下，射流将发生变形，即水平射出（或与水平面成一定角度射出）的射流轴将发生弯曲，其判据为阿基米德数 Ar：

$$Ar = \frac{gd_0(T_0 - T_n)}{u_0^2 T_n}$$

式中　g——重力加速度，m/s²。

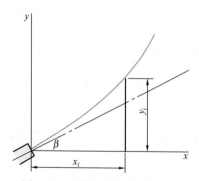

图 5-18　非等温射流轨迹计算

显然当 $Ar>0$ 时为热射流，$Ar<0$ 时为冷射流，而当 $|Ar|<0.001$ 时，则可忽略射流轴的弯曲而按等温射流计算。考虑射流轴弯曲的轴心轨迹计算式：

$$\frac{y_i}{d_0} = \frac{x_i}{d_0}\tan\beta + Ar\left(\frac{x_i}{d_0\cos\beta}\right)^2\left(0.51\frac{ax_i}{d_0\cos\beta}+0.35\right) \tag{5-8}$$

式内各符号的意义见图 5-18。由式（5-8）可见，Ar 数的正负和大小，决定射流弯曲的方向和程度。

5.3.2 受限射流

在射流运动过程中，由于受壁面、顶棚以及空间的限制，射流的运动规律有所变化。常见的射流受限情况是贴附于顶棚的射流流动，称为贴附射流。贴附射流的计算可以看成是一个具有两倍 F_0 出口射流的一半，因此，其风速衰减的计算式为

$$\frac{u_x}{u_0} = \frac{m_1\sqrt{2F_0}}{x} \tag{5-9}$$

同样，对于贴附扁射流的计算式为

$$\frac{u_x}{u_0} = m_1\sqrt{\frac{2b_0}{x}} \tag{5-10}$$

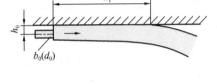

比较式（5-5）与式（5-9）、式（5-6）与式（5-10）可见，贴附射流轴心速度的衰减比自由射流慢，因而达到同样轴心速度的衰减程度需要更长的距离。

非等温贴附射流为冷射流时，在重力作用下有可能在射流达到某一距离处脱离顶棚而成为下降气流，如图 5-19 所示。为确定冷射流的贴附长度 x_l 可用下列方法计算：

1. 计算射流几何特性系数 z

射流几何特性系数 z 是考虑非等温射流的浮力（或重力）作用而在形式上相当于一个线性长度的特征量。对它的进一步说明参见第 5.4 节第一部分关于非等温影响的修正。

对于集中射流和扇形射流：

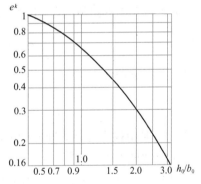

图 5-19 贴附冷射流的贴附长度

$$z = 5.45 m_1' u_0 \sqrt[4]{\frac{F_0}{(n_1'\Delta T_0)^2}} \tag{5-11}$$

对于扁射流：

$$z = 9.6\sqrt[3]{b_0\frac{(m_1'u_0)^4}{(n_1'\Delta T_0)^2}} \tag{5-12}$$

式中 $m_1'=\sqrt{2}m_1$；$n_1'=\sqrt{2}n_1$。

2. 计算 x_l

集中式射流： $\qquad\qquad\qquad\qquad x_l = 0.5z\exp k \tag{5-13}$

扇形射流： $\qquad\qquad\qquad\qquad x_l = 0.4z\exp k \tag{5-14}$

式中，$k=0.35-0.62\dfrac{h_0}{\sqrt{F_0}}$ 或 $k=0.35-0.7\dfrac{h_0}{b_0}$（扁射流）。已知 h_0，风口面积 F_0 或扁风

口高度 b_0 即可求得 k 值。在已知 h_0/b_0（或用 $b_0 = 1.13\sqrt{F_0}$）时，可用图 5-19 的线图直接查得 e^k。

在射流计算时，由于不同类型射流的规律性不同，因此也常使用不同的名称专指某些类型的射流，如由圆形、方形和矩形风口出流的射流一般称为集中式射流（或紧凑式射流），由边长比大于 10 的扁长风口出流的射流称为扁射流（或平面流），由成扇形导流径向扩散出流的射流称为扇形射流等。

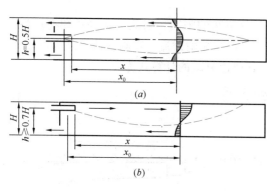

图 5-20 有限空间射流流动

除贴附射流外，空调空间四周的围护结构可能对射流扩散构成限制。在有限空间内射流受限后的运动规律不同于自由射流。图 5-20 表示出在有限空间内贴附与非贴附两种受限射流的运动状况。

由图可见，当喷口处于空间高度的一半时（$h = 0.5H$），则形成完整的对称流，射流区呈橄榄形，回流在射流区的四周。当喷口位于空间高度的上部（$h \geqslant 0.7H$）时，则出现贴附的有限空间射流，它相当于完整的对称流的一半。

如果以贴附的射流为基础，将无因次距离定为

$$\overline{x} = \frac{ax_0}{\sqrt{F_n}} \quad \text{或} \quad \overline{x_1} = \frac{ax}{\sqrt{F_n}}$$

则对于全射流即应为

$$\overline{x} = \frac{ax_0}{\sqrt{0.5F_n}} \quad \text{或} \quad \overline{x_1} = \frac{ax}{\sqrt{0.5F_n}}$$

式中，x_0 是由极点至计算断面的距离；F_n 是垂直于射流的空间断面面积。

实验结果表明，当 $\overline{x} \leqslant 0.1$ 时，射流的扩散规律与自由射流相同，并称 $\overline{x} \approx 0.1$ 为第一临界断面。当 $\overline{x} > 0.1$ 时，射流扩散受限，射流断面与流量增加变缓，动量不再守恒，并且到 $\overline{x} \approx 0.2$ 时射流流量最大，射流断面在稍后处亦达最大，称 $\overline{x} \approx 0.2$ 为第二临界断面。同时，不难看出，在第二临界断面处回流的平均流速也达到最大值。在第二临界断面以后，射流空气逐步改变流向，参与回流，使射流流量、面积和动量不断减小，直至消失。

有限空间射流的压力场是不均匀的，各断面的静压随射程而增加。

由于有限空间射流的回流区一般也是工作区，控制回流区的风速具有实际意义。回流区最大平均风速的计算式为

$$\frac{u_n}{u_0} = \frac{m_1}{C\sqrt{\dfrac{F_n}{F_0}}} \tag{5-15}$$

式中 C——与风口形式有关的系数，对集中射流取 10.5。

值得指出的是，上述实验结果得出 $\overline{x} = 0.1$ 之前，射流扩散规律与自由射流相同，此时射流断面面积与空间断面面积之比（R）为

$$R = \frac{\pi(3.4ax_0)^2}{F_n} \qquad (5\text{-}16)$$

将 $\bar{x} = \dfrac{ax_0}{\sqrt{0.5F_n}} = 0.1$ 代入式（5-16）得

$$R = 0.182$$

因此，可以认为当射流断面面积达到空间断面面积的 1/5 时，射流开始受限，其后的发展应符合有限空间射流规律。

表 5-2 列出一些常用的送风口形式及相关的特性参数。

送风口特性   表 5-2

类别	序号	名　称	形　式	特性系数 m_1	特性系数 n_1	说　明
集中射流	1	收缩喷口	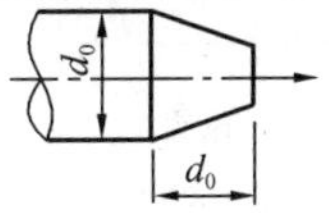	7.7	5.8	适用于集中送风
	2	直管喷口	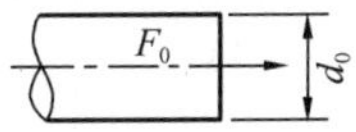	6.8	4.8	同上
	3	单层活动百叶风口	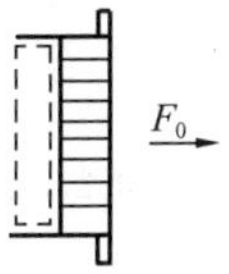	4.5	3.2	一般空调用具有一定的导向功能
	4	双层活动百叶风口		3.4	2.4	同上
	5	孔板栅格风口	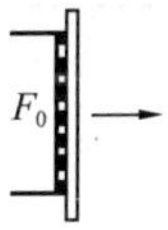	6.0 5.0 4.5	4.2 4.0 3.6	有效面积系数为 0.5～0.8 有效面积系数为 0.2～0.5 有效面积系数为 0.05～0.2，可用于一般上、下送风
	6	散流器	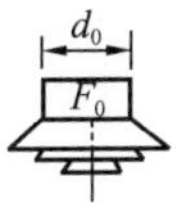	1.35	1.1	适于顶棚下送风，具有一定的扩散功能
扇形射流	7	网格式柱形风口	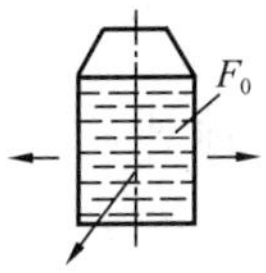	2.4	1.5	适于下部工作区送风
	8	固定导叶扇形风口	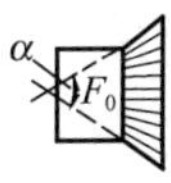 $\alpha=45°$ $\alpha=60°$ $\alpha=90°$	3.5 2.8 2.0	2.5 1.7 1.25	适于侧送风
	9	可调导叶扇形风口	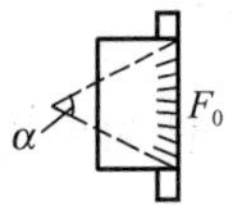	1.8	1.2	适于侧送风

183

类别	序号	名　称	形　式	特性系数		说　明
				m_1	n_1	
扇形射流	10	径向贴附散流器	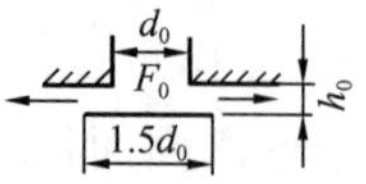 d_0 F_0 h_0 $1.5d_0$	1.2 1.0 0.95	1.0 0.88 0.88	$h_0/d_0=0.2$ $h_0/d_0=0.3$ $h_0/d_0=0.4$
平面扁射流	11	带平行百叶条形风口	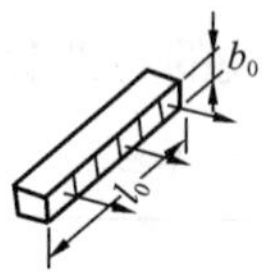 b_0 l_0 $\dfrac{l_0}{b_0}>10$	2.5	2.0	适于侧上送风
	12	管道式孔板	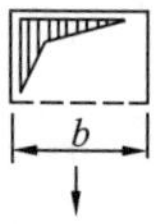 开孔率 0.092 0.062 0.046	0.65 0.53 0.45	0.55 0.48 0.40	适于下部送风
	13	圆管式孔板	b_0 取孔板圆周长 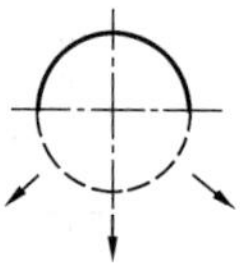 0.092 0.062 0.046	0.29 0.24 0.21	0.26 0.22 0.19	

注：对形成贴附射流的风口，m_1、n_1 值应乘以 $\sqrt{2}$。

5.3.3　平行射流的叠加

两个相同的射流平行地在同一高度射出，当两射流边界相交后，则产生互相叠加，形成重合流动（见图 5-21）。对于单股射流的速度分布可用正态分布来描述，其表达式为

$$u = u_x \cdot \exp\left[-\frac{1}{2}\left(\frac{r}{cx}\right)^2\right] \qquad (5-17)$$

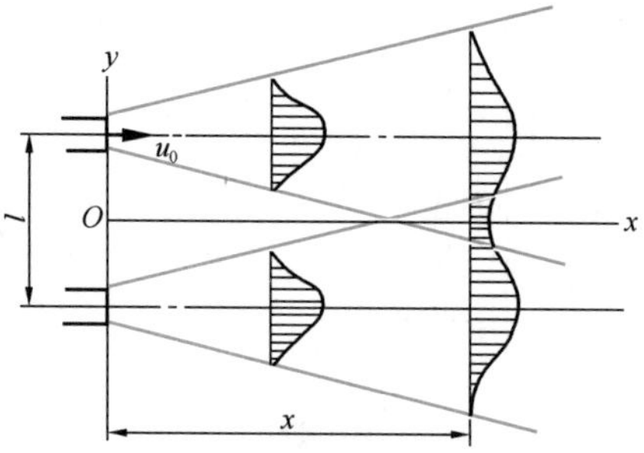

式中　u——距出口 x 处，距射流轴 r 点的流速，m/s；

c——实验常数，可取 $c=0.082$。

图 5-21　平行射流的叠加

已知 $$u_x = u_0\frac{m_1\sqrt{F_0}}{x}$$

故 $$u = u_0\frac{m_1\sqrt{F_0}}{x}\exp\left[-\frac{1}{2}\left(\frac{r}{cx}\right)^2\right] \qquad (5-18)$$

设两射流的中心距为 l，取 $\dfrac{l}{2}$ 及射流出口处为原点 O，且 z 轴垂直于 x、y 轴。这样，在射流内某一空间点上由两个相同射流相互作用形成的流速 u 可根据动量守恒求出，即

$$u^2 = u_1^2 + u_2^2$$

由此可以导出某一射流的轴心速度在另一相同平行射流作用下的计算式：

$$u_{\mathrm{x}} = \frac{m_1 u_0 \sqrt{F_0}}{x} \left\{ 1 + \exp\left[-\left(\frac{l}{cx}\right)^2 \right] \right\}^{\frac{1}{2}} \tag{5-19}$$

对比式（5-5）及（5-19）可见，相同平行射流重叠时其轴心速度比单一射流的中心速度大。式（5-19）中 $\left\{ 1 + \exp\left[-\left(\frac{l}{cx}\right)^2 \right] \right\}^{\frac{1}{2}}$ 一项即为考虑重叠影响的修正系数。

5.3.4 排（回）风口的气流流动

排（回）风口的气流流动近似于流体力学中所述的汇流。汇流的规律性是在距汇点不同距离的各等速球面上流量相等，因而随着离开汇点距离的增大，流速呈二次方衰减，或者说在汇流作用范围内，任意两点间的流速与距汇点的距离平方成反比。

实际排（回）风口具有一定的面积大小，不是一个汇点。图 5-22 所示为一管径为 d_0 的排风口的流速分布。由图可见，实际排风口处的等速面已不是球形，所注百分数为无因次距离 $\frac{x}{d_0}$ 处 $\frac{u}{u_0}$ 值。由图中 $\frac{u_{\mathrm{x}}}{u_0} = 5\%$ 的等速面查得，在正对

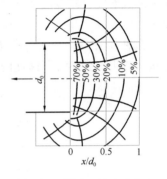

图 5-22　排风口的流速分布

排风口处的无因次距离 $\frac{x}{d_0} = 1$。可见，排风口的速度衰减极快。即使排风口的实际安装条件是受限的，如与壁面平齐，其作用范围为半球面，装在房角处为 1/8 球面等，上述规律性仍然是存在的。

实际排（回）风口的速度衰减在风口边长比大于 0.2 且 $0.2 \leqslant \frac{x}{d_0}$（或$\frac{x}{1.13\sqrt{F_0}}$）$\leqslant 1.5$ 范围内，可用下式估算：

$$\frac{u_{\mathrm{x}}}{u_0} = \frac{1}{9.55\left(\dfrac{x}{d_0}\right)^2 + 0.75} \tag{5-20}$$

排风口速度衰减快的特点，决定了它的作用范围的有限性。因此在研究空间的气流分布时，主要考虑风口出流射流的作用，同时考虑排风口的合理位置，以便实现预定的气流分布模式。忽略排风口在空间气流分布中的作用，将导致降低送风作用的有效性。

5.4　房间气流分布的计算

气流分布计算的任务在于选择气流分布的形式，确定送风口的形式、数目和尺寸，使工作区的风速和温差满足设计要求，射流的送风方式广泛应用于通风空调领域，在办公建筑、体育馆、机场等多种场所都有应用。对于采用射流送风的简单场景可通过射流理论进行气流分布的计算，本节将对典型场景的空气分布计算流程进行重点介绍。此外，随着计算流体力学的快速发展，计算的准确度和速度都有了很大提升，能够满足各种复杂场景的

气流分布计算，本节也将对计算流体力学的计算方法进行简要介绍。

5.4.1　用射流理论进行一般气流分布的计算

对于比较典型的空气分布方式及计算条件示于图 5-23。以第 Ⅰ 种下送风方式为例来说明气流分布的计算程序。已知下送风射流直接进入工作区，在风口形式选定后，在确定的 x 距离处 u_x 与 t_x 值应满足使用对象的要求。如果 x 断面处于起始段（即令 $\frac{u_x}{u_0}=1=\frac{m_1\sqrt{F_0}}{x}$，或 $x\leqslant m_1\sqrt{F_0}$），则 $u_x=u_0$，$t_x=t_0$。如果 x 处于主体段，即 $x>m_1\sqrt{F_0}$，则应按主体段射流公式在已知 u_x 及 Δt_0 条件下，计算 u_0 并校核 Δt_x，检查风量是否符合设计要求。

在进行图 5-23 所示各种送风气流分布方式计算时，要注意 x 值的选定，即 x 值应等于从射流出口到达计算断面的总长度。以方案 Ⅱ 和方案 Ⅳ 为例，x 值应分别等于 $x'+(H-2)$ 和 $x'+l$。

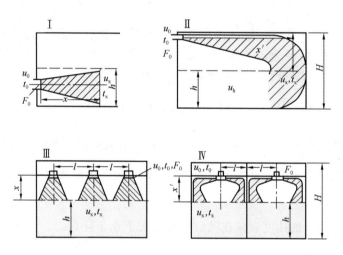

图 5-23　空气分布方式及计算条件

空间气流分布的计算不像等温自由射流计算那么简单，需要考虑射流的受限、重合及非等温的影响等因素，现分别说明。

1. 考虑射流受限的修正系数，K_1

图 5-24 中各曲线是对不同射流类型考虑受限的修正系数。图的横坐标对于非贴附射流为 $\bar{x}=\frac{x}{\sqrt{F_n}}$；对于贴附射流 $\bar{x}=\frac{0.7x}{\sqrt{F_n}}$；对于扁射流 $\bar{x}=\frac{x}{H}$（H 为房高）；对于下送散流器 $\bar{x}=\frac{x}{\sqrt{F_n}}$；对于径向贴附散流器 $0.1\bar{l}=\frac{0.1l}{\sqrt{F_0}}$（$l$ 为横向射流间距，F_0 为送风接管面积，见图 5-23）。

2. 考虑射流重合的修正系数，K_2

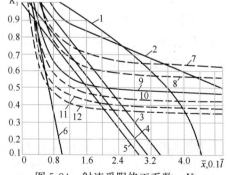

图 5-24　射流受限修正系数，K_1

1—集中射流；2—扁射流；3、4、5—扇形射流（分别为 $\alpha=45°$，$60°$，$90°$）；6—下送散流器；

7、8、9、10、11、12—径向贴附散流器，$l/x'=0.5$，0.6，0.8，1.0，1.2，1.5

考虑射流重合对轴心速度的影响可由式(5-19)计算求出。为方便起见，也可用图5-25所示的修正曲线求出。图中的横坐标有二，一是用于普通的集中射流，一是用于扇形射流。

3. 考虑非等温影响的修正系数，K_3

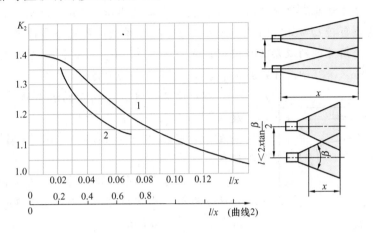

图 5-25 射流重合的修正系数，K_2
1—集中射流，平面流；2—扇形流

非等温射流受到重力（冷射流）或浮力（热射流）的作用，其轴心速度的衰减不同于等温射流。第5.3节已提出水平或与水平线成某一夹角的非等温自由射流的轴心轨迹的计算，而在射流由上而下或由下而上，或与垂直线成小于30°夹角射出时，均需对速度衰减进行修正。对垂直射流的修正式为：

$$\frac{u_x}{u_0} = \frac{md_0}{x}\left[1 \pm 1.9 \frac{\beta}{m} \cdot Ar\left(\frac{x}{d_0}\right)^2\right]^{\frac{1}{3}} = \frac{m_1\sqrt{F_0}}{x} \cdot K_3 \qquad (5\text{-}21)$$

式中 β——气体膨胀系数，$\beta = 1/(273+t)$。

为简化计算，非等温修正系数 K_3 可按下列各式计算。

集中射流：$K_3 = \left[1 \pm 3\left(\frac{x}{z}\right)^2\right]^{\frac{1}{3}}$

扇形射流：$K_3 = \left[1 \pm 1.5\left(\frac{x}{z}\right)^2\right]^{\frac{1}{3}}$

扁射流：$K_3 = \left[1 \pm 2\left(\frac{x}{z}\right)^2\right]^{\frac{1}{3}}$。

K_3 各式中的 z 值，可按式（5-11）或式（5-12）计算。同时，对比式（5-21）中的修正项，可以看出 z 的意义。

K_3 亦可由图 5-26 查得。图的上部（Ⅰ区）用于冷射流，下部（Ⅱ区）用于热射流。

考虑上述各项修正后的射流计算式则成为

$$\frac{u_x}{u_0} = \frac{K_1 K_2 K_3 m_1 \sqrt{F_0}}{x} \qquad (5\text{-}22)$$

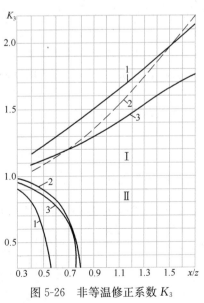

图 5-26 非等温修正系数 K_3
1—集中射流；2—扁射流；3—扇形流

及
$$\frac{\Delta T_{\mathrm{x}}}{\Delta T_0} = \frac{K_1 K_2 K_3 n_1 \sqrt{F_0}}{x} \tag{5-23}$$

至此除上送下回方式中的孔板送风外，一般的气流分布方式均可参照图 5-23 中给出的基本形式和计算条件进行计算。现举例说明。

【例 5-1】 某空调房间要求恒温 $20\pm0.5℃$，房间尺寸为 5.5m×3.6m×3.2m(长×宽×高)，室内显热冷负荷 $Q=5690\mathrm{kJ/h}$，试作上送下回（单侧）气流分布计算。

【解】（1）选用可调的双层百叶风口，其 $m_1=3.4$，$n_1=2.4$（表 5-2 中的第 4 项），风口尺寸定为 0.3m×0.15m，有效面积系数为 0.8，$F_0=0.036\mathrm{m}^2$。

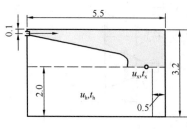

图 5-27　例 5-1 计算用图

（2）设定如图 5-27 所示的水平贴附射流，射流长度 $x=5.5-0.5+(3.2-2-0.1)=6.1\mathrm{m}$（取工作区高度 2m，风口中心距顶棚 0.1m，离墙 0.5m 为不保证区）。

（3）试选用两个风口，其间距为 1.8m，相当于将房间分为两个相等的空间。对于每股射流而言，$F_{\mathrm{n}}=3.6\times3.2/2=5.76\mathrm{m}^2$。

（4）利用各修正系数图求 K_1、K_2、K_3。按 $\bar{x}=\dfrac{0.7x}{\sqrt{F_{\mathrm{n}}}}=\dfrac{0.7\times6.1}{\sqrt{5.76}}=1.78$，查图 5-24 曲线 1 得 $K_1=0.88$，即射流受限。按 $l/x=1.8/6.1=0.3$，查图 5-25 曲线 1，得 $K_2=1$，即不考虑射流重合的影响。由于不属垂直射流，因此不考虑 K_3。

（5）按式（5-22）计算射流轴心速度衰减：
$$\frac{u_{\mathrm{x}}}{u_0} = \frac{K_1 m_1 \sqrt{2F_0}}{x} = \frac{0.88\times3.4\times\sqrt{2\times0.036}}{6.1} = 0.132$$

由于本例的工作区处于射流的回流区，射流到达计算断面 x 处的风速 u_{x} 可以比回流区高，一般可取规定风速的两倍，即 $u_{\mathrm{x}}=2u_{\mathrm{h}}$（$u_{\mathrm{h}}$ 为回流区风速，或按规范规定的风速）。现取 $u_{\mathrm{x}}=0.5\mathrm{m/s}$，则 $u_0=0.5/0.132=3.79\mathrm{m/s}$。

（6）计算送风量与送风温差

已知 $u_0=3.79\mathrm{m/s}$，两个风口的送风量 L 则为
$$L = 2\times0.036\times3.79\times3600 = 982\mathrm{m}^3/\mathrm{h}$$

因此得出送风温差 Δt_0 为
$$\Delta t_0 = \frac{Q}{\rho \cdot c \cdot L} = \frac{5690}{1.2\times1.01\times982} = 4.8℃$$

此时换气次数 $n = L/\overline{V}_{\mathrm{n}} = \dfrac{982}{5.5\times3.6\times3.2} = 15.5$ 次/h。

据第 3 章推荐的送风温差和换气次数，上列计算结果均满足要求。

（7）检查 Δt_{x}
$$\frac{\Delta t_{\mathrm{x}}}{\Delta t_0} = \left(\frac{\Delta T_{\mathrm{x}}}{\Delta T_0}\right) = \frac{K_1 n_1 \sqrt{2F_0}}{x}$$
$$= \frac{0.88\times2.4\times\sqrt{2\times0.036}}{6.1} = 0.093$$

所以
$$\Delta t_{\mathrm{x}} = 0.093 \times \Delta t_0 = 0.093 \times 4.8 = 0.45℃$$
$$\Delta t_{\mathrm{x}} \leqslant 0.5℃$$

（8）检查贴附冷射流的贴附长度

按式（5-11）计算 z 值：

$$z = 5.45 m_1' u_0 \sqrt[4]{\frac{F_0}{(n_1' \Delta T_0)^2}}$$

$$= 5.45 \times \sqrt{2} \times 3.4 \times 3.79 \times \sqrt[4]{\frac{0.036}{(\sqrt{2} \times 2.4 \times 4.8)^2}} = 10.72$$

$$x_l = 0.5 z \exp k$$

$$k = 0.35 - 0.62 \times \frac{h_0}{\sqrt{F_0}} = 0.35 - 0.62 \times \frac{0.1}{\sqrt{0.036}} = 0.023$$

故
$$x_l = 0.5 \times 10.72 \times \exp 0.023 = 5.5\text{m}$$

可见，在房间长度方向射流不会脱离顶棚成为下降流。

对于将末端装置放在窗下或侧墙下部，送风由下而上的气流分布方式（见图 5-28）需要考虑另一附加因素，即要检验送冷射流时是否能达到所要求的高度。由下而上送出的冷射流所能达到的垂直距离 $y_{\max}$ 可按下式计算：

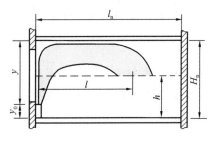

图 5-28　下侧送风气流分布

$$y_{\max} = M \sqrt{F_0} \sqrt[3]{\frac{m_1}{Ar^2}} \qquad (5\text{-}24)$$

式中　M——系数，对贴附射流为 0.64，非贴附射流为 0.45；

Ar——阿基米德数，对集中射流和扇形流可按 $Ar = 11.1 \frac{\Delta T_0 \sqrt{F_0}}{u_0^2 T_{\mathrm{n}}}$ 计算；对扁射流

$Ar = 19.62 \frac{\Delta T_0 b_0}{u_0^2 T_{\mathrm{n}}}$。

在确定了下送射流的总长度 x［垂直距离加上水平距离，按图 5-28，$x = y + l + (H_{\mathrm{n}} - h)$］后，送风口的最大净面积（有效面积）可按下列经验式计算：

$$F_{0,\max} = 1.76 \times 10^{-5} \left[\frac{L_0}{\sqrt{\frac{\Delta T_0}{T_{\mathrm{n}}} \sqrt{\frac{x^3}{m_1}}}} \right]^{1.14} \qquad (5\text{-}25)$$

式中　L_0——对应于每个风口的送风量，m^3/h；

ΔT_0——对冷射流用 $\Delta T_0 = T_{\mathrm{n}} - T_0$。

在房间高度较低时（$H_{\mathrm{n}} < 2.6\text{m}$），为使冷射流不易在中途下降，建议采用速度衰减较慢的风口（$m_1 \geqslant 4.5$），且在 $\Delta t_0 = 11℃$ 时，$u_0 \geqslant 2.5\text{m/s}$；$\Delta t_0 = 8.5℃$ 时，$u_0 \geqslant 1.25\text{m/s}$。若采用 $m_1 \leqslant 2$ 的风口，则当 $\Delta t_0 = 11℃$ 时，$u_0 \geqslant 3.75\text{m/s}$；$\Delta t_0 = 8.5℃$ 时，$u_0 \geqslant 2.5\text{m/s}$。在送热风时，采用 $m_1 \geqslant 4.5$ 的风口，$\Delta t_0 = 15 \sim 20℃$；用 $m_1 \leqslant 2.5$ 的风口，$\Delta t_0 = 35 \sim 40℃$。

现举例说明下侧送风气流分布的计算方法。

【例 5-2】　某房间体积为 $5.5 \times 4.0 \times 2.44$（长×宽×高，m）$= 53.7\text{m}^3$，显热冷负荷为

4545kJ/h，在外墙下部设有末端装置，风口为百叶栅格，$m_1=4.5$，$n_1=3.2$，工作区高度 $h=1.8$m，试计算按图 5-28 所示气流分布方式射流到达工作区的参数。

【解】 （1）设工作温差为 4℃，则房间的总送风量为

$$L=\frac{4545}{1.2\times1.01\times4.0}=937.5\text{m}^3/\text{h}$$

若选用两个风口（两台风机盘管），则每个风口的风量为：

$$L_0=937.5/2=468.8\text{m}^3/\text{h}$$

（2）确定 x 总长度：设 $l=0.7l_n$，则

$$x=y+l+(H_n-h)=1.9+0.7\times5.5+(2.44-1.8)=6.39\text{m}$$

（3）计算出风口在 $x=6.39$m 时所需的最大有效面积：

$$F_{0,\max}=1.76\times10^{-5}\left(\frac{468.8}{\sqrt{\frac{4}{299}\sqrt{\frac{6.39^3}{4.5}}}}\right)^{1.14}=0.072\text{m}^2$$

（4）确定风口的出风速度：

$$u_0=\frac{468.8}{0.072\times3600}=1.81\text{m/s}$$

（5）检查射流至工作区边界（l、h 点）的风速：

先计算射流的修正系数 K_1、K_2，而 K_3 已在求 $F_{0,\max}$ 中考虑了。

已知
$$F_n=\frac{4\times2.44}{2}=4.88\text{m}^2$$

对下侧送贴附射流
$$\bar{x}=\frac{0.7x}{\sqrt{F_n}}=\frac{0.7\times6.39}{\sqrt{4.88}}=2.02$$

查图 5-24 曲线 1，得 $K_1=0.83$

按两个风口的间距为 2m，则 $l/x=2/6.39=0.313$

查图 5-25 曲线 1，得 $K_2=1$

这样，

$$u_x=u_0\frac{\sqrt{2}m_1K_1K_2\sqrt{F_0}}{x}$$

$$=1.81\times\frac{1.41\times4.5\times0.83\times\sqrt{0.072}}{6.39}=0.4\text{m/s}$$

（6）检查射流到达工作区边界 l、h 点的温差：

$$\Delta t_x=\Delta t_0\times0.73\frac{u_x}{u_0}$$

$$=4\times0.73\times\frac{0.4}{1.81}=0.65℃$$

对于舒适性空调而言，上述计算和检查结果说明在 l、h 点的 u_x 与 Δt_x 均偏大，也说明在 $0.7l_n$ 处的下降气流会给人一种凉的轻微吹风感。

现将 l 值取为 $0.85\times l_n$，送风温差取为 6℃，重复上述步骤可得：

（1）送风量：

$$L=\frac{4545}{1.2\times1.01\times6}=625\text{m}^3/\text{h}$$

$$L_0 = \frac{625}{2} = 312.5 \text{m}^3/\text{h}$$

（2）射流总长度 $x = 1.9 + 0.85 \times 5.5 + (2.44 - 1.8) = 7.215$

（3）最大有效面积：

$$F_{0,\max} = 1.76 \times 10^{-5} \left(\frac{312.5}{\sqrt{\dfrac{6}{299}} \sqrt{\dfrac{7.215^3}{4.5}}} \right)^{1.14} = 0.032 \text{m}^2$$

（4）计算 u_0：

$$u_0 = \frac{312.5}{0.032 \times 3600} = 2.71 \text{m/s}$$

（5）检查 u_x：

求 K_1：已知 $\overline{x} = \dfrac{0.7 \times 7.215}{\sqrt{4.88}} = 2.29$

查图 5-24，得 $K_1 = 0.77$

K_2 仍为 1

$$u_\text{x} = u_0 \frac{\sqrt{2} m_1 K_1 \sqrt{F_0}}{x}$$

$$= 2.71 \times \frac{1.41 \times 4.5 \times 0.77 \times \sqrt{0.032}}{7.215} = 0.33 \text{m/s}$$

（6）检查 Δt_x：

$$\Delta t_\text{x} = \Delta t_0 \times 0.73 \times \frac{u_\text{x}}{u_0}$$

$$= 6 \times 0.73 \times \frac{0.33}{2.71} = 0.53 \text{℃}$$

对比上述计算结果可见，气流分布的计算有时需反复调整某些风口参数和设计条件，如欲进一步改善 u_x 及 Δt_x，则可改变风口的结构特性，取 m_1、n_1 值更小的风口。

【例 5-3】 某空调房间，室温要求 20 ± 1℃，房间尺寸为 $6 \times 3.6 \times 3.2$（长×宽×高，m），夏季显热冷负荷为 6090kJ/h，拟采用径向散流器平送（见图 5-23 Ⅳ），试确定有关参数并计算其气流分布。

【解】（1）按两个散流器布置，每个散流器所对应的 $F_\text{n} = 6 \times 3.6/2 = 10.8 \text{m}^2$，水平射程分别为 1.5m 及 1.8m，平均取 $l = 1.65$m，垂直射程 $x' = 3.2 - 2 = 1.2$m。

（2）设送风温差 $\Delta t_0 = 6$℃，因此总风量为

$$L = \frac{6090}{1.2 \times 1.01 \times 6} = 837 \text{m}^3/\text{h}$$

换气次数

$$n = \frac{837}{6 \times 3.6 \times 3.2} = 12 \text{ 次/h}$$

每个散流器的送风量为 $L_0 = 837/2 = 418.5 \text{m}^3/\text{h}$。

（3）散流器的出风速度 u_0 选定为 3.0m/s，这样

$$F_0 = \frac{418.5}{3.0 \times 3600} = 0.0388 \text{m}^2$$

（4）检查 u_x：根据式

$$u_x = u_0 \frac{\sqrt{2}m_1 K_1 K_2 K_3 \sqrt{F_0}}{x' + l}$$

式中，$\sqrt{2}m_1 = 1.41$（见表 5-2 第 10 项）；

K_1——根据 $0.1 l/\sqrt{F_0} = 0.1 \times \dfrac{1.65}{\sqrt{0.0388}} = 0.838$，查图 5-24，按 $l/x' = 1.65/1.2$

$= 1.375$ 在曲线 11，12 间插值得 $K_1 = 0.47$；

K_2、K_3——均取 1。

代入各已知值得：

$$u_x = 3.0 \times \frac{1.41 \times 0.47 \times \sqrt{0.0388}}{1.2 + 1.65} = 0.137 \text{m/s}$$

（5）检查 Δt_x：

$$\Delta t_x = \Delta t_0 \frac{\sqrt{2}n_1 K_1 \sqrt{F_0}}{x' + l}$$

$$= 6 \times \frac{\sqrt{2} \times 0.88 \times 0.47 \times \sqrt{0.0388}}{1.2 + 1.65} = 0.242 \text{℃}$$

计算检查结果说明 Δt_x 及 u_x 均满足要求。

（6）检查射流贴附长度 x_l：

$$x_l = 0.4 z \text{exp} k$$

$$z = 5.45 \sqrt{2}m_1 u_0 \sqrt[4]{\frac{F_0}{(\sqrt{2}\, n_1 \Delta t_0)^2}}$$

$$= 5.45 \times 1.41 \times 3.0 \times \sqrt[4]{\frac{0.0388}{(\sqrt{2} \times 0.88 \times 6)^2}} = 3.74$$

$$x_l = 0.4 \times 3.74 \times \exp(0.35 - 0.62 \times 1.13 \times 0.3) = 1.72 \text{m}$$

因此，贴附的射流长度基本上满足要求。

由以上几个气流分布的计算例题可见，正确地选择计算式并考虑必要的修正，经过反复调整风口形式、几何尺寸和有关设计参数，必要时改变气流分布方式使预定的工作区参数满足要求，是气流分布计算的一般方法。

5.4.2　用射流理论进行孔板送风的计算

孔板送风在工业空调中（如恒温室、洁净室及某些实验环境等）应用较多，其特点是在直接控制的区域内，能够形成比较均匀的速度场和温度（浓度）场。

孔板的基本特征可用开孔率（或有效面积系数）k 来表示，即

$$k = \frac{f_0}{f_1} \tag{5-26}$$

对于正方形排列的孔板，开孔率为

$$k = 0.785 \left(\frac{d_0}{l}\right)^2 \tag{5-27}$$

式（5-26）及式（5-27）中，f_0 为孔口总面积；f_1 为孔板面积；d_0 为孔口直径；l 为孔间距。

对孔板出流的等温射流研究表明，由各小孔出流的射流在汇合为总流前存在一个汇合

段（见图5-29），该段长度 x_0 可由下式决定：

$$x_0 = 5l \quad \text{(m)} \qquad (5\text{-}28)$$

在汇合段以后，则与自由射流相似存在一中心速度保持不变的起始段。如孔板为矩形或方形，则起始段长度为

$$x_1 = 4b \quad \text{(m)} \qquad (5\text{-}29)$$

式中　b——矩形孔板的宽度或方形孔板的边长，如孔板为圆形，则 $b=0.89D$（D 为圆形孔板直径）。

显然，当 $x_2 > x_1$ 时则射流处于主体段，随着射流断面的不断扩大，中心速度逐渐衰减。实验研究指出，射流的扩散角约为 $9° \sim 10°$（一侧）。

孔板送风有两种方式：一为局部孔板送风（指 $f_1/F \leqslant 50\%$，F 为顶棚面积）；一为全面（满布）孔板送风（$f_1/F > 50\%$）。在供风的方式上也有直接管道供风和静压室供风之分（见图5-30）。

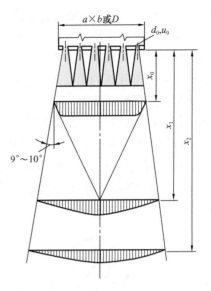

图 5-29　局部孔板射流

局部孔板的射流计算与前述方法类似。若计算断面处于射流的起始段，则其中心速度的衰减可按下式计算：

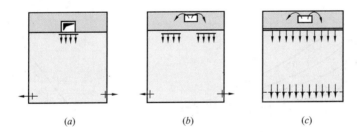

图 5-30　孔板送风的方式

（a）管道式局部孔板；（b）静压室局部孔板；（c）静压室全面孔板

$$\frac{u_{\text{xl}}}{u_0} = K_1 K_2 K_3 \sqrt{\frac{k}{\mu}} \qquad (5\text{-}30)$$

式中　　　u_{xl}——起始段内的中心速度；

　　　　　u_0——孔口出流速度；

K_1，K_2，K_3——分别为考虑射流受限、重叠及不等温的修正系数；

　　　　　k——开孔率；

　　　　　μ——孔口流量系数，由管道式孔板直接送出时（图5-30a）$\mu = 0.5$；静压室送出时，若孔板板厚 $\delta \leqslant 0.5d_0$，则 $\mu = 0.75$，$\delta > d_0$，$\mu = 1.0$。

温度衰减相应地按下式计算：

$$\frac{\Delta t_{\text{xl}}}{\Delta t_0} = \frac{K_2}{K_1 \cdot K_3} \sqrt{\frac{k}{\mu}} \qquad (5\text{-}31)$$

式中　Δt_{xl}——起始段内中心温度与周围空气温度之差；

Δt_0——孔口送风温度与周围空气温度之差。

由式（5-30）及式（5-31）可见，不论是中心温度还是中心风速的衰减都是指在汇合段内发生的，只取决于开孔率的大小和孔口特性，与射程无关。然而 K_1、K_2 及 K_3 的修正则是对局部孔板的总流来考虑的。

射流受限修正系数 K_1 可由图 5-31 查出。图中 f_1 为孔板面积，F 为相应于一块孔板所占据的顶棚面积，b 为长条形孔板宽度，B_1 为长条形孔板所占据的顶棚宽度。对于圆形和方形孔板，K_1 查图（a），长条形孔板查图（b）。

考虑射流重合的修正系数 K_2，求法与前述射流计算相同，仍用图 5-25 曲线 1。

对于非等温射流的修正系数 K_3 的计算则要按图 5-32 求得。图中横坐标 A 的计算方法如下：

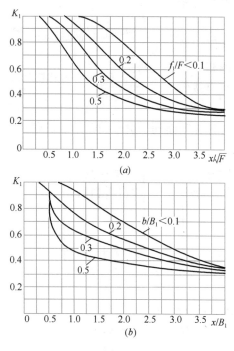

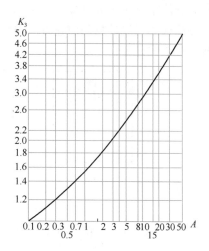

图 5-31　局部孔板射流的 K_1 值　　　　图 5-32　修正系数 K_3 值

对于圆形和方形孔板

$$A = 0.009 \frac{\Delta t_0}{u_0^2 K_1^3} \cdot \frac{x^2}{\sqrt{f_1 \cdot k}} \tag{5-32}$$

对于长条形孔板

$$A = 0.01 \frac{\Delta t_0}{u_0^2 K_1^3} \sqrt{\frac{x^3}{\sqrt{b \cdot k}}} \tag{5-33}$$

式中　f_1——孔板面积；

　　　b——孔板宽度；

　　　x——由孔口至计算断面的距离，一般取 $x = H_n - h$（H_n 为房高，h 为工作区高度）。

当射流长度 x（$=H_n-h$）$>4b$ 时，则计算断面处于主体段，此时速度与温度的衰减式则为

长条形孔板：

$$\frac{u_{x2}}{u_{x1}}=m\sqrt{\frac{b}{x}} \tag{5-34}$$

$$\frac{\Delta t_{x2}}{\Delta t_{x1}}=n\sqrt{\frac{b}{x}} \tag{5-35}$$

圆、方形孔板：

$$\frac{u_{x2}}{u_{x1}}=1.13m\frac{\sqrt{f_1}}{x} \tag{5-36}$$

$$\frac{\Delta t_{x2}}{\Delta t_{x1}}=1.13n\frac{\sqrt{f_1}}{x} \tag{5-37}$$

上列式中 m——射流中心速度衰减系数，对于方、圆孔板 $m=4.0$，对于长条孔板 $m=2.0$，管道式孔板 $m=1.8$；

n——射流中心温度衰减系数，近似取为 $n=0.82$。

上述计算适用于局部孔板。

全面孔板的气流分布计算主要考虑在汇合段所发生的汇流过程，其计算式为：

$$\frac{u_x}{u_0}=1.2K_3\sqrt{\frac{ik}{\mu}} \tag{5-38}$$

$$\frac{\Delta t_x}{\Delta t_0}=\frac{1}{K_3}\sqrt{\frac{k}{i\mu}} \tag{5-39}$$

式中 i——为考虑孔口出流汇合过程中动量降低的系数，可按图 5-33 取值，孔口间距愈大或开孔率愈低，则 i 值愈小；

K_3——考虑非等温影响的修正系数，按图 5-32 取值，此时 A 值的计算式为

$$A=0.1\frac{\Delta t_0}{u_0^2}\cdot\frac{d_0}{k\sqrt{i^3}}$$

实验证明，非等温空气由全面孔板出流后，重力对提高（浮力对降低）流速的影响只发生在汇合段，其后则可忽略。

采用孔板送风应注意以下各点：

（1）要达到较好的空气分布效果，一般开孔率 $k=0.2\%\sim5\%$ 范围内，即一般取 $l>4d_0$；

（2）为避免孔口出流时产生较大的噪声并保证工作区流速处于合适的范围，一般 $u_0\leqslant4\text{m/s}$；

（3）为使孔板出风均匀，采用等量送风的管道和静压室是必要的，一般限制孔口出流前的空气流速（垂直于孔口出流方向）和孔口流速之比值，即 $\frac{u}{u_0}\leqslant0.25$（$u$ 为垂直于孔口出流方向的空气流速），以免出流不均和出流偏斜。

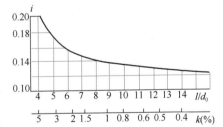

图 5-33 i 值与开孔率
的关系图

【例 5-4】 某空调房间尺寸为 $6\times6\times4$（长×宽×高，m），房间温度要求为 $20\pm$

0.5℃，工作区空气流速不超过 0.25m/s，夏季室内显热冷负荷为 7200kJ/h。试选择孔板布置并进行送风气流的计算。

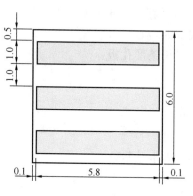

图 5-34　例 5-4 孔板布置

【解】（1）确定用局部孔板下送，设每块孔板尺寸为 5.8m×1.0m，共三块，则总孔板面积与顶棚面积之比为 5.8×3/（6×6）=48%，故满足局部孔板送风的条件。孔板在顶棚的布置如图 5-34 所示。

（2）设定送风温差为 $\Delta t_0 = 4℃$，则送风量应为

$$L = \frac{7200}{1.2 \times 1.01 \times 4} = 1485 \mathrm{m^3/h}$$

故每块孔板的送风量为

$$L_0 = 1485/3 = 495 \mathrm{m^3/h}$$

（3）在工作区高度 $h = 2\mathrm{m}$ 时，判断计算断面所在的射流段。根据 $x_1 = 4b$ 检查知，$x_1 = 4 \times 1 = 4\mathrm{m}$，显然射流处于起始段，因而所用计算式应为式（5-30）、式（5-31）。

（4）求 K_1，K_2，K_3：

K_1：按 $\frac{b}{B_1} = \frac{1}{2} = 0.5$；$\frac{x}{B_1} = \frac{2}{2} = 1.0$，由图 5-31（b）查得 $K_1 = 0.48$；

K_2：射流间距 $l = 2\mathrm{m}$，射程 $x = 2\mathrm{m}$，故 $l/x = 1$，查图 5-25，$K_2 = 1.0$；

K_3：计算 A 值用下式

$$A = 0.01 \frac{\Delta t_0}{u_0^2 K_1^3} \sqrt{\frac{x^3}{b \cdot k}}$$

设 $k = 0.0076$（或 0.76%），则每块孔板的孔口总面积

$$f_0 = 0.0076 \times 5.8 \times 1 = 0.044 \mathrm{m^2}$$

因此

$$u_0 = \frac{495}{0.044 \times 3600} = 3.1 \mathrm{m/s}$$

这样

$$A = 0.01 \times \frac{4}{(3.1)^2 \times (0.48)^3} \times \sqrt{\frac{2^3}{1 \times 0.0076}} = 1.22$$

查图 5-32，$K_3 = 1.65$。

（5）求到达工作区的中心气流速度：

取有静压室孔板，$\mu = 0.75$，则

$$\frac{u_{x1}}{u_0} = K_1 K_2 K_3 \sqrt{\frac{k}{\mu}} = 0.48 \times 1 \times 1.65 \times \sqrt{\frac{0.0076}{0.75}} = 0.08$$

所以

$$u_{x1} = 0.08 \times u_0 = 0.08 \times 3.1 = 0.25 \mathrm{m/s}$$

（6）求到达工作区时空气的中心温差衰减：

$$\frac{\Delta t_{x1}}{\Delta t_0} = \frac{K_2}{K_1 K_3} \sqrt{\frac{k}{\mu}} = \frac{1}{0.48 \times 1.65} \times \sqrt{\frac{0.0076}{0.75}} = 0.127$$

所以

$$\Delta t_{x1} = 0.127 \times \Delta t_0 = 0.127 \times 4 = 0.51℃$$

（7）计算结果说明该孔板能满足设计要求。最后完成孔板的孔口布置及确定静压室高度：

根据 $k = 0.0076$，取正方形排列，并设定 $d_0 = 0.005\mathrm{m}$，则可求得孔间距 l，即

$$k = 0.785 \left(\frac{d_0}{l} \right)^2$$

$$l = d_0 \sqrt{\frac{0.785}{k}} = 0.005 \times \sqrt{\frac{0.785}{0.0076}} \approx 0.05\text{m}$$

按 $\frac{u}{u_0} \leqslant 0.25$ 的要求，$u_0 = 3.1\text{m/s}$，故静压室内气流横向流速 $u \leqslant 0.25 \times 3.1 = 0.775\text{m/s}$。已知每块孔板的送风量 $L_0 = 495\text{m}^3/\text{h}$，因此单侧送风的静压室最小高度应为：

$$h_{\text{j}} = \frac{495}{0.775 \times 1 \times 3600} = 0.177\text{m}$$

在静压室高度受限的条件下，可采取双侧送风，从而减小 u 值，取得更为理想的效果。

当孔板送风的计算断面处于主体段时，在如上例求出 u_{x1} 及 Δt_{x1} 后，进一步计算 u_{x2} 及 Δt_{x2}，其他计算过程与上例相同，不再赘述。

全孔板送风的计算比较简单，方法雷同。

通过射流理论可以对一些简单场景下的气流分布进行快速计算，使用十分方便，但其局限性也比较明显。由于实际房间通常有各种遮挡，边界条件也较为复杂，射流理论的计算结果往往会存在较大偏差。

5.4.3 用计算流体力学方法进行气流组织计算

计算流体力学简称 CFD（Computational Fluid Dynamics），自 1974 年丹麦的 P. V. Nielsen 首次将计算流体力学技术应用于室内通风空调领域以来，CFD 已经逐渐成为通风空调领域最重要的工具之一。CFD 能够预测各种复杂场景的气流分布，对于各种通风方式也都有很强的适应性，且预测结果较为完备，具有显著的优点。

1. CFD 简介

采用 CFD 方法分析实际问题通常包含三个主要环节，即建立数学物理模型、数值算法求解、结果可视化，下面分别进行简要的介绍。

（1）建立数学物理模型是对所研究的问题进行数学描述，包括边界条件及流体的运动。对于较为复杂的边界条件通常需要进行合理的简化，忽略次要的因素。在建筑环境与能源应用工程领域，流动可视为不可压缩的黏性流体，且通常为湍流流动，可采用黏性流体的通用控制微分方程对流动进行描述，如下式所示：

$$\frac{\partial(\rho\phi)}{\partial(x)} + \text{div}(\rho\vec{u}\phi - \Gamma_\varphi\text{grad}\phi) = s_\varphi \tag{5-40}$$

式中，变量 ϕ 可代表速度、焓、浓度以及湍流参数，此时上式分别代表动量守恒方程、能量守恒方程、组分方程及湍流动能和湍流动能耗散率方程。基于该方程，即可求解速度场、温度场、浓度等物理量。

（2）数值算法求解是求解上述方程的具体方法，由于这些方程具有非线性特征，且相互耦合，需要通过离散进行求解。常用的离散方法包括有限容积法、有限差分法、有限元法。对于建筑环境与能源应用工程领域中低速、不可压缩流动和传热问题，通常采用有限容积法进行离散，离散后的代数方程如下：

$$a_{\text{P}}\phi_{\text{P}} = a_{\text{E}}\phi_{\text{E}} + a_{\text{W}}\phi_{\text{W}} + a_{\text{N}}\phi_{\text{N}} + a_{\text{S}}\phi_{\text{S}} + a_{\text{T}}\phi_{\text{T}} + a_{\text{B}}\phi_{\text{B}} + b \tag{5-41}$$

式中，a 为离散方程的系数，为各个网格节点的变量值，b 为方程的源项。下标 P、E、W、N、S、T、B 分别表示本网格、东边网格、西边网格、北边网格、南边网格、上面网格、下面网格处的值。非线性微分方程离散后变为代数方程，在采用特定的数值计算方法后即可获得流场、温度场、浓度场等参数的离散分布。

（3）结果可视化是将计算结果加工处理成便于理解的图形等结果形式。由于代数方程计算结果为各网格节点上的数值，这样的结果不直观，也不方便相关技术人员的解读。因此需要将计算结果在图上进行绘制，采用不同的颜色或者矢量箭头将不同位置处的参数表示出来，不仅能得到静态的速度、温度、浓度场图片，还能得到显示流场流线或者迹线的动画，便于分析和理解。

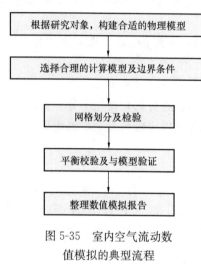

图 5-35　室内空气流动数值模拟的典型流程

2. CFD 软件计算流程

由于工具本身的复杂性和专业性，通常采用商用 CFD 软件进行计算。为保证计算结果的准确性与可靠性，在应用 CFD 工具计算室内空气流动状况时，应遵循相应的标准做法。运用 CFD 软件求解室内空气流动的典型流程如图 5-35 所示。

（1）根据研究对象，构建合适的物理模型

室内空气流动数值模拟首先需根据模拟对象构建合适的物理模型。实际工程问题通常较为复杂，存在各种干扰因素，这时便需要找到主要矛盾，简化次要矛盾。例如：研究室内流场时，无需构建散流器的具体物理细节，可将其简化为具有不同送风方向的若干风口；研究室内流场及温度场分布时，对于辐射换热不明显的场景，可忽略辐射换热的计算等。合理的模型简化，在不损失计算精度的情况下，能够显著降低计算资源的消耗。

（2）选择合理的计算模型及边界条件

在物理模型的基础上，需要选择合适的计算模型以及边界条件。不同计算模型有其适用范围，例如适用于湍流计算的模型有标准 k-ε、RNG k-e 等，适用于辐射换热的模型有 S2S、Rosseland、P1 等。在进行实际计算时，根据研究的问题选择合适的模型是保证模拟结果可信的必要条件。此外，不同边界条件也要结合实际情况进行确定，包括定壁温、定热流、压力入口、速度入口等。

（3）网格划分及检验

在模型求解之前还需要对模型进行网格划分，采用结构化网格或者非结构化网格，将求解域划分为若干网格，每个控制体内参数分布均匀。对于参数变化剧烈的区域，例如边界层、送风口等，通常需要进行局部的加密。一般来讲，网格数量增加，计算精度会有所提高，但同时计算时间也会增加，所以应权衡两者综合考虑。一般来讲，目标建筑或对象模型的网格应至少小于其定形尺寸的 1/20。

网格质量的评价指标有偏斜度、纵横比、网格尺寸增长率等，网格质量的好坏会显著影响后期计算的质量，差的网格甚至会造成计算结果的发散。划分网格后需要进行网格无关性检验，以便获得兼顾计算精度和计算速度的网格。

（4）平衡校验及与模型验证

模型计算结果的残差小于给定的数值即可认为计算收敛，同时需要对计算结果整体进行平衡校验，包括质量守恒、能量守恒等。判断计算已经收敛后，需对结果的可靠性进行校验，将模拟结果与实验结果进行对比，当数值计算结果与实验数据或经典模拟结果误差较小时，可认为计算结果合理可信，否则认为该模拟与实际物理过程存在一定的差异，需重新调整计算参数进行计算。针对某一模拟对象，当缺乏实验数据用于验证模拟结果时，可选取与之物理特性相似的对象进行验证。

（5）整理数值模拟报告

完成模拟后，应提供完整的数值模拟分析报告，对于模拟过程中的关键参数及信息进行必要的阐述，对模拟的结果进行详细的分析。数值模拟报告通常包含问题的描述、物理及数值模型的建立、计算模型的选择、网格检验及模型验证、模拟结果分析等。

5.5　非均匀环境下的房间负荷与系统负荷*

扫码阅读

思考题与习题

1. 在紊流射流条件下，是否送风口形式一定，则出流的射流结构就确定了？（注：射流结构指射流的扩散角，起始段位置等。）

2. 射流受限或受限射流有哪几种类型？它们对射流流动产生何种影响？

3. 某空调房间的长、宽、高分别为 6m、4m 和 3.2m，室内夏季显热冷负荷为 5400kJ/h，试按满足 20±0.5℃的恒温要求选择适宜的送风方式并进行气流分布计算。

4. 某车间宽 24m，高 6m，长度方向的柱距为 12m，各柱距内的平均显热冷负荷为 20000kJ/h。试选用不同的气流分布方式，以保持车间内温度为 26℃。（提示：可选用上送下回或中送下回的方式。）

5. 非均匀环境的通风方式有哪几种？这些方式相比混合通风有哪些共性特点？

6. 局部负荷与传统房间负荷有什么区别？如果想获得更小的局部负荷应该采取哪些措施？

7. 非均匀环境下，一次回风空调系统负荷与均匀混合时的系统负荷有什么区别？有哪些措施可以减少非均匀环境下的系统负荷？

中英术语对照

送风可及性	accessibility of air supply
热源可及性	accessibility of heat source
气流组织	air distribution
计算流体力学	computational fluid dynamics
散流器	diffuser
置换通风	displacement ventilation
自由射流	free jet

诱导器	induction unit
受限射流	jet in a confined space
空调系统负荷	load of air conditioning system
局部负荷	local load
混合通风	mixing ventilation
喷射式送风口	nozzle
新风负荷	outdoor air load
个性化送风	personalized ventilation
百叶风口	register
回风负荷	return air load
层式通风	stratum ventilation
旋流风口	swirl diffuser
地板送风	underfloor air distribution

本章主要参考文献

[1]　Баркапов Б. В. ，Карпис Е. Е. ．Кондиционирование воздухq в πротьlшlΛeHнblx，ОБщественных и жпlых эцаниях[M]．Изд．Λитературbl по стройтеΛбству．1971．

[2]　SANDBERG M, SJÖBERG M. The use of moments for assessing air quality in ventilated rooms[J]. Building and environment，1983，18(4)：181-197.

[3]　AWBI H. Ventilation of buildings[M]. 2nd ed. London：Taylor&Francis Ltd. ，2003.

[4]　赵荣义，范存养，薛殿华，等．空气调节[M]．4 版．北京：中国建筑工业出版社，2009.

[5]　黄翔．空调工程[M]．北京：机械工业出版社，2006.

[6]　梁超．非均匀室内环境的空调负荷与能耗构成及其降低方法[D]．北京：清华大学，2017.

[7]　朱颖心．建筑环境学[M]．5 版．北京：中国建筑工业出版社，2024.

[8]　MELIKOV A K, CERMAK R, MAJER M. Personalized ventilation：evaluation of different air terminal devices[J]. Energy and buildings，2002，34(8)：829-836.

[9]　CHEN Q，KOOI J V D. A methodology for indoor airflow computations and energy analysis for a displacement ventilation system[J]. Energy and buildings，1990，14(4)：259-271.

[10]　LIN Z，CHOW T T，TSANG C F, et al. Stratum ventilation-A potential solution to elevated indoor temperatures[J]. Building and environment，2009，44(11)：2256-2269.

[11]　BAUMAN F. Underfloor air distribution（UFAD）design guide［M］. Atlanta：ASHRAE, Inc. ，2003.

[12]　李先庭，邵晓亮，王欢．非均匀室内环境营造理论与方法[M]．北京：中国建筑工业出版社，2024.

[13]　邵晓亮，李先庭．通风空间差异化环境保障方法[M]．北京：中国建筑工业出版社，2024.

第6章 空调系统的运行调节

在第4章中，阐述了用 h-d 图来分析和确定空调系统的空气处理方案和空气处理设备的容量，这些处理设备能满足冬、夏季室外空气处于设计参数、室内负荷在最不利条件时的空调要求。但是，从全年来看，室外空气状态等于设计计算参数的时间是极少的，绝大部分时间随着春、夏、秋、冬作季节性的变化。另一方面，室内余热和余湿量也是经常变化的。如果空调系统不做相应的调节，则在室外空气参数和室内负荷不断变化的情况下，将会使室内参数发生相应的变化或波动，这样就不能满足设计要求，而且又浪费了空调冷量和热量。因此，空调系统的设计和运行必须考虑在室外气象条件和室内热湿负荷变化时，系统如何进行调节，才能在全年（不保证时间除外）内，既能满足室内温湿度要求，又能达到经济运行的目的。为了提高空调设备的调节质量并使能量消耗最小，这种运行调节主要靠自动控制设备来实现。要达到以上目的，首先要对空调系统全年运行工况进行分析，从而提出经济合理的调节方法。

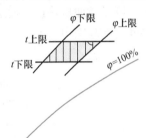

图 6-1 室内空气
温湿度允许波动区

空调房间一般允许室内参数有一定的波动范围，如图 6-1 所示，图中的阴影面积称为"室内空气温湿度允许波动区"。只要室内空气参数落在这一阴影面积的范围内，就可认为满足要求。允许波动区（阴影面积）的大小，通常会随空调工程的性质（工艺空调或舒适性空调）以及冬、夏季的变化而不同。

对于一个空调工程来说，室外空气状态变化和室内负荷变化一般是同时发生的，但为了分析问题方便起见，下面把室内负荷变化和室外空气状态变化这两个方面的运行调节问题分开来加以讨论。

6.1 室内热湿负荷变化时的运行调节

室内热湿负荷变化指的是室内余热量 Q 和余湿量 W 随着室内工作条件的改变和室外气象条件的变化而改变。例如，通过房间围护结构的传热量随着室内外空气温差和太阳辐射强度的变化而变化；人体、照明以及室内生产设备的散热量和散湿量，随着生产过程和人员的出入而变化。因而，需要对空调系统进行相应的调节来适应室内负荷的变化，以保证室内温湿度在给定的允许波动范围内。

室内热湿负荷变化时的运行调节方法一般有以下几种。

6.1.1 定（机器）露点和变（机器）露点的调节方法

1. 室内余热量变化、余湿量基本不变

这种情况比较普遍，例如室内热负荷随工艺变化、建筑围护结构失热或得热随室外气象条件而变化，而室内产湿量（工艺设备或人员波动）都比较稳定。如图 6-2 所示，在设计工况下，Gkg/h 空气从机器露点 L 沿室内 ε 线送入室内到达 N 点（为简单起见，以下分析均不考虑风机和风道的温升）。在夏季，随着室外气温的下降，由于得热量的减少，室内显热冷负荷相应减少，则热湿比 ε 将逐渐变小（图中从 $\varepsilon \rightarrow \varepsilon'$），如果空调系统送风量 G 和室内产湿量 W 不变，且仍以原送风状态点 L 送风，则

$$d_{N'} - d_L = 1000W/G = d_N - d_L$$

由于 d_L、W 和送风量 G 均未改变，所以尽管 Q 和 ε 有变化，d_N 却不会改变。因此，新的室内状态点必然仍在 d_N 线上。根据过 L 点作 ε' 线和 d_N 线的交点就很容易确定新的室内状态 N' 点。这时

$$h_{N'} = h_L + \frac{Q'}{G}$$

由于 $Q' < Q$，故 N' 低于 N 点。如 N' 点仍在室内温湿度允许范围内，则可不必进行调节。如果室内显热负荷减小很多，若 N' 点超出了 N 点的允许波动范围，或者室内空调精度要求很高时，则可以用调节再热量的办法而不改变机器露点。如图 6-3 所示，在 ε' 情况下，可以增加再热量，使送风状态点变为 O 送入室内，使室内状态点 N 保持不变或在温湿度允许范围内（N''）。

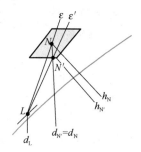
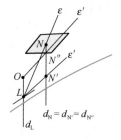

图 6-2　室内状态点变化（定露点）　　图 6-3　调节再热量（定露点）

2. 室内余热量和余湿量均变化

室内余热量和余湿量均变化，将使室内热湿比 ε 变化，而随着室内余热量 Q 和余湿量 W 减少程度的不同，ε 可能减小，也可能增加。如图 6-4 所示，如果送风状态不改变，送风参数将沿着 ε' 方向而变化，最后，得到室内状态为 N'，偏离了原来的室内状态 N。

在设计工况下：

$$d_N - d_L = 1000W/G$$
$$h_N - h_L = Q/G$$

而当 $\varepsilon' < \varepsilon$ 时，则

$$d_{N'} - d_L = 1000W'/G$$

$$h_{N'} - h_L = Q'/G$$

因为　　　　　　　　　　　　　$W' < W,\ Q' < Q$

所以　　　　　　　　$d_N - d_L > d_{N'} - d_L,\ h_N - h_L > h_{N'} - h_L$

或　　　　　　　　　　　　　$d_{N'} < d_N,\ h_{N'} < h_N$

当室内热湿负荷变化不大，且室内无严格精度要求时，或 N' 点仍在允许范围内，则不必进行调节。如用定露点调节再热的方法，室内状态点仍超出了允许参数范围，则必须使送风状态点由 L 变成 L'。显然 $h_{L'}>h_L$，$d_{L'}>d_L$，由此可见，为了处理得到这样的送风状态，不仅需要改变再热，还需改变机器露点（$L{\rightarrow}L'$）。

改变机器露点的方法有以下几种（以一次回风空调系统为例）：

（1）调节预热器加热量

冬季，当新风比不变时，可调节预热器加热量，将新、回风混合点 C 状态的空气，由原来加热到 M 点改变为 M' 点，即加热到过新机器露点 L' 的等 $h_{L'}$ 线上，然后绝热加湿到 L'（图 6-5）。

（2）调节新、回风混合比

在不需要预热（室外空气温度比较高）时，可调节新、回风混合比，使混合点的位置由原来的 C 改变为位于过新机器露点 L' 的等 $h_{L'}$ 线上（C' 点），然后绝热加湿到 L'（图 6-6）。

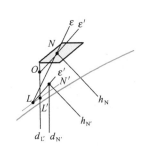

图 6-4 热、湿负荷变化时的调节方法

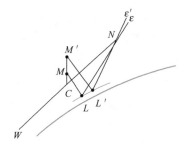

图 6-5 调节预热器加热量的变露点法

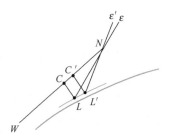

图 6-6 调节新、回风混合比的变露点法

（3）调节喷水温度或表冷器进水温度

在空气处理过程中，可调节喷水温度或表冷器进水温度，将空气处理到所要求的新露点状态。

利用再热补充室内减少的显热，这种调节方法虽然能保持室内空气状态参数，但由于冷、热量的相互抵消，必然造成能源上的浪费，因此在以舒适性空调为目的的场合，应尽量不使用再热调节的方法。

6.1.2 调节一二次回风混合比

对于室内允许温湿度变化较小，或有一定送风温差要求的空调房间来说，随着室内显热负荷的减少，可以充分利用室内回风的热量来代替再热量，带有二次回风的空调系统就采用这种调节方案。

如图 6-7（a）所示，为简单起见，假定室内仅有余热量变化而余湿量不变。在设计负荷时，空气处理过程为 $\begin{smallmatrix}W\\ \\N\end{smallmatrix}{\succ}C{\rightarrow}\begin{smallmatrix}L\\ \\N\end{smallmatrix}{\succ}O{\rightsquigarrow}\begin{smallmatrix}\varepsilon\\ \\N\end{smallmatrix}$，当室内显热冷负荷减少时，则室内 ε 变为 ε'，这时可以调节一二次回风联动阀门，即开大二次风门关小一次风门，增加二次回风量，减小一次回风量，使总风量保持不变。机器露点从 L 降到 L'，是由于通过喷水室或表冷器的风量减少，降低了空气流动速度，提高了冷却效率，从而使露点稍有下降。如此,送风状态点就从 O 点提高到 O',处理过程为 $\begin{smallmatrix} W \\ N' \end{smallmatrix} \rightarrow C' \rightarrow L' \rightarrow O' \xrightarrow{\varepsilon'} N'$。

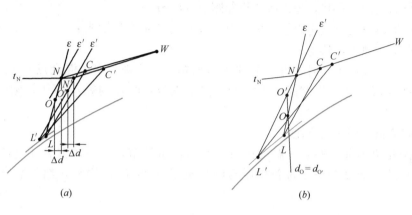

图 6-7　调节一二次回风混合比
(*a*) 不调节冷冻水温度；(*b*) 调节冷冻水温度

由于二次回风不经喷水室处理,在有余湿的房间,湿度会偏高。N' 在室内温湿度允许范围内,就可认为达到了调节目的。如果室内恒湿精度要求很高,则可以在调节二次回风量的同时,调节喷水室喷水温度或进表冷器的冷水温度,降低机器露点,从而保持室内状态点 N 不变（图 6-7*b*）。

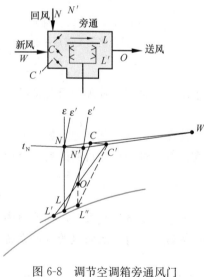

图 6-8　调节空调箱旁通风门

二次回风阀门的调节范围较宽,一般在整个夏季以及大部分过渡季节都可用它来调节室温,而省去再热量。因此,这是一种经济合理的调节方法,得到广泛的应用。

6.1.3　调节空调箱旁通风门

在工程实践中,还有一种设有旁通风门的空调箱。这种空调箱与上述二次回风空调箱不同之处在于,室内回风经与新风混合后,除部分空气经过喷水室或表冷器处理以外,另一部分空气可经旁通风门流过,然后再与处理后的空气混合送入室内。该旁通风门同样能起到调节室温的作用（见图 6-8）。如在设计负荷时,空气处理过程为 $\begin{smallmatrix} W \\ N \end{smallmatrix} \rightarrow C \rightarrow L \xrightarrow{\varepsilon} N$ 。当室内冷负荷减少时,室内 ε

变为 ε'。这时可以打开旁通风门,使混合后的送风状态点提高到 O 点,然后送入室内到 N' 点。

采用空调箱旁通风门方式,与调节一二次回风混合风门方式相似,可避免或减少冷热抵消,从而可以节省能量。图 6-8 还表示出了露点控制法调节室温的处理过程,即

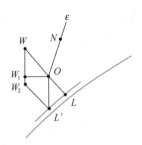

图 6-9　空调箱旁通风门调节

$\begin{matrix} N' \\ \\ W \end{matrix} \Big\rangle C' \to L'' \to O \xrightarrow{\varepsilon'} N'$。显然，因处理风量小，旁通法耗冷量小于露点法，而且可节省再热，无冷热抵消。旁通法的缺点是冷冻水温度要求较低，制冷机效率受到一定影响。但旁通法在过渡季有时显出特别的优点，如图 6-9 所示，部分空气经绝热加湿后到达 L 点，再与经旁通的部分空气混合到 O 点送入室内到 N 点，而不需要冷却，从而可不开制冷机和加热器。如果空气处理过程采用 $W \to W_1 \to O \xrightarrow{\varepsilon} N$ 或 $W \to W_2 \to L' \to O \xrightarrow{\varepsilon} N$ 则需要冷却、加热等过程。

6.1.4　调节送风量

从第 4 章变风量空调系统的设计原理可知，用减少风量的方法来适应负荷减少的变化是可行的，但送风量不能无限地减少。在使用变风量风机时，可节省风机运行费用，且能避免再热。如图 6-10（a）所示，当房间显热冷负荷减少，而湿负荷不变时，如用变风量调节方法减少送风量使室温不变，则送入室内的总风量吸收余湿的能力有所下降，室内相对湿度将稍有增加（室内状态点从 N 变成 N'）。如果室内温湿度精度要求严格，则可以调节喷水温度或表冷器进水温度，降低机器露点，减少送风含湿量，以满足室内参数要求（图 6-10b）。

6.1.5　多房间空调系统的运行调节

前述的调节方法均以一个房间而言，如果一个空调系统为多个负荷不相同（热湿比也不相同）的房间服务时，则其设计工况和运行工况可根据实际需要灵活考虑。例如，一个空调系统供三个房间，它们的室内参数要求相同，但是各房间的负荷不同，热湿比分别为 ε_1、ε_2 和 ε_3（图 6-11a），并且各房间取相等的送风温差。如果 ε_1、ε_2、ε_3 彼此相差不大，则可以把其中一个主要房间的送风状态（L_2）作为系统统一的送风状态，则其他两个房间的室内参数将为 N_1 和 N_3。它们虽然偏离了 N 点，但仍在室内允许参数范围之内。

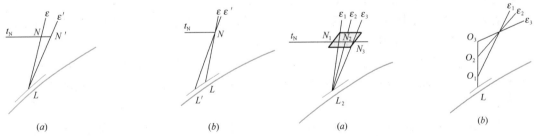

| (a) | (b) | (a) | (b) |

图 6-10　调节送风量
（a）不调节冷冻水温度；（b）调节冷冻水温度

图 6-11　多房间的运行调节
（a）同一送风状态；（b）不同送风状态

在系统运行调节过程中，当各房间负荷发生变化时，可采用定露点和改变局部房间再热量的方法进行调节，使各房间满足参数要求。如果采用该法满足不了要求，就须在系统划分上采取措施。或者在通向各房间的支风道上分别加设局部再热器，以系统同一露点

（L）不同送风温差（送风点 O_1、O_2、O_3）送风（图 6-11b），此时的送风量应按各自不同的送风温差分别确定。

6.2 空调系统自动控制的基本方法

6.2.1 空调系统自动控制系统的主要部件

1. 传感器（敏感元件）

传感器是感受被调参数（如温度、湿度）的大小，并及时发出信号给调节器，如传感器发出的信号与调节器所要求的信号不符时，则需要用变送器将传感器发出的信号转换成调节器所要求的标准信号。

2. 控制器

接受传感器输出的信号并与给定值进行比较，然后将测出的偏差经过放大变为控制器的输出信号，指挥执行机构动作。

3. 执行机构

执行机构接受控制器的输出信号，驱动调节机构，如接触器、电动阀门的电动机、电磁阀的电磁铁、气动薄膜部分等。

控制器和执行机构紧密相连，有时与执行机构合成一个整体，或称执行调节机构，如冷热媒管路上的电动二通阀、三通阀，电动调节风阀等。

空调控制技术发展很快，现已广泛采用直接数字控制（DDC），传统的模拟控制功能均可通过直接数字控制实现。

空调系统的运行控制系统由几种基本控制环节组合而成，根据空调系统不同功能要求，由这些基本控制环节有机地连接组合而成。本章仅对空调系统的运行原理进行分析，更深入的自动控制知识请参考有关书籍。

6.2.2 室温控制

室温控制是空调自控系统中的一个重要环节，它是用室内干球温度敏感元件来控制相应的调节机构，使送风温度随扰量的变化而变化。

从上节分析内容中知道，改变送风温度的方法有：调节加热器的加热量（或冷却器的冷却量），调节新、回风混合比，调节一二次回风比等。

如以调节加热器加热量来控制室温为例（见图 6-12），室内温度传感器 T，通过控制器 M 调节电动二通阀（或电动三通阀）的开启程度，调节热媒为热水或蒸汽加热器的加热量来控制室温。

在大多数空调系统（如舒适性空调或一般工艺性空调）中，对于空调房间的温度要求不高，也不要求全年有固定的室温，考虑人体对室内外温差的适应能力以及为了节能，冬季和夏季有不同的温度设定值。这种室内温度设定值的再调方法称为室外气温补偿控制。如图 6-12 所示，室外温度 T，按照预先设定规律和不同季节，通过控制器 M 修正室内温度传感器 T 的设定值或通过转换开关进行季节转换。

另外，为了提高室温控制精度，克服因室外气温、新风量的变化以及冷、热水温度波动等对送风参数产生的影响，在送风管上可增加一个送风温度传感器 T_2（图 6-13），根据

室内温度传感器 T_1 和送风温度传感器 T_2 的共同作用，通过调节器对室温进行调节，组成室温复合控制环节，亦称送风温度补偿控制。

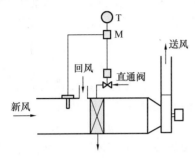
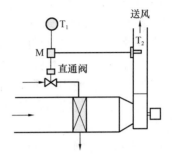

图 6-12　室外温度补偿控制　　　　图 6-13　送风温度补偿控制

6.2.3　室内相对湿度控制

室内相对湿度控制可以采用以下两种办法：

1. 间接控制法（定露点）

对于室内产湿量一定或产湿量波动不大的情况（露点温度的变化 $\pm1℃$，室内相对湿度变化约在 4%），只要控制机器露点温度就可以控制室内相对湿度。这种通过控制机器露点温度来控制室内相对湿度的方法称为"间接控制法"。例如：

（1）由机器露点温度控制新风和回风混合阀门（图 6-14）。此法用于冬季和过渡季。如果喷水室用循环水喷淋，随着室外空气参数的变化，需保持机器露点温度一定，则可在喷水室挡水板后，设置干球温度传感器 T_L。根据所需露点温度给定值，通过执行机构 M 比例控制新风、回风和排风联动阀门。

（2）由机器露点温度控制喷水室喷水温度（图 6-15）。此法用于夏季和使用冷冻水的过渡季。在喷水室挡水板后，设置干球温度传感器 T_L。根据所需露点温度给定值，按比例地控制冷水管路中三通混合阀调节喷水温度，以保持机器露点温度一定。

有时为了提高调节质量，根据室内产湿量的变化情况，应及时修正机器露点温度的给定值，可在室内增加一只湿度传感器 H（见图 6-15）。当室内相对湿度增加时，湿度传感器 H 调低 T_L 的给定值，反之，则调高 T_L 的给定值。

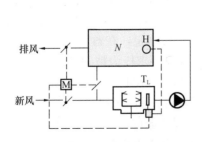
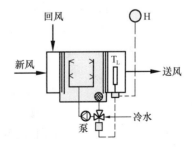

图 6-14　机器露点温度控制新　　　图 6-15　机器露点温度控制喷水
　　　　风和回风混合阀门　　　　　　　　　室喷水温度

2. 直接控制法（变露点）

对于室内产湿量变化较大或室内相对湿度要求较严格的情况，可以在室内直接设置湿球温度或相对湿度传感器，控制相应的调节机构，直接根据室内相对湿度偏差进行调节，以补偿室内热湿负荷的变化。这种控制室内相对湿度的方法称为"直接控制法"。它与"间接控制法"相比，调节质量更好，目前在国内外已广泛采用。

6.2.4 某些处理设备的控制方法

在空调系统中，广泛使用水冷式表面冷却器、喷水室或直接蒸发式表冷器处理空气，调节冷水水温可以达到空气冷却去湿的目的。它们的控制方法一般为：

1. 水冷式表面冷却器

水冷式表面冷却器控制可以采用二通或三通调节阀。如果使用二通调节阀调节水量时（冷水供水温度不变），因干管流量发生变化，将会影响同一水系统中其他冷水盘管的正常工作，此时供水管路上应加装恒压或恒压差的控制装置，以免产生相互干扰现象。三通调节阀用得较广泛，控制方法有两种：

（1）冷水进水温度不变，调节进水流量（图6-16）

由室内传感器 T 通过调节器比例地调节三通阀，改变流入盘管的水流量。在冷负荷减少时，通过盘管的水流量减少将引起盘管进出口水温差的相应变化。这种控制方法国内外已大量采用。

（2）冷水流量不变，调节进水温度（图6-17）

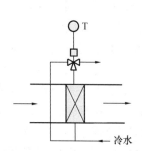

图6-16 冷水进水温度不变，调节进水流量的水冷式盘管控制

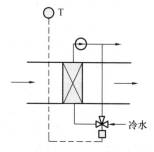

图6-17 冷水流量不变，调节进水温度的水冷式盘管控制

由室内传感器通过调节器比例地调节三通阀，可改变进水水温，但由于出口装有水泵，盘管内的水流量保持一定。虽然这种方法调节性能较好，但每台盘管却要增加一台水泵，在盘管数量较多时就不太经济，一般只有在温度控制要求极为精确时才使用。

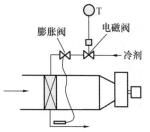

图6-18 直接蒸发式冷却盘管控制

2. 直接蒸发式冷却盘管控制

直接蒸发式冷却盘管控制如图6-18所示，它一方面靠室内温度传感器 T 通过调节器使电磁阀做双位动作，另一方面膨胀阀自动地保持盘管出口冷剂吸气温度一定。大型系统也可以采用并联的直接蒸发式冷却盘管，按上述方法进行分段控制以改善调节性能。小容量系统（例如空调机组）也可以通过调节器控制压缩机的停或开，而不控制蒸发器的冷剂流量。双位控制方法，控制简

单，但精度不高，在小型空调系统以及不需要严格控制室内参数的地方采用。

6.3 室外空气状态变化时的运行调节

室外空气状态的变化，主要从两个方面来影响室内空气状态：一方面是当空气处理设备不做相应调节时，引起送风参数的改变，从而造成室内空气状态的波动；另一方面，如果房间有外围护结构，室外空气状态变化会引起建筑传热量的变化，从而引起室内负荷的变化，最后也导致室内空气状态的波动。因而，这两种变化的任何一种都会影响空调房间的室内状态。为了分析清楚起见，第 6.1 节讨论了由于各种因素引起的室内负荷变化时的运行调节，本节重点讨论当室外空气状态变化时，如何进行全年的运行调节。

室外空气状态在一年中波动的范围很大。根据当地气象站近 10 年的逐时实测统计资料，可得到室外空气状态的全年变化范围。如果在 h-d 图上对全年各时刻出现的干、湿球温度状态点在该图上的分布进行统计，算出这些点全年出现的频率值，就可得到一张焓频图，这些点的边界线称为室外气象包络线。该图能清楚地显示全年室外空气焓值的频率分布。

空调系统确定后，可根据当地的气象变化情况（例如焓频图），将 h-d 图分成若干个气象区（空调工况区），对应于每一个空调工况区采用不同的运行调节方法。

空调工况分区的原则，是在保证室内温湿度要求的前提下，使系统运行经济，调节设备简单可靠；同时应考虑各分区在一年中出现的累计小时数。例如，当室外空气状态参数在某一分区出现的频率很少时，则可将该区合并到其他区，以利于简化空调系统的调节设备。

每一个空调工况区，均应使空气处理按最经济的运行方式进行，在相邻的空调工况分区之间都能自动转换。

6.3.1 空调系统的全年节能运行工况

以一次回风空调系统为例，图 6-19 是一次回风空调系统在室外设计参数情况下的冬、夏季处理工况，对于舒适性空调系统来说，夏、冬季要求维持的室内状态参数是不同的（N_1，N_2）。由于空气的焓是衡量冷量和热量的依据，且可用干、湿球温度计测得，为了分析和工况转换起见，本节在讨论空调工况分区时，暂以焓作为室外空气状态变化的指标。

N_1、N_2 分别为冬、夏室内设计状态点，近似菱形区（N）为室内状态允许范围，夏季设计工况时，以机器露点 L_2 送风（热湿比 ε_2）；冬季设计工况时，以机器露点 L_1 经加热至 O_1 点后送入室内（热湿比 ε_1）。全年可分成以下几个空调工况区进行调节。

（1）第 I 区域——室外空气焓值在 h_{W1} 以下的范围（图 6-19），属冬季寒冷季节。这时新风阀门开得最小，保持满足室内卫生要求的最小新风百分比 $m\%$。故

$$h_{W1} = h_{N1} - \frac{h_{N1} - h_{L1}}{m\%}$$

当室外空气焓值小于 h_{W1} 时，需要用一次加热器对新风进行预热。加热后的空气焓到达 h_{W1} 线后，就可以根据给定的新回风混合比进行一次混合到达 h_{L1} 线上，再经绝热加湿

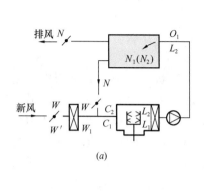

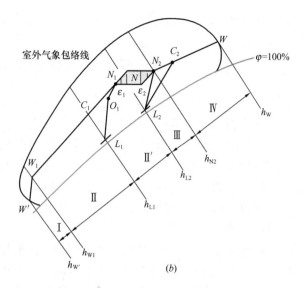

图 6-19　一次回风空调系统的运行调节

到 L_1 点，经二次加热后送入室内。空气处理过程为 $\begin{matrix} W' \to W_1 \\ N_1 \end{matrix} \!\!\!\!\searrow C_1 \to L_1 \to O_1 \overset{\varepsilon_1}{\leadsto} N_1$。

随着室外空气熔值的增加，可逐步减小一次加热量，当室外空气熔值等于 h_{W1} 时，室外新风和一次回风的混合点也就自然落在 h_{L1} 线上，此时，一次加热器关闭。一次加热过程，也可以在室外空气和室内空气混合以后进行（图6-20），$\begin{matrix} W' \\ N_1 \end{matrix}\!\!\!\!\searrow C_1' \to C_1$。

如果冬季不用喷水室循环喷雾加湿，而用喷蒸汽加湿则可一次加热到 t 等温线，与室内空气混合到 C，以后再用喷蒸汽加湿到 O_1 点。当室外空气温度低于 t 时，根据室外空气温度的高低调节一次加热量。

t 可由下式确定

$$t = t_{N1} - \frac{t_{N1} - t_{O1}}{m\%}$$

对于有蒸汽源的地方，喷蒸汽加湿是一种经济、有效且简单的方法，目前应用较广泛。

喷蒸汽加湿的加湿量通常使用干蒸汽加湿器或电极式加湿器（见第 2 章），是通过控制蒸汽管上调节阀或控制电极式加湿器电源的通断进行调节的。

（2）第Ⅱ区域——室外空气熔值在 $h_{W1} \sim h_{L1}$ 之间（图 6-21），从 $h\text{-}d$ 图看出，当室外空气状态到达该阶段时（如 W'' 点），如果仍按最小新风比 $m\%$ 混合新风，则混合点 $\begin{bmatrix} W'' \\ N_1 \end{bmatrix}\!\!\!\!\searrow C'$，必然在 h_{L1} 线以上，如果要维持 L_1 不变，就不能再用喷循环水的方法，而要启动制冷设备，用一定温度的低温水处理空气才行，这显然是不经济的。如果改变新回风混合比（增加新风量 $G_{W''}$，减小回风量 G_1），可使一次混合状态点 C 仍然落在 h_{L1} 线上，然后再用循环水喷淋，使被处理空气达到 L_1 点，经二次加热后送入室内。显然，此方法不但符合卫生要求，而且由于充分利用新风冷量，可以推迟启动制冷设备的时间，从而达到节约能量的目的。

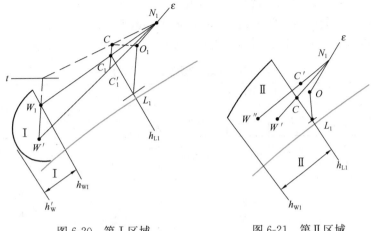

图 6-20　第 I 区域　　　　　　　　　图 6-21　第 II 区域

在室外空气熵值恰好等于 h_{L1} 时，这时可以用 100% 的新风，完全关闭一次回风。

在整个调节过程中，为了不使空调房间的正压过高，可开大排风阀门。在系统比较大时，有时可设回风机来解决过渡季取用新风问题。

（3）第 II′ 区域——II′ 区域是冬季和夏季室内参数要求不同时才有的区域，且室内温湿度允许波动。可采用全新风加喷循环水的运行调节，机器露点无需控制。或过渡季打开空调。

（4）第 III 区域——室外空气熵值在 $h_{L2} \sim h_{N2}$ 之间（图 6-22），这时开始进入夏季，从图中看出，h_{N2} 总是大于 $h_{W'}$，如果利用室内回风将会使混合点 C' 的熵值比原有室外空气的熵值更高，显然这是不合理的，所以为了节约冷量，应该全部关掉一次回风，用 100% 新风。从这一阶段开始，需要使用冷冻水，喷水室的空气处理过程将从降温加湿（$W' \rightarrow L_2$）到降温减湿（$W'' \rightarrow L_2$），喷水温度应随着室外参数的增加从高到低地进行调节。喷水温度的调节，可用三通阀调节冷水量和循环水量的比例（图 6-23）。

（5）第 IV 区域——室外空气熵值在 $h_{N2} \sim h_W$ 之间（图 6-24）

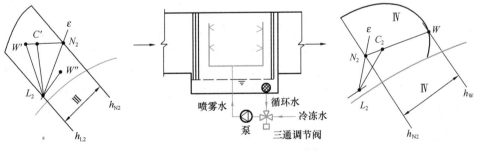

图 6-22　第 III 区域　　　图 6-23　三通调节阀调节喷水温度　　　图 6-24　第 IV 区域

h_W 是夏季室外设计参数时的熵值。在这一阶段内，由于室外空气熵值高于室内空气熵值，如继续全部使用室外空气将增加冷量的消耗，因此用回风比不用回风经济，为了节约冷量，可用最小新风比 $m\%$。这一阶段中喷水室的空气处理过程是降焓减湿，当室外空气焓值增高至室外设计参数时，水温必须降低到设计工况（夏季）时的喷水温度。

综合以上所述，一次回风空调系统的全年运行调节可以归纳为表 6-1。

从表 6-1 可见，全年固定新风比时，系统简单，调节容易。变化新风比，就是在过渡季调节新回风混合比，由于这样做能节省运行费，所以得到了广泛采用。

一次回风喷水室空调系统的调节方法 表 6-1

工况分区	室外空气参数范围	调节内容					室内参数调节		转换条件
		一次加热	新风	回风	喷水室	二次加热	温度	相对湿度	
Ⅰ	$h_W < h_{W1}$	调加热量	最小 $(m\%G)$	最大 G_1	循环水	变加热量	调二次加热量	控制露点	一次加热器全关后转到Ⅱ区
Ⅱ	$h_{W1} \leqslant h_W < h_{L1}$	停开	变新风量	变回风量	循环水	变加热量	调二次加热量	控制露点	新风阀门关至最小后转到Ⅰ区，$h_W \geqslant h_{L1}$ 转到Ⅱ′区
Ⅱ′	$h_{L1} \leqslant h_W < h_{L2}$	停开	变新风量	变回风量	循环水	变加热量	调二次加热量	不控制机器露点	$h_W < h_{L1}$ 转到Ⅱ区，回风阀门全关后转到Ⅲ区
Ⅲ	$h_{L2} \leqslant h_W < h_N$	停开	全新风量	全关	调喷水温度（冷冻水）	变加热量	调二次加热量	控制露点	冷水全关转Ⅱ′区，$h_W \geqslant h_N$ 转Ⅳ区
Ⅳ	$h_W > h_N$	停开	最小 $(m\%G)$	最大 G_1	调喷水温度（冷冻水）	变加热量	调二次加热量	控制露点	$h_W \leqslant h_N$ 转到Ⅲ区

注：当室外空气 $h_W < h_{W1}$ 时，采用冬季整定值 $N_1 (t_{N1}, \varphi_{N1})$；当 $h_W \geqslant h_{W1}$ 时，采用夏季整定值 $N_2 (t_{N2}, \varphi_{N2})$。

从以上空调系统全年运行工况分析来看，为了尽可能地减小空调系统的能耗，主要采用了以下措施：

(1) 采用变室内设定值或被调参数波动的方法，减少用冷、用热的数量和时间；

(2) 在冬、夏季，应充分利用室内回风，保持最小新风量，以节省冷、热量的消耗；

(3) 在过渡季增加新风量，充分利用室外空气的自然冷却能力，停开或者推迟使用制冷机。

应该说明，不同地区的气候变化情况、不同的空调设备（例如表冷器、喷水室、一次回风、二次回风、旁通风）以及不同的室内参数要求（例如恒温恒湿空调或舒适性空调），可以有各种不同的分区方法以及相应的最佳运行工况。具体分区方法、分区个数和相应于每一个区的空气处理工况，应综合考虑控制设备的投资费用、运行费用以及维护保养等各种因素来决定。

6.3.2 全空气定风量系统的运行调节举例

1. 带喷水室的一次回风空调系统

图 6-25 所示为一次回风空调自控系统示意图。结合 6.2 节内容，空调系统全年运行调节工况，如采用变露点"直接控制"室内相对湿度的方法，则控制和调节内容如下：

(1) T、H：室内温度、湿度传感器；

（2）T_1：室外新风温度补偿传感器，根据新风温度的变化可改变室内温度传感器 T 的给定值；

（3）T_2：送风温度补偿传感器；

（4）T_3：室外空气焓或湿球温度传感器，可根据预定的调节计划进行调节阶段（季节）的转换；

（5）M：执行调节机构；

（6）控制器：装有各种控制回路的调节器等设备。

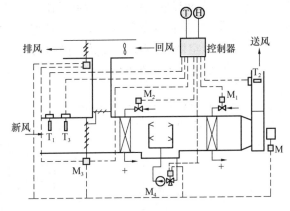

图 6-25　一次回风空调
自控系统示意图

随着室外空气参数变化，对于冬夏季室内参数要求相同的场合，其全年自动控制方案如下：

（1）第一阶段，新风阀门在最小开度（保持最小新风量），一次回风阀门在最大开度（总风量不变），排风阀门在最小开度。室温控制由传感器 T 和 T_2 发出信号，通过调节器使 M_1 动作，调节再热器的再热量；湿度控制由湿度传感器 H 发出信号，通过调节器使 M_2 动作，调节一次加热器的加热量，直接控制室内相对湿度。

（2）第二阶段，室温控制仍由传感器 T 和 T_2 调节再热器的再热量；湿度控制由湿度传感器 H 将调节过程从调节一次加热自动转换到新、回风混合阀门的联动调节，通过调节器使 M_3 动作，开大新风阀门，关小回风阀门（总风量不变），同时相应开大排风阀门，直接控制室内相对湿度。

（3）第三阶段，随着室外空气状态继续升高，新风越用越多，一直到新风阀全开，一次回风阀全关时，调节过程进入第三阶段。这时湿度传感器自动地从调节新、回风混合阀门转换到调节喷水室三通阀门，开始启用制冷机来对空气进行冷却加湿或冷却减湿处理。这时，通过调节器使 M_4 动作，自动调节冷水和循环水的混合比，以改变喷水温度来满足室内相对湿度的要求。室温控制仍由传感器 T 和 T_2 调节再热器的再热量来实现。

（4）第四阶段，当室外空气的焓大于室内空气的焓时，继续采用100％新风已不如采用回风经济，通过调节器使 M_3 动作，使新风阀门又回到最小开度，保持最小的新风量。湿度传感器 H 仍通过调节器使 M_4 动作，控制喷水室三通阀门，调节喷水温度，以控制室内相对湿度。室温控制仍由传感器 T 和 T_2 调节再热器的再热量来实现。

整个调节阶段如表 6-2 所示。

一次回风空调系统全年运行自动控制内容　　　　　　表 6-2

调节阶段		第一阶段	第二阶段	第三阶段	第四阶段
调节内容	室温	调节再热	调节再热	调节再热	调节再热
	相对湿度	调节一次加热器加热量（喷循环水，保持最小新风量）	逐渐开大新风阀门，关小回风阀门（喷循环水）	调节喷水温度（新风阀门全开）	调节喷水温度（保持最小新风量）

上述一次回风空调系统的全年自控方案中，第四阶段也可以利用二次回风来调节室温

（增加一组一二次回风联动阀门）。也就是说，保持最小新风比，由室温传感器通过调节器调节一次回风和二次回风的联动阀门，维持室温一定。这样，可以节省再热量。

2. 一次回风空调的 DDC 直接数字控制系统

控制系统原理如图 6-26 所示。

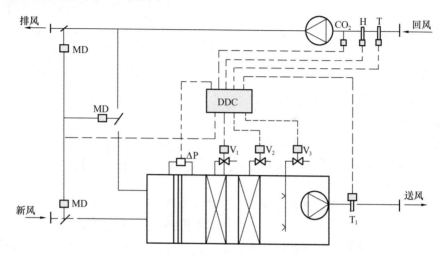

图 6-26　一次回风空调 DDC 直接数字控制系统

T、T_1—温度传感器；H—湿度传感器；CO_2—CO_2 浓度传感器；

V_1、V_2、V_3—电动调节阀；MD—电动风阀；ΔP—微压差传感器；

DDC—DDC 控制器

该系统采用 DDC 直接数字控制。DDC 控制器配有相应环路的控制模块（计算模块、逻辑模块，比例、积分、微分的控制模块等）和数字量的输入和输出，并带有显示装置。

室内温度控制，由室内回风空气温度和送风温度传感器发出信号，实现 DDC 室温控制和送风温度补偿控制，使室温在给定范围内；室内湿度控制，由室内回风空气湿球传感器发出信号，实现 DDC 室内湿度控制，使室内湿度在给定范围内。

CO_2 传感器可以感知室内空气 CO_2 浓度，通过对 CO_2 浓度的检测，控制送入室内的最小新风量和排风量，以达到减小新风能耗的目的；ΔP 微压差传感器可以检测过滤器前后的微压差或发出报警信号，以判断是否要清洗或更换过滤器。

DDC 控制器也可以事先设置运行模式，如预冷、预热，值班供暖、供冷，在过渡季可以全新风运行等达到节能的目的。

DDC 控制器还可以和建筑物内的中央监控系统连接。中央监控系统可以对各子系统实现中央监督、管理和控制。各子系统的现场控制器可以对供热、制冷、空调系统中热交换站、集中冷冻站和各种空调系统进行就地多参数、多回路控制。即可以进行现场独立控制或中央集中控制。

6.3.3　全空气变风量系统的运行调节

对于定风量空调系统来说，随着显热负荷的变化，如用末端再热来调节室温，将会使部分冷热量相互抵消，造成能量损失。变风量系统随着显热负荷的减少，通过末端装置减少送风量调节室温，故基本上没有再热损失；同时，随着系统风量的减少，相应减少风机消耗的电能，所以，可进一步节约能量。当系统中各房间负荷相差悬殊时（例如不同朝向），具有更大的优越性。

变风量空调系统的运行调节同样可从以下两方面来进行。

1. 室内负荷变化时的运行调节

（1）使用节流型末端装置的变风量空调系统

如图 6-27 所示，在每个房间送风管上安装有变风量末端装置。每个末端装置都根据室内恒温器的指令使装置的节流阀动作，改变通路面积来调节风量。当送风量减少时，则干管静压升高，通过装在干管上的静压控制器调节风机的电机转速，使总风量相应减少。送风温度敏感元件通过调节器控制冷水盘管三通阀，保持送风温度一定，即随着室内显热负荷的减少，送风量减少，室内状态点从 N 变为 N'（见图 6-27 中 h-d 图）。

（2）使用旁通型末端装置的变风量空调系统

如图 6-28 所示，在顶棚内安装旁通型末端装置，根据室内恒温器的指令而使装置的执行机构动作。在室内冷负荷减少时，部分空气旁流至顶棚，并由回风风道返回空调器。整个空调系统的风量不变。随负荷变化的调节过程见图 6-28 中 h-d 图。

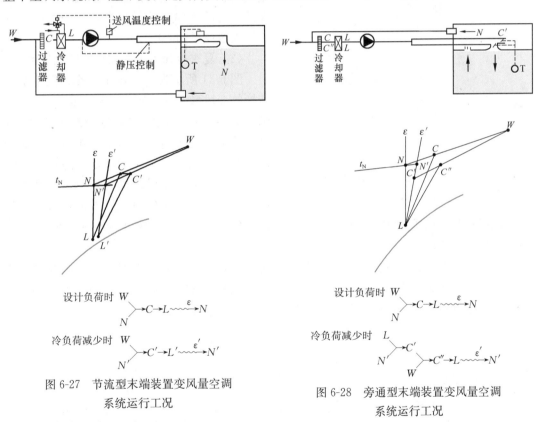

图 6-27　节流型末端装置变风量空调
系统运行工况

图 6-28　旁通型末端装置变风量空调
系统运行工况

（3）使用诱导型末端装置的变风量空调系统

如图 6-29 所示，在顶棚内安装诱导型末端装置，根据室内恒温器的指令调节二次空气侧阀门，诱导室内或顶棚内的高温二次空气，然后送至室内。随负荷变化的调节过程见图 6-29 中 h-d 图。

2. 全年运行调节

变风量空调系统全年运行调节有下列三种情况：

（1）全年有恒定冷负荷时（例如建筑物的内区，或只有夏季冷负荷时）

可以用没有末端再热的变风量系统。由室内恒温器调节送风量，风量随负荷的减少而减少。在过渡季可以充分利用新风来"自然冷却"。

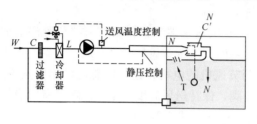

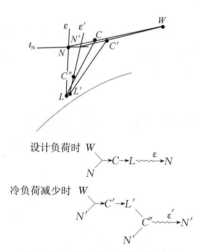

（2）系统各房间冷负荷变化较大时（例如建筑物的外区）

可以用有末端再热的变风量系统。其运行调节工况见图6-30，图中所谓的最小送风量是考虑以下因素而定的：当负荷很小时，为避免风量极端减少而造成换气量不足、新风量过少和温度分布不均匀等现象，以及避免当送风量过少时，室内相对湿度增加而超出室内湿度允许范围，往往保持不变的最小送风量和使用末端再热加热空气的方法，来保持一定的室温。该最小送风量一般应不低于最大送风量的40%。

（3）夏季冷却和冬季加热的变风量系统

图6-31所示为一个用于供冷、供热季节转换的变风量系统的调节工况。夏季运行时，随着冷负荷的不断减少，逐渐减少送风量，当到达最小送风量时，风量不再减少，而利用末端再热以补偿室温的降低。随着季节的变换，系统从送冷风转换为送热风，开始仍以最小必要送风量供热，但需根据室外气温

图 6-29 诱导型末端装置变风量
空调系统运行工况

的变化不断改变送风温度，也即使用定风量变温度的调节方法。在供热负荷不断增加时，再改为变风量的调节方法。

在大型建筑物中，周边区常设单独的供热系统。该供热系统一般承担围护结构的传热损失，可以用定风量变温系统、诱导系统、风机盘管系统或暖气系统，风温或水温根据室外空气温度进行调节。内区由于灯光、人体和设备的散热，由变风量系统全年送冷风。

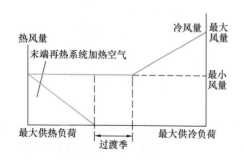

图 6-30 末端再热变风量空调系
统全年运行工况

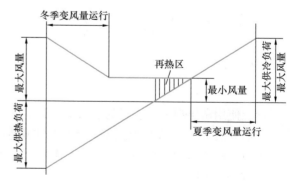

图 6-31 季节转换的变风量空调
系统全年运行工况

3. 总风量的控制

变风量空调系统总风量的控制通常有定静压控制法和变静压控制法等方法。

（1）定静压控制

其工作原理是在送风系统总风管的适当位置（通常在风机至最远末端2/3距离处）设置静压传感器，在保持该点静压一定的前提下，由静压传感器测量静压变化，根据该静压变化信号，通过调节风机受电频率，调节风机电机转速，从而调节系统总风量，维持送风管路系统的静压稳定，如图6-32所示。

当空调负荷减小，部分房间变风量末端装置开度关小时，系统末端局部阻力增加，管路综合阻力系数亦相应增加，管路特性曲线变陡，风机工作点由B→A，风量从L_B→L_A。由于定静压变风量系统，风机功率减小率接近风机风量的减小率，当风机风量全年平均在60%负荷下运行时，此时风机功率节约40%左右。

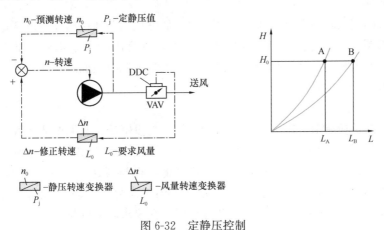

图 6-32 定静压控制

定静压控制因控制简单，目前仍作为一种主要的控制方法，在变风量空调系统中得到较普遍的采用。风管静压的设定值一般为250～375Pa。

（2）变静压控制

所谓变静压控制法，就是在保持系统中每个变风量末端的阀门开度在85%～100%之间变化，在使阀门尽可能全开和使风管中静压尽可能减小的前提下，通过调节风机受电频率来改变空调系统的总送风量，如图6-33所示。

在这种控制方式下，由于变风量末端阀门开度始终为85%～100%，末端装置局部阻力变化很小，管网综合阻力系数变化也很小，在风机H-L图上的综合阻力曲线上升或下降幅度微小，当空调系统总风量减小时，风机工作点基本上沿管路综合阻力曲线波动下降，由于风机功率的减小率基本上是风机风量减少率的3次方关系，当风机功率全年平均在60%的负荷下运行时，此时风机功率节约率为70%左右，故节能效果要优于定静压控制法。

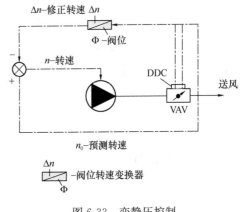

图 6-33 变静压控制

6.4 风机盘管机组系统的运行调节

6.4.1 风机盘管机组的局部调节方法

为了适应房间瞬变负荷的变化，风机盘管通常有三种局部调节（手动或自动）方法，即调节水量、调节风量和调节旁通风门。这三种调节方法的调节质量见表6-3。

1. 水量调节

在设计负荷时，空气经过盘管冷却过程从 N 到 L，然后送至室内。当冷负荷减少时，通过直通或三通调节阀减少进入盘管的水量，盘管中冷水平均温度随之上升，L 点位置上移（见表6-3a），空气经过盘管冷却过程为 $N_1 \rightarrow L_1$。由于送风含湿量增大，房间相对湿度将增加。这种调节方法的负荷调节范围小。

2. 风量调节

这种方式的应用较为广泛。通常分高、中、低三挡调节风机转速以改变通过盘管的风量，也有无级调节风量的。这时，随风速的降低，盘管内冷水平均温度下降，L 点下移（见表6-3b），室内相对湿度不易偏高，但要防止水温过低时表面结露。另外，随风量的减小，室内气流分布不太理想。

3. 旁通风门调节

这种方式的负荷调节范围大（20%～100%），初投资低，且调节质量好，可使室内达到±1℃的精度，相对湿度在45%～50%范围内。因为负荷减小时，旁通风门开启，而使流经盘管的风量较少，冷水温度低，L 点位置降低，再与旁通空气混合（见表6-3c），送风含湿量变化不大，故室内相对湿度较稳定，室内气流分布也较均匀。但由于总风量不变，风机消耗功率并不降低。故这种调节方法仅用在要求较高的场合。

风机盘管机组不同调节方式的调节质量（以全水系统为例）　　　表6-3

内容	a. 水量调节	b. 风量调节	c. 旁通调节
调节范围	$\dfrac{W}{W_0}=100\%\rightarrow30\%$	$\dfrac{C}{C_0}=100\%,75\%,50\%$	旁通阀门开度 $0\rightarrow100\%$
负荷范围	$\dfrac{Q}{Q_0}=100\%\rightarrow75\%$	$\dfrac{Q}{Q_0}=100\%,85\%,70\%$	$\dfrac{Q}{Q_0}=100\%\rightarrow20\%$
风机盘管的空气处理过程	设计负荷时：$N\rightarrow L\xrightarrow{\varepsilon}N$　部分负荷时：$N_1\rightarrow L_1\xrightarrow{\varepsilon'}N_1$	设计负荷时：$N\rightarrow L\xrightarrow{\varepsilon}N$　部分负荷时：$N_2\rightarrow L_2\xrightarrow{\varepsilon'}N_2$	设计负荷时：$N\rightarrow L\xrightarrow{\varepsilon}N$　部分负荷时：$\begin{array}{c}N_3\rightarrow L_3\\N_3\end{array}\!\!\diagdown\, C\xrightarrow{\varepsilon'}N_3$

内容	a. 水量调节	b. 风量调节	c. 旁通调节
显热冷负荷变化时的调节质量	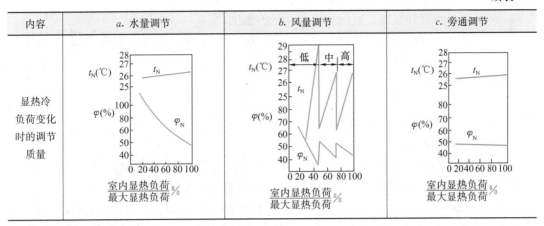室内显热负荷/最大显热负荷%	室内显热负荷/最大显热负荷%	室内显热负荷/最大显热负荷%

注：Q_0 为设计负荷。

6.4.2 风机盘管空调系统的全年运行调节

由第 4 章可知，风机盘管机组空调系统就取用新风的方式来分，有就地取用新风（如墙洞引入新风）系统和独立新风系统之分。就地取用新风系统，其冷热负荷全部由通入盘管的冷热水来承担；而对独立新风系统来说，根据负担室内负荷的方式一般又分为三种做法：

（1）新风处理到室内空气焓值，不承担室内负荷。

（2）新风处理后的焓值低于室内焓值，承担部分室内负荷。

（3）新风系统承担新风负荷和围护结构传热负荷，风机盘管承担其他瞬时变化负荷。

下面，重点讨论第二、第三种方式，并结合图 4-50 所示的系统来分析其全年运行调节方法。

1. 负荷性质和调节方法

一般可把室内冷、热负荷分为瞬变和渐变负荷两部分。

（1）瞬变负荷是指室内照明、设备和人员散热及太阳辐射热（随房间朝向，是否受邻室阴影遮挡、天空有无云的遮挡等影响而发生变化）等。这些瞬时发生的变化，使各个房间产生大小不一的瞬变负荷，它靠风机盘管来负担。

盘管的调节可以根据室内恒温器调节水温或水量（通过直通或三通调节阀），或者调节盘管旁通风门的开启程度。旁通风门的调节质量较高，且可使盘管水系统的水力工况稳定。

（2）渐变负荷是指通过围护结构（外墙、外门、窗、屋顶）的室内外温差传热，这部分热负荷的变化对所有房间来说都是大致相同的。虽然室外空气温度在几天内也有不规律变化，但对室内影响较小，该负荷主要随季节发生较大变化。这种对所有房间都比较一致的、缓慢的传热负荷变化，可以靠集中调节新风的温度来适应。也就是说，由新风来负担较稳定的渐变负荷。有如下的热平衡式：

$$A\rho c_p (t_N - t_1) = T(t_w - t_N) \tag{6-1}$$

式中 A——新风量，m^3/s；

          ρ——空气密度，kg/m^3；

$$c_p\text{——空气比热，kJ/(kg · ℃)；}$$

t_w，t_N，t_1——室外空气、室内空气和新风的温度，℃；

T——所有的围护结构（外墙、外窗、屋顶等）每 1℃ 室内外温差的传热量，W/℃。

根据传热公式

$$T=\sum KF \tag{6-2}$$

式中　K——各围护结构的传热系数，W/(m² · ℃)；

F——各围护结构的传热面积，m²。

对于每一个房间，A 和 T 是可以算出的一定值，故随着 t_w 的降低，必须提高 t_1，也就是新风的加热量可以根据室外温度的变化按前式规律进行调节。

在实际情况下，瞬变显热冷负荷总是存在的（例如室内总是有人存在，这样保持所需的温度才有意义），所以所有房间总是至少存在一个平均的最小显热冷负荷。在室外温度低于室内温度时，温差传热由里向外，该不变的负荷是减少新风升温程度和节约热能的一个有利因素，如果让盘管来负担这个负荷，那就既消耗了盘管的冷量，又需要提高新风的温度从而多耗热量，显然是浪费了能量，假使这部分负荷相当于某一温差 m（一般取 5℃）的传热量（即 mT），并且归新风来负担（也就推迟了新风升温的时间），则上式可改写为：

$$A\rho c_p\ (t_N-t_1)\ =T\ (t_w-t_N)\ +mT$$

即

$$t_1=t_N-\frac{1}{\dfrac{A}{T}\rho c_p}(t_w-t_N+m) \tag{6-3}$$

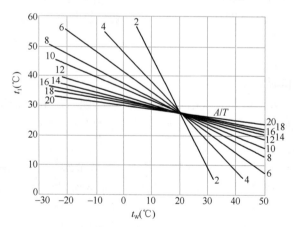

图 6-34　新风温度 t_1 与室外空气温度 t_w 的关系图
（$t_N=25℃$，$m=5℃$）

上式反映了新风温度 t_1 与室外空气温度 t_w 的关系。对于一定的 t_N，可作如下线图（图 6-34）。由图可见，对不同的 A/T 值，可以用不同斜率的直线来反映 t_1 随 t_w 变化的关系。运行调节时，就可根据该调节规律，随 t_w 的下降（或上升），用再热器集中升高（或降低）新风的温度 t_1。

2. A/T 比和系统分区的关系

显然，对于同一个系统，要进行集中的新风再热量调节，必须建立在每个房间都有相同 A/T 比的基础上。A/T 比是新风量与通过该房间外围护结构（内外温差为 1℃）的传热量之比。对于一个建筑物的所有房间来说，A/T 比不一定都是一样的，那么不同 A/T 比的房间随室外温度的变化要求新风升温的规律也就不一样了。为了解决这个矛盾，可以采用两种方法：一是把 A/T 比不同的房间统一在它们中的最大 A/T 比上，也就是要加大 A/T 比较小房间的新风量 A，对于这些房间来说，加大新风量会使室内温度偏低即偏安全；另一方法是把 A/T 比相近的房间（例如同一朝向）划为一个区，每一区采用一个分区再热器，一个系统就可以按几个分区来调节不同的新风温度，这对节省一次风量和冷量是有利的。

3. 双水管系统的调节

双管系统在同一时间只能供应所有的盘管同一温度的水（冷水或热水），随着室内负荷的变化，盘管的全年运行调节又有两种情况。

（1）不转换的运行调节

对于夏季运行，不转换系统采用冷的新风和冷水。随着室外温度的降低，只是集中调节再热量来逐渐提高新风温度（见图6-35）。新风温度按照相应的 A/T 比随室外温度的变化进行调节，以抵消围护结构的传热负荷（$L \rightarrow R_1$）。而随着瞬变显热冷负荷（太阳、照明、人等）变化需要调节送风状态（$O_2 \rightarrow O_3$）时，即可以局部调节风机盘管的冷量（$2 \rightarrow N$）。

在室外空气温度较低时，为了不使用制冷系统而获得冷水，可以利用室外冷风的自然冷却能力，给盘管提供低温水。

不转换系统的投资比较便宜，运行较方便。但当冬季很冷、时间很长时，新风要负担全部冬季供暖负荷，集中加热设备的容量就要很大。

（2）转换的运行调节

对于夏季运行，转换系统仍采用冷的新风和冷水。随着室外空气温度的降低，集中调节新风再热量，逐渐升高新风温度，以抵消传热负荷的变化。盘管水温度仍然不变，靠量调节，以消除瞬变负荷的影响见图6-36，$\begin{bmatrix} L \rightarrow R_1 \\ N \rightarrow 2 \end{bmatrix} O_2 \xrightarrow{\varepsilon_2} N$ 。

当到达某一室外温度时，不用再热，只用原来冷的新风单独就能吸收这时室内剩余的显热冷负荷，让新风转换为原来的最低状态 $\begin{bmatrix} L \\ N \end{bmatrix} O_2 \xrightarrow{\varepsilon_2} N$ 。转换以后，盘管内则改为送热水，随着显热冷负荷的减少，只需调节盘管的加热量，以保持一定室温，$\begin{bmatrix} R_2 \\ N \rightarrow 2' \end{bmatrix} O_3 \xrightarrow{\varepsilon_3} N$ ，R_2 是冬季新风状态点。

转换时温度：

$$t'_W = t_N - \frac{Q_s + Q_l + Q_p - A c_p \rho (t_N - t_1)}{T} \tag{6-4}$$

式中　t_N——转换时室内空气温度；

　　Q_s——由太阳辐射引起的室内显热冷负荷；

　　Q_l——由照明引起的室内显热冷负荷；

　　Q_p——由人员引起的室内显热冷负荷；

　　t_1——新风的最低温度，可以充分利用室外的冷风，而不利用制冷系统。

由于室外空气温度的波动，一年中转换温度有可能发生好几次，为了避免在短期内出现反复转换的现象，所以常把转换点考虑成一个转换范围（大约±5℃），该幅度减少了在过渡季中系统转换的次数（因系统转换是比较麻烦的）。

对于舒适性空调，过渡季通常不用空调，冬夏季在开启空调时，可以进行人工转换。

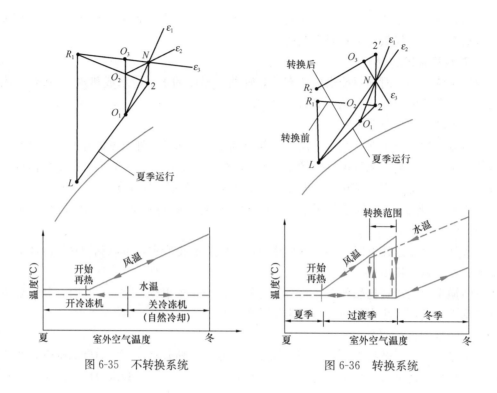

图 6-35 不转换系统   图 6-36 转换系统

6.5 温湿度独立控制系统的运行调节

温湿度独立控制空调系统与常规系统的运行调节不同之处在于：冷水机组供水温度可更高、满足显热余热的去除即可；冷冻水输配系统到显热余热去除末端的供水温度、压力、供回水温差控制目标等也与常规风机盘管系统或全空气系统有所区别；新风处理机组的状态点设定不仅要考虑满足卫生要求的最小新风量，还需要考虑去除室内余湿所需要的送风含湿量设定值等。本节对温湿度独立控制系统运行调节中与常规系统不同之处进行分析说明。

6.5.1 系统整体运行策略

温湿度独立控制空调系统分别有控制温度的系统和控制湿度的系统，因而运行调节比常规热湿联合处理的空调系统从控制逻辑上来看更为简单。当室外温度低、但湿度高时，可以单独运行新风除湿系统，满足建筑的新风和湿度处理需求。夏季需要严格保证室内没有结露现象发生，对于夏季不连续24h运行的建筑，温湿度独立控制空调系统中各设备的开启顺序和关机顺序与常规空调系统有所不同。

以高温冷水机组和独立新风机组（溶液除湿方式、自带热泵循环的新风机组等）、室内为干式风机盘管的降温末端装置为例，给出温湿度独立控制空调系统建议的运行次序：

（1）上班前一段时间（需根据实际情况确定），提前开启新风机组对室内进行除湿。

（2）通过室内的温湿度传感器监测室内的露点信息，露点可通过温度和相对湿度参数计算得到。若露点温度低于冷冻水供水温度（一般设定为 $16\sim18℃$），启动风机盘管，末端水阀打开，此时可开启高温冷水机组。

（3）高温冷水机组开启顺序：冷却水泵启动→冷却塔启动→冷冻水泵启动→主机启动。

（4）运行正常后，新风支路电动风阀根据温湿度传感器的监测数据自动调节，风机盘管的水阀也通过温度传感器的监测数据和水温开关。

（5）空调关机顺序：关高温冷机→依次关冷冻泵、冷却泵和冷却塔→关风机盘管风机→关新风机。

整个系统的运行控制思路：

（1）新风机组：比较室内含湿量实测值（通过温湿度测点计算得到）或者室内 CO_2 浓度与设定值之间的差异对新风机组进行调节，一种方案是定送风含湿量、部分负荷时调整新风量；一种方案是定新风送风量、部分负荷时调整送风含湿量设定值。

（2）显热末端（干式风机盘管与辐射板）：比较室内温度实测值与设定值之间的差异对末端设备进行调节。干式风机盘管通过三挡风速调节和水阀进行调节。辐射板可通过变流量调节、定流量调节水阀开启占空比、末端混水泵调节辐射板入口水温等多种方式进行室温的调节。

6.5.2　新风送风调节策略

1. 不连续运行建筑中新风机组提前开启时间

在实际建筑中，空调系统一般并非全时段运行而是以间歇方式运行，通常在工作时间开启空调系统维持室内适宜的温湿度环境。在夏季空调季，若室外空气含湿量高于室内，空调系统关闭后由于渗透风、人员开窗等影响，室内含湿量会升高。当次日再开启空调系统时，室内含湿量对应的露点温度可能高于温度控制末端设备的表面温度，有可能导致结露。因而，温湿度独立控制空调系统需要提前开启新风送风，通过送入干燥的空气来排除室内由于渗风等带来的余湿，降低室内含湿量。只有当室内含湿量降低到一定水平使室内对应的露点温度降低到一定水平后，才能开启温度控制系统末端的水阀。

如果温湿度独立控制空调系统选取利用高温冷水预冷形式的新风处理机组，在提前开启新风机组排除室内余湿时，应当开启高温冷水机组对新风进行预冷，但此时应关闭通入末端装置的高温冷水管路的水阀，即此时高温冷水仅对新风进行预冷。

2. 空调运行时段新风机组的调节

新风机组按照室内新鲜空气与除湿需求进行调节，可采用湿度传感器、CO_2 浓度传感器测量室内的湿度水平或空气质量情况，也有建筑辅助以红外线传感器用于检测室内有人或无人，然后对新风机组进行调节。以下以冷凝除湿新风机组、溶液除湿新风机组为例，分别给出新风机组的运行调节策略。

（1）冷凝除湿新风机组

图 6-37 给出了冷凝除湿新风机组的调节方式。监测送风含湿量水平（可直接测量或通过温湿度测点计算得到），根据实际送风含湿量与设定值的差值，调节冷冻水流量，时间步长一般为 10s。监测室内湿度水平，根据室内含湿量水平与设定值之间的差值，调节新风机送风量或者改变送风含湿量的设定值，此调节的时间步长一般为 15min，远大于冷冻水流量调节的时间步长。如采用带有室内排风热回收系统的新风机组，则新风送风侧风

机与排风侧风机的风量联动控制。

　　冬季如对新风有加湿需求，需要在新风机组内另设置单独的加湿装置，表冷器内改走热水成为加热器，实现对新风的加热加湿处理过程。调节策略依然是控制送风的含湿量，根据实测值与设定值之间的差值调节加热器中水阀开度与加湿装置；根据室内湿度水平（或 CO_2 浓度）的实测值与设定值之间的差值，调整新风机组的送风量或者送风含湿量设定值。

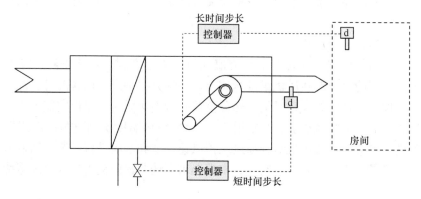

图 6-37　冷凝除湿新风机组的调节方式

　　如果建筑冬季不考虑湿度处理，仅是控制室内温度，则新风机组的调节策略变为：控制送风的温度水平，根据实测送风温度与设定值的差异调节表冷器中水阀开度。如为变新风量机组，则需根据室内 CO_2 浓度实测值与设定值之间的差异，调整新风机组的送风量。

　　（2）溶液除湿新风机组

　　溶液除湿新风机组的控制策略与冷凝除湿新风机组类似，控制逻辑也分成长时间步长与短时间步长两个调节层面。仅是短时间步长调节手段与冷凝除湿有所区别。通过送风含湿量实测值与设定值之间的差异，对于溶液除湿新风机组，需要调整机组内热泵开启台数或者变频控制，并通过补水方式调节机组内循环溶液浓度，达到期望的机组送风含湿量，通过机组内部的控制程序实现，时间步长较短，一般为 $10\sim15s$。长时间步长的调节策略与冷凝除湿新风机组类似，通过室内含湿量的实测水平与室内设定值之间的差异，调整新风送风量或者送风含湿量的设定值，此调节的时间步长一般为 15min。

　　溶液除湿新风机组可以通过热泵系统中四通阀的转换，实现冬季对新风的加热加湿处理过程，其控制调节策略与夏季相同。

6.5.3　显热末端调节策略

　　常用的显热末端装置主要包括干式风机盘管和辐射末端两大类，在冬、夏可共用空调末端。其中干式风机盘管的控制调节与普通湿工况风机盘管相同，设置三挡风量调节、室温控制器和电磁阀控制水路进行 ON/OFF 调节。辐射末端的调节可分为三类：一是采用变流量调节；二是采用定流量调节水阀开启占空比；三是末端混水方案。前两种方式中，进入辐射末端的入口水温不进行调节；第三种方式则通过末端混水方案调节进入辐射板的入口水温。

1. 辐射末端变流量调节方式

《实用供热空调设计手册》（第二版）第 6 章详细介绍了此类调节方式。本节仅摘引该手册中的一个典型控制模式：房间温度控制器＋电敏（热敏）执行机构＋带内置阀芯的分水器。辐射末端集水器、分水器的构造图，以及该控制模式的示意图，参见图 6-38。通过房间温度控制器设定值和检测室内温度，将检测到的实际室温与设定值进行比较，根据比较结果输出信号，控制电敏（热敏）执行机构的动作，带动内置阀芯开启与关闭，从而改变被控（房间）环路的供水流量，保持房间的温度水平。

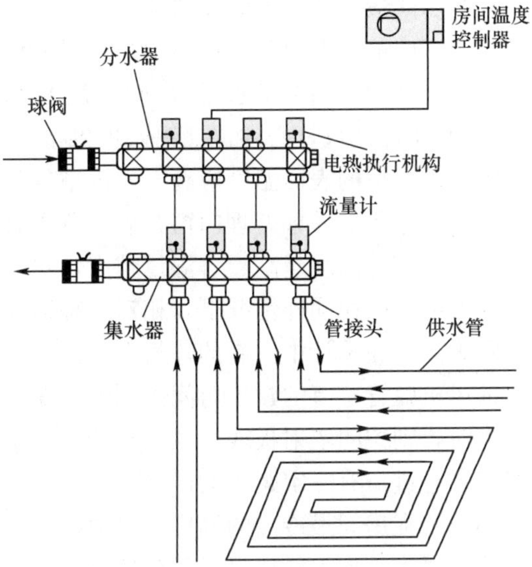

图 6-38 辐射板供冷供热末端集水器、
分水器典型控制模式

2. 辐射末端定流量改变阀门开启占空比调节方式

上一种控制调节方式中，当室内部分负荷时，辐射板内循环水流量降低，会造成辐射板表面温度不均匀。定流量、占空比调节方式的核心是开启水阀时，辐射末端通过的流量为额定流量，通过调节一定时间周期内水阀开启的占空比进行供冷量/热量的调节，其原理参见图 6-39。在各分支支路上安装室温通断控制阀，通过测量的室内温度与设定值之间的差异，确定在一个时间周期内（一般为0.5h）通断阀的开停比，并按照这一开停比确定的时间"指挥"通断调节阀的通断，从而实现对供冷量/热量的调节，实现对室温的控制。

3. 辐射末端混水泵调节方式

每个辐射末端单元可采用小型管道水泵驱动的混水方式调节水温，如图 6-40 所示。以供冷为例，当水泵转速达到最高时，冷水已不能再补充到辐射板水路中，辐射板不再提供冷量。随着水泵转速的降低，混水比下降，辐射板内水温降低，供冷量加大。这种末端方式在冬季辐射板内通入热水，变供冷为供热，继续维持室温。

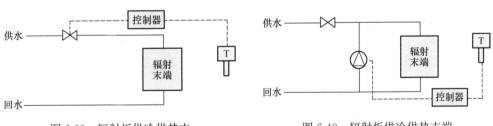

图 6-39 辐射板供冷供热末
端定流量占空比控制调节模式

图 6-40 辐射板供冷供热末端
混水控制调节模式

6.5.4 防结露措施与调节

避免供冷表面结露是温湿度独立控制空调系统夏季运行的前提条件。为避免室内结露，应在房间最冷处安装温度监测器，并保证供冷表面的最低温度高于室内露点温度。根据经验，室内最冷点通常为远离窗户、紧靠供水管的内侧墙角位置，理论上，供冷表面的最低温度（而不是冷冻水的供水温度）高于室内露点温度即可保证无结露现象。ASHRAE 手册建议，必须保证辐射板供水温度高于室内空气露点温度 0.5℃；有文献介绍，辐射供冷板的表面温度应高于室内空气露点温度 1~2℃。

此外，还需要妥善处理门窗开启位置等有热湿空气渗入的地方，在气候潮湿地区尤为需要关注。室外温度越高、含湿量越大，空气的密度越低。由于渗入室内的热湿空气更易在房间上部，因而同样情况下，相对于辐射地板的供冷方式而言，辐射吊顶供冷方式结露的危险更高。在设计中，有的建筑在距离开口位置较近有结露危险的地方局部设置带有凝水盘的风机盘管；有的建筑房间内同时设置可开启窗的状态探测器，当探测到窗户处于开启状态时，则关闭辐射板或者风机盘管的冷水阀；对于辐射地板供冷的建筑，辐射地板一般布置在与进口有一定距离的区域。

当设置在房间最冷点的温度测量值接近露点温度，测得有结露危险时，应控制该房间的新风送风末端加大新风量，并降低新风机组的送风含湿量水平。如仍有结露风险，则关闭辐射板或干式风机盘管的冷水阀，停止供冷水。待送入的干燥新风将室内的湿度降低至一定水平时，再开启辐射末端或干式风机盘管的冷水阀恢复供冷。此外，在夜间停运供冷辐射末端时，可提前关闭水阀或提高混水后进入辐射末端的水温，待辐射末端表面温度上升后再关闭新风机组，避免因辐射末端热惯性导致新风机组关闭后辐射末端表面出现结露。

6.6　直膨式空调机组的运行调节 *

扫码阅读

思考题与习题

1. 定（机器）露点和变（机器）露点的调节方法有什么区别？它们各有什么优缺点？改变机器露点的方法有哪几种？

2. 调节一二次回风混合比和调节空调箱旁通风门各有什么优点？它们一般在什么季节时优点更为突出？

3. 舒适性空调的全年运行过程中，有无不需要对空气进行热、湿处理的时期？该时期应该怎样运行？

4. 为了最大限度地达到空调系统运行的节能目的，全年运行工况应力争满足哪些具体条件？用什么方法来满足这些条件？

5. 带喷水室的一二次回风空调系统，如何进行全年运行调节？

6. 什么叫作室内温度的室外温度补偿控制和送风温度补偿控制？它们有什么优点？

7. 室内相对湿度控制有哪些方法？

8. 简述空调系统的直接数字控制（DDC）的基本原理和内容。

9. 变风量控制系统的基本原理是什么？

10. 风机盘管调节方法有几种？各有什么优缺点？

11. 温湿度独立控制系统新风调节的目的和策略是什么？

12. 温湿度独立控制系统中显热空调末端的运行调节策略有几种？各有什么优缺点？

13. 直膨式空调机组的运行监测与常规空调机组的区别是什么？

14. 直膨式空调机组在哪些建筑类型中适用？为什么？

中英术语对照

机器露点	apparatus dew point
舒适性空调	comfort air conditioning
设计工况	design condition
直接数字控制	direct digital control
直膨式空调机组	direct expansion air handling unit
渐变负荷	gradual load
余热量	excess heat；excessive heat
余湿量	excess moisture
工艺性空调	industrial air conditioning；process air conditioning
瞬变负荷	instanteous load
溶液除湿	liquid desiccant
运行工况	operation condition
辐射空调末端	radiant cooling and heating terminals
显热负荷	sensible heat load
太阳辐射强度	solar radiation intensity
表冷器	surface-type cooler
传感器	transducer
变送器	transmitter
温湿度独立控制	temperature and humidity independent control，THIC
显热末端	terminals for handling sensible heat load
变风量变容量调节	variable air volume and vairable capacity regulation

本章主要参考文献

[1] 钱以明，范存养，杨国荣，等. 简明空调设计手册[M]. 2版. 北京：中国建筑工业出版社，2017.

[2] 尉迟斌. 实用制冷与空调工程手册[M]. 北京：机械工业出版社，2002.

[3] 陆耀庆. 实用供热空调设计手册[M]. 2版. 北京：中国建筑工业出版社，2008.

[4] ASHRAE. ASHRAE Standard 90-75：energy conservation in new building design. Atlanta：ASHRAE, Inc., 1975.

[5] 陆亚俊，马最良，邹平华. 暖通空调[M]. 3版. 北京：中国建筑工业出版社，2015.

第7章 空气的净化与质量控制

空气净化系指去除空气中的污染物质，控制房间或空间内空气达到洁净要求的技术（亦称为空气洁净技术）。空气中悬浮污染物包括粉尘、烟雾、微生物及花粉等。现代科学与工业生产技术的发展，对空气的洁净度提出了严格要求，以保证生产过程和产品质量的高精度、高纯度及高成品率。现代生物医学的发展，提出了空气中细菌数量的控制要求，以保证医药、制剂、医疗及食品等不受感染和污染，对保证人体健康具有重要意义。

空气正常成分以外的一些气体和蒸汽，种类繁多，虽多为微量，有时却会造成对人体健康或正常工作与生活的危害。处理此类污染问题同样是空气净化的内容，和空气的洁净度控制有密切联系，统一在本章内论述。

7.1 室内空气的净化要求

内部空间根据生产要求和人们工作生活的要求，通常将空气净化分为三类：

（1）一般净化：只要求一般净化处理，无确定的控制指标要求；

（2）中等净化：对空气中悬浮微粒的质量浓度有一定要求，例如在公共建筑物内，根据不同的目标等级（一级、二级、三级、四级），室内空气 PM2.5 浓度不超过 25、35、50、75$\mu g/m^3$；

（3）超净净化：对空气中悬浮微粒的大小和数量均有严格要求，我国现行的空气洁净度等级标准与国际标准相同，具体分级见表 7-1。

洁净度等级的划分 表 7-1

洁净度等级 N	大于等于相应粒径的最大允许浓度限值（粒/m³）					
	0.1μm	0.2μm	0.3μm	0.5μm	1μm	5μm
1	10					
2	100	24	10			
3	1000	237	102	35		
4	10000	2370	1020	352	83	
5	100000	23700	10200	3520	832	
6	1000000	237000	102000	35200	8320	293
7				352000	83200	2930
8				3520000	832000	29300
9				35200000	8320000	293000

表 7-1 中大于等于要求控制粒径的粒子最大允许浓度 C（粒/m³）可按下式四舍五入取有效位数不超过 3 位计算：

$$C=10^N \ (0.1/d_p)^{2.08} \tag{7-1}$$

式中 N——洁净度等级；

d_p——粒径尺寸，μm。

对室内空气中微生物粒子的控制级别可参考表 7-2 所列（美国宇航局制订的标准），表中所列的浮游菌及落下菌是指捕集细菌的方法不同，前者是直接捕集空气中的悬浮细菌，经过培养后计数，以单位体积中的个数表示；后者是用平板培养皿在被测环境中暴露一定时间后，经过培养后计数，以单位时间单位面积上落下的细菌个数表示。

空气中细菌的参考标准　　　　　表 7-2

浮 游 菌		落 下 菌		相应的洁净度等级
个/ft³	个/m³	个/ft²，周	个/h[①]	
0.1	3.5	1200	0.49	N5
0.5	17.6	6000	2.45	N7
2.5	88.4	30000	12.2	N8

注：① 使用 90mm 平板培养皿。

微生物一般包括病毒、立克次体、细菌、菌类等，大小悬殊，而且病毒和立克次体一般寄生于其他细胞，细菌一般多附着于空气中的悬浮尘粒，形成尺寸一般大于 $5\mu m$ 的粒子群体。因此，经高效过滤达到 N5 级洁净等级的空气环境内可实现无菌操作；达到 N7 级的洁净环境可进行无菌制剂的生产；而低于 N7 级别的洁净环境则不能达到无菌的要求。

如表 7-2 所示，多数国家均以空气中悬浮微粒的洁净度等级并同时规定空气中允许的微生物浓度来控制生物洁净的等级。我国《医药工业洁净厂房设计标准》GB 50457—2019 及《医院洁净手术部建筑技术规范》GB 50333—2013 均采用这种做法。

随着电子工业的发展，目前超低浓度气态化学污染物，或被称为气态分子污染物（Airborne Molecular Contaminant，AMC）成为芯片生产和良品率的主要影响因素，超大规模集成电路生产过程对空气中的气态化学污染物提出了控制要求，相关组织也制定了有关的标准。例如，ISO 14644-8 将气态化学污染物分为酸、碱、生物污染、凝结物、腐蚀物、掺杂物、有机物、氧化物八类，并规定了某类或所有气态化学污染物为控制对象的化学污染洁净等级分级要求。

7.2 空气悬浮微粒的特性及其捕集机理

7.2.1 空气悬浮微粒的特性

空气悬浮微粒的一般特性主要包括悬浮微粒的分布特性与运动特性。

微粒分散于气态介质则形成一种气溶胶，实际上，人们通常处于或生活于气溶胶之中。组成气溶胶的微粒称为分散相，气态介质称为分散介质。

表征气溶胶粒子的性质包括微粒的形状、大小、密度、粒径分布及浓度等物理因素，有时也需了解其化学成分。除液体微粒外，固体微粒的形状一般不是球形，因此其大小的度量有多种方法。显微镜下统计粒子的大小可用一维投影长度来表示粒径，称为定向粒径。用光散射式粒子计数器计量粒径时，则意味着该粒子当量于同样散射光强的某一直径的标准球形粒子。

空气介质中的粒子群如果具有相同的粒径，则可称为单分散气溶胶，如果粒径不同，则属于多分散气溶胶。多分散气溶胶的粒子粒径在测量与统计时，宜采用分组的方法，并以其粒数加权的平均粒径作为该组粒子的代表粒径，即

$$d_{p} = \frac{\sum n_i d_{pi}}{\sum n_i} \tag{7-2}$$

式中　n_i，d_{pi}——指分组范围内 i 种粒子的数量和粒径。

利用这种分组方法即可将多分散气溶胶的分档粒子数加以统计并可用直方图来描述其粒子分布的情况。以实测的大气尘为例，其粒子分布可见表 7-3 所示。在所分组的粒径范围内，大气尘中的大颗粒粒子按质量计在粒子总量中占比很大，但按个数计则所占比例很小。

实测的大气尘粒子分布 表 7-3

粒子分组（μm）	各组所占比例（%）	
	按质量计	按个数计
<0.5	1	91.68
0.5～1.0	2	6.78
1.0～3.0	6	1.07
3.0～5.0	11	0.25
5.0～10.0	52	0.17
10.0～30.0	28	0.05

空气净化所涉及的微粒一般均在 $10\mu m$ 以下，而大于 $1\mu m$ 的粒子不仅数量少，且易于捕集。

应该指出，大气尘的组成和分布是随地区、气象条件及局部污染状况的不同而不同。即使在同一地点，随时间也有变化。因此在空气净化系统设计计算时，只能取类似表 7-3 给出的数据。

大气尘的计数浓度在考虑粒径为 $\geqslant 0.5\mu m$ 的粒子数量时，其量级为 10^5 粒/L，若考虑粒径为 $\geqslant 0.1\mu m$ 的粒子数量时，其量级为 $10^6 \sim 10^7$ 粒/L。具体取值可参考有关设计手册。

基于对大气尘测量的数据处理结果，说明在一定粒径范围内大于和等于某一粒径的未知粒子总数与 $\geqslant 0.5\mu m$ 的粒子总数之间在对数坐标上近似呈线性关系，即与式（7-1）类似可写成：

$$\frac{N_{di}}{N_{0.5}} = \left(\frac{d_i}{0.5}\right)^{-\alpha} \tag{7-3}$$

式中　N_{di}——为粒径 $\geqslant d_i$ 的粒子总数；

　　　$N_{0.5}$——为粒径 $\geqslant 0.5\mu m$ 的粒子总数；

　　　α——经验指数，可取 $\alpha = 2.2$。

因此，可以用式（7-3）来推算大于和等于某一粒径的粒子总数，但这一经验公式对

于粒径过大和过小的粒子总数推算误差较大。

了解空气中悬浮微粒的分布特性是为空气净化处理提供基本信息。在必要时，尚需了解微粒的其他物理和化学性质，例如微粒的化学组成，尤其是对人体或生产过程危害较大的微粒的组成情况等。

研究空气悬浮微粒的运动特性和规律已形成一个专门学科——气溶胶力学。与空气净化相关的微粒运动特性可参考气溶胶力学的有关文献。

7.2.2 空气悬浮微粒的捕集

1. 单纤维的捕集机理

利用纤维过滤材料来捕集空气中的悬浮微粒是空气净化的主要手段。为了解微粒的捕集机理，一般的研究工作是从单根纤维开始的。

图 7-1 所示为单根纤维捕集粒子的可能机理，现分述如下：

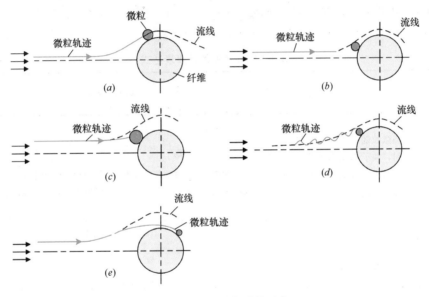

图 7-1 单纤维捕集微粒示意

（1）截留效应（图 7-1a）：粒径小的粒子惯性小，粒子沿流线绕流时不脱离流线，接触到纤维表面而被截留，也称拦截效应；

（2）惯性效应（图 7-1b）：粒子在惯性力作用下，脱离流线而碰撞到纤维表面；

（3）扩散效应（图 7-1c）：随主气流掠过纤维表面的小粒子，在类似布朗运动的位移时与纤维表面接触；

（4）重力效应（图 7-1d）：粒径大的粒子在重力作用下，产生脱离流线的位移而沉降到纤维表面上；

（5）静电效应（图 7-1e）：由于气流摩擦和其他原因，可能使纤维和粒子带电，从而产生一定的静电效应，使粒子附着于纤维表面。

以上五种效应都只说明微粒与纤维表面接触的可能性，而在捕集微粒的机理分析时，则假定与纤维表面接触的粒子即属于被捕集到的粒子。

由上述各种效应捕集的粒子，与筛分的作用不同，不能误解为只有大于某种孔隙的微粒才能被阻留。在纤维过滤器内，尘粒的被捕集，可能是出于上述五种滤尘机理的共同作用，也可能是由于其中一种或几种滤尘机理的作用，这是由尘粒的粒径、纤维的直径、纤维层的填充率以及气流速度等条件决定的。

　　2. 单纤维捕集效率的计算

　　多年的理论和实验研究，对单纤维在不同机理作用下的捕集效率，提出了多种半经验或经验公式。

　　对于一根与气溶胶流动垂直的单纤维，其直径为 D_f，若粒子直径为 d_p，粒子在空气介质中的速度为 v，表 7-4 给出了计算拦截、惯性、扩散、重力及静电五种不同机理作用下的单纤维捕集效率的部分表达式，分别用 η_R、η_{St}、η_D、η_G、η_E 表示。

　　静电效应在一般纤维捕集效率的计算中是不予考虑的，当纤维带电时，可作为一种有利因素。此外，由于悬浮微粒粒径较小，重力效应也可忽略。另一方面，不同捕集效应之间存在相关，因此，单纤维的总捕集效率为：

$$\eta_\Sigma = \eta_{i,\text{in}} + \eta_D + \eta_{D,\text{in}} \tag{7-4}$$

单纤维捕集效率的计算表达式

表 7-4

过滤效应	定义	计算表达式
拦截效应	当微粒随气流遇纤维发生绕流时，粒子不脱离流线。在粒子沿流线运动时，接触到纤维表面而被截留	$\eta_R = \dfrac{1}{2(2-\ln Re)}\left[2(1+R)\ln(1+R)-(1+R)+\dfrac{1}{(1+R)}\right]$ Re 为微粒雷诺数；R 是微粒半径与纤维半径的比值，称为拦截参数。一般来说，微粒尺寸越大、纤维直径越大，拦截效率越高
惯性效应	当微粒质量较大或者速度较大，微粒在惯性力作用下，脱离流线而碰撞到纤维表面而沉积	$\eta_{St} = f(St, Re)$ $St = \dfrac{1}{18}\dfrac{K_m \rho_p d_p^2 v_0}{\mu D_f}$ St 是惯性参数，也称为斯托克斯参数，其物理意义是代表作用于微粒的惯性力与空气阻力之比（μ 是气体动力黏滞系数，K_m 是考虑微粒滑动的修正系数）。St 越大（即气流速度越大、微粒尺寸越大、微粒密度越大、纤维尺寸越小），惯性效率就越大。v_0 为气溶胶的原速度（远离障碍物的速度）
扩散效应	随气流掠过纤维表面的小粒子在类似布朗运动的位移时与纤维表面接触继而沉积在纤维上	$\eta_D = \dfrac{\pi r_f k}{r_f v} = \pi \dfrac{Sh}{ReSc} = \pi \dfrac{Sh}{Pe}$ $Sh = \dfrac{k D_f}{D}\quad Sc = \dfrac{\mu}{\rho D}\quad Pe = \dfrac{D_f v}{D}$ D 是气体扩散系数；k 为传质系数；Sh 为宣乌特数；Pe 为佩克莱数。 微粒的尺寸越小，扩散效应越显著
重力效应	由于重力作用的影响，微粒发生脱离流线的位移从而沉积在纤维上	当气流平行于纤维表面流过时：$\eta_G = \left(\dfrac{v_s}{v}\right)^2$ 当气流垂直于纤维表面从下而上：$\eta_G = (1+R)\dfrac{v_s}{v}$ v_s 是沉降速度

过滤效应	定义	计算表达式
静电效应	微粒和纤维表面都可能带有电荷，而电荷之间的相互作用力（镜像力、极化力、库仑力）使得微粒被捕集	（1）微粒、纤维均带电 当微粒与纤维都携带电荷时，纤维电荷与微粒电荷之间的相互作用力为库仑力，静电效率表达式如下： $$\eta_E = \frac{4Qq}{3\mu d_p D_f v}$$ Q为单位长度纤维带的电荷；q为微粒带的电荷。 （2）微粒带电，纤维不带电 当微粒靠近纤维时，微粒携带的电荷会诱导纤维形成一个相反的电场，从而产生相互作用力，这个力为镜像力。此时的静电捕集效率为： $$\eta_E = 2\left[\frac{1}{2(2-\ln Re)}\right]^{\frac{1}{2}}\left(\frac{\varepsilon-1}{\varepsilon+2}\frac{q^2}{12\pi^2\mu d_p D_f^2 v}\right)$$ ε为纤维的介电常数。 （3）微粒不带电，纤维带电 极化力是指当微粒不带电、纤维带电的情况下，纤维电荷引起的相互作用力，此时的静电捕集效率为： $$\eta_E = \frac{\varepsilon'-1}{\varepsilon'+2}\frac{4d_p^2 Q^2}{3\mu D_f^3 v}$$ ε'为微粒的相对介电常数

$\eta_{i,in}$、$\eta_{D,in}$ 分别是考虑捕集效应相关的单纤维拦截-惯性效率与扩散-截留效率，经验计算式可查相关文献。

公式（7-4）计算单纤维对微粒的总捕集效率是假设纤维间互不干扰，而实际上存在纤维间的影响。我国学者陈家镛提出了考虑纤维间相互影响的修正式为

$$\eta_T = \eta_\Sigma(1+4.5\alpha) \tag{7-5}$$

式中，α 为纤维填充率，$\alpha = \dfrac{\pi D_f^2}{4l^2}$，其中 l 为纤维间距，物理意义如图7-2所示。

利用式（7-4）及式（7-5）即可对单纤维的捕集效率进行预测。对于不同粒径的粒子在某种纤维直径 D_f 的单纤维捕集效率的计算表明，惯性效应只对 $d_p > 1\mu m$ 的粒子捕集是有效的，而对于小于$1\mu m$的粒子则主要的捕集机理是截留和扩散效应。图7-3示出几

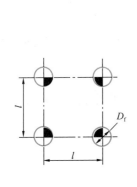

图 7-2 正排列纤维的填充率

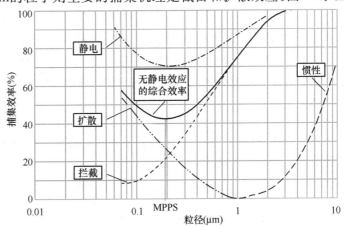

图 7-3 捕集效率与粒径关系

种捕集效应的效率及总效率。由总效率随粒径的变化可见，存在一个总效率最低点，这个效率最低的粒径称为最易穿透率粒径（Most Penetrating Particle Size，MPPS），MPPS 并非定值，对于不同性质的微粒，不同的纤维直径、不同的过滤速度，MPPS 值不同。

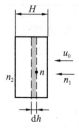

图 7-4　纤维层捕集效率

3. 纤维层的捕集效率

由单纤维组成的纤维层可简化为垂直于气溶胶流动的平行纤维群模型，这虽然与实际的纤维滤层（或称为滤料）中的纤维分布不同，但由于填充率 α 较小（一般 $\alpha < 0.1$），相邻纤维的轴间距远大于纤维直径，因此可以将纤维层内的纤维看成是孤立的单纤维。

在此简化的物理模型基础上，设有一纤维层（见图 7-4），其总厚度为 H，在单位面积上的流量为 u_0，起始粒子浓度为 n_1，当已知单纤维的捕集效率为 η_T 时，则经过 dh 纤维层前后的浓度变化 dn 可有下列平衡式

$$-u_0 dn = L \cdot D_f \cdot u \cdot n \cdot \eta_T \tag{7-6}$$

式中　L——dh 层内纤维总长度，由 $\alpha = \dfrac{L \cdot \dfrac{\pi}{4} D_f^2}{dh}$ 得出 $L = \dfrac{4\alpha dh}{\pi D_f^2}$；

u——纤维层内气溶胶流速，与 u_0 的关系为 $u = \dfrac{u_0}{1-\alpha}$。

改写式（7-6）则成为

$$-u(1-\alpha)dn = \frac{4\alpha dh}{\pi D_f^2} D_f u n \eta_T$$

整理后得

$$\frac{dn}{n} = -\frac{4\alpha \eta_T}{\pi D_f (1-\alpha)} dh$$

积分后得

$$\frac{n_2}{n_1} = \exp\left[-\frac{4\alpha H \eta_T}{\pi D_f (1-\alpha)}\right] \tag{7-7}$$

整个纤维滤层的捕集（过滤）效率应为

$$\eta = 1 - \frac{n_2}{n_1} = 1 - \exp\left[-\frac{4\alpha H \eta_T}{\pi D_f (1-\alpha)}\right] \tag{7-8}$$

式（7-8）称为过滤器的对数穿透定律，是研究过滤器效率最基本的定律。

由于 n_2 为穿过过滤层而未被捕集的粒子浓度，它与原始浓度之比（即 n_2/n_1）称为穿透率（p）。在空气净化领域，使用穿透率同样能说明空气净化装置的特性，它与捕集效率之间的关系为

$$\eta = 1 - p \text{ 或 } p = 1 - \eta \tag{7-9}$$

当进入纤维滤层的气溶胶粒子粒径不同时，亦可进行分级计算，即求出不同粒径粒子的捕集效率，然后按下式求得总效率

$$\eta = \frac{\sum n_i \eta_i}{\sum n_i} \tag{7-10}$$

式中　n_i——粒径为 d_{pi} 的粒子浓度；

η_i——d_{pi} 粒子的捕集效率。

此外，直径为 D_f 的单位长度纤维，气溶胶以速度 u 流过它时的阻力为

$$R = CD_f \frac{\rho_a u^2}{2}$$

式中 C——阻力系数，由实验得出，当 $Re = \dfrac{\rho_a d_p v}{\mu} \leqslant 2$ 时，$C = \dfrac{24}{Re}$，ρ_a 为空气密度；当 $2 \leqslant Re \leqslant 500$ 时，$C = \dfrac{10}{\sqrt{Re}}$。

而层厚为 H，单位面积纤维滤层内的纤维总长度为

$$L = \frac{4\alpha H}{\pi D_f^2}$$

因此，阻力损失应为

$$\Delta P = L \cdot R = \frac{2\alpha H C \rho_a u^2}{\pi D_f} \tag{7-11}$$

对于纤维滤料而言，D_f 小、α 大将使捕集效率提高，而同时却使阻力增加，因此，一个好的过滤装置应具有较高的过滤效率和较低的阻力。在不同的过滤装置之间进行相对评价时，可采用下式

$$A = \frac{-\ln(1-\eta)}{\Delta P} = \frac{-\ln p}{\Delta P} \tag{7-12}$$

显然，穿透率 p 增大和 ΔP 增大均会使 A 值减少。

由式（7-4）～式（7-11）构成的计算模型可用来预测过滤装置的效率和阻力，分析影响过滤效率和阻力各因素的显著性，但不能代替实际实验与测量及过滤装置的实际性能。

7.3 空气过滤器

空气过滤器通过多孔过滤材料（如金属网、泡沫塑料、无纺布、纤维等）将颗粒物从气固两相流中分离并捕集从而净化空气，是空气洁净技术中的关键设备。正确选择和应用空气过滤器对保证洁净室的工艺要求以及一般空调房间的室内空气净化要求至关重要。

7.3.1 空气过滤器的类型

空气净化所用的空气过滤器主要按其过滤（捕集）效率的高低来分类，目前常用的分类如下：

1. 粗效过滤器

粗效过滤器的滤材多采用玻璃纤维、人造纤维、金属丝网及粗孔聚氨酯泡沫塑料等，也有用铁屑及瓷环作为填充滤料的。粗效过滤器大多做成一定尺寸的平板形（见图 7-5）。其安装方式为采用人字排列或倾斜排列，以减少所占空间（见图 7-6）。

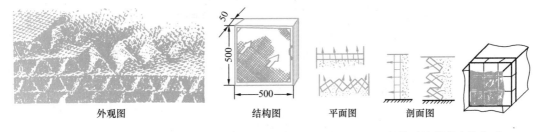

图 7-5　金属网式粗效过滤器　　　　　图 7-6　粗效过滤器的安装方式

　　粗效过滤器需人工清洗或更换，为减少清洗过滤器的工作量，提高运行质量，可采用自动卷绕式空气过滤器（见图 7-7a）。这种过滤器用合成纤维制成毡状滤料，卷绕机构可使滤料自上而下移动，当一卷滤料用完后，则更换一卷新滤料，因而使更换周期大为延长。

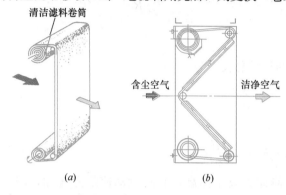

　　粗效过滤器适用于一般的空调系统，对尘粒较大的灰尘（＞5μm）可以有效过滤。在空气净化系统中，一般作为更高级别过滤器的预滤，起到一定的保护作用。

　　2. 中效过滤器

　　中效过滤器的主要滤料是玻璃纤维（比粗效过滤器用玻璃纤维直径小，约10μm）、人造纤维（涤纶、丙纶、腈纶等）合成的无纺布及中细孔聚乙烯泡沫塑料等。该种过滤器一般可做成袋式

图 7-7　自动卷绕式过滤器

（a）平板形；（b）人字形

（图 7-8）和抽屉式（图 7-9）。中效过滤器用泡沫塑料和无纺布为滤料时，可以洗净后再用，玻璃纤维过滤器则需要更换。中效过滤器一般对大于 1μm 的粒子能有效过滤。大多数情况下，用于高效过滤器的前级保护，少数用于清洁度要求较高的空调系统。

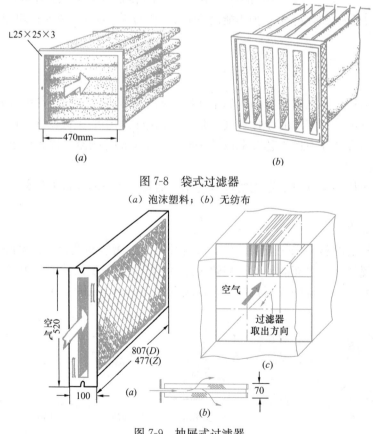

图 7-8　袋式过滤器

（a）泡沫塑料；（b）无纺布

图 7-9　抽屉式过滤器

（a）结构图；（b）平面图；（c）原理示意图

3. 高效过滤器

高效过滤器可分为亚高效、高效及超高效过滤器。一般滤料均为超细玻璃纤维或合成纤维，如聚四氟乙烯，加工成纸状，称为滤纸。为了减少气溶胶穿过滤纸的速度，采用低滤速（以 0.01m/s 计），需大大增加滤纸的面积，因而高效过滤器常做成折叠状。带折纹分隔片的过滤器可如图 7-10 所示。近年常用的无分隔片的高效过滤器如图 7-11 所示，这种过滤器为多折式，厚度较小，靠在滤料正反面一定间隔处贴线（或涂胶）保持滤料间隙，便于气溶胶流通，且易于自动化生产。具有中效、亚高效及高效等规格。

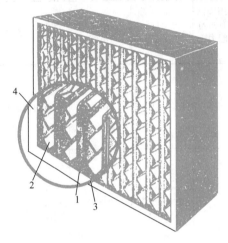

图 7-10　高效过滤器

1—滤纸；2—分隔片；3—密封胶；4—外框

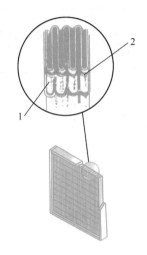

图 7-11　无分隔片多折式过滤器

1—滤料；2—贴线

4. 静电集尘器

在空调净化中亦可采用静电集尘器。静电集尘器的特点是对不同粒径的悬浮粒子均可有效捕集。

在空调净化中常用的静电集尘器为两段式：第一段为电离段，第二段为集尘段。其原理图见图 7-12。在电离段，由电源输出的高电压使正电极表面电场强度非常强以致在空间内产生电晕，形成数量相等的正离子和负离子，正离子被接地负极所吸引，负离子被放电正极所吸引。由于放电正极与接地负极之间形成电位梯度很大的不均匀电场，负离子易于被放电正极所中和，因此，当气溶胶粒子通过电离段时，多数附有正离子，使微粒带正电，少数带负电。在集尘段，由平行金属板相间构成正负极板，在正极板上加有高电压，产生一个均匀平行电场。带正电的粒子随空气流入该平行电场后则被正极板排斥，被负极板吸引并最终被捕集。带负电的粒子与此相反，被正极板所捕集。

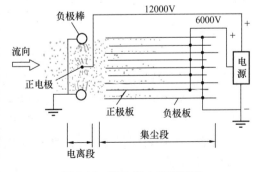

图 7-12　静电集尘器原理图

静电集尘器的集尘效率主要取决于电场强度，气溶胶流速，尘粒大小及集尘板的几何尺寸等。

积在极板上的灰尘需定期清洗。小型静电集尘器的集尘段可整体取出清洗。清洗后需烘干再用。

7.3.2　过滤器的性能及其检测

空调净化常用过滤器的性能如表 7-5 所示。表中的分类、效率级别、效率和初阻力值摘自我国标准《空气过滤器》GB/T 14295—2019 和《高效空气过滤器》GB/T 13554—2020。

常用过滤器的性能　　　　　　　　　　　表 7-5

分类	效率级别	适用含尘浓度①	额定风量下的效率（η）（%）		额定风量下的初阻力②（Pa）	容尘量③（g/m²）	滤速（m/s）	备注
粗效过滤器	C1	中～大	标准试验尘计重效率	$50>\eta \geqslant 20$	≤50	500～2000	1～2	预过滤器保护中效
	C2			$\eta \geqslant 50$				
	C3		计数效率（粒径≥2.0μm）	$50>\eta \geqslant 10$				
	C4			$\eta \geqslant 50$				
中效过滤器	Z1	中	计数效率（粒径≥0.5μm）	$40>\eta \geqslant 20$	≤80	300～800	0.05～0.5	保护末级过滤器或一般洁净要求的末级过滤器
	Z2			$60>\eta \geqslant 40$				
	Z3			$70>\eta \geqslant 60$				
高中效过滤器	GZ			$95>\eta \geqslant 70$	≤100			
亚高效过滤器	YG			$99.9>\eta \geqslant 95$	≤120	70～250	0.02～0.03	洁净等级较低（N9）的洁净室末级过滤器
高效过滤器	35		计数效率（MPPS）	$\eta \geqslant 99.95$	≤190	50～70	0.02～0.03	普通洁净（N8～N5）的末级过滤器
	40			$\eta \geqslant 99.99$	≤220			
	45			$\eta \geqslant 99.995$	≤250			
超高效过滤器	50	小	计数效率（MPPS）	$\eta \geqslant 99.999$	≤250	30～50	0.01～0.02 m/s 过滤器迎面风速不大于 1m/s	洁净等级要求高（N4～N1）的洁净室末级过滤器
	55			$\eta \geqslant 99.9995$				
	60			$\eta \geqslant 99.9999$				
	65			$\eta \geqslant 99.99995$				
	70			$\eta \geqslant 99.99999$				
	75			$\eta \geqslant 99.999995$				

注：① 含尘浓度：大为 0.4～0.7mg/m³，中为 0.1～0.6mg/m³，小为 0.3mg/m³ 以下。
② 初阻力指在额定风量下未积尘的空气过滤器阻力。
③ 容尘量指过滤器达到终阻力（2～3 倍初阻力或制造厂规定值）时在每平方米滤料上容纳的尘粒质量。

由上表可见，表征空气过滤器性能的主要指标为过滤效率、压力损失和容尘量。

1. 过滤效率

如式(7-8) 所表达，单级过滤器的效率为

$$\eta = \frac{n_1 - n_2}{n_1} = \left(1 - \frac{n_2}{n_1}\right) \times 100\% = (1-p) \times 100\%$$

如不同的过滤器串联使用（见图 7-13），其总效率应为

$$\eta = \frac{n_1 - n_{m+1}}{n_1} = \left(1 - \frac{n_{m+1}}{n_1}\right) \times 100\% \tag{7-13}$$

按效率的定义式可知

$$n_3 = n_2(1 - \eta_2) = n_2 p_2$$

$$n_2 = n_1(1 - \eta_1) = n_1 p_1$$

故 $n_3 = n_1(1 - \eta_1)(1 - \eta_2) = n_1 p_1 p_2$；依此类推，可得 $n_{m+1} = n_1(1 - \eta_1)(1 - \eta_2)\cdots(1 - \eta_m)$ $= n_1 p_1 p_2 \cdots p_m$

将此结果代入式（7-13）可得

$$\eta = \frac{n_1 - n_1(1 - \eta_1)(1 - \eta_2)\cdots(1 - \eta_m)}{n_1}$$

$$= 1 - (1 - \eta_1)(1 - \eta_2)\cdots(1 - \eta_m) \tag{7-14}$$

或 $$\eta = 1 - p_1 p_2 \cdots p_m \tag{7-15}$$

同一过滤器采用不同的检测方法其效率值是不同的。因此，用式（7-14）计算串联过滤器的总效率时，必须用同一种方法测定的各过滤器效率值。同时，应该考虑经前级过滤后，由于进入次级过滤器的尘粒粒径分布的变化对次级过滤器效率的影响。

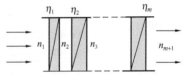

图 7-13 过滤器串联的效率
n—粒子浓度；η—过滤效率

过滤器效率的检测方法较多，采用哪种检测方法取决于方法本身的适用性，例如，计重法是靠称量过滤器前后采样的重量变化来计算出效率值，一般适用于效率较低的粗效过滤器，而高效过滤器的穿透率小，在过滤器下游的采样量变化就重量而言是难以辨识的，因而，测出的效率值总能接近 100%，所以计重法就不适用于高效过滤器的检测。

表 7-6 列举了目前常用的不同过滤器效率的含义、应用场合和相关标准。除了表中列出的过滤器效率的不同测试方法，还有比色法（Dust Spot）、大气尘计数法（Sodium Flame）、DOP（邻苯二甲酸二辛酯）法、油雾法（Oilmist）等，但实际应用渐少。

空气过滤器过滤效率的检测方法 表 7-6

名称	方法概要	适用性	相关标准
计重效率法（Arestance）	采用高浓度的人工尘，粒径大于大气尘，其成分有尘土、炭黑和短纤维，按一定比例构成，在过滤器前后测出其含尘重量后计算效率	粗效过滤器	美国 ASHRAE 52.2-2017 欧洲 EN 779-2012 中国 GB/T 14295—2019 ISO 16890—2016
粒径计数法（Particle Efficiency）	采用多分散相 KCl 气溶胶，仪器为激光粒子计数器，测量过滤器前后空气中微粒的粒径及数量	一般通风过滤器（粗效、中效、亚高效）	美国 ASHRAE 52.2-2017 中国 GB/T 14295—2019

续表

名称	方法概要	适用性	相关标准
计径效率法 (Particle Size Efficiency)	采用单分散相癸二酸二辛酯（DE-HS）气溶胶（0.40μm），仪器为激光粒子计数器，分别测量过滤器在不同容尘阶段前后空气中微粒的粒径及数量，计算过滤器整个"使用周期"内 0.4μm 颗粒物的平均效率	一般通风过滤器（中效、亚高效）	欧洲 EN 779-2012
ePMX 效率法	采用 DEHS（0.3~1 μm）及 KCl（1~10 μm）分别测试过滤器消静电前后的计径计数效率，仪器为激光粒子计数器。根据消静电前后的计径计数效率的平均值及假定的城市与郊区大气尘的粒径分布，计算 PM1、PM2.5 与 PM10 的效率	一般通风过滤器（粗效、中效、亚高效）	ISO 16890—2016
MPPS 法	采用多分散相气溶胶，仪器为激光粒子计数器，测量过滤器前后空气中微粒的粒径及数量，确定最易穿透粒径（MPPS）效率	亚高效、高效及超高效空气过滤器	ISO 29463-2011 欧洲 EN 1822-2009 中国 GB/T 6165—2021

从表 7-6 可见，采用激光粒子计数器测量过滤器前后空气中微粒的粒径及数量，从而得到其效率的"粒子计数法"是目前最常用的方法。

此法的原理是利用粒子的光散射特性。当粒子通过强光源照射到测量区时，每一粒子均产生一次光散射，形成一个光脉冲信号，利用光电倍增管将此信号转换成电脉冲信号。显然，电脉冲的数量能确定通过粒子的个数，而电脉冲的高度与粒径存在一定的关系。目前，以激光为光源的粒子计数器已在洁净空间的检测、局部净化设备的检测及过滤器效率测定中广泛应用。

激光粒子计数器的构造原理如图 7-14 所示。某些粒子的粒径和散射光强之间的关系可见图 7-15。实验证明，激光粒子计数器输出的指示粒径与实际粒径之间，除烟尘偏差较大外，多数粒子在 d_p<0.3μm 和 d_p>1μm 时，二者比较一致，为 0.3~1.0μm，实际粒径比指示粒径稍大。

使用粒子计数器测量粒子的数量浓度时，若粒子浓度太大，则在散射腔激光照射的微小容积内可能有两个或两个以上粒子同时出现，这样计数器输出的粒数和粒径则存在失真，因此，在高浓度测量时，应对这种"重叠效应"予以修正。

计数法测量不同类型的过滤器效率时对粒子的粒径要求不同，有些要求大于等于某一粒径（如≥0.5μm、≥2.0μm），有些针对某一粒径范围（如 0.3~1.0μm、1.0~3.0μm、3.0~10.0μm），有些针对某一粒径（如 0.4μm）。采用粒子计数测量过滤器最易穿透粒径（MPPS）的效率的方法称为 MPPS 法，一般高效过滤器大多采用此法测量 MPPS 效率并进行如表 7-5 所示的等级分级。计数法对粒子的浓度也有不同要求，上游浓度要足够高，保证下游能够检测出一定的粒子数量。为保证气溶胶粒径分布稳定、粒子形状和折射系数基本相同以及浓度可调,计数法测量的尘源一般为人工气溶胶,目前常用的包括液态气溶胶,如 DEHS、PAO(聚 α 烯烃)、石蜡油等,或固态气溶胶,如 PSL(聚苯乙烯乳胶球)、NaCl、KCl 气溶胶等。由于采用的气溶胶不同以及测量的粒径范围不同,因而得到的过滤器效率结果差异颇大。因此,在给出过滤器的效率时必须注明所用尘源的种类和检测方法(对应表 7-6 相应标准规定的气溶胶及测量方法)。

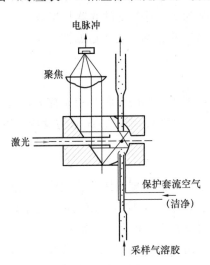

图 7-14　激光粒子计数器原理图　　　图 7-15　粒子粒径与散射光强的关系

激光粒子计数器可以测定的最小粒径为 $0.1\mu m$。对于小于 $0.1\mu m$ 粒子的计数测量可采用凝结核计数法,即通过某种液体的饱和蒸气,使微小粒子作为其核心而凝结成较大的颗粒,然后再利用光散射原理进行计数测量。这种方法可以测到 $0.001\mu m$ 的小粒子,但不能确定地输出粒子的大小。而静电式气溶胶粒径分析器,则可使 $0.003\sim1\mu m$ 的尘粒带电,测定其迁移率分布并配合凝结核计数法进行计数测量。

过滤器效率除了受过滤器本身如滤材厚度、纤维直径、孔隙率、结构形式等因素影响外,也与过滤的尘源的特性(如粒径分布、化学成分、物理性质、颗粒几何形态等)以及过滤风速密切相关。实验研究结果证明,过滤效率随过滤风速的增大而降低。此外,需要说明的是,某些过滤器的效率会随使用时间因积尘发生明显变化,这与滤材种类、滤材纤维是否带静电、主要依赖的过滤机理等因素相关,实际应用时应加以注意。

2. 过滤器阻力

过滤器的阻力一般包括滤料阻力和结构(如框架、分隔片及保护面层等)阻力。若以迎面风速 u_0 为变量,经过实验可得出新过滤器阻力的经验表达式为

$$\Delta P = Au_0 + Bu_0^m \qquad (7\text{-}16)$$

式中,A、B、m 为经验系数与指数。第一项 Au_0 代表滤料阻力,Bu_0^m 代表结构阻力。

在以气溶胶通过滤料的流速 u 为变量时,过滤器阻力的经验式为

$$\Delta P = \alpha u^n \qquad (7\text{-}17)$$

式中,α、n 为经验系数与指数,一般过滤器 α 为 $3\sim10$,n 为 $1\sim2$。

由式(7-16)及式(7-17)可见,新过滤器的阻力随迎面风速或通过滤料的流速(亦称为滤速)增大而增加。因此,确定了适宜的滤速和过滤面积后,适宜的过滤风量即可确

定，此风量一般称为额定风量。在额定风量下新过滤器的阻力称为初阻力。一般高效过滤器的初阻力不大于 200Pa。

空调净化系统的过滤器阻力在系统的总阻力损失中占有相当大的份额，对系统的能耗有重要影响。同时随着运行时间的延长，过滤器积尘使阻力逐渐增大。

因积尘而影响使用（风量不足）需更换时的阻力称为终阻力。一般把达到初阻力一定倍数时的阻力定为终阻力。高效过滤器的倍数通常为 2，而中效过滤器和粗效过滤器可取较大的倍数，因为其初阻力较小，积尘后对系统风量的影响比高效过滤器要小。在选择系统风机全压时应考虑过滤器阻力变化的影响。

3. 过滤器的容尘量

在额定风量下，过滤器的阻力达到终阻力时，其所容纳的尘粒总质量称为该过滤器的容尘量。由于滤料的性质不同，粒子的组成、形状、粒径、密度、黏滞性及浓度的不同，因此过滤器的容尘量也有较大的变化范围。

7.3.3　化学过滤器

前述空气过滤器主要针对悬浮颗粒物，而化学过滤器处理的污染物主要为无机、有机等气态污染物，在集成电路行业中一般称为"气态分子污染物"，在民用建筑中称为"挥发性有机化合物"，在汽车滤清器中称为"化学污染物"。化学过滤器能够去除气态污染物，有效改善空气质量及控制洁净厂房的气态分子污染，因而在半导体行业、核工业、博物馆、机场航站楼以及汽车空调中应用广泛。对于不同的应用场合，需要处理的气态污染物的种类及要求各不相同，典型的化学过滤器应用见表 7-7。

化学过滤器的应用及主要污染物 表 7-7

场所	主要污染物	备注
半导体行业	各种 AMC	可靠、可实现在线监测
机场航站楼	汽油、异味	广谱吸附
核电站	放射性甲基碘	可靠
博物馆	SO_2、NO_x、O_3	珍品保护
高档办公楼	氨气、臭氧、VOC	广谱吸附
污水处理厂	H_2S、SO_2 等恶臭、氯气	广谱吸附
新风机组	NO_x、O_3、SO_2、VOC	广谱吸附
家用空气净化器	甲醛、VOCs	广谱吸附
空气压缩机	H_2S、SO_2、NO_x 等腐蚀性气体	保护压缩机原件

1. 化学过滤器材料与结构形式

通常洁净室及空调净化中多采用吸附技术去除气态污染物，化学过滤器的吸附材料（又称吸附剂）有多种，如活性炭、氧化铝、沸石、金属有机框架材料、离子交换树脂等，其中活性炭因具有巨大的比表面积（一般在 $700 \sim 1500 \mathrm{m^2/g}$）、广谱吸附性、来源丰富和经济等优点而应用较广，也常被称为活性炭过滤器。颗粒活性炭、活性炭纤维、蜂窝活性炭、多孔复合活性炭材料等均可作为活性炭过滤器的吸附剂。

活性炭对有机气体和臭味有较高的吸附能力，但对无机气体（如氨气、硫化氢）的吸附能力较差。将适当的化学品添加到吸附剂中以提高其对特定污染气体的去除能力，俗称"改性"或"浸渍"。例如，5%氢氧化钾和 10%氯化铁改性的活性炭可消除硫化氢和硫醇，核电站去除放射性甲基碘的活性炭采用 2%碘化钾和 2%三乙烯二胺改性。某些性能较好的改性炭可对 VOC、硫化氢、氨气、氢化氰、臭氧和甲醛等有害气体具有广谱吸附能力。为提高气体污染物的去除效果，除了利用活性炭外，还常将几种吸附剂按比例组合成混合材料，如活性炭和添加了高锰酸钾的三氧化二铝的混合吸附剂。

与颗粒物过滤器类似，化学过滤器的结构形式也有多种。常见的包括最简单的平板式（图 7-16），过滤器的迎风面和出风面采用多孔金属筛网（孔径 2mm，开孔率 30%），将吸附剂紧密装填在金属筛网形成的空腔内，四周用边框固定。类似的还有空气净化器中常用的蜂窝式（图 7-17），将纸或其他材料制成六角蜂巢状或瓦楞状，将活性炭颗粒或其他吸附材料填充或以其他方式固定在蜂窝中。蜂窝结构的优点是：①阻力低，适用于低污染浓度场合。抽屉式（图 7-18）的特点是结构可以重复使用，运行费用经济；②结构坚固，适用于大风量或变风量空调箱、新风机组或排风系统中；③使用寿命长，视处理的化学气体分子污染物浓度与成分不同，一般寿命为 1～5 年；④针对不同污染气体可以选用不同的吸附材料，如处理甲醛可选用高锰酸钾，处理有机气体或臭氧可选用氧化锰。为了提高过滤面积、降低阻力，可以将平板式过滤器插接成 V 形（图 7-19）。此外，与工业除尘及燃气轮机常用的圆筒式过滤器类似，化学过滤器也有圆筒式结构形式（图 7-20），过滤器由端盖、底盖、圆形内网和外网以及装填于其中的活性炭或其他吸附材料构成，可将多个径向设计的圆筒过滤器通过快速紧固系统连接到支撑板上，端盖上设置密封垫，以保证过滤器与安装框架之间无空气泄漏。在相同的迎风面积条件下，可增大过滤面积。

图 7-16　平板式过滤器　　　　图 7-17　蜂窝式过滤器

图 7-18　抽屉式过滤器

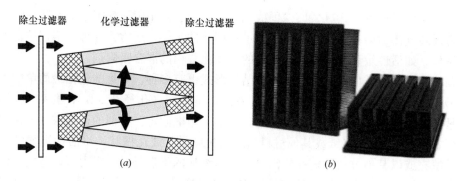

图 7-19　V 形过滤器

(a) 原理示意图；(b) 外观图

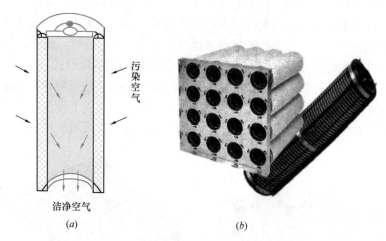

图 7-20　圆筒式过滤器

(a) 原理示意图；(b) 外观图

2. 化学过滤器的评价指标

（1）压力损失：额定风量条件下化学过滤器上下游的静压差，即气流通过过滤器的压力损失。

（2）去除效率：化学过滤器去除的污染物的比例或百分比。

化学过滤器效率的高低取决于多种因素，如吸附剂性能、过滤器结构以及过滤风速等。在其他条件一定时，过滤效率与风速有很大关系，风速越低，效率越高。此外，化学过滤器的效率并非恒定，在使用过程中，初始状态时过滤效率高，随着化学过滤器内的吸附剂不断吸附气态污染物，过滤效率会逐渐降低，过滤器下游污染物浓度会逐渐增高，直至达到无法满足使用要求的浓度时，化学过滤器需要更换。实际使用时，过滤器的效率还会受温湿度、气体浓度与种类等因素的影响。

（3）吸附容量（容污量）：单位质量活性炭所能吸附的吸附质的量称为吸附容量。

容污量反映了化学过滤器对污染物分子吸附的最大能力，主要取决于滤材的吸附特性、填充密度。此外，被处理空气的温度与浓度对吸附容量也有影响。工业上有时将吸附容量称为活性炭的活性，关系到化学过滤器的使用时间。

（4）保持力：衡量过滤器抵抗污染物分子脱附的能力。

选用化学过滤器时除了考虑其性能指标，还应了解污染物种类、浓度（上游浓度及下游允许浓度）、处理风量等条件，同时应考虑安装空间。在使用过程中，活性炭过滤器的阻力变化不大，但重量会增加。当下游浓度超过要求时，应进行更换。化学过滤器的上、下游均需设置效率良好的颗粒物过滤器，前者可防止灰尘堵塞活性炭材料，后者过滤活性炭本身可能产生的颗粒污染。

7.4 空 气 净 化 系 统

空气净化系统是以保证空间空气的洁净度为主要目标，虽然空间的温湿度调节必不可少，一般也都是统一设计，但满足洁净度要求常常是空调净化系统设计的主导方面，因而与一般空调系统设计相比，有它自己的特点。

7.4.1 洁净室的均匀扩散模型（见图 7-21）

假定进入洁净空间和空间内产生的尘粒能及时均匀地在空间内扩散，且净化系统的风量 L 及回风率 r 一定，则在室外空气含尘浓度为 M、室内产尘为 G、空间体积为 $\overline{V}$ 的条件下，可以写出：

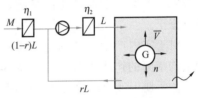

图 7-21 洁净室的均匀扩散模型

由新风带入到空间的灰尘量为

$$M(1-r)L(1-\eta_1)(1-\eta_2)\mathrm{d}\tau$$

空间内部产尘量为 $G \cdot \mathrm{d}\tau$

空间内空气的含尘浓度变化量为 $\overline{V}\mathrm{d}n$

由回风带入空间的灰尘量为 $nLr(1-\eta_2)\mathrm{d}\tau$

由空间排出的灰尘量为 $nL\mathrm{d}\tau$

根据质平衡，可以得出

$$\overline{V}\mathrm{d}n = [G + M(1-r)L(1-\eta_1)(1-\eta_2) + nLr(1-\eta_2) - nL]\mathrm{d}\tau \qquad (7\text{-}18)$$

由于 $\dfrac{L}{\overline{V}} = N$，即换气次数，$\dfrac{G}{\overline{V}} = g$ 为空间单位体积的产尘量，故上式可写成

$$\frac{\mathrm{d}n}{g + M(1-r)N(p_1 p_2) + nN(rp_2 - 1)} = \mathrm{d}\tau$$

设 $g + M(1-r)N(p_1 p_2) = S$，按 $\tau = 0$，$n = n_0$，积分上式得

$$-\frac{1}{N(1-rp_2)}\ln\left[\frac{S - nN(1-rp_2)}{S - n_0 N(1-rp_2)}\right] = \tau$$

即

$$\frac{S - nN(1-rp_2)}{S - n_0 N(1-rp_2)} = \exp[-N(1-rp_2)\tau] \qquad (7\text{-}19)$$

所以 $\quad n = \dfrac{g + M(1-r)N(p_1 p_2)}{N(1-rp_2)}$

$$\left\{1 - \left[1 - \frac{n_0 N(1-rp_2)}{g + M(1-r)N(p_1 p_2)}\right]\exp[-N(1-rp_2)\tau]\right\} \qquad (7\text{-}20)$$

当 $\tau \to \infty$，则式（7-20）成为

$$n_{\tau \to \infty} = \frac{g + M(1-r)N(p_1 p_2)}{N(1-rp_2)}$$

$$= \frac{g + M(1-r)N(1-\eta_1)(1-\eta_2)}{N[1-r(1-\eta_2)]} \tag{7-21}$$

式（7-21）即为均匀扩散的室内含尘浓度的稳态计算式。如果新风通路上经过粗、中、高三级过滤，回风通路上经过中、高二级过滤，则式（7-21）可直接变为

$$n_{\tau \to \infty} = \frac{g + M(1-r)N(1-\eta_1)(1-\eta_2)(1-\eta_3)}{N[1-r(1-\eta_2)(1-\eta_3)]}$$

$$\tag{7-22}$$

尽管均匀扩散模型与实际洁净空间内尘粒的扩散过程不同，它却提供了分析手段。同时，也可经验性地考虑不均匀扩散所产生的影响，对模型计算的结果进行修正。

对于室内产尘量的确定，要考虑到人体产尘和围护结构壁面的产尘以及工艺设备的产尘，其数据可参考有关手册。室内产尘量是否全部对洁净区产生污染，则与室内的气流分布状况有关，应该在设计计算时具体分析决定。

7.4.2 空气净化系统的设计

空气净化系统的主要技术设计过程可用图 7-22 所示的框图表示。空气净化系统的基本方案可见表 7-8 所列。这些方案的主要不同点在于：

（1）洁净区的控制方法：方案 1、2、6、7 属于全室洁净区方案，其中方案 1、2 属于非单向流洁净室，方案 6、7 属于单向流洁净室。而方案 3、4、5 则是将关键的生产过程置于隧道或管道化的局部空间内，方案 8 更是在关键生产工艺设备内保证高洁净度要求的

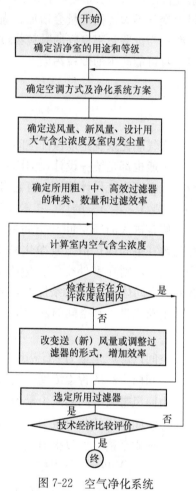

图 7-22　空气净化系统的设计计算过程

微环境，这些方案具有投资少、效益高的优点，但要求生产过程的自动化程度高。方案 8 即新风机组（MAU）＋风机过滤单元（FFU）＋显热盘管（DC）是大面积高洁净度要求应用场合的典型方案，近年来在半导体及面板行业应用广泛。

（2）空气热湿处理的风量：在一般情况下（如方案 1～5），空气净化要求的计算风量可能与空气热湿处理要求的风量相近，因此可取其大者作为整个系统的风量。但在换气次数较大时，尤其是对于方案 6、7、8，使全部送风量经过空气热湿处理设备是不合理的，这会无端增加空气处理段的尺寸与能耗。因此在这种情况下，应该设置保证大风量的循环风机或采用风机过滤单元方式。电子工业洁净室室内负荷主要是显热，即热湿比为＋∞，故可以采用新风集中处理，大幅度去湿后与经显热冷却盘管的室内空气相混合。这样，对大量循环风的处理，可用水温较高的冷水，而新风则用低温去湿盘管处理，在经济上比较有利。方案 8 就属于典型的温湿度及洁净度独立控制的空调系统方式。

（3）系统气流组织的确定：由表 7-8 可见，高洁净度要求（1～5 级）区域的气流组

织方式均为"活塞流"（也称单向流）式，使所控制的区域内不产生涡流，从而能够及时地将产生的尘粒排除。方案1、2为非单向流洁净室，空间内形成的涡流区不能及时将尘粒排除，因而不能形成均匀稳定的高洁净度要求区域，一般应用于要求相对不高（6~9级）的洁净室。

与普通舒适性空调系统相比，净化空调系统由于风量大、采用多级过滤器，因而系统阻力较大（且需考虑过滤器阻力随使用时间增加的因素），造成风机风压高，因此风机输送的负荷（风机得热或风机温升）不能忽略。根据统计，办公楼、旅馆单位面积冷负荷在100~130W/m² 范围内，而半导体工厂的冷负荷高达500~1000W/m²，且风机输送负荷、室内冷负荷（主要为设备负荷）和新风负荷占主要比例。

空气净化系统的设计还应考虑新风量的确定。一般来说，若根据工作人员卫生所需确定的新风量常常使新风量过小。所以，空气净化系统的新风量主要是考虑满足空间正压的要求，或在有工艺排风时，要同时满足排风和正压的要求。

净化系统的严密性必须引起重视。在高效过滤器部位或因安装造成的任何泄漏，均会招致洁净度的降低。即使是经过中效过滤的空气，也不应再发生额外污染。因此，系统风机一般放在中效过滤器之前，保证经过中效过滤的空气处于正压，防止未经处理的空气渗入系统内。

空气净化系统的基本方案　　　　　　　　　　　　表7-8

方案号	方案图式	方案中洁净类型和等级	系统特点
1		非单向流洁净室 等级为 $N=7\sim9$	空间内有涡流区存在，要考虑全部室内产尘的影响； 一般换气次数为10~60次/h； 系统简单维护管理较方便
2		非单向流洁净室 等级为 $N=7\sim8$	属常用式洁净室，洁净度等级取决于过滤器风口的布置密度； 注意入室人员的清洁处理； 其他同上
3		洁净隧道式洁净室 隧道内等级 $N\leq5$ 其余空间等级 $N=6\sim7$	有效地缩小了高洁净区； 适用于流水作业； 产品与作业人员分开，洁净度易于保证
4		洁净管道式洁净室 管道内等级 $N\leq5$ 空间洁度等级同方案3	适用于高级自动化生产线，洁净区大为缩小； 消除了作业人员干扰； 超大规模集成电路生产的适宜净化方式
5		装配式洁净室 装配室内等级为 $N=5\sim6$ 空间等级同方案2	装配式洁净室形式多样，安装方便； 带有塑料隔断式洁净棚亦可应用
6		垂直单向流洁净室 空间洁净度 $N\leq5$	置换效果好，室内发尘基本上无影响； 水平断面流速为0.2~0.5m/s，换气次数可高达500次/h； 为保证大送风量，空气处理机组的风机与循环风机分设

续表

方案号	方案图式	方案中洁净类型和等级	系统特点
7		水平单向流洁净室 洁净等级 $N=5\sim6$	洁净度在整个空间内是变化的，离高效近处高、下游则低； 风量仍较大，风速一般≥0.35m/s
8		空间洁净度 $N\leqslant5$ 工艺设备微环境 $N\leqslant5$	MAU+FFU+DC方式； 温度、湿度、洁净度独立控制；MAU处理新风全热负荷、DC处理室内显热负荷、FFU控制室内洁净度； 关键工艺设备内高洁净要求的微环境由设备端风机过滤单元（EFU）确保

思考题与习题

1. 有一筛网，其规则分布的方形网孔当量直径为 d，试问是否只有粒径 $d_p > d$ 的尘粒才能被阻留下来，为什么？

2. 你能否设计一个简易装置，利用最终沉降速度不同来分离两种粒径不同的物料？

3. 已知一三级过滤系统，过滤器的计数效率分别为 $\eta_1 = 0.4\%$、$\eta_2 = 30\%$、$\eta_3 = 99.97\%$，试计算其总效率。

4. 已知某空气过滤系统，其粗效过滤器对粒径 d_{p1}、d_{p2} 的分级效率为 $\eta_{1.1} = 1\%$、$\eta_{1.2} = 3\%$，中效过滤器对粒径 d_{p1}、d_{p2} 的分级效率为 $\eta_{2.1} = 15\%$、$\eta_{2.2} = 20\%$，且已知粒径 d_{p1} 的粒子浓度为 500 粒/L，d_{p2} 的粒子浓度为 4000 粒/L，试求系统对 d_{p1}、d_{p2} 的总效率及下游浓度。

5. 某净化空调系统，其各级过滤器的计数效率分别为 $\eta_1 = 0.4\%$、$\eta_2 = 60\%$、$\eta_3 = 99.99\%$，换气次数为 60 次/h。如室外大气含尘浓度为 10^6 粒/L，试用稳态计算式比较室内产尘量 $g = 10^5$ 粒/（$m^3 \cdot$ min）和升高一倍时，室内含尘浓度的变化。此外，当 g 不变时，比较室外含尘浓度增大一倍时室内含尘浓度的变化。

6. 根据公式（7-22），试分析可采取哪些技术措施降低净化空调系统的送风量（换气次数）并保证室内洁净度要求？

7. 某洁净度等级为 5 级的超净车间，要求控制≥0.4μm 的粒子最大允许浓度为多少？

8. 试比较颗粒物过滤器与化学过滤器的异同点。

中英术语对照

活性炭	activated charcoal，activated carbon
空气过滤器	air filter
气态分子污染物	airborne molecular contaminant，AMC
计重效率	arrestance
化学过滤器	chemical filter
洁净度	cleanliness
洁净室	cleanroom
凝结核计数器	condensation nucleus counter，CNC

计数效率	counting efficiency
扩散效应	diffusion
干盘管	dry coil, DC
容尘量	dust holding capacity, DHC
静电过滤器	electronic air filter, precipitator
静电效应	electrostatic deposition, electrostatic effect
风机过滤单元	fan filter unit, FFU
纤维过滤器	fibrous air filter
计径效率	fractional efficiency, particle size removal efficiency
气相空气净化装置	gas phase air cleaning device, GPACD
高中效过滤器	high efficiency filter
高效过滤器	high-efficiency particulate air filter, HEPA filter
惯性效应	inertial impingement, inertial impaction
拦截效应	interception
组合式新风机组	make-up air handling unit, MAU
中效过滤器	medium efficiency filter
最易穿透率粒径	most penetrating particle size, MPPS
非单向流	non-unidirectional airflow
光学粒子计数器	optical particle counter, OPC
颗粒物过滤器	particulate air filter
颗粒物	particulate matter
穿透率	penetration rate
粗效过滤器	rough filter
亚高效过滤器	sub-HEPA filter
超高效过滤器	ultralow-penetration air filter, ULPA filter
单向流	unidirectional airflow

本章主要参考文献

[1] 中华人民共和国工业和信息化部. 洁净厂房设计规范：GB 50073—2013[S]. 北京：中国计划出版社，2013.

[2] 赵荣义，范存养，薛殿华，等. 空气调节[M]. 4版. 北京：中国建筑工业出版社，2009.

[3] 朱颖心. 建筑环境学[M]. 5版. 北京：中国建筑工业出版社，2024.

[4] 丁启圣，王维一. 新型实用过滤技术[M]. 4版，北京：冶金工业出版社，2017.

[5] 许钟麟. 空气洁净技术原理[M]. 4版，北京：科学出版社，2014.

[6] Cleanrooms and associated controlled environments - Part 1：Classification of air cleanliness by particle concentration：ISO 14644-1：2015[S].

[7] Cleanrooms and associated controlled environments - Part 8：Classification of air cleanliness by chemical concentration（ACC）：ISO 14644-8：2013[S].

[8] 中华人民共和国住房和城乡建设部. 空气过滤器：GB/T 14295—2019[S]. 北京：中国标准出版社，2019.

[9] 中华人民共和国住房和城乡建设部. 高效空气过滤器：GB/T 13554—2020[S]. 北京：中国标准出版社，2020.

[10] 中华人民共和国住房和城乡建设部. 高效空气过滤器性能试验方法 效率和阻力：GB/T 6165—

2021[S]. 北京：中国标准出版社，2021.

[11]　一般通风过滤器——过滤性能测定：EN 779：2012[S].

[12]　高效空气过滤器（亚高效、高效、超高效）——第 1 部分：分级、性能试验、标识：EN 1822-1：2009[S].

[13]　一般通风空气过滤器计径效率试验方法：ANSI/ASHRAE 52.2-2017[S].

[14]　一般通风过滤器——颗粒物综合过滤效率(ePM)技术要求和分级体系：ISO 16890-1：2015[S].

[15]　一般通风过滤器——计径效率和气流阻力的测量：ISO 16890-2：2015[S].

[16]　一般通风过滤器——容尘过程中计重效率和气流阻力的测定：ISO 16890-3：2015[S].

[17]　一般通风过滤器——消静电法测定最低计径效率：ISO 16890-4：2015[S].

[18]　一般通风气相净化装置试验方法——第 1 部分：气相空气净化材料：ISO 10121-1：2014[S].

[19]　一般通风气相净化装置试验方法——第 2 部分：气体净化装置过滤（GPACD）：ISO 10121-2：2014[S].

[20]　裴晶晶，薛人玮，刘俊杰. 气态分子污染及控制技术[M]. 天津：天津大学出版社，2020.

[21]　中华人民共和国住房和城乡建设部. 建筑环境通用规范：GB 55016—2021[S]. 北京：中国建筑工业出版社，2022.

[22]　ASHRAE. 2019 ASHRAE handbook – heating, ventilating, and air-conditioning applications[M]. SI ed. Atlanta：ASHRAE, Inc. , 2019.

[23]　ASHRAE. Ventilation for acceptable indoor air quality：ANSI/ASHRAE Standard 62.1-2019[S].

第8章 空调系统的消声、防振 与建筑的防火排烟

8.1 空调系统的噪声源

空调通风系统在对室内热湿环境及空气质量进行控制的同时，也对建筑的声环境产生不同程度的影响。当空调通风设备与系统运行产生的噪声超过允许的要求限值时将影响人员的正常工作、学习、休息，或影响房间功能（如演播室、录音棚、音乐厅等），严重时甚至会影响人体身心健康。在实际工程应用中也存在不少空调系统噪声控制失败的案例，因此在设计空调系统时应特别重视噪声的控制。

噪声的发生源很多，就工业噪声来说，主要有空气动力噪声、机械噪声、电磁性噪声等。空调工程中主要的噪声源是通风机（包括空调箱、新风机组、风机盘管、多联或分体空调室内机等设备中的风机）、压缩机（包括冷水机组、各种类型的热泵、多联或分体空调室外机等）、水泵（包括冷冻水泵、冷却水泵、热水泵等）、机械通风冷却塔等，图 8-1 所示是空调系统的噪声传递情况。从图中可以看出，除通风机噪声由风道传入室内外，设备的振动和噪声也可能通过建筑结构传入室内。因此，噪声控制的重要手段之一就是空调通风系统的消声和设备的防振。

空调系统中的主要噪声源是通风机。通风机噪声的产生和许多因素有关，尤其与叶片

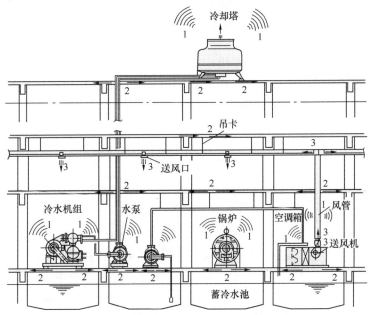

图 8-1 空调系统的噪声传递情况

1—噪声的空气传递；2—振动引起的固体传声；3—由风管传递的风机噪声

形式、片数、风量、风压等参数有关。风机噪声是由叶片上紊流而引起的宽频带的气流噪声以及相应的旋转噪声，后者可由转数和叶片数确定其噪声的频率。在通风空调所用的风机中，按照风机大小和构造不同，噪声频率大约在 200～800Hz。也就是说主要噪声处于低频范围内。为了比较各种风机的噪声大小，通常用声功率级来表示。

风机制造厂应该提供其产品的声学特性资料，当缺少这项资料时，在工程设计中最好能对选用通风机的声功率级和频带声功率级进行实测。不具备这些条件时，也可按下述比较简单的方法来估算其声功率级，即某一风机的声功率级可按下式估算（与实测的误差在 ±4dB 内）：

$$L_W = 5 + 10\lg L + 20\lg H \quad (\text{dB}) \qquad (8\text{-}1)$$

式中　L——通风机的风量，m^3/h；

　　　H——通风机的风压（全压），Pa，图 8-2 （a） 就是上式的线算图。

　　　如果已知风机功率 N（kW）和风压 H（Pa），则可用下式估算：

$$L_W = 67 + 10\lg N + 10\lg H \quad (\text{dB}) \qquad (8\text{-}2)$$

由此可知，一台 10kW 的离心风机其声功率级比 1kW 的风机大 10dB。

当风机转数 n 不同，其声功率级可按下式换算：

$$(L_W)_2 = (L_W)_1 + 50\lg \frac{n_2}{n_1} \qquad (8\text{-}3)$$

即声功率级随转数的 5 次方而增长，当转数增加 1 倍时，声功率级约增加了 15dB。

当风机直径不同时，声功率级可按下式换算：

$$(L_W)_{D2} = (L_W)_{D1} + 20\lg \frac{D_2}{D_1} \qquad (8\text{-}4)$$

即风机直径增加一倍时，声功率级约增加了 6dB。

在求出通风机的声功率级后，可按下式计算通风机各频带声功率级 $(L_W)_{Hz}$：

$$(L_W)_{Hz} = L_W + \Delta b \quad (\text{dB}) \qquad (8\text{-}5)$$

式中　L_W——通风机的（总）声功率级，dB，按式（8-1）或图 8-2 （a） 确定；

　　　Δb——通风机各频带声功率级修正值，dB，图 8-2 （b） 则提供了各种类型风机的频带声功率级修正值。

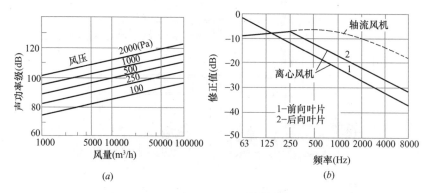

图 8-2　通风机声功率级计算图

(a) 风机声功率级线算图；(b) 风机声功率级修正值

上述风机声功率的计算都是指风机在额定效率范围内工作时的情况。如果风机在低效率下运行，则产生的噪声远比计算的要大。

空调系统的噪声源除风机外，还有由于风管内气流压力变化引起钢板的振动而产生的噪声。尤其当气流遇到障碍物（如阀门）时，产生的噪声较大。在高速风管中这种噪声不能忽视，而在低速系统中，由于管内风速的选定已考虑了声学因素所以可不必计算。

此外，由于出风口风速过高也会有噪声产生，所以在气流组织设计中都适当限制出风口的风速。

对于民用建筑的室内允许噪声要求可按国家标准《民用建筑隔声设计规范》GB 50118—2010 和各类建筑的设计规范（如办公建筑、剧场、电影院等设计规范）的规定取值；工业建筑可按《工业企业噪声控制设计规范》GB/T 50087—2013 和其他相关的规定取值。规范中的允许噪声要求一般给出了 A 声级（L_A）或 NR 噪声评价曲线。此外，国家标准《建筑环境通用规范》GB 55016—2021 规定了建筑物内部建筑设备传播至主要功能房间室内的噪声限值，如表 8-1 所示。

建筑物内部建筑设备传播至主要功能房间室内的噪声限值　　　　表 8-1

房间的使用功能	噪声限值（等效声级 $L_{Aeq, T}$, dB）
睡眠	33
日常生活	40
阅读、自学、思考	40
教学、医疗、办公、会议	45
人员密集的公共空间	55

确定了声源的大小和室内允许标准后，不必马上考虑用消声器来补偿它们之间的差值，因为在空气沿程输送的过程中还有自然衰减的作用存在，只有自然衰减不能满足消声要求时才考虑装置消声器。有时在实际工程中，也有不去计算和考虑自然衰减量的，这样可使消声设计更为安全可靠。

8.2　空调系统中噪声的自然衰减

8.2.1　噪声在风管内的自然衰减

风管输送空气到房间的过程中噪声有各种衰减，这种噪声衰减的机理是很复杂的，例如噪声在直管中可被管材吸收一部分，还可能有噪声透射到管外。在风管转弯处和断面变形处以及风管开口（风口）处，还将有一部分噪声被反射，从而引起噪声的衰减。这里简单提供下列资料供参考。

（1）直管的噪声衰减，可采用表 8-2 中的数值，当风管粘贴有保温材料时低频噪声的减声量可增加一倍。

直管（长方形断面）的减声量（dB/m）　　　　表 8-2

风道	尺寸（mm×mm）	中心频率（Hz）			
		63	125	250	>250
小	152×152	0.7	0.7	0.5	0.3
中	610×610	0.7	0.7	0.5	0.16
大	1830×1830	0.3	0.3	0.16	0.03

（2）弯头的噪声衰减，可采用图 8-3 所示的数值。

（3）三通的噪声衰减，当管道分支时，声能基本上按比例地分给各个支管。自主管到任一支管的三通噪声衰减量可按下式计算：

$$\Delta L = 10\lg(F/F_0) \quad (\mathrm{dB}) \tag{8-6}$$

式中　F_0——三通分支处全部支管的截面积之和，m^2；

　　　F——计算支管的截面积，m^2。

图 8-4 就是按上式作出的图表供计算查用。

（4）变径管的噪声衰减，可按下式计算：

$$\Delta L = 10\lg \frac{(1+m)^2}{4m} \quad (\mathrm{dB}) \tag{8-7}$$

式中，$m = F_1/F_2$ 称为膨胀比。

按上式作图 8-5，以供直接查用。

（5）风口反射的噪声衰减

风机的声功率并非全沿着管道由末端辐射入房间内，在从风口到房间的突扩过程中，有一部分声功率是反射回去的，反射回去的声功率与风口的尺寸和频率有关，可按图 8-6 查出。

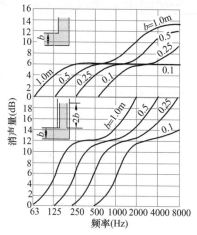

图 8-3　弯头的噪声衰减

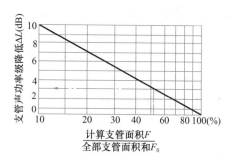

图 8-4　三通的噪声衰减

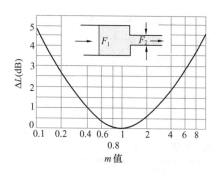

图 8-5　变径管的噪声衰减

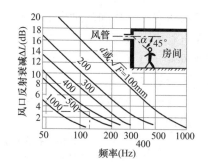

图 8-6　风口反射的噪声衰减

8.2.2　空气进入室内噪声的衰减（风口声功率级与室内声压级的转换）

通过风机声功率级的确定和上述自然衰减的计算，可以得到从风口进入室内的声功率级，但是室内的允许标准是以声压级为基准的。进入室内的噪声对人耳造成的感觉是由室内测量点的声压级来衡量的。室内测量点的声压级与人耳（或测点）离声源（风口）的距离以及声音辐射出来的方向和角度等有关。另外，室内的声压级由于建筑物内壁、吊顶、家具设备等的吸声程度不同而有相当大的差异，换句话说，声音进入房间后再一次被衰减。

风口的声功率级 L_W 与室内的声压级 L_P 之间存在以下关系：

$$L_W = L_P + \Delta L \tag{8-8}$$

或

$$L_P = L_W - \Delta L$$

式中 ΔL 值既反映了声功率级与声压级的转换，又反映了室内噪声的衰减，其具体数值可按下式计算，也可由图 8-9 查得：

$$\Delta L = 10\lg\left(\frac{Q}{4\pi r^2} + \frac{4}{R}\right) \tag{8-9}$$

式中 Q——声源与测点（人耳）间的方向因素，即声源的指向性因数，主要取决于声源 A 与测点 B 间的夹角 θ（图 8-7）并与频率及风口长边尺寸的乘积有关，其数值可按表 8-3 确定；

r——A、B 点之间的距离，m；

R——房间常数（m^2），根据房间大小和吸声能力 $\bar{a}$ 确定，R 值可由图 8-8 直接查得，图中 $\bar{a}$ 值是由室内吸声面积和平均吸声系数所决定的，见表 8-4，在一般情况下 $\bar{a}=0.1\sim0.15$。

用以确定 ΔL 值的方向因素 Q 值表　　　　表 8-3

频率×长边（Hz×m）	10	20	30	50	75	100	200	300	500	1000	2000	4000
角度 $\theta=0°$	2	2.2	2.5	3.1	3.6	4.1	6	6.5	7	8	8.5	8.5
角度 $\theta=45°$	2	2	2	2.1	2.3	2.5	3	3.3	3.5	3.8	4	4

室内吸声能力（平均吸声系数 $\bar{a}$）　　表 8-4

房间名称	吸声系数 $\bar{a}$
广播台、音乐厅	0.4
宴会厅等	0.3
办公室、会议室	0.15～0.20
剧场、展览馆等	0.1
体育馆等	0.05

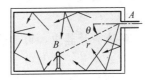

图 8-7　声源与测点间的方向因素示图

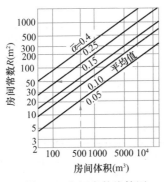

图 8-8　房间常数线算图

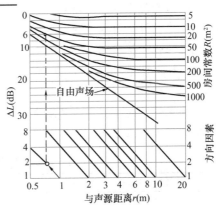

图 8-9　风口噪声进入室内的衰减

8.3 消声器消声量的确定

从前面分析可知，按照式（8-8）计算得到的室内声压级 L_P 不能满足室内 NR 噪声评价曲线要求时，则应该按其频率所要求的消声量来选择消声器。

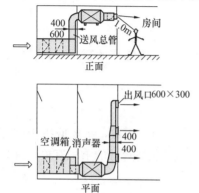

图 8-10 空调管路（及消声器）布置图

下面以一个简单的空调系统为例介绍计算所需消声量的过程，即空调通风系统消声设计程序。

【例 8-1】如图 8-10 所示的空调系统，已知条件为：

室内容积为 $500m^3$，风量为 $5000m^3/h$，风机风压为 400Pa，风机为前向型叶片。

室内允许噪声为 $NR35$ 号曲线。

房间吸声能力一般，设 $\bar{a}=0.13$，由 $\bar{a}$ 值查得房间常数为 $R=50$（见图 8-8）。

人耳距离风口约 1m（$r=1m$），角度为 45°。

【解】首先确定风机各频带声功率级，根据风量、风压可用式（8-1）或由图 8-2（a）查得风机总声功率级

$$L_W = 5+10\lg L+20\lg H = 5+10\times3.7+20\times2.6 = 94dB$$

根据图 8-2（b）提供的风机叶片形式修正，可列出各频带之声功率级于表 8-5 中。然后计算管路的自然衰减，风口的反射损失，以及房间的衰减。计算过程都列入该表（表中负号表示计算过程中查得的衰减量）。

在上例的消声计算中，由于管路较短，没有考虑直管的噪声衰减量，这相当于计算中留有余地。

根据上述的空调系统的声学计算，可用图 8-11来表示声源、管路衰减、消声器消声量、室内噪声衰减以及室内允许噪声标准等的相互关系。

必须指出：只有对于声学要求较严格的空调系统才需要进行消声设计。目前在风机噪声、自然衰减量、室内允许的噪声标准以及消声器性能等方面还需要进一步进行科学研究，以保证计算的有效性。

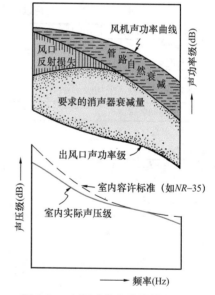

图 8-11 空调系统声学计算关系图

对于声学要求较高的工程，为了解决好消声隔振问题，往往需要声学、建筑、建筑环境与能源应用工程专业三方面的工作人员密切配合。

例 8-1 消声计算过程汇总表　　　　　　　　　　　　　　表 8-5

次序	计算项目	63	125	250	500	1000	2000	4000	备注
①	风机频带声功率级（由图 8-2a 及 8-2b 查得）	92	87	82	77	72	67	62	

次序	计算项目	63	125	250	500	1000	2000	4000	备注
②	两个弯头的自然衰减（由图8-3查得）	—	—	-4×2 $=-8$	-6×2 $=-12$	-6×2 $=-12$	-7×2 $=-14$	-11×2 $=-22$	
③	支管衰减（由图8-4查得）	-3	-3	-3	-3	-3	-3	-3	
④	风口反射损失（由图8-6查得）	-10	-3	-1	—	—	—	—	
⑤	管路自然衰减总和	-13	-6	-12	-15	-15	-17	-25	②+③+④
⑥	风口处的声功率级 L_W	79	81	70	62	57	50	37	①+⑤
⑦	计算房间的衰减，同时转换为声压级 先由表8-3确定方向因素	2	2.3	2.7	3.3	3.5	4	4	风口尺寸长边为600mm
⑧	由图8-9查出房间衰减量 ΔL	-6	-6	-5	-5	-4	-4	-4	房间常数为50（查图8-8）
⑨	室内声压级 L_P	73	75	65	57	53	46	33	⑥+⑧
⑩	室内容许标准声压级	64	53	45	39	35	32	30	根据 NR-35 曲线
⑪	消声器应负担的消声量	9	22	20	18	18	14	3	⑨-⑩

8.4 消声器的种类和应用

空调系统的噪声控制，应首先积极地综合考虑降低系统的噪声，在计算了管路噪声自然衰减后，如仍不能满足室内要求，则应在管路中或空调箱内设置消声器。

降低空调系统噪声的主要措施是：合理选择风机类型，并使风机的正常工作点接近其最高效率点；风道内风速不宜大于8m/s。此外，转动设备（风机、泵）均应考虑防振隔声措施。

消声器是由吸声材料按不同的消声原理设计成的构件，根据不同消声原理可分为阻性型、共振型、膨胀型和复合型等多种。

8.4.1 阻性型消声器

阻性型消声器借吸声材料的吸声作用而消声。

吸声材料能够把入射在其上的声能部分地吸收掉。声能之所以能被吸收，是由于吸声材料的多孔性和松散性。当声波进入孔隙，引起孔隙中的空气和材料产生微小的振动，由于摩擦和黏滞阻力，使相当一部分声能转化为热能而被吸收掉。所以吸声材料大多是疏松或多孔性的，如玻璃棉、泡沫塑料、矿渣棉、毛毡、石棉绒、吸声砖、加气混凝土、木丝板、甘蔗板等。其主要特点是具有贯穿材料的许多细孔，即所谓开孔结构。而大多数隔热材料则要求有封闭的空隙，故两者是不同的。

吸声材料的吸声性能用吸声系数 α 来表示，它是该材料吸收的声能与入射声能的比值。

吸声系数 α 可用专门的声学仪器测出。一般吸声性能良好的材料，如玻璃棉、矿渣棉等，厚度在4cm以上时，高频的吸声系数在0.85以上。中等的吸声材料，如工业毡、石棉、加气微孔吸声砖，厚度在 4cm 以上时，对于高频的吸声系数也在 0.6 以上，而一般的甘蔗板、木丝板的吸声系数在 0.5 以下。

阻性型消声器有多种形式：

1. 管式消声器

这是一种最简单的消声器，它仅在管壁内周贴上一层吸声材料，故又称"管衬"。优点是制作方便，阻力小，但只适用于较小的风道，直径一般不大于 400mm。对于大断面的风道，消声效果将降低。此外，管式消声器仅对中、高频噪声有一定消声效果，对低频性能较差。图 8-12 所示是边长为 200mm×280mm 的几种不同材料的管式消声器的消声量。

2. 片式和格式消声器

管式消声器对低频噪声的消声效果不好，对较高频率又易穿透，并随断面增加而使消声量减小，因此对于较大断面的风道可将断面划分成几个格子，这就成为片式及格式消声器（图 8-13a）。

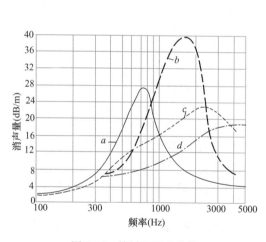

图 8-12　管衬的吸声性能

a—表面穿孔的软质纤维板，3cm 厚；*b*—玻璃棉板密度 160kg/m³，2.5cm 厚；*c*—矿渣棉板密度 280kg/m³，2.5cm厚；*d*—特种吸声板材，密度320kg/m³，2.5cm 厚

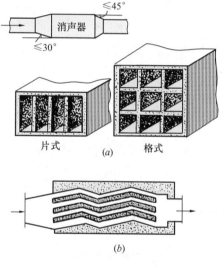

图 8-13　阻性型消声器

（*a*）片式和格式消声器；（*b*）折板式消声器

片式消声器应用比较广泛，它构造简单，对中、高频吸声性能较好，阻力也不大。格式消声器具有同样特点，但因要保证有效断面不小于风道断面，故体积较大，应注意的是这类消声器中的空气流速不宜过高，以防气流产生湍流噪声而使消声无效，同时增加了空气阻力。

格式消声器的单位通道大致控制在 200mm×200mm 左右。

片式消声器的间距一般取 100～200mm，片材厚度根据噪声源的频率特性，取 100mm 左右为宜，因为太薄的吸声材料对低频噪声几乎不起作用。

图 8-14 所示是片式消声器的消声性能，其中隔片厚100mm，内部填充 64kg/m³ 玻璃棉或 96kg/m³ 的矿物棉。图中 S 为片距，可以看出随着片距的增加消声效果相应下降。

为了进一步提高高频消声的性能，还可将片式消声器改成折板式消声器，如图 8-13（b）所示，声波在消声器内往复多次反射，增加了与吸声材料接触的机会，从而提高了高频消声效果。折板式消声器一般以两端"不透光"为原则。

8.4.2 共振型消声器

吸声材料吸收低频噪声的能力很低，靠增加吸声材料厚度来提高效果并不经济。故可采用共振吸声原理的消声器。图 8-15（a）是一种穿孔板共振吸声的结构示意图，它通过管道上开孔并与共振腔相连接。穿孔板小孔孔颈处的空气柱和空腔内的空气构成了一个共振吸声结构，其固有频率由孔颈直径 d、孔颈厚 l 和腔深 D 所决定。当外界噪声的频率和此共振吸声结构的固有频率相同时，引起小孔孔颈处空气柱强烈共振，空气柱和颈壁剧烈摩擦，从而消耗了声能，达到消声效果。这种消声器的构造如图 8-15（b）所示，具有较强的频率选择性，即有效的频率范围很窄（图 8-15c），一般用于消除低频噪声。

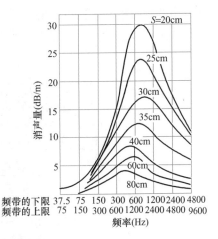

图 8-14 片式消声器性能

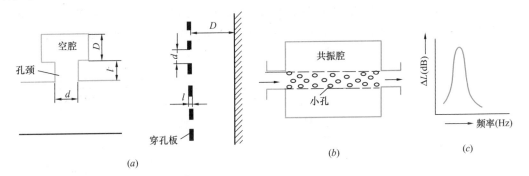

图 8-15 共振型消声器
（a）穿孔板共振吸声结构示意图；（b）共振型消声器构造；（c）共振型消声器的消声性能

8.4.3 膨胀型消声器

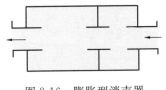

图 8-16 膨胀型消声器示意图

这种消声器是管和室的组合，即小室与管子相连，如图 8-16 所示。利用管道内截面的突变，使沿管道传播的声波向声源方向反射回去，而起到消声作用，对消除低频有一定效果。但一般要管截面变化 4 倍以上（甚至 10 倍）才较为有效，所以在空调工程中，膨胀式消声器的应用，常受到机房面积和空间的限制。

8.4.4 复合型消声器（又称宽频带消声器）

为了集中阻性型和共振型或膨胀型消声器的优点以便在低频到高频范围内均有良好的消声效果，常采用复合型消声器（图 8-17）。实验证明，它对低频消声性能有一定程度的改善，如 1.2m 长的复合型消声器的低频消声量可达 10～20dB，这样的低频消声效果是一般管式、片式消声器等所不能达到的。此外，对于在空调系统中不能采用纤维性吸声材料的场合（如净化空调工程），则用金属（铝等）结构的微穿孔板消声器可获得良好的效果。

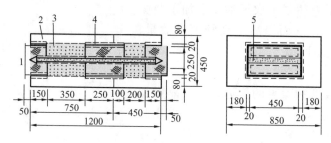

图 8-17 复合型消声器（宽频带消声器）

1—外包玻璃布；2—膨胀室；3—0.5mm 厚钢板，φ8 孔占 30%；
4—木框外包玻璃布；5—内填玻璃棉

8.4.5 其他类型消声器

有一类利用风管构件所做的消声器，具有节约空间的优点。常用的有：

1. 消声弯头

当机房地方窄小或对原有建筑改进消声措施时，可以在弯头上进行消声处理而达到消声的目的。这种消声器有两种：

图 8-18（a）为弯头内贴吸声材料的做法，要求弯头内缘做成圆弧，外缘粘贴吸声材料的长度不应小于弯头宽度的 4 倍。图 8-18（b）是内贴 25mm 厚玻璃纤维的消声弯头的消声效果。

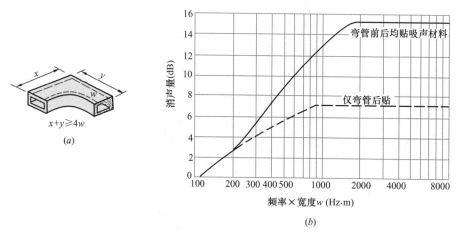

图 8-18 普通消声弯头

（a）弯头内贴吸声材料的做法；（b）普通消声弯头性能

图 8-19（a）是改良的消声弯头，外缘采用穿孔板、吸声材料和空腔，其消声量示于图 8-19（b）。

2. 消声静压箱

在风机出口处或在空气分布器前设置静压箱并贴以吸声材料，既可起到稳定气流的作用又可起到消声器的作用，如图 8-20 所示。它的消声量与材料的吸声能力、箱内面积和

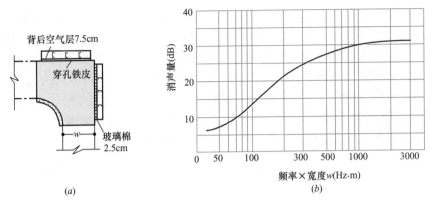

图 8-19 共振型消声弯头

（a）共振型消声弯头构造；（b）共振型消声弯头性能

出口侧风道的面积等因素有关，可按图 8-21 提供的线算图进行计算。

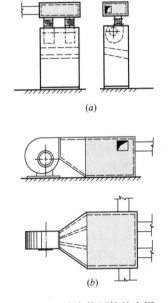

图 8-20 消声静压箱的应用

（a）消声箱装在空调机组出口；（b）消声箱
兼起分风静压箱作用

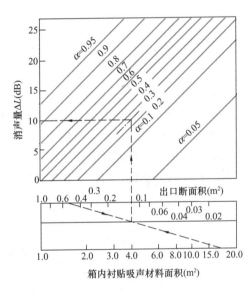

图 8-21 消声静压箱的
消声量线算图

此外，当利用土建结构作风道时，往往可以利用建筑空间设计成单宫式或迷宫式消声器，即在土建结构内贴衬吸声材料具有较好的消声效果。这在体育馆、剧场等地下回风道中常被采用。

8.4.6 消声器应用注意要点

选用消声器时，除考虑消声量（消声器的消声量可查阅相关文献、设计手册或产品样本）之外，还需要从其他方面进行比较和评估，如系统允许的阻力损失、安装位置和空间大小、造价以及消声器的防火、防尘、防霉、防蛀性能等。消声器应设于风管系统中气流平稳的管段上。当采用低速风管系统（气流速度小于 8m/s）时，消声器应设置于接近通风机处的主风管上；当风速大于 8m/s 时，宜分别设置在各分支管上。消声器不宜设置在空调机房内，也不宜设在室外，以免外界噪声穿透到消声后的管道中，在可能有外部噪声穿透的场合，应对风管的隔声能力进行验证。经过消声器后的风管也不应暴露在噪声大的空间，以防止噪声穿透到消声后的风管中。如不可避免，应对消声器后的风管做隔声处理。空气通过消声器时的风速不宜超过一定限值，如阻性消声器：5～10m/s，要求高时 4～6m/s；共振型消声器：5m/s；消声弯头：6～8m/s。消声器主要用于降低空气动力噪声，对于通风机产生的振动引起的噪声则应采用防振措施来解决。

8.5　空调装置的防振 *

扫码阅读

8.6　建筑的防火排烟

8.6.1　概念

本节主要介绍建筑物中有关防火和防烟（及排烟）的一般知识。

建筑物防火排烟的概念图如图 8-22 所示。为了达到安全目的所采用的手段很多，从防火的观点来看，首先思想要重视，其次是考虑建筑物、家具、空调设备用材料（包括保温材料）等的非燃化。对可燃物加以妥善处置也是保障安全的措施之一。

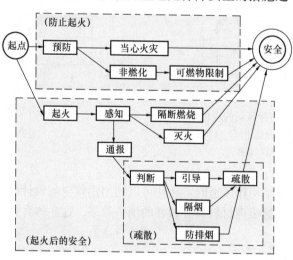

图 8-22　建筑物防火排烟概念图

建筑物一旦起火，要立即使用各种消防设施，隔绝新鲜空气的供给，同时切断燃烧的部位等。因为消防灭火需要一定的时间，当采取了以上措施后，仍然不能灭火时，为确保有效的疏散通路，必须配备防烟设施。这是由于火灾产生的烟气随燃烧的物质而异，由高分子化合物燃烧所产生的烟气，毒性尤为严重。这些火灾烟气直接危及人身，对疏散和扑救也造成很大的威胁。所以建筑物防止火灾危害，很大程度上是解决火灾发生时的防、排烟问题。

建筑物内影响烟气流动的因素很多，包括热膨胀、浮力、风力、烟囱效应、扩散、通风空调系统等。在火灾房间及其附近，烟气由于燃烧产生热膨胀和浮力从而引起烟气流动。外部风力（风压）或热压作用（烟囱效应）也会导致烟气流动。着火区的烟粒子或其他有害气体的浓度较高，会向低浓度区扩散（相较其他因素而言，这种扩散导致的烟气流动较弱）。此外，烟气可能从回风口、新风口等处进入空调通风系统的管路流动传播。

建筑物内火灾的烟气是在以上多种因素的共同作用下流动与传播。这些作用有时互相叠加，有时互相抵消，而且随着火灾的发展，各种因素都在随时变化，火灾烟气的流动与传播非常复杂。国内外研究人员通过模拟实验、现场实测以及数值模拟等手段来探究烟气的发生、发展与传播规律，探索各种烟气控制手段的有效性，有些研究成果已在相应的防火规范中得到反映。国内外技术人员还开发了一些数值模拟软件，为揭示火灾规律、正确设计防排烟系统提供有效工具。

烟气控制的主要目的是在建筑物内创造无烟或烟气含量极低的疏散通道或安全区，其实质是控制烟气的合理流动，不使烟气流向疏散通道、安全区和非着火区。采用的方法主要有隔断或阻挡、疏导排烟以及加压防烟。

建筑物防火排烟效果与防排烟系统的设计有关，更与建筑设计和空调通风设计密切相关，这两方面的正确规划是做好建筑物防火与防排烟工程的基本要求。

8.6.2 建筑设计的防火和防烟分区

在建筑设计中进行防火分区的目的是防止火灾的扩大，可根据房间用途和性质的不同对建筑物进行防火分区，防火空间是在建筑内部采用防火墙、耐火楼板、防火门、防火卷帘等设施分隔而成，能在规定时间内防止火灾向同一建筑的其余部分蔓延的局部空间。我国《建筑防火通用规范》GB 55037—2022 规定了公共建筑中每个防火分区的最大允许建筑面积为：1）对于高层建筑，不应大于 1500m²。2）对于一、二级耐火等级的单、多层建筑，不应大于 2500m²；对于三级耐火等级的单、多层建筑，不应大于 1200m²；对于四级耐火等级的单、多层建筑，不应大于 600m²。3）对于地下设备房，不应大于 1000m²；对于地下其他区域，不应大于 500m²。当防火分区全部设置自动灭火系统时，上述面积可以增加 1.0 倍。为了防止火灾的竖向蔓延，楼梯间、楼梯间前室或消防电梯前室、通风竖井、电梯井、自动扶梯升降通路等形成竖井的部分都要作为独立防火分区。避难层（间）、主变配电间、消防泵房、空调机房等重要机房或区域也要作为独立的防火分区。除上述垂直交通空间和垂直管道空间外，一般防火分区都不跨越楼层，因为混凝土楼板是耐火性能很好的防火分隔材料，同时也可防止垂直火灾的快速扩散。

设置防烟分区的目的是将烟气控制在一定的范围内，防止烟气无序蔓延而影响人员疏散和恐慌，同时也能有效排除烟气。我国《建筑防烟排烟系统技术标准》GB 51251—2017 规定对于不同空间净高的场所，防烟分区的最大允许面积为 500～2000m²，同时对防烟分区长边的最大允许长度也有所限制；当空间净高大于 9m 时，防烟分区之间可不设置挡烟设施。防烟分区的设置不得跨越防火分区。防烟分区可以采用墙体、结构梁或防烟垂壁（卷帘）进行分隔，而活动挡烟垂壁（卷帘）则在火灾时根据火灾或烟感信号自动（手动）向下垂落阻挡烟气，如图 8-23 所示。

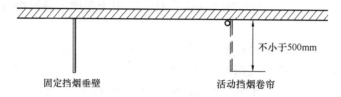

图 8-23　防烟垂壁（卷帘）

各防烟分区都设有一个或多个排烟口。为避免因烟气水平移动距离过长而引起的烟气冷却下沉情况发生，排烟口至本防烟分区任一点的水平距离不能大于 30m，如图 8-24 所示。排烟口可以是自然排烟的排烟窗或机械排烟的排烟口。

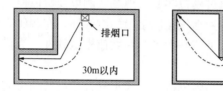

图 8-24　排烟口的设置

图 8-25 表示了某商场的防火、防烟分区实例。该商场设有自动喷淋灭火系统，商场

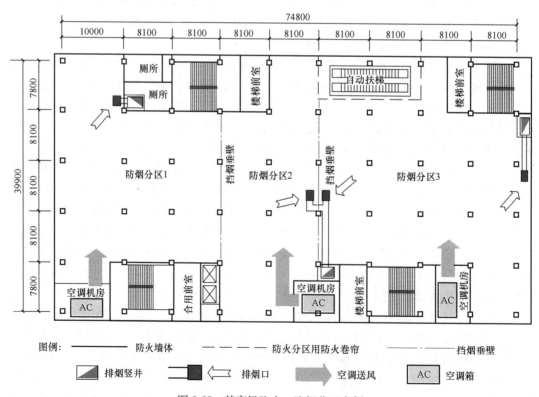

图 8-25　某商场防火、防烟分区实例

部分为一个防火分区，面积不超过 2500m²。商场净空高度为 3.45m，因此每个防烟分区控制在 1000m² 内，分为 3 个防烟分区。为满足排烟口距室内任意一点不超过 30m 的要求，防烟分区 3 设有两个排烟口。从图中还可看出将空调系统和防烟分区相结合进行设计考虑。

对于用途相同，但楼层不同，也可形成各自的防火防烟分区。实践证明，应尽可能按不同用途在竖向作楼层分区，它比单纯依靠防火、防烟阀等手段所形成的防火分区更为可靠。图 8-26 所示就是按楼层分区的实例，无论是旅馆，还是办公大楼，把低层的公共部分和标准层之间作为主要的防火划分区是十分必要的。至于空调通风管道、电气配管、给水排水管道等，由于使用上的需要而穿越防火防烟分区时，都应采取专门的措施。

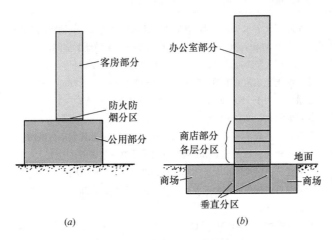

图 8-26　楼层防火分区实例
（a）旅馆；（b）办公大楼

对于高层办公楼的每一个水平防火分区来说，根据疏散流程可划为第一安全地带（走廊）、第二安全地带（疏散楼梯前室）和第三安全地带（疏散楼梯）。各安全地带之间用防火墙或防火门隔开（图 8-27）。

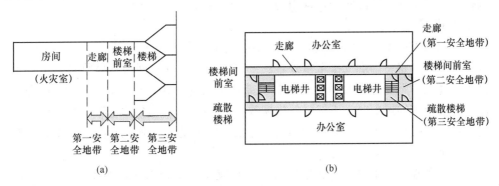

图 8-27　防火分区安全地带的划分
（a）原理图；（b）平面图

8.6.3　防排烟方式

烟气控制通常采用防与排的方法，我国《建筑防火通用规范》GB 55037—2022 对防烟与排烟系统的设置部位有详细规定，参见表 8-6。防烟系统主要用于维护人员生命安全的场所，包括避难走道和躲避火灾的避难场所；排烟系统则主要用于烟气产生场所和疏散通道。

工业与民用建筑防排烟系统设置场所或部位

表 8-6

	建筑场所或部位
防烟系统	封闭楼梯间； 防烟楼梯间及其前室； 消防电梯的前室或合用前室； 避难层、避难间； 避难走道的前室，地铁工程中的避难走道
排烟系统	建筑面积大于 300m² ，且经常有人停留或可燃物较多的地上丙类生产场所，丙类厂房内建筑面积大于 30m² ，且经常有人停留或可燃物较多的地上房间； 建筑面积大于 100m² 的地下或半地下丙类生产场所； 除高温生产工艺的丁类厂房外，其他建筑面积大于 5000m² 的地上丁类生产场所； 建筑面积大于 1000m² 的地下或半地下丁类生产场所； 建筑面积大于 300m² 的地上丙类库房； 设置在地下或半地下、地上第四层及以上楼层的歌舞娱乐放映游艺场所，设置在其他楼层且房间总建筑面积大于 100m² 的歌舞娱乐放映游艺场所； 公共建筑内建筑面积大于 100m² 且经常有人停留的房间； 公共建筑内建筑面积大于 300m² 且可燃物较多的房间； 中庭； 建筑高度大于 32m 的厂房或仓库内长度大于 20m 的疏散走道，其他厂房或仓库内长度大于 40m 的疏散走道，民用建筑内长度大于 20m 的疏散走道； 总建筑面积大于 200m² 或一个房间建筑面积大于 50m² ，且经常有人停留或可燃物较多且无可开启外窗的房间或区域； 汽车库、修车库（除敞开式汽车库、地下一层中建筑面积小于 1000m² 的汽车库、地下一层中建筑面积小于 1000m² 的修车库外）

根据有关规范和我国的实践，常用的防、排烟方式有以下三种。

1. 自然排烟方式

它是利用火灾产生的高温烟气的浮力作用，通过建筑物的对外开口（如门、窗、阳台等）或排烟竖井，将室内烟气排至室外，图 8-28（a）及（b）即为自然排烟的两种方式。自然排烟的优点：不需电源和风机设备，可兼作平时通风用，避免设备的闲置。其缺点是：当开口部位在迎风面时，不仅降低排烟效果，有时还可能使烟气流向其他房间。

为保证自然排烟效果，自然排烟的排烟窗或开口应设置在排烟区域的顶部或外墙，通常应符合以下要求：

（1）当设置在外墙上时，自然排烟窗（口）应在储烟仓以内，如图 8-29（a）所示，但走道、室内空间净高不大于 3m 的区域的自然排烟窗（口）可设置在室内净高度的 1/2 以上；

（2）自然排烟窗（口）的开启形式应有利于火灾烟气的排出，如图 8-29（a）所示，当房间面积不大于 200m² 时，自然排烟窗（口）的开启方向可不限；

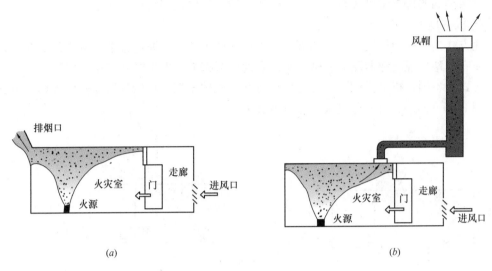

图 8-28 自然排烟的方式

(a) 窗口排烟；(b) 竖井排烟

(3) 自然排烟窗（口）宜分散均匀布置，且每组的长度不宜大于 3.0m；

(4) 设置在防火墙两侧的自然排烟窗（口）之间最近边缘的水平距离不应小于 2.0m，见图 8-29 (b)。

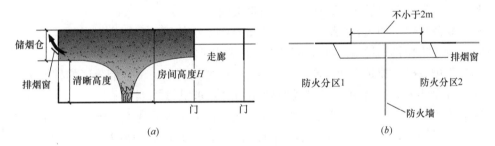

图 8-29 自然排烟窗设置要求示意图

(a) 排烟窗的高度及开启方向要求；(b) 排烟窗与防火墙的水平距离要求

除建筑高度大于 50m 的公共建筑、工业建筑和建筑高度超过 100m 的居住建筑外，靠外墙的防烟楼梯间及其前室、消防电梯间前室和合用前室也可采用自然排烟方式进行防烟。但各部位采用的自然排烟的开口位置和面积应符合我国《消防设施通用规范》GB 55036—2022 的规定，例如：采用自然通风方式防烟的防烟楼梯间前室、消防电梯前室应具有面积大于或等于 2.0m² 的可开启外窗或开口，共用前室和合用前室应具有面积大于或等于 3.0m² 的可开启外窗或开口。采用自然通风方式防烟的避难层中的避难区，应具有不同朝向的可开启外窗或开口，可开启有效面积应大于或等于避难区地面面积的 2%，且每个朝向的面积均应大于或等于 2.0m²。避难间应至少有一侧外墙具有可开启外窗，可开启有效面积应大于或等于该避难间地面面积的 2%，并应大于或等于 2.0m²。如自然通风面积无法满足要求，则应采用机械加压送风的防烟方式。

自然排烟的排烟量可按自然通风（热压作用）的原理进行计算确定。

2．机械排烟方式

此方式是按照通风气流分布的理论，将火灾产生的烟气通过排烟风机排到室外，其优点是能有效地保证疏散通路，使烟气不向其他区域扩散。但是必须向排烟房间补风。根据补风形式的不同，机械排烟又可分为两种方式：机械排烟＋自然补风与机械排烟＋机械补风，图 8-30（a）及（b）分别表示了这两种方式。

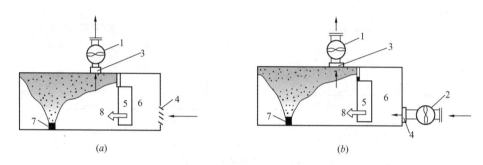

(a)　　　　　　　　　　　(b)

图 8-30　机械排烟方式

(a) 机械排烟＋自然补风；(b) 机械排烟＋机械补风

1—排烟机；2—通风机；3—排烟口；4—送风口；5—门；6—走廊；7—火源；8—火灾室

在排烟过程中，当烟气温度达到或超过 280℃时，烟气中已带火，如不停止排烟，烟火就可能扩大到其他地方而造成新的危害。由此，在排烟系统（排烟支管）上应设有排烟防火阀，当烟气温度超过 280℃时该阀能自动关闭。

相关规范规定了如表 8-6 所示的需要设置排烟系统的场所和部位，当不具备自然排烟条件时应设置机械排烟设施。规范也给出了机械排烟量的计算方法与标准，作为工程设计的依据。除中庭外，建筑空间净高小于或等于 6m 的场所，一个排烟分区的排烟量一般按不小于 $60m^3/(h \cdot m^2)$ 计算（走道或回廊还同时要求机械排烟量不应小于 $13000m^3/h$）；空间净高大于 6m 的场所，其排烟量则应根据场所内的热释放速率进行计算；中庭周围场所设有排烟系统时，中庭的机械排烟量应按周围场所防烟分区中最大排烟量的 2 倍数值计算，且不应小于 $107000m^3/h$；而当中庭周围场所不需设置排烟系统，仅在回廊设置排烟系统时，中庭的排烟量不应小于 $40000m^3/h$。具体可参考我国《消防设施通用规范》GB 55036—2022 与《建筑防烟排烟系统技术标准》GB 51251—2017。

机械排烟系统的设计布置原则如下：

（1）沿水平方向布置时，应按不同防火分区独立设置；建筑高度大于 50m 的公共建筑和工业建筑、建筑高度大于 100m 的住宅建筑，其机械排烟系统应竖向分段独立设置，且公共建筑和工业建筑中每段的系统服务高度应小于或等于 50m，住宅建筑中每段的系统服务高度应小于或等于 100m。

（2）排烟风机宜设置在排烟系统的最高处，烟气出口宜朝上，并应高于加压送风机和补风机的进风口，两者垂直距离或水平距离应符合规范的规定。

（3）机械排烟管道均应采用不燃性材料，且管道的内表面应光滑，管道的密闭性能应满足火灾时排烟的要求。

（4）除地上建筑的走道或地上建筑面积小于 $500m^2$ 的房间外，设置排烟系统的场所应能直接从室外引入空气补风，且补风量和补风口的风速应满足排烟系统有效排烟的要求。

（5）兼作排烟的通风或空气调节系统的性能应符合排烟系统的要求。

（6）排烟口风速不宜大于10m/s，排烟口的设置宜使烟流方向与人员疏散方向相反，尽量远离安全出口（与附近安全出口相邻边缘之间的水平距离不应小于1.5m），如图8-31所示。

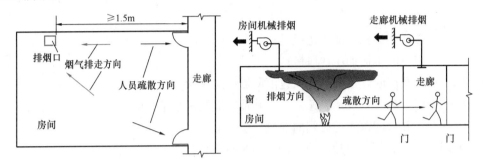

图 8-31　排烟口设置示意图

3. 机械加压送风的防排烟方式

向作为疏散通路的前室或防烟楼梯间及消防电梯井加压送风，用造成两室间的空气压差的方式，以防止烟气侵入安全疏散通路。所谓疏散通路是指从房间经走道到前室再进入防烟楼梯间的消防（疏散）通路。其应用基础是保证防烟楼梯间及消防电梯井在建筑物一旦发生火灾时，能维持一定的正压值。图8-32为加压防烟方式的原理图。

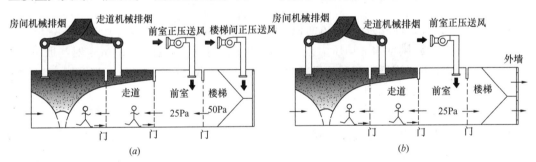

图 8-32　加压送风防排烟的原理图

（a）走道排烟、前室加压送风、楼梯间加压送风；

（b）走道排烟、前室加压送风、楼梯间自然排烟（楼梯间靠外墙）

建筑防烟的部位如表8-6所示，不具备自然通风条件时应采用机械加压的防烟方式。建筑高度大于50m的公共建筑和建筑高度超过100m的居住建筑，其防烟楼梯间的楼梯间、独立前室、合用前室及消防电梯前室应采用机械加压送风系统。

机械加压送风系统运行时，在人员疏散门关闭的情况下，应满足走道至前室至楼梯间的压力为递增分布，满足前室、封闭避难层（间）与走道之间的压差应为25～30Pa，楼梯间与走道之间的压差应为40～50Pa的要求。在人员疏散、门打开导致压差无法维持时，应保证门洞具有一定的风速以抵抗烟气的侵入，通常不应小于0.7m/s。楼梯间宜每隔2～3层设一个常开式百叶送风口；前室应每层设一个常闭式加压送风口；送风口的风速不宜大于 7m/s。对于建筑高度大于 100m 的高层建筑，应竖向分段设置机械加压系统且每段高度不超过 100m。

　　封闭避难层（间）、避难走道的机械加压送风量按避难层（间）、避难走道的净面积每平方米不少于 30m³/h 计算；楼梯间或前室的机械加压送风量可按下列公式进行计算。

$$L_j = L_1 + L_2 \tag{8-10}$$

$$L_s = L_1 + L_3 \tag{8-11}$$

式中　L_j——楼梯间的机械加压送风量；

　　　　L_s——前室的机械加压送风量；

　　　　L_1——门开启时，达到规定风速值所需的送风量，m³/s；

　　　　L_2——门开启时，规定风速值下，其他门缝漏风总量，m³/s；

　　　　L_3——未开启的常闭送风阀的漏风总量，m³/s。

　　门开启时，达到规定风速值所需的送风量按下式计算：

$$L_1 = A_k v N_1 \tag{8-12}$$

式中　A_k——开启门的截面面积，m²；

　　　　v——门洞断面风速，m/s；

　　　　N_1——疏散门开启的数量。

　　门开启时，规定风速值下的其他门缝漏风总量按下式计算：

$$L_2 = 0.827 \times A \times \Delta P^{\frac{1}{n}} \times 1.25 \times N_2 \tag{8-13}$$

式中　A——每个疏散门的有效漏风面积，m²，疏散门的门缝宽度取 0.002～0.004m；

　　　　ΔP——计算漏风量的平均压力差，Pa；当开启门洞处风速为 0.7m/s 时，取 $\Delta P = 6.0$Pa；当开启门洞处风速为 1.0m/s 时，取 $\Delta P = 12.0$Pa；当开启门洞处风速为 1.2m/s 时，取 $\Delta P = 17.0$Pa。

　　　　n——指数（一般取 $n = 2$）；

　　　　N_2——漏风疏散门的数量，楼梯间采用常开风口，取 $N_2 =$ 加压楼梯间的总门数－N_1。

　　未开启的常闭送风阀的漏风总量按下式计算：

$$L_3 = 0.083 \times A_f \times N_3 \tag{8-14}$$

式中　A_f——单个送风阀门的面积，m²；

　　0.083——阀门单位面积的漏风量，m³/(s·m²)；

　　　　N_3——漏风阀门的数量，前室采用常闭风口，取 $N_3 =$ 楼层数－3。

　　按以上公式计算得到楼梯间或前室的机械加压送风量，如系统负担建筑高度大于 24m 时，还应与《建筑防烟排烟系统技术标准》给出的推荐计算风量进行比较，取大者为计算加压送风量。此外，考虑实际工程中由于风管（道）、加压送风口等的漏风与风机制造标准中允许风量的偏差等各种风量损耗的影响，为保证效能，加压送风机和排烟风机的公称风量，在计算风压条件下不应小于计算所需风量的 1.2 倍。

8.6.4 防排烟装置

一个完整的防排烟系统由风机、管道、阀门、送风口、排烟口、隔烟装置以及风机、阀门与送风口或排风口的联动装置等组成。

机械加压送风防烟系统的送风机可采用普通离心风机或混流风机。用于排烟系统的排烟风机则应采用能保证280℃时连续工作30min的离心风机或排烟专用轴流风机。排烟风机与排烟管道之间不宜设置软接管。必须设置时，该软接头也应能在280℃的环境条件下连续工作不少于30min。此外，排烟风机入口处应设置能自动关闭的排烟防火阀并与风机联锁，当该阀关闭时，排烟风机应能停止运转；排烟风机应设置在专用机房内，且风机两侧应有600mm以上的空间。

防火阀与排烟阀都安装在风管或风道上，当火灾发生时，达到隔烟阻火或排烟的作用。当空调管道需穿过防火分区或防烟分区时，也应设置防火阀与排烟阀。

(1) 防火阀 (FD)：当发生火灾时，火焰侵入风道，高温使阀门上的易熔合金熔解，或使记忆合金产生形变使阀门自动关闭，从而防止火灾与烟气通过空调通风系统蔓延。防火阀的作用温度通常是70℃，当用于厨房排油烟管道上时采用150℃。防火阀通常用于空调、通风管道和消防加压、补风送风管上，设置在风道与防火分区贯通的场合。防火墙与防火阀之间的风道用1.5mm厚的钢板制作（使之受热而不变形）。目前常用防火阀的阀板具有多挡位手动调节功能，可兼具风量调节的作用，也称为防火调节阀 (FVD)。

《建筑防火通用规范》GB 55037—2022 规定通风和空气调节系统的管道、防烟与排烟系统的管道穿过防火墙、防火隔墙、楼板、建筑变形缝处，建筑内未按防火分区独立设置的通风和空气调节系统中的竖向风管与每层水平风管交接的水平管段处，均应采取防止火灾通过管道蔓延至其他防火分隔区域的措施。通常采用设置防火阀或排烟防火阀。

(2) 排烟防火阀 (FDH)：排烟防火阀的基本构造与防火阀相同，也是常开阀，只是它的关闭作用温度为280℃，密闭性能要求更高。通常用在排烟管道上。当该阀具备风量调节功能时常用 FVDH 符号表示。

排烟管道的下列部位应设置排烟防火阀：1）垂直主排烟管道与每层水平风管连接处的水平管段上；2）一个排烟系统负担多个防烟分区的排烟支管上；3）排烟风机入口处；4）穿越防火分区处。

(3) 排烟阀 (BEC)：排烟阀平时常闭，需要排烟时由消防控制中心根据火灾信号（烟感或温感）自动控制该阀开启或现场手动开启。该阀开启后会输出信号传输到消控中心或自动开启排烟风机、补风风机。

(4) 排烟口：排烟口设于排烟管道的吸入口，平时处于常闭状态。发生火灾时消控中心的火灾自动报警系统根据火灾烟气扩散蔓延情况，自动开启有烟区域的排烟口和排烟风机以排除烟气，也可避免火灾通过排烟管道蔓延到其他防烟分区和防火分区。排烟口的安装现场应设置手动开启装置，当发现火灾时可手动开启。排烟口开启时会发出开启信号，通过消防控制中心可联动开启排烟风机，关闭与消防无关的通风、空调风机。

排烟口有板式和多叶式两种，板式排烟口 (PS) 的开关形式为单横轴旋转式，其手动方式为远距离操作装置。多叶式排烟口 (GS) 的开关形式为多横轴旋转式，其手动方式为就地操作和远距离操作两种，带有280℃自动关闭功能。板式排烟口通常用于顶棚等较高位置排烟，多叶排烟口通常安装在墙面上用于走廊排烟。图 8-33 为排烟系统中排烟防火阀、排烟口及排烟阀的设置实例。

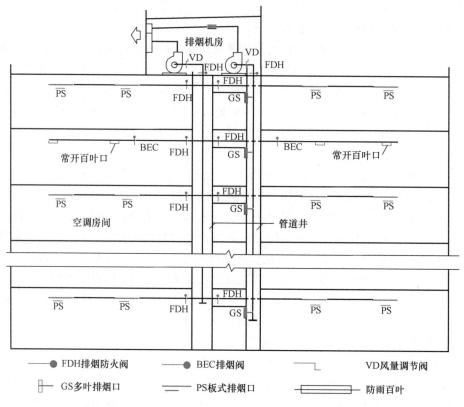

图 8-33　排烟系统设置排烟防火阀、排烟口及排烟阀实例

排烟口的设置应根据防烟分区的排烟量经计算确定，且防烟分区内任一点与最近的排烟口之间的水平距离不应大于 30m。此外，排烟口的设置尚应符合下列规定：

1）排烟口宜设置在顶棚或靠近顶棚的墙面上；

2）排烟口应设在储烟仓内，但走道、室内空间净高不大于 3m 的区域，其排烟口可设置在其净空高度的 1/2 以上；当设置在侧墙时，顶棚与其最近边缘的距离不应大于 0.5m；

3）火灾时由火灾自动报警系统联动开启排烟区域的排烟阀或排烟口，应在现场设置手动开启装置；

4）排烟口的设置宜使烟流方向与人员疏散方向相反，排烟口与附近安全出口相邻边缘之间的水平距离不应小于 1.5m；

5）每个排烟口的排烟量不应大于按规定计算的最大允许排烟量。

（5）加压送风口：不同的应用场合，加压送风口形式不同。疏散楼梯间和避难间的机械加压送风口通常采用常开风口，一般用双层百叶。前室加压送风口应采用常闭的多叶送风口，火灾时根据火灾楼层和位置电动开启相应楼层前室的加压送风口；该送风口也可手动开启并输出信号至消防控制中心，联动开启对应的加压送风机。

8.6.5　空调设计与防火排烟

空调工程中，火灾时风道成为烟气扩散通路的情况时有发生，由于空调直接连接于房间与房间之间，所以传播烟气的危险性很大。另外，风道的断面积比电气或给排水配管要大，也是容易引起烟气传播的因素。

从防灾观点看，最好不用风道，即不以空气为热媒，而是以水作为带热介质的空调方式。但是，空调方式的选择，除考虑防灾之外，还要注意节能、环保、经济性、耐久性以及运维管理等许多其他因素。目前，还没有就空调方式与防灾性能及经济性之间的关系作出定量的评价。例如，采用前面述及的分区（层）空调方式时，一台空调机组负担一个楼面，防灾性能是理想的，然而造价偏高。这一问题值得工程设计者与业主共同关注。

思考题与习题

1. 通风机的频谱特性和哪些因素有关？
2. 通风空调管路中，哪些构件可以产生噪声的自然衰减？哪些情况下会引起噪声的再生？
3. 风口反射的噪声衰减是何物理作用？
4. 如何确定风口声功率级与室内声压级的转换？什么是方向性因素和房间常数？
5. 试将消声器的种类、原理和构造及应用场合作比较。
6. 何谓振动传递率？如何根据使用场合选定允许的振动传递率？
7. 能否用框图来描述建筑物防火排烟的基本理念？
8. 怎样进行建筑物的防火和防烟分区？
9. 某建筑高度为80m的宾馆，其疏散防烟楼梯间是否必须设置机械加压防烟系统？为什么？
10. 机械加压送风量如何确定？
11. 加压送风机的公称风量为什么要按计算风量的1.2倍考虑？
12. 请画出一个办公楼的空调系统上设置防火阀的装置实例示意图。
13. 请查阅相关文献说明什么是"清晰高度"？什么是"储烟仓"？二者有何关系？

中英术语对照

空气动力噪声	aerodynamic noise
自动灭火（喷淋）系统	automatic sprinkler protection system
A声级	a-weighted sound pressure level
消声弯头	bend muffler
清晰高度	clear height
合用前室	combined anteroom
挡烟垂壁	draft curtain
封闭楼梯间	enclosed staircase
防火分区	fire compartment
排烟防火阀	fire damper in smoke-venting system, combination fire and smoke damper
防火隔墙	fire partition wall
防火阀	fire-resisting damper
风管软接	flexible canvas duct connection, flexible rubber duct connection
水管软接	flexible pipe connector, rubber hose, spherical rubber connector, metal hose, rubber expansion joint with control rods
复合阻抗消声器	impedance muffler, reflection-dissipative silencer
补风	makeup air
机房隔声	mechanical equipment room sound isolation

机械加压送风	mechanical pressurization
噪声自然衰减	natural attenuation of noise
自然排烟	natural smoke exhaust
自然排烟窗（口）	natural smoke vent
消声静压箱	pressure box muffler
隔振吊架	rubber hanger, spring hanger
橡胶减振垫	rubber pad
抗性消声器	reactive muffler
再生噪声	regenerative noise
阻性消声器	resistive muffler
消声器	silencer, sound attenuator, sound trap, muffler
防烟分区	smoke bay, smoke control zone
防烟系统	smoke control system, smoke protection system
排烟阀	smoke damper
排烟风机	smoke exhaust fan
排烟口	smoke exhaust inlet
排烟系统	smoke exhaust system
储烟仓	smoke reservoir
防烟楼梯间	smoke-proof staircase, pressurized stairwell
吸声系数	sound absorption coefficient
消声量	sound deadening capacity
弹簧减振器	spring shock absorber
烟囱效应	stack effect
热浮力	thermal buoyancy
传递率	transmissibility
振动	vibration
隔振	vibration isolation
隔振器	vibration isolator

本章主要参考文献

［1］赵荣义，范存养，薛殿华，等. 空气调节［M］. 4 版. 北京：中国建筑工业出版社，2009.

［2］钱以明，范存养，杨国荣，等. 简明空调设计手册［M］. 2 版. 北京：中国建筑工业出版社，2017.

［3］陆亚俊，马最良，邹平华. 暖通空调［M］. 3 版. 北京：中国建筑工业出版社，2015.

［4］中华人民共和国住房和城乡建设部. 民用建筑隔声设计规范：GB 50118－2010［S］. 北京：中国建筑工业出版社，2010.

［5］中华人民共和国住房和城乡建设部. 建筑环境通用规范：GB 55016－2021［S］. 北京：中国建筑工业出版社，2022.

［6］中华人民共和国公安部. 建筑设计防火规范：GB 50016－2014（2018 年版）［S］. 北京：中国计划出版社，2018.

［7］中华人民共和国公安部. 建筑防烟排烟系统技术标准：GB 51251－2017［S］. 北京：中国计划出版社，2017.

［8］ASHRAE. 2021 ASHRAE handbook-fundamentals［M］. SI ed. Atlanta：ASHRAE, Inc.，2021.

［9］ASHRAE. 2019 ASHRAE handbook-heating, ventilating, and air-conditioning applications［M］. SI ed. Atlanta：ASHRAE, Inc. , 2019.

［10］ 中华人民共和国应急管理部，中华人民共和国住房和城乡建设部. 消防设施通用规范：GB
55036—2022[S]. 北京：中国计划出版社，2022.

［11］ 中华人民共和国住房和城乡建设部，中华人民共和国应急管理部. 建筑防火通用规范：GB
55037—2022[S]. 北京：中国计划出版社，2022.

第9章　空调系统的性能测定与持续调适

空调系统在竣工前应通过现场性能测定、设备功能调试及性能调适等，使空调设备和系统达到设计与使用的要求，并通过验收。因此，空调系统的测定与调整是整个空调工程建设过程中的重要组成部分。按《通风与空调工程施工质量验收规范》GB 50243—2016规定，空调工程竣工后，应对系统的施工质量进行外观检查、单机试运转、无负荷运行条件下的测定与调整，及有负荷运行条件下的测定与调整等。空调系统的测定与调整主要可分为两方面：空气动力性测定调整与热力性测定调整。前者包括风量及风量分配和系统压力状况的测定与调整；后者包括空气处理过程及空间内空气参数的测定与调整。

同时，空调系统能耗是建筑能耗中的主要部分，节能潜力大，在运行过程中应定期对其性能进行测定，对设备和系统开展持续调适，使其始终运行在较高的效率上，并精准匹配室内环境控制需求。

已建成并投入使用的空调系统，若由于工艺过程变化或维护管理不当等，也可能出现系统失调或故障，通过测定与调整找出故障原因，改进运行条件，使系统正常工作也是运行调整的任务。

空调系统的测定与调整是对设计、施工安装以及运行管理质量的综合检验，应由设计、施工及使用单位密切配合，现场冷、热源供应部门和自动控制人员联合工作，才能按照系统测试调整的要求，全面地完成调试任务。

由于空调系统的服务对象对空调要求的不同，因而测试调整要求也不同。一般舒适性空调系统的测定调整要求较低，工艺性空调系统，尤其是恒温恒湿及高洁净度的空调净化系统要求较高，相应地要使用满足调试精度的仪表。

空调系统的测试与调整是实践性很强的技术内容，本章只对常用的测试与调整方法以及在测试调整中经常遇到的问题和对策予以介绍。

9.1　系统空气动力工况的测定与调整

空调系统的空气动力工况测定与调整是整个系统正常运行和进一步完成热力工况测试与调整的基础。因此，不论在有负荷还是无负荷条件下，都需要先完成系统的风量分配和总风量调整，系统的压力分布（主要部件的阻力大小等）、室内正压度和风量平衡等项测定与调整。必要时对某些管段以至系统的漏风量等进行测定与调整。室内气流分布状况的测定与调整一般与热力工况测定与调整结合进行，将放在下一节说明。

9.1.1　风量测定

空调系统的送风量、回风量和新风量、各分支管或风口的风量等均需经测定后确定。因此风量测定是空气动力工况测定的基本内容。

风量测定的方法有多种，所用仪表也有多种，本节主要阐述在管内及风口处测定风量的方法及常用测量仪表。

1. 管内风量测定

管内风量测定在测出管道断面面积（F）及空气平均流速（$\bar{v}$）后，可据下式算出风量。

$$L = \bar{v} \cdot F \cdot 3600 \quad (\text{m}^3/\text{h}) \tag{9-1}$$

测定管内空气的平均流速首先要正确选择测定断面和确定测点数。显然，测定断面应选在气流稳定的直管段上，以便使测出的结果比较准确。按照局部管件（弯头、三通、变径管等）对管内流动及流速分布的影响并考虑到实际工程条件，可以采取如图 9-1 所示的条件选择测量断面。当实际工程条件不能满足图内规定的距离时，则只能缩短这些距离，并尽量使测量断面距上游局部管件的距离大些。在测量断面处管内流动不出现涡流时，如图 9-2 中断面Ⅰ，则可通过加多测点来提高测定结果的准确性，而当测量断面出现涡流时，如断面Ⅱ，则不仅要加多测点，而且需合理处理所测数据才能达到较好地测出风量的目的。在涡流区的部分测点出现 0 值或负值时，一般将负值也取为 0，这是工程性测量中的简化方法。

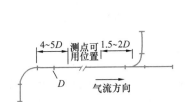

图 9-1　测量断面选择要求

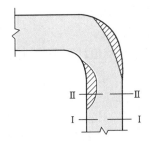

图 9-2　涡流区断面风速测量

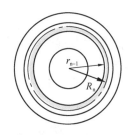

图 9-3　圆风道测点确定

在测量断面上确定测点数取决于断面大小和流场的均匀性。一般测点数取得越多，所测平均流速值越准确，但却增大了测定工作量。因此，在工程测量中，每个测点所对应的断面面积一般规定不大于 0.05m^2，测点位于该面积的中心。对于圆形管道，按等面积布置测点的原则，其测点分布可由以下推导得出：

设将圆管断面划分为 m 个面积相等的同心圆，在每个圆环的面积中心为测点位置，则第 n 个测点位置应为（参见图 9-3）

$$\pi R_n^2 = \frac{\pi R^2}{2m} + \pi r_{n-1}^2$$

$$\pi R_n^2 = \frac{\pi R^2}{2m} + \frac{\pi R^2}{m}(n-1) = \frac{2n-1}{2m} \cdot \pi R^2$$

故

$$R_n = R\sqrt{\frac{2n-1}{2m}} \tag{9-2}$$

式中　R_n——由圆心至第 n 个测点的距离；

　　　　R——圆管半径；

　　　　n——由圆管中心算起的等面积圆环序号；

　　　　m——风管断面划分的等面积圆环数，可按表 9-1 根据不同管径选定；

r_n——第 n 个圆环的半径。

值得说明的是圆管的风量测定应在通过圆管中心两个正交的方向上测出所有测点的风速值，如圆管分为三环，则需测出 12 个测点的数值。如果测量断面的流场分布具有较高的稳定性和对称性，则测点可以减少，如三环只测三点，从而加速风量测定。

圆管测定断面分环数　　　　　　　　　　　　　　　　　　表 9-1

管径（mm）	<200	200~400	400~700	>700
环　数	3	4	5	6

风管内测定风量的常用方法是用毕托管和微压差计测出各点的动压，然后求出平均风速，即

$$\overline{P_{\mathrm{d}}} = \left(\frac{\sqrt{P_{\mathrm{d}1}} + \sqrt{P_{\mathrm{d}2}} + \cdots + \sqrt{P_{\mathrm{d}n}}}{n}\right)^2 \quad (\mathrm{Pa}) \tag{9-3}$$

$$\overline{v} = \sqrt{\frac{2\overline{P_{\mathrm{d}}}}{\rho}} \quad (\mathrm{m/s}) \tag{9-4}$$

式中　$P_{\mathrm{d}1}$、$P_{\mathrm{d}2}$、$P_{\mathrm{d}n}$——各测点的动压值；

　　　　n——测点总数；

　　　　ρ——空气密度。

利用各测点动压值的算术平均值计算平均风速，只有在各动压值间的差别不大时才可采用。

2. 风口风量测定

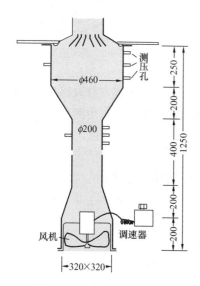

图 9-4　风口风量测定装置

由于送风口和排风口位于室内，易于接近，并且连接风口的支管常常较短又不易接近，所以经常在风口处测定风量。风口的结构形式以及由此确定的气流流动状况是多样的，有时也是相当复杂的，因此，要想较为准确地测得风量，就需要使用专门的风量测定装置。图 9-4 所示是一种带有可变风机转速的，本身利用局部管件产生的局部压差确定风量（事先标定）的测定装置。在使用时，改变风机转速，使风口出口处静压保持为 0，这就保证了该测定装置既不增加风口出风的阻力，也不产生吸引作用，因而测出的风量是比较准确的。

在实际测试中，有时采用加罩测定，罩内不带风机，所以加罩后等于在该风口所在支路上增加阻力，风量有所减少。如果原有风系统阻力较大，加罩后对风量减少的影响则较小，反之则不可忽视。

采用叶轮风速仪或热电式风速仪在风口处直接测量风量具有较大的误差，尤其是对散流器或出风不均匀的风口更是如此。因此，这种测试只适用于一般要求不高的空调系统。

对于回风口的风量测定，由于吸气气流比较均匀，采用贴近风口用叶轮风速仪或热电式风速仪测定还是可行的。

9.1.2 系统风量调整

空调系统的风量调整实质上是通过改变管路的阻力特性，使系统的总风量、新风量和回风量以及各支路的风量分配满足设计要求。空调系统的风量调整不能采用使个别风口满足设计风量要求的局部调整法，因为任何局部调整都会对整个系统的风量分配发生或大或小的影响。

根据流体力学中管内流动的一般规律可知，风道的阻力损失是近似地与风量的平方成正比，即

$$\Delta H \cong SL^2 \tag{9-5}$$

式中 ΔH——风道的阻力损失；

   S——风道的阻力特性系数，取决于管道的几何尺寸和结构状况；

   L——通过风道的风量。

按式（9-5）的关系，先分析一简单系统（见图9-5）。设风机启动后，打开总风阀，并将三通阀门（见图9-6）置于中间位置。这时，分别测出两支管（或两风口）的风量，记为L_A与L_B。由此可写出：

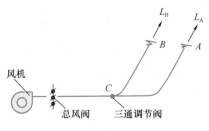

图9-5 风量调整示例

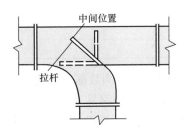

图9-6 三通调节阀

$$\Delta H_{C-B} = \Delta H_{C-A}$$

或
$$S_{C-B}L_B^2 = S_{C-A}L_A^2$$

或
$$\frac{S_{C-B}}{S_{C-A}} = \left(\frac{L_A}{L_B}\right)^2 \tag{9-6}$$

上述关系式不论总风阀开大或关小都是存在的。只要不改变$C-B$与$C-A$两支管通路上的阻力特性，L_A/L_B的比例关系也就不变化。由此可见，若设计的风量是$L_A'=L_B'$，则不论实测值是否符合设计要求，只要将两风口的出风量调到$L_A=L_B$，再由总风阀将整个系统风量控制在$2L_A'$或$2L_B'$，则风量调整即完成。同理，若$L_A'\neq L_B'$，且$L_A'/L_B'=R$，则可通过调节三通阀，使$L_A/L_B=R$，再由总风阀将整个系统风量调到总风量值或使$L_A \rightarrow L_A'$，或$L_B \rightarrow L_B'$。

上述这种按风量比例的调节方法为更复杂的空调系统风量调整提供了有效手段。下面以图9-7所示系统为例进一步说明按比例调节方法的实际应用。

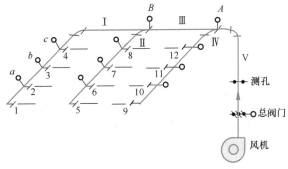

图9-7 系统风量调整示意图

假定该系统除总风阀外在三通管 A、B 处及各风口支管分支处装有三通调节阀（亦可用其他类型的调节阀）。风量调整前，三通阀置于中间位置，系统总阀门置于某一开度。启动风机，初测各风口风量并计算与设计风量的比值，将初测与计算结果列于表9-2。

系统风量分配的初测结果　　　　　　　　　　　　表 9-2

风口编号	设计风量	初测风量	初测风量/设计风量×100%
1	200	160	80%
2	200	180	90%
3	200	220	110%
4	200	250	125%
5	200	190	95%
6	200	210	105%
7	200	230	115%
8	200	240	120%
9	300	240	80%
10	300	270	90%
11	300	330	110%
12	300	360	120%

分析表9-2初测数据，发现该系统的风量分配此时是各支管的最远风口风量最小，同时支路间的风量分配是支路Ⅰ最小。由此，可采取以风口1为基准，将风口2的风量调到与风口1相同，进而调节风口3的风量使其与风口2（或风口1）的风量相同，依此类推，将支管Ⅰ上各风口的风量分配先调整均匀。采取同样做法再将支管Ⅱ和支管Ⅳ上的风口调整到所要求的均匀度。然后以1、5、9风口为代表，依此调节 A、B 三通阀，使各支管间的风量分配达到2：2：3的设计要求。这样风量分配的调整即告完成，最后将总风阀调整到设计风量，则系统风量测定与调整即全部完成。

9.1.3　系统漏风量检查

由于空调系统的空调箱、管道及各部件处连接和安装的不严密，造成在系统运行时存在不同程度的漏风。经过热湿处理或净化处理的空气在未到达空调房间之前漏失，显然会造成能量的无端浪费，严重时将影响整个系统的工作能力以致达不到原设计的要求。

检查漏风量的方法是将所要检查的系统或系统中某一部分的进出通路堵死，利用一外接的风机通过管道向受检测部分送风，同时测量送入被测部分的风量和在内部造成的静压，从而找出漏风量与内部静压的关系曲线或关系式，即

$$\Delta P_j = AL_1{}^m \tag{9-7}$$

式中　ΔP_j——所测部分内外静压差；

$\quad$　L_1——漏风量；

A、m——系数和指数，取决于被测对象的孔隙或孔口结构特性。

在此基础上，根据被测部分正常运行时内压的大小，确定漏风量（L_1），并按下式确定漏风率 α：

$$\alpha = \frac{L_1}{L} \times 100\% \tag{9-8}$$

式中，L 为系统正常运行时通过被测部分的风量。

图 9-8 示出漏风量的测定方法，图内只表示了一段风管的漏风量测定，若对某一系统或带有风口的某些管段测定漏风量，则需要封死各对外通路（如风口等）及检查门。可见，漏风量测定是相当费力的，只有在严格要求并且在施工验收规范中规定检测时才必须现场测定。

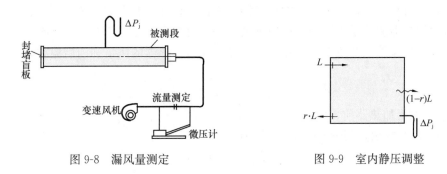

图 9-8　漏风量测定　　　　　　　　　图 9-9　室内静压调整

9.1.4　室内静压调整

根据设计要求，某些房间要求保持内部静压高于或低于周围大气压力，同时一些相邻房间之间有时也要求保持不同的静压值。因此在空调测定与调整中也包括室内静压值的测定与调整。

在一个空间内（见图 9-9），当送风量为 L，回风量为 rL（r 为回风比），则 $L(1-r)$ 即为新风量，亦即通过房间的不严密处逸出的风量。类似管道漏风量的关系式可以写出：

$$(1-r)L = \alpha\Delta P_j^{\frac{1}{m}} \tag{9-9}$$

或

$$\Delta P_j = A\big[(1-r)L\big]^m \tag{9-10}$$

式中，$A=\dfrac{1}{\alpha^m}$，α、m 为房间孔隙的结构特性系数。

由上式可见，ΔP_j 的大小与 $(1-r)L$ 的大小有关，同时与房间不严密处的孔隙大小和其结构特性有关。因此，采用同样的回风比 r，在不同的空间内可能形成不同的静压值。

在有局部排气的空间内要形成一定的室内正压，则需保证 $(1-r)L > L_{排}$（局部排风量）。多个相邻房间为保证洁净度或防止污染，有时需调整成梯级正压。在这种情况下，应依次检查各房间的静压值，保证各房间之间所需维持的静压。

房间静压值的测定和调整方法主要是靠调节回风量实现的。在使用无回风的风机盘管加集中送新风的系统（或诱导器系统）时，则室内正压完全由新风系统的送风量所决定。

除上述各项测试调整外，有时需对系统某部件的阻力或整个系统的阻力状况进行测定，以便分析造成阻力损失大的原因或系统在风机作用下的实际工作点。这对于检验系统设计、设备性能及改进系统的运行工况都有实际意义。

9.2　系统热力工况的测定

空调系统的热力工况测定是在空气动力工况测定与调整的基础上进行的。其目的之一是检验空气处理设备的容量是否能满足设计要求，之二是检验空调的实际效果。

9.2.1　空气处理设备的容量检验

对一般空调系统，检测的主要设备为加热器、表冷器或喷水室。现分别说明如下：

1. 加热器容量检验

加热器的容量检验应在冬季工况下进行，以便尽可能接近设计工况。在难以实现冬季测试时，也可利用非设计工况下的检测结果来推算设计工况下的放热量。

检测加热器放热量可选择温度较低的时间（如夜间），关闭加热器旁通门，打开热媒管道阀门，待系统加热工况基本稳定后，测出通过加热器的风量和前后温差，得出此时的加热量为

$$Q' = G \cdot c(\overline{t_2} - \overline{t_1}) \tag{9-11}$$

式中，$\overline{t_1}$，$\overline{t_2}$ 为加热器前、后空气的平均干球温度。

已知在设计条件下加热器的放热量为

$$Q = KF\left(\frac{t_c + t_z}{2} - \frac{t_1 + t_2}{2}\right) \tag{9-12}$$

检测条件下加热器放热量为

$$Q' = KF\left(\frac{t_c' + t_z'}{2} - \frac{\overline{t_1} + \overline{t_2}}{2}\right) \tag{9-13}$$

如果检测时的风量和热媒流量与设计工况下相同，则

$$Q = Q' \frac{(t_c + t_z) - (t_1 + t_2)}{(t_c' + t_z') - (\overline{t_1} + \overline{t_2})} \tag{9-14}$$

式中　t_c，t_z——设计条件下热媒的初终温度；

$\quad\quad t_1$，t_2——设计条件下空气的初终温度；

$\quad\quad t_c'$，t_z'——检测条件下热媒的初终温度。

在式（9-14）中，经实测 t_c'、t_z'、$\overline{t_1}$、$\overline{t_2}$ 及 Q' 均为已知，设计条件下的 t_c、t_z、t_1 及 t_2 也是已知的，故可推算出加热器在设计工况下的散热量 Q。如 Q 值与设计要求接近，则可认为加热器的容量是能满足设计要求的。

在热媒为蒸汽时，可根据蒸汽压力查得对应的饱和温度，并以此作为热媒的平均温度。

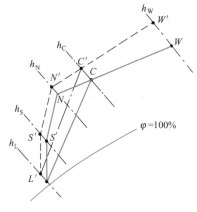

图 9-10　冷却装置容量测定

2. 表冷器（喷水室）容量的检验

同样，比较理想的表冷器和喷水室检测条件应在设计工况下进行。鉴于实际条件的限制，一般可有两种情况：

（1）空调系统已投入使用，室内热湿负荷比较接近设计条件。此时，通过调整室外状态 W' 与一次回风的混合比，使 $h_{c'} \approx h_C$（即设法使一次混合点的焓值与设计值相等）（见图 9-10），然后在保持设计水初温和水流量下，测出通过冷却装置的空气终状态，如果空气终状态的焓值接近设计值，则可认为该冷却装置的容量能满足设计要求。

（2）空调系统尚未正式投入使用，但仍能使一

次混合点调到与设计点焓值相同，则如上所述仍能对冷却装置的降焓量进行检验。

表冷器和喷水室的容量测定可在空气侧亦可在水侧，或两侧同时测量。空气侧测量的主要难点是通过冷却干燥后的空气终状态湿球温度不易测准，空气中带有一些水雾常常使干球和湿球表面打湿，因此，必须采取防水的措施才能取得较好的测量结果。由于测量断面较大，现场测定难以做到均匀采样，应按下式求得断面平均干球和湿球温度值：

$$t = \frac{\sum v_i t_i}{\sum v_i} \quad (℃) \tag{9-15}$$

式中 v_i——各测点对应的风速值。

在水侧测定冷却装置的冷量需测出一定时间内的水量和进出口水温。水量测定可采用容积法，即利用水池、水箱等容器测量水位变化，从而按下式求得水量，即

$$\overline{W} = \frac{3600 \cdot F \cdot \Delta h}{\Delta \tau} \quad (m^3/h) \tag{9-16}$$

式中 F——容器的断面积；

Δh——在 $\Delta \tau$ 时间间隔内水位高度的变化量。

当然，如果条件具备亦可用孔板或其他流量测定仪器（如超声波流量计）实现管内或管外流量测量。

水温测定应尽量使用高精度的测温仪表（如 1/10 分度的水银温度计），以免在温升较小的情况下，温度测量不准带来很大的误差。

9.2.2 空调效果的检验

空调效果的检验主要指工作区内空气温度（有时也需对相对湿度），风速及洁净度的实际控制效果的检测。因此，这种检测一般在接近设计的条件下，系统正常运行，自动控制系统投入工作后进行。

1. 气流分布的测定

由于工作区内温湿度和洁净度状况与气流分布有关，因此将气流分布部分的测定调整归在热力工况内。

气流分布的测定主要任务是检测工作区内的气流流速是否能满足设计要求，有时也对整个空间的射流运动进行测定，但这种测定也是为实现工作区良好的气流分布服务的。

工作区内气流速度的测定对舒适性空调来说，主要在于检查是否符合规范或设计要求即可。如果某些局部区域风速过大，则应对风口的出流方向进行适当调整。对具有较高精度要求的恒温室或洁净室，则要求在工作区内划分若干横向或竖向测量断面，形成交叉网格，在每一交点处用风速仪和流向显示装置确定该点的风速和流向。根据测定对象的精度要求，工作区范围的大小以及气流分布的特点等，一般可取测点间的水平间距为 0.5～2m，竖向间距为 0.5～1.0m。在有对气流流动产生重要影响的局部地点，可适当增加测点数。

空间的气流分布测定方法同上。测定的目的在于了解空间内射流的衰减过程、贴附情况、作用距离及室内涡流区的情况，从而检验设计的合理性。空间气流分布测定工作量很大，在无特殊要求时只要工作区满足设计要求即可。

气流分布的风速测量一般用热线或热球风速仪，并可用气泡显示法、冷态发烟法或简单地使用合成纤维丝逐点确定气流方向。

2. 工作区温湿度分布的测定

工作区温湿度测定的测点布置与气流分布测定的测点一致。所用仪器的精度应高于测定对象要求的控制精度。根据测定的结果检验工作区内的温度（或相对湿度）分布是否满足设计要求。

3. 工作区洁净度测定

对洁净房间工作区的洁净度测定，可依照我国现行的《洁净厂房设计规范》GB 50073—2013 中有关规定进行。由于洁净空间内微粒的数量较少，具有分布的随机性，因此，有关标准中有对最少采样点数、采样容积的具体规定。考虑到这部分内容比较专门，在需要时可按规范规定进行。

总之，室内空调效果的检验不仅是对既定的空调系统工作效果的客观评价，而且也包含着对其不良效果的改进。通过对工作区空气参数的测量，常会发现气流分布、自动控制，甚至整个空调系统合理匹配方面的问题。因此，一项完整的测试调整，既是保证空调系统的良好工作效果所需要的，也是改进系统设计的可靠依据。

9.3　系统调试中可能出现的故障分析及其排除

在空调系统的测定与调整中，可能发现多种问题，应结合测定调整分析产生故障的原因，并提出适宜的解决方法。

表 9-3 列出了一些常见的故障及产生的原因，提出排除故障的可能方法，以供参考。

故障及其排除　　　　表 9-3

序号	故障内容	产生原因	解 决 方 法
1	系统送风量不足	漏风率过大	检漏并堵漏
		系统阻力过大	检查部件阻力，对不合理部件适当更换
		风机转数不对	检查皮带是否有"掉转"现象，调紧皮带
		风机倒转　风机选择不当或性能低劣	更换三相中任意两相接线使风机正转 系统设计、施工与安装正常，所选风机风量小。可按下列各关系式调整风机转数： $$\frac{L_1}{L_2}=\frac{n_1}{n_2}$$ $$\frac{H_1}{H_2}=\left(\frac{n_1}{n_2}\right)^2$$ $$\frac{N_1}{N_2}=\left(\frac{n_1}{n_2}\right)^3$$ 式中，L 为风量；n 为转数；H 为风压；N 为功率，必要时可更换风机
2	设备容量不足	设备选择有误	重新检查设计，如通过适当提高水量、降低水温或提高水温仍不满足要求，则必须更换
		冷（热）源出力不足	检查制冷机制冷量，管道保温或漏热损失，检查水泵流量，管路有无堵塞。以上各项可综合检查诊断，分析原因加以解决。制冷机出现故障，按故障性质采用相应办法排除

序号	故障内容	产生原因	解 决 方 法
2	设备容量不足	漏水、漏风、漏热使送风状态达不到设计要求	改善挡水板或滴水盘的安装质量，减小带水量；检查系统漏风量，尤其是热湿处理后各段的漏风量；检查风道保温和风机温升。如发现漏风和温升过大，则需堵漏，加大保温或适当降低系统的阻力
3	空调箱存水和漏水	泄水管堵塞，水封高度不够，室底坡度错误，无排水管，底池防水未做好	逐项检查，针对问题所在采取对策，但防水不好或无排水管则必须改正或加装
4	工作区空气参数不满足设计要求	室内实际热、湿负荷与设计值有较大出入	可通过进出风量和焓差测定进行校核，如必要时可加大送风量或适当调整送风状态
		风口气流分布不合理，造成工作区流速过大或不均匀系数过大	调整风口出流方向，必要时更换风口结构形式
		过滤器未检漏，系统未清洗，室内正压不保证，洁净度低于设计要求	进行过滤器检漏，保证送风的洁净度；清理清洁风道系统；调整室内正压；在设计风量下，调整气流分布，使洁净度达到要求
5	室内噪声级过高超过允许值	风口部件松动，风口风速过高	紧固松动部件，风量过大时应减少风量
		消声器消声能力低，选择不合理	检测消声器的消声能力，质量低劣应更换
		经消声器后的风道未正确隔离噪声源	检查消声器的设置位置，若隔离不佳应采取管外隔离，以减少机房噪声通过风管的传递

9.4 运行中的性能测定与持续调适

9.4.1 空调风系统风量平衡测定与系统调适

空调风系统主要设备包括空调箱和新风机组，以及对应的风道和送风口、回风口等。每个设备有特定的作用区域，对各空调箱及新风机组进行测试可以分析出各设备存在的主要问题，再进一步调适各设备，使之达到功能要求并保持高效，是整个风系统调适的重要基础。新风机组可以近似看作简化的空调机组，其测试方法和调适方法也都包含于空调箱的测试方法和调适方法中，因此本节具体介绍空调箱的测试方法和调适方法，新风机组参考空调箱即可。

以全空气风系统为例，空调箱送风经由风道分别输送到多个末端风口，因此，在条件具备的情况下需要测量各个末端风口风量，用于分析各末端风量、冷量分配是否平衡，也是系统热力平衡调适的基础工作。测出各风口风量后，同样需要对风量进行校核，一方面检验所有末端风量之和与空调箱总送风量是否相等，用以判断风道是否存在漏风情况；另一方面分析各风口送风量与设计风量是否相符，进而开展平衡调节。

对于各风口风量之和与空调箱总送风量的校核公式如式（9-17）所示。

$$\frac{\left|G-\sum_{i}^{N}G_{i}\right|}{G}\leqslant 15\% \tag{9-17}$$

式中　G——空调箱总送风量，$\mathrm{m^3/h}$；

　　　G_i——第 i 个风口送风量，$\mathrm{m^3/h}$。

对于各风口实际送风量与设计送风量的校核公式如式（9-18）所示。

$$\frac{\left|G_{i,\mathrm{d}}-G_{i}\right|}{G_{i,\mathrm{d}}}\leqslant 15\% \tag{9-18}$$

式中　$G_{i,\mathrm{d}}$——第 i 个风口设计送风量，$\mathrm{m^3/h}$。

对于上述存在总风量不平衡或各风口与设计风量不平衡的问题，需要及时进行现场调试与整改，通过查漏补缺、调节各风口手动阀门开度，实现送风量供给平衡，才能为冷热有效供给提供基础保障。供冷季和供热季建筑中不同空间的冷热需求变化较大，建筑室内功能发生改变后，室内冷热需求和新风需求也会发生变化，因此空调系统需要根据需求变化持续调适。

空调风系统风道风量和风口风量的现场实测方法可扫描二维码阅读。

扫码阅读

9.4.2　空调箱运行性能测定与调适

空调箱运行性能需要测定的内容主要包括供冷量和供热量、盘管换热性能、风机效率、风压及阻力等。以空调供冷工况为例，常规一次回风空调箱运行过程如图 9-11 所示，室内回风和新风混合先经过过滤器，随后通过表冷器与冷冻循环水换热制冷，得到满足送风设定值后的空气，再通过送风机沿风道输送并分配至各个房间，进而达到为房间降温除湿的效果。

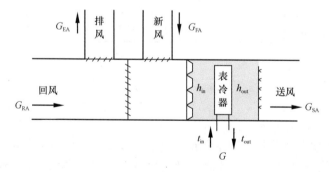

图 9-11　空调箱测试原理图

1. 空调箱供冷量测试

空调箱供冷换热过程涉及空气与水两种媒介，因此可以从空气侧和冷水侧分别测试，得到供冷量，计算公式分别如式（9-19）和式（9-20）所示。

$$Q=\frac{c_{\mathrm{p}}\rho G(t_{\mathrm{out}}-t_{\mathrm{in}})}{3600} \tag{9-19}$$

$$Q_{\mathrm{a}}=\frac{\rho_{\mathrm{a}}G_{\mathrm{SA}}(h_{\mathrm{in}}-h_{\mathrm{out}})}{3600} \tag{9-20}$$

式中　Q——空调箱从水侧测量得到的总供冷量，kW；

Q_a ——空调箱从风侧测量得到的总供冷量，kW；

c_p ——水的比热容，kJ/kg；

ρ ——水的密度，kg/m³；

ρ_a ——空气的密度，kg/m³。

式中其他需要测试的物理量、测点位置以及使用的测量仪器如表 9-4 所示。

空调箱待测物理量说明表 表 9-4

编号	物理量	符号	单位	测点位置	测量仪器
1	表冷器进出口水温	t_{in}, t_{out}	℃	空调箱盘管进出口水管	热电偶 温度自记仪
2	表冷器冷水流量	G	m³/h	空调箱盘管进出口水管	超声波流量计
3	表冷器前后空气焓值	h_{in}, h_{out}	kJ/kg	空调箱盘管前后	温湿度自记仪
4	新风量、回风量、送风量、排风量	G_{FA} G_{RA} G_{SA} G_{EA}	m³/h	空调箱内部或新风、回风、送风、排风风道	热球风速仪 卷尺

在各物理量测试完成后，需要对空调箱供冷量进行平衡检验。从质量守恒的角度来看，新风量、回风量之和理论上应等于排风量、送风量之和，但考虑到测试误差，风量平衡检验如式（9-21）所示。

$$\left| \frac{G_{FA} + G_{RA} - (G_{SA} + G_{EA})}{G_{SA} + G_{EA}} \right| \leqslant 20\% \tag{9-21}$$

从能量守恒的角度来看，空气侧供冷量和冷水侧供冷量在理论上应该相等，同样考虑到测试误差，冷量的平衡检验如式（9-22）所示。

$$\frac{|Q_a - Q|}{Q} \leqslant 15\% \tag{9-22}$$

需要注意的是：空调箱风量测试过程中，应选取长直风道，提前打好测孔，避免人员进入空调箱中；如果空调箱体积较大，且无长直风道用于测试，测试人员可进入空调箱内测量，此时应注意人员的遮挡对于流场的影响。

空调箱风量和性能的现场实测视频可扫描封面二维码观看。

2. 盘管实际换热性能测试

空调箱的换热性能由空调箱内表冷器的换热系数体现，表征表冷器利用冷水给空气（送风）降温（除湿）的能力，其等效换热系数（KF）值越大，表明该表冷器换热性能越好。图 9-12 展示了表冷器换热过程中空气侧与水侧温度变化示意图，由传热公式可以得到 KF 的计算式：

$$KF = \frac{Q}{\Delta h_m} \tag{9-23}$$

式中，Q 为空调箱供冷量，在前面已经提

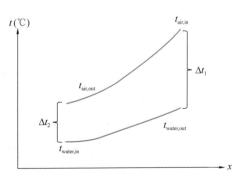

图 9-12 空气与水通过表冷器换热过程示意图

及，由于一般水侧测量更为准确，故多用水侧得到的供冷量，具体视实际情况而定。Δh_{m} 为风与水侧的对数平均焓差，其定义式为

$$\Delta h_{\mathrm{m}} = \frac{\Delta h_{\max} - \Delta h_{\min}}{\ln(\Delta h_{\max}/\Delta h_{\min})} \tag{9-24}$$

其中：

$$\Delta h_{\max} = \max\{\Delta h_1,\ \Delta h_2\} \tag{9-25}$$
$$\Delta h_{\min} = \min\{\Delta h_1,\ \Delta h_2\} \tag{9-26}$$
$$\Delta h_1 = h_{\mathrm{air,in}} - h_{\mathrm{water,out}} \tag{9-27}$$
$$\Delta h_2 = h_{\mathrm{air,out}} - h_{\mathrm{water,in}} \tag{9-28}$$

式中，$h_{\mathrm{air,in}}$ 和 $h_{\mathrm{air,out}}$ 分别为进出口空气焓值；$h_{\mathrm{water,in}}$ 和 $h_{\mathrm{water,out}}$ 分别为盘管进出口水温对应的饱和空气焓值。

3. 风机实际运行效率测试

风机和水泵工作原理相似，其测试原理、待测量类似，需要测试风机的风量、全压以及电功率，进而计算风机效率。风机效率计算式为

$$\eta_{\mathrm{F}} = \frac{G_{\mathrm{a}}(P_{\mathrm{out}} - P_{\mathrm{in}})}{3.6 \times 10^6 W} \tag{9-29}$$

其中相关的待测物理量、单位、测点位置以及测量仪器如表 9-5 所示。

风机待测物理量说明表　　　　　　　　　　表 9-5

编号	物理量	符号	单位	测点位置	测量仪器
1	风机工作风量	G_{a}	m³/h	空调箱内或对应风管内	热球风速计、卷尺
2	风机前后空气全压	P_{in}, P_{out}	Pa	空调箱内	微压差计＋毕托管或电子气压差计
3	风机耗电功率	W	kW	风机配电柜或配电箱	电功率计
4	风机效率	η_{F}	无	计算得到	

4. 风道风压变化及阻力测试

影响风机效率的一个重要因素是风机全压，这与风道阻力关系密切，因此需要测试出风道关键部位的全压，进而绘制出风压图，用以分析系统不合理的阻力问题。图 9-13 所示分别为某风系统的送风系统风压图和回风系统风压图，横坐标为风道系统各个关键部位，纵坐标为对应风压，两点之间的纵坐标之差反映了风机全压（风压上升）和风阻（风

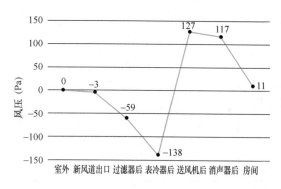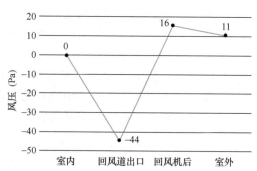

图 9-13　某风系统送风风压图（左）及回风风压图（右）

压下降）。

5. 空调箱风机性能持续调适

综合上述风量、风压测试，可以对空调箱风机运行性能进行综合评估。如图 9-14 所示，结合风机实测运行工作点与设备额定性能曲线对比，进而评估其实际运行性能优劣。实际工作点应运行在性能曲线上（考虑到测试误差，比较近时也可认为在线上），若实际工作点位于额定工作点附近，对应其运行高效区，则说明风机工作状况良好，效率较高。若相比额定工作

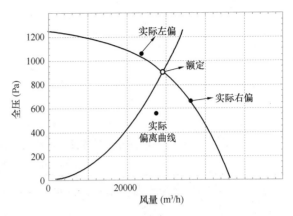

图 9-14　风机性能曲线与工作点

点左偏，说明风道阻力系数偏大，需通过风压图排查并调适，以降低不合理阻力，使工作点回到额定点附近，保证风机高效。但此时风量会增大，需要进一步考虑系统需求，进而采取变频调节手段降低送风量，进而节省运行能耗。若相比额定工作点右偏，说明风机全压选型偏大，建议降频运行至需求风量，虽不能提高效率，但可以降低风机电耗。如果实际工作点偏离风机性能曲线较远，说明风机自身性能有问题，与设备标称性能差异较大，此时需要检查风机皮带是否松动、转轴传动性能是否达标，进而进行设备维护调适。

思考题与习题

1. 舒适性空调系统的调试过程中，如果送风量达不到验收要求，应当从空调系统的哪些环节进行分析或调整？

2. 舒适性空调系统的调试过程中，如果实际送风温度达不到验收要求，应当从空调系统的哪些环节进行分析或调整？

本章主要参考文献

[1]　中华人民共和国住房和城乡建设部. 通风与空调工程施工质量验收规范：GB 50243—2016[S]. 北京：中国计划出版社，2016.

[2]　中华人民共和国工业和信息化部. 洁净厂房设计规范：GB 50073—2013[S]. 北京：中国计划出版社，2013.

附　录

湿空气的密度、水蒸气压力、含湿量和焓
（大气压 $B=1013\text{mbar}$）

空气温度 t（℃）	干空气密度 ρ（kg/m³）	饱和空气密度 ρ_b（kg/m³）	饱和空气的水蒸气分压力 $P_{q \cdot b}$（mbar）	饱和空气含湿量 d_b（g/kg 干空气）	饱和空气焓 h_b（kJ/kg 干空气）
−20	1.396	1.395	1.02	0.63	−18.55
−19	1.394	1.393	1.13	0.70	−17.39
−18	1.385	1.384	1.25	0.77	−16.20
−17	1.379	1.378	1.37	0.85	−14.99
−16	1.374	1.373	1.50	0.93	−13.77
−15	1.368	1.367	1.65	1.01	−12.60
−14	1.363	1.362	1.81	1.11	−11.35
−13	1.358	1.357	1.98	1.22	−10.05
−12	1.353	1.352	2.17	1.34	−8.75
−11	1.348	1.347	2.37	1.46	−7.45
−10	1.342	1.341	2.59	1.60	−6.07
−9	1.337	1.336	2.83	1.75	−4.73
−8	1.332	1.331	3.09	1.91	−3.31
−7	1.327	1.325	3.36	2.08	−1.88
−6	1.322	1.320	3.67	2.27	−0.42
−5	1.317	1.315	4.00	2.47	1.09
−4	1.312	1.310	4.36	2.69	2.68
−3	1.308	1.306	4.75	2.94	4.31
−2	1.303	1.301	5.16	3.19	5.90
−1	1.298	1.295	5.61	3.47	7.62
0	1.293	1.290	6.09	3.78	9.42
1	1.288	1.285	6.56	4.07	11.14

空气温度 t（℃）	干空气密度 ρ （kg/m³）	饱和空气密度 ρ_b （kg/m³）	饱和空气的水 蒸气分压力 $P_{q \cdot b}$ （mbar）	饱和空气含湿量 d_b （g/kg 干空气）	饱和空气焓 h_b （kJ/kg 干空气）
2	1.284	1.281	7.04	4.37	12.89
3	1.279	1.275	7.57	4.70	14.74
4	1.275	1.271	8.11	5.03	16.58
5	1.270	1.266	8.70	5.40	18.51
6	1.265	1.261	9.32	5.79	20.51
7	1.261	1.256	9.99	6.21	22.61
8	1.256	1.251	10.70	6.65	24.70
9	1.252	1.247	11.46	7.13	26.92
10	1.248	1.242	12.25	7.63	29.18
11	1.243	1.237	13.09	8.15	31.52
12	1.239	1.232	13.99	8.75	34.08
13	1.235	1.228	14.94	9.35	36.59
14	1.230	1.223	15.95	9.97	39.19
15	1.226	1.218	17.01	10.6	41.78
16	1.222	1.214	18.13	11.4	44.80
17	1.217	1.208	19.32	12.1	47.73
18	1.213	1.204	20.59	12.9	50.66
19	1.209	1.200	21.92	13.8	54.01
20	1.205	1.195	23.31	14.7	57.78
21	1.201	1.190	24.80	15.6	61.13
22	1.197	1.185	26.37	16.6	64.06
23	1.193	1.181	28.02	17.7	67.83
24	1.189	1.176	29.77	18.8	72.01
25	1.185	1.171	31.60	20.0	75.78
26	1.181	1.166	33.53	21.4	80.39
27	1.177	1.161	35.56	22.6	84.57
28	1.173	1.156	37.71	24.0	89.18
29	1.169	1.151	39.95	25.6	94.20

空气温度 t（℃）	干空气密度 ρ （kg/m³）	饱和空气密度 ρ_b （kg/m³）	饱和空气的水 蒸气分压力 $P_{q \cdot b}$ （mbar）	饱和空气含湿量 d_b （g/kg 干空气）	饱和空气焓 h_b （kJ/kg 干空气）
30	1.165	1.146	42.32	27.2	99.65
31	1.161	1.141	44.82	28.8	104.67
32	1.157	1.136	47.43	30.6	110.11
33	1.154	1.131	50.18	32.5	115.97
34	1.150	1.126	53.07	34.4	122.25
35	1.146	1.121	56.10	36.6	128.95
36	1.142	1.116	59.26	38.8	135.65
37	1.139	1.111	62.60	41.1	142.35
38	1.135	1.107	66.09	43.5	149.47
39	1.132	1.102	69.75	46.0	157.42
40	1.128	1.097	73.58	48.8	165.80
41	1.124	1.091	77.59	51.7	174.17
42	1.121	1.086	81.80	54.8	182.96
43	1.117	1.081	86.18	58.0	192.17
44	1.114	1.076	90.79	61.3	202.22
45	1.110	1.070	95.60	65.0	212.69
46	1.107	1.065	100.61	68.9	223.57
47	1.103	1.059	105.87	72.8	235.30
48	1.100	1.054	111.33	77.0	247.02
49	1.096	1.018	117.07	81.5	260.00
50	1.093	1.043	123.04	86.2	273.40
55	1.076	1.013	156.94	114	352.11
60	1.060	0.981	198.70	152	456.36
65	1.044	0.946	249.38	204	598.71
70	1.029	0.909	310.82	276	795.50
75	1.014	0.868	384.50	382	1080.19
80	1.000	0.823	472.28	545	1519.81
85	0.986	0.773	576.69	828	2281.81
90	0.973	0.718	699.31	1400	3818.36
95	0.959	0.656	843.09	3120	8436.40
100	0.947	0.589	1013.00	—	—

Y-1 型离心喷嘴

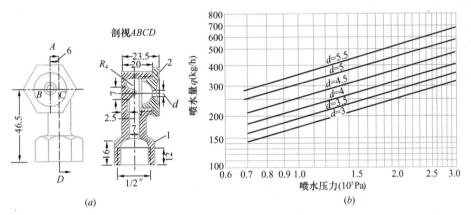

（a）构造；（b）喷水量与喷水压力、喷嘴孔径的关系

1—喷嘴本体；2—喷头

喷水室热交换效率实验公式的系数和指数

附录 2-2

[实验条件：离心喷嘴；喷嘴密度 $n=13$ 个/(m²·排)；$v_\rho=1.5\sim3.0\,\text{kg}/(\text{m}^2\cdot\text{s})$；喷嘴前水压 $P_0=0.1\sim0.25\,\text{MPa}$(工作压力)]

喷嘴排数	喷孔直径(mm)	喷水方向	热交换效率	冷却干燥 A或A'	m或m'	n或n'	减焓冷却加湿 A或A'	m或m'	n或n'	绝热加湿 A或A'	m或m'	n或n'	等温加湿 A或A'	m或m'	n或n'	增焓冷却加湿 A或A'	m或m'	n或n'	加热加湿 A或A'	m或m'	n或n'	逆流双级喷水室的冷却干燥 A或A'	m或m'	n或n'
1	5	顺喷	E	0.635	0.245	0.42	—	—	—	—	—	—	0.87	0	0.05	0.885	0	0.61	0.86	0	0.09	—	—	—
			E'	0.662	0.23	0.67	—	—	—	0.8	0.25	0.4	0.89	0.03	0.29	0.8	0.13	0.42	1.05	0	0.25	—	—	—
		逆喷	E	0.73	0	0.35	—	—	—	—	—	—	—	—	—	—	—	—	—	—	—	—	—	—
			E'	0.88	0	0.38	—	—	—	0.8	0.25	0.4	—	—	—	—	—	—	—	—	—	—	—	—
	3.5	顺喷	E	—	—	—	—	—	—	—	—	—	—	—	—	—	—	—	0.875	0.06	0.07	—	—	—
			E'	—	—	—	—	—	—	—	—	—	—	—	—	—	—	—	1.01	0.06	0.15	—	—	—
		逆喷	E	—	—	—	—	—	—	—	—	—	—	—	—	—	—	—	0.923	0	0.06	—	—	—
			E'	—	—	—	—	—	—	1.05	0.1	0.4	—	—	—	—	—	—	1.24	0	0.27	—	—	—
2	5	一顺	E	0.745	0.07	0.265	0.76	0.124	0.234	—	—	—	0.81	0.1	0.135	0.82	0.09	0.11	—	—	—	0.945	0.1	0.36
			E'	0.755	0.12	0.27	0.835	0.04	0.23	—	—	—	0.88	0.03	0.15	0.84	0.05	0.21	—	—	—	1	0	0
		一逆	E	0.56	0.29	0.46	0.54	0.35	0.41	—	—	—	—	—	—	—	—	—	—	—	—	—	—	—
			E'	0.73	0.15	0.25	0.62	0.3	0.44	—	—	—	—	—	—	—	—	—	—	—	—	—	—	—
		两逆	E	—	—	—	—	—	—	0.75	0.15	0.29	—	—	—	—	—	—	—	—	—	—	—	—
			E'	—	—	—	—	—	—	—	—	—	—	—	—	—	—	—	—	—	—	—	—	—
	3.5	一顺	E	—	—	—	—	—	—	—	—	—	—	—	—	—	—	—	0.931	0	0.13	—	—	—
			E'	—	—	—	—	—	—	—	—	—	—	—	—	—	—	—	0.89	0.95	0.125	—	—	—
		一逆	E	—	—	—	0.655	0.33	0.33	—	—	—	—	—	—	—	—	—	—	—	—	—	—	—
			E'	—	—	—	0.783	0.18	0.38	—	—	—	—	—	—	—	—	—	—	—	—	—	—	—
		两逆	E	—	—	—	—	—	—	0.873	0.1	0.3	—	—	—	—	—	—	—	—	—	—	—	—
			E'	—	—	—	—	—	—	—	—	—	—	—	—	—	—	—	—	—	—	—	—	—

注：$E=A(v_\rho)^m\mu^n$；$E=A'(v_\rho)^{m'}\mu^{n'}$。

附录 2-3

部分水冷式表面冷却器的传热系数和阻力实验公式

型　号	排数	作为冷却用之传热系数 $K[\mathrm{W}/(\mathrm{m}^2 \cdot {}^\circ\!\mathrm{C})]$	干冷时空气阻力 ΔH_g 和 湿冷时空气阻力 ΔH_s (Pa)	水阻力 (kPa)	作为热水加热用之传热系数 $K[\mathrm{W}/(\mathrm{m}^2 \cdot {}^\circ\!\mathrm{C})]$	实验时用的型号
B 或 U-Ⅱ型	2	$K=\left[\dfrac{1}{34.3V_y^{0.781}\xi^{1.03}}+\dfrac{1}{207u^{0.8}}\right]^{-1}$	$\Delta H_g=20.97V_y^{1.39}$			B-2B-6-27
B 或 U-Ⅱ型	6	$K=\left[\dfrac{1}{31.4V_y^{0.857}\xi^{0.87}}+\dfrac{1}{281.7u^{0.8}}\right]^{-1}$	$\Delta H_g=29.75V_y^{1.98}$ $\Delta H_s=38.93V_y^{1.84}$	$\Delta h=64.68u^{1.854}$		R-6R-8-24
GL 或 GL-Ⅱ型	6	$K=\left[\dfrac{1}{21.1V_y^{0.845}\xi^{1.15}}+\dfrac{1}{216.6u^{0.8}}\right]^{-1}$	$\Delta H_g=19.99V_y^{1.862}$ $\Delta H_s=32.05V_y^{1.695}$	$\Delta h=64.68u^{1.854}$		GL-6R-8.24
W	2	$K=\left[\dfrac{1}{42.1V_y^{0.52}\xi^{1.03}}+\dfrac{1}{332.6u^{0.8}}\right]^{-1}$	$\Delta H_g=5.68V_y^{1.89}$ $\Delta H_s=25.28V_y^{0.895}$	$\Delta h=8.18u^{1.93}$	$K=34.77V_y^{0.4}u^{0.078}$	小型实验样品
JW	4	$K=\left[\dfrac{1}{39.7V_y^{0.52}\xi^{1.03}}+\dfrac{1}{332.6u^{0.8}}\right]^{-1}$	$\Delta H_g=11.96V_y^{1.72}$ $\Delta H_s=42.8V_y^{0.992}$	$\Delta h=12.54u^{1.93}$	$K=31.87V_y^{0.48}u^{0.08}$	小型实验样品
JW	6	$K=\left[\dfrac{1}{41.5V_y^{0.52}\xi^{1.02}}+\dfrac{1}{325.6u^{0.8}}\right]^{-1}$	$\Delta H_g=16.66V_y^{1.75}$ $\Delta H_s=62.23V_y^{1}$	$\Delta h=14.5u^{1.93}$	$K=30.7V_y^{0.485}u^{0.08}$	小型实验样品
JW	8	$K=\left[\dfrac{1}{35.5V_y^{0.58}\xi^{1.0}}+\dfrac{1}{353.6u^{0.8}}\right]^{-1}$	$\Delta H_g=23.8V_y^{1.74}$ $\Delta H_s=70.56V_y^{1.21}$	$\Delta h=20.19u^{1.93}$	$K=27.3V_y^{0.58}u^{0.075}$	小型实验样品
KL-1	4	$K=\left[\dfrac{1}{32.6V_y^{0.57}u^{0.987}}+\dfrac{1}{350.1u^{0.8}}\right]^{-1}$	$\Delta H_g=24.21V_y^{1.828}$ $\Delta H_s=24.01V_y^{1.913}$	$\Delta h=18.03u^{2.1}$	$K=\left[\dfrac{1}{28.6V_y^{0.656}}+\dfrac{1}{286.1u^{0.8}}\right]^{-1}$	
KL-2	4	$K=\left[\dfrac{1}{29V_y^{0.622}u^{0.758}}+\dfrac{1}{385u^{0.8}}\right]^{-1}$	$\Delta H_g=27V_y^{1.43}$ $\Delta H_s=42.2V_y^{1.2}\xi^{0.18}$	$\Delta h=22.5u^{1.8}$	$K=11.16V_y+15.54u^{0.276}$	KL-2-4-10/600
KL-3	6	$K=\left[\dfrac{1}{27.5V_y^{0.778}u^{0.843}}+\dfrac{1}{460.5u^{0.8}}\right]^{-1}$	$\Delta H_g=26.3V_y^{1.75}$ $\Delta H_s=63.3V_y^{1.2}\xi^{0.15}$	$\Delta h=27.9u^{1.81}$	$K=12.97V_y+15.08u^{0.13}$	KL-3-6-10/600

水冷式表面冷却器的 E' 值　　　　　　　附录 2-4

冷却器型号	排　数	迎面风速 V_y（m/s）			
		1.5	2.0	2.5	3.0
B 或 U-Ⅱ型 GL 或 GL-Ⅱ型	2	0.543	0.518	0.499	0.484
	4	0.791	0.767	0.748	0.733
	6	0.905	0.887	0.875	0.863
	8	0.957	0.946	0.937	0.930
JW 型	2*	0.590	0.545	0.515	0.490
	4*	0.841	0.797	0.768	0.740
	6*	0.940	0.911	0.888	0.872
	8*	0.977	0.964	0.954	0.945
KL-1 型	2	0.466	0.440	0.423	0.408
	4*	0.715	0.686	0.665	0.649
	6	0.848	0.800	0.806	0.792
	8	0.917	0.824	0.887	0.877
KL-2 型	2	0.553	0.530	0.511	0.493
	4*	0.800	0.780	0.762	0.743
	6	0.909	0.896	0.886	0.870
KL-3 型	2	0.450	0.439	0.429	0.416
	4	0.700	0.685	0.672	0.660
	6	0.834	0.823	0.813	0.802

注：表中有 * 号的为实验数据，无 * 号的是根据理论公式计算出来的。

JW 型表面冷却器技术数据　　　　　　　附录 2-5

型　号	风量 L （m³/h）	每排散热 面积 F_d（m²）	迎风面积 F_y （m²）	通水断面积 f_w （m²）	备　注
JW10—4	5000～8350	12.15	0.944	0.00407	共有 4、6、8、10 排四种产品
JW20—4	8350～16700	24.05	1.87	0.00407	
JW30—4	16700～25000	33.40	2.57	0.00553	
JW40—4	25000～33400	44.50	3.43	0.00553	

部分空气加热器的传热系数和阻力实验公式　　　　　　　附录 2-6

加热器型号		传热系数 K [W/(m²·℃)]		空气阻力 ΔH（Pa）	热水阻力（kPa）
		蒸　汽	热　水		
SRZ 型	5、6、10D	$13.6\,(v\rho)^{0.49}$		$1.76\,(v\rho)^{1.998}$	D 型： $15.2w^{1.96}$
	5、6、10Z	$13.6\,(v\rho)^{0.49}$		$1.47\,(v\rho)^{1.98}$	
	5、6、10X	$14.5\,(v\rho)^{0.532}$		$0.88\,(v\rho)^{1.22}$	Z、X 型： $19.3w^{1.83}$
	7D	$14.3\,(v\rho)^{0.51}$		$2.06\,(v\rho)^{1.97}$	
	7Z	$14.3\,(v\rho)^{0.51}$		$2.94\,(v\rho)^{1.52}$	
	7X	$15.1\,(v\rho)^{0.571}$		$1.37\,(v\rho)^{1.917}$	
SRL 型	B×A/2	$15.2\,(v\rho)^{0.40}$	$16.5\,(v\rho)^{0.24}$	$1.71\,(v\rho)^{1.67}$	
	B×A/3	$15.1\,(v\rho)^{0.43}$	$14.5\,(v\rho)^{0.29}$	$3.03\,(v\rho)^{1.62}$	
SYA 型	D	$15.4\,(v\rho)^{0.297}$	$16.6\,(v\rho)^{0.36}w^{0.226}$	$0.86\,(v\rho)^{1.96}$	
	Z	$15.4\,(v\rho)^{0.297}$	$16.6\,(v\rho)^{0.36}w^{0.226}$	$0.82\,(v\rho)^{1.94}$	
	X	$15.4\,(v\rho)^{0.297}$	$16.6\,(v\rho)^{0.36}w^{0.226}$	$0.78\,(v\rho)^{1.87}$	

加热器型号		传热系数 K [W/ (m² · ℃)]		空气阻力 ΔH (Pa)	热水阻力（kPa）
		蒸　汽	热　水		
I 型	2C	25.7 $(v\rho)^{0.375}$		0.80 $(v\rho)^{1.985}$	
	1C	26.3 $(v\rho)^{0.423}$		0.40 $(v\rho)^{1.985}$	
GL 或 GL-Ⅱ型		19.8 $(v\rho)^{0.608}$	31.9 $(v\rho)^{0.46}w^{0.5}$	0.84 $(v\rho)^{1.862}\times N$	10.8$w^{1.854}\times N$
B、U 型或 U-Ⅱ型		19.8 $(v\rho)^{0.608}$	25.5 $(v\rho)^{0.558}w^{0.0115}$	0.84 $(v\rho)^{1.862}\times N$	10.8$w^{1.854}\times N$

注：$v\rho$——空气质量流速，kg/ (m² · s)；w——水流速，m/s；N——排数；

用130°过热水时，$w=0.023\sim0.037$m/s。

SRZ 型空气加热器技术数据　　附录 2-7

规　格	散热面积（m²）	通风有效截面积（m²）	热媒流通截面（m²）	管排数	管根数	连接管径（mm）	质量（kg）
5×5D	10.13	0.154					54
5×5Z	8.78	0.155					48
5×5X	6.23	0.158					45
10×5D	19.92	0.302	0.0043	3	23	DN32	93
10×5Z	17.26	0.306					84
10×5X	12.22	0.312					76
12×5D	24.86	0.378					113
6×6D	15.33	0.231					77
6×6Z	13.29	0.234					69
6×6X	9.43	0.239					63
10×6D	25.13	0.381					115
10×6Z	21.77	0.385	0.0055	3	29	DN40	103
10×6X	15.42	0.393					93
12×6D	31.35	0.475					139
15×6D	37.73	0.572					164
15×6Z	32.67	0.579					146
15×6X	23.13	0.591					139
7×7D	20.31	0.320					97
7×7Z	17.60	0.324					87
7×7X	12.48	0.329					79
10×7D	28.59	0.450					129
10×7Z	24.77	0.456					115
10×7X	17.55	0.464					104
12×7D	35.67	0.563					156
15×7D	42.93	0.678	0.0063	3	33	DN50	183
15×7Z	37.18	0.685					164
15×7X	26.32	0.698					145
17×7D	49.90	0.788					210
17×7Z	43.21	0.797					187
17×7X	30.58	0.812					169
22×7D	62.75	0.991					260
15×10D	61.14	0.921					255
15×10Z	52.95	0.932					227
15×10X	37.48	0.951					203
17×10D	71.06	1.072	0.0089	3	47	DN65	293
17×10Z	61.54	1.085					260
17×10X	43.66	1.106					232
20×10D	81.27	1.226					331

空调冷负荷计算室外设计温度表

附录 3-1

序号	城市	夏季空调 日平均温度（℃）	夏季空调 干球温度（℃）	夏季空调 湿球温度（℃）
1	北京	29.6	33.5	26.4
2	石家庄	30.0	35.1	26.8
3	呼和浩特	25.9	30.6	21.0
4	太原	26.1	31.5	23
5	沈阳	27.5	31.5	25.3
6	长春	26.3	30.5	24.1
7	哈尔滨	26.3	30.7	23.9
8	上海	30.8	34.4	27.9
9	南京	31.2	34.8	28.1
10	杭州	31.6	35.6	27.9
11	合肥	31.7	35.0	28.1
12	南昌	32.1	35.5	28.2
13	福州	30.8	35.9	28.0
14	济南	31.3	34.7	26.8
15	广州	30.7	34.2	27.8
16	长沙	31.6	35.8	27.7
17	武汉	32.0	35.2	28.4
18	郑州	30.2	34.9	27.4
19	成都	27.9	31.8	26.4
20	贵阳	26.5	30.1	23.0
21	昆明	22.4	26.2	20
22	拉萨	19.2	24.1	13.5
23	西安	30.7	35.0	25.8
24	兰州	26.0	31.2	20.1
25	西宁	20.8	26.5	16.6
26	乌鲁木齐	28.3	33.5	18.2
27	银川	26.2	31.2	22.1
28	天津	29.4	33.9	26.8

大气透明度等级

附录 3-2

GB 50736—2012 透明度等级	下列大气压力（$\times 10^2$Pa）（mbar）时的透明度等级							
	650	700	750	800	850	900	950	1000
1	1	1	1	1	1	1	1	1
2	1	1	1	1	1	2	2	2
3	1	2	2	2	2	3	3	3
4	2	2	3	3	3	4	4	4
5	3	3	4	4	4	4	5	5
6	4	4	4	5	5	5	6	6

北纬 40° 太阳总辐射强度（W/m²）

透明度等级		1						2						3						透明度等级
朝　向		S	SE	E	NE	N	H	S	SE	E	NE	N	H	S	SE	E	NE	N	H	朝　向
时刻（地方太阳时）	6	45	378	706	648	236	209	47	330	612	562	209	192	52	295	536	492	192	185	6	时刻（地方太阳时）
	7	72	570	878	714	174	427	76	519	793	648	168	399	79	471	714	535	156	373	7	
	8	124	671	880	629	94	630	129	632	825	593	101	604	133	591	766	556	108	576	8	
	9	273	702	787	479	115	813	266	665	475	458	120	777	264	634	707	442	129	749	9	
	10	393	663	621	292	130	958	386	640	600	291	140	927	371	607	570	293	142	883	10	
	11	465	550	392	135	135	1037	454	534	385	144	144	1004	436	511	372	147	147	958	11	
	12	492	388	140	140	140	1068	478	380	147	147	147	1030	461	370	150	150	150	986	12	
	13	465	187	135	135	135	1037	454	192	144	144	144	1004	436	192	147	147	147	958	13	
	14	393	130	130	130	130	958	386	140	140	140	140	927	371	142	142	142	142	883	14	
	15	273	115	115	115	115	813	266	120	120	120	120	777	264	129	129	129	129	749	15	
	16	124	94	94	94	94	630	129	101	101	101	101	604	133	108	108	108	108	571	16	
	17	72	72	72	72	174	427	76	76	76	76	166	399	79	79	79	79	159	373	17	
	18	45	45	45	45	236	209	47	47	47	47	209	192	52	52	52	52	192	195	18	
日总计		2785	4567	4996	3629	1910	9218	3192	4374	4733	3469	1907	8834	3131	4181	4473	3312	1904	8434		日总计
日平均		110	191	208	151	79	384	133	183	198	144	79	369	130	174	186	138	79	351		日平均
朝　向		S	SW	E	NW	N	H	S	SW	E	NW	N	H	S	SW	E	NW	N	H	朝　向

透明度等级		4						5						6						透明度等级
朝　向		S	SE	E	NE	N	H	S	SE	E	NE	N	H	S	SE	E	NE	N	H	朝　向
时刻（地方太阳时）	6	52	250	445	411	165	166	50	209	368	340	142	148	49	164	279	258	115	127	6	时刻（地方太阳时）
	7	83	421	630	519	152	345	87	379	559	463	148	324	93	334	483	404	142	304	7	
	8	131	537	692	506	109	533	137	500	638	472	117	509	137	443	559	420	121	466	8	
	9	258	593	661	420	135	711	258	569	630	407	144	690	254	521	575	381	155	645	9	
	10	361	576	542	279	151	842	357	558	527	281	162	821	349	526	498	281	179	779	10	
	11	424	493	365	158	158	919	416	480	362	169	169	892	402	495	354	181	181	847	11	
	12	448	364	162	162	162	949	438	361	172	172	172	919	422	352	185	185	185	872	12	
	13	424	199	158	158	158	919	416	207	169	169	169	892	402	216	181	181	181	847	13	
	14	361	151	151	151	151	842	357	162	162	162	162	821	349	176	176	176	176	779	14	
	15	258	135	135	135	135	711	258	144	144	144	144	690	254	155	155	155	155	645	15	
	16	131	109	109	109	109	533	137	117	117	117	117	509	137	121	121	121	121	466	16	
	17	83	83	83	83	152	345	87	87	87	87	148	324	93	93	93	93	142	304	17	
	18	52	52	52	52	165	166	50	50	50	50	142	148	49	49	49	49	115	127	18	
日总计		3067	3964	4186	3142	1904	7981	3051	3824	3986	3033	1935	7687	2990	3609	3706	2885	1964	7208		日总计
日平均		128	165	174	131	79	333	127	159	166	127	80	320	124	150	155	120	81	300		日平均
朝　向		S	SW	E	NW	N	H	S	SW	E	NW	N	H	S	SW	E	NW	N	H	朝　向

围护结构外表面的太阳辐射热吸收系数 附录3-4

面层类别	表面性质	表面颜色	吸收率
石棉材料：石棉水泥板	新	浅	0.65
石棉水泥板	旧	浅	0.72～0.87
金属：镀锌薄钢板	光滑、旧	灰　黑	0.89
粉刷：拉毛水泥墙面	粗糙、旧	米　黄	0.65
水刷石	粗糙，旧	浅　灰	0.68
外粉刷	—	浅	0.40
墙：红砖墙 硅酸盐砖墙 混凝土	旧	红　色	0.7～0.77
砌块混凝土墙	不光滑	青灰色	0.45
	—	灰	0.65
	平　滑	暗　灰	0.73
屋面：红褐陶瓦屋面 灰瓦屋面	旧	红　褐	0.65～0.74
水泥屋面 水泥瓦屋面 绿豆砂	旧	浅　灰	0.52
保护屋面 白石子屋面 油毛毡	旧	素　灰	0.74
屋面	—	暗　灰	0.69
	—	浅　黑	0.65
	粗　糙	—	0.62
	不光滑	新	0.88
		旧	0.81
颜料：白色			0.12～0.26
黑色			0.97～0.99

夏季（7月）部分城市日射得热因数值（W/m²） 附录3-5

站名	方位	时　　　刻												
		6	7	8	9	10	11	12	13	14	15	16	17	18
北京	S	26	53	80	143	226	288	310°	288	226	143	80	53	26
	SE	179	328	433	474°	448	361	229	127	113	98	78	53	26
	E	373	530	585°	543	415	233	124	121	113	98	78	53	26
	NE	341	426°	401	293	162	121	124	121	113	98	78	53	26
	N	91	73	78	98	113	121	124°	121	113	98	78	73	91
	NW	26	53	78	98	113	121	124	121	162	293	401	426°	341
	W	26	53	78	98	113	121	124	233	415	543	585°	530	373
	SW	26	53	78	98	113	127	229	361	448	474°	433	328	179
	H	81	247	436	605	736	819	847°	819	736	605	436	247	81
上海	S	15	41	65	87	127	163	177°	163	127	87	65	41	15
	SE	133	263	350	376°	341	250	145	107	95	84	65	41	15
	E	299	471	536°	504	385	213	110	107	95	84	65	41	15
	NE	279	399	409°	330	205	114	110	107	95	84	65	41	15
	N	79	80	71	84	99	107	110°	107	95	84	71	80	79
	NW	15	41	65	84	99	107	110	114	205	330	409°	399	279
	W	15	41	65	84	99	107	110	213	385	504	536°	471	299
	SW	15	41	65	84	99	107	145	250	293	376°	350	263	133
	H	47	198	391	566	702	788	818°	788	702	566	391	198	47

站名	方位	时						刻						
		6	7	8	9	10	11	12	13	14	15	16	17	18
西安	S	20	50	78	113	165	208	224°	208	165	113	78	50	20
	SE	131	259	352	388°	366	286	181	127	116	100	78	50	20
	E	281	441	508°	485	380	224	129	127	116	100	78	50	20
	NE	260	367	378°	306	192	127	129°	127	116	100	78	50	20
	N	76	79	79	100	116	127	129°	127	116	100	79	79	76
	NW	20	50	78	100	116	127	129	127	192	306	378°	367	260
	W	20	50	78	100	116	127	129	224	380	485	508°	441	281
	SW	20	50	78	100	116	127	181	280	366	388°	352	259	131
	H	57	207	391	557	686	770	797°	776	686	557	391	207	57

注：数值右上角带有符号"°"者即日射得热因数最大值 $D_{j,\max}$。

窗玻璃的遮挡系数 C_s　　　　　　　　　　　　　附录 3-6

玻璃类型	C_s	玻璃类型	C_s
"标准玻璃"	1.00	6mm 原吸热玻璃	0.83
5mm 原普通玻璃	0.93	双层 3mm 原普通玻璃	0.86
6mm 原普通玻璃	0.89	双层 5mm 原普通玻璃	0.78
3mm 原吸热玻璃	0.96	双层 6mm 原普通玻璃	0.74
5mm 原吸热玻璃	0.88		

窗内遮阳设施的遮阳系数 C_n　　　　　　　　　　附录 3-7

内遮阳类型	颜　色	C_n	内遮阳类型	颜　色	C_n
白布帘	浅色	0.50	深黄、紫红、深绿布帘	深色	0.65
浅蓝布帘	中间色	0.60	活动百叶	中间色	0.60

围护结构的夏季热工指标　　　　　　　　　　　　附录 3-8

1. 外墙的夏季热工指标

序号	构造	保温材料	δ (mm)	K [W/($m^2 \cdot K$)]	β	ν	ε (h)	ν_f	ε'_f (h)
1		加气混凝土	250	0.59	0.08	177.94	16.8	1.3	1.3
2			190	0.71	0.12	102.30	14.6	1.3	1.3
3			150	0.81	0.15	71.25	13.2	1.3	1.3
4			120	0.93	0.17	54.36	12.2	1.3	1.3
5			90	1.07	0.20	41.09	11.3	1.4	1.2
6			70	1.19	0.22	33.61	10.7	1.4	1.2
7	20 240 δ 20 保温外墙（一） 1. 水泥砂浆抹灰加浅色喷浆 2. 砖墙 3. 保温层 4. 内粉刷加油漆	水泥膨胀珍珠岩	140	0.58	0.16	86.48	12.8	1.2	1.2
8			110	0.69	0.17	73.05	11.9	1.2	1.1
9			80	0.84	0.19	53.85	11.0	1.2	1.1
10			60	0.98	0.21	42.51	10.5	1.3	1.1
11			50	1.07	0.22	37.14	10.2	1.3	1.0
12			40	1.17	0.23	31.92	10.0	1.3	1.0
13		沥青膨胀珍珠岩	160	0.45	0.13	149.03	14.2	1.2	1.2
14			110	0.59	0.16	89.62	12.3	1.2	1.1
15			80	0.73	0.19	64.57	11.3	1.2	1.1
16			65	0.82	0.20	53.64	10.8	1.2	1.1
17			50	0.95	0.21	43.38	10.4	1.3	1.0
18			40	1.07	0.22	36.83	10.1	1.3	1.0

附　录

续表

序号	构造	保温材料	δ (mm)	K [W/(m²·K)]	β	ν	ε (h)	ν_f	ε'_f (h)
19		沥青矿渣棉毡	110	0.49	0.17	106.20	11.5	1.2	1.3
20			80	0.60	0.19	78.82	10.9	1.2	1.3
21			50	0.82	0.20	52.90	10.4	1.2	1.2
22			40	0.93	0.21	44.48	10.3	1.3	1.2
23			30	1.08	0.22	36.17	10.1	1.3	1.2
24			25	1.17	0.23	32.05	9.9	1.4	1.2
25		塑料袋装膨胀蛭石	110	0.49	0.17	105.47	11.4	1.2	1.3
26			80	0.60	0.18	78.53	10.9	1.2	1.2
27			50	0.82	0.20	52.81	10.4	1.2	1.2
28			40	0.93	0.21	44.42	10.2	1.3	1.2
29			30	1.08	0.22	36.13	10.1	1.3	1.2
30			25	1.17	0.23	32.03	9.9	1.4	1.2
31	保温外墙（二） 1. 外粉刷加喷浆 2. 砖墙 3. 保温层 4. 钢板网抹灰加油漆	塑料袋装膨胀珍珠岩粉	95	0.46	0.17	107.25	11.1	1.1	1.3
32			70	0.59	0.18	81.22	10.7	1.2	1.2
33			50	0.73	0.19	60.91	10.4	1.2	1.2
34			40	0.85	0.20	50.80	10.3	1.2	1.2
35			30	0.99	0.22	40.97	10.1	1.3	1.2
36			25	1.08	0.23	36.04	10.0	1.3	1.2
37		沥青玻璃棉毡	95	0.46	0.17	107.03	11.1	1.1	1.2
38			70	0.59	0.18	81.13	10.7	1.2	1.2
39			50	0.73	0.20	60.87	10.4	1.2	1.2
40			40	0.85	0.20	50.87	10.3	1.2	1.2
41			30	0.99	0.22	40.95	10.1	1.3	1.2
42			25	1.08	0.23	36.03	10.0	1.3	1.2
43	砖墙 1. 外粉刷 2. 砖墙 3. 内粉刷		370	1.49	0.15	38.6	12.7	2.0	1.5
44			240	1.95	0.35	12.9	8.5	2.0	2.0
45	填泡沫混凝土的钢筋混凝土墙板180 1. 外粉刷 2. 钢筋混凝土空心板填充泡沫混凝土 3. 内粉刷	泡沫混凝土		1.45	0.60	10.0	6.5	1.5	2.6

序号	构造	保温材料	δ (mm)	K [W/(m²·K)]	β	ν	ε (h)	ν_f	ε'_f (h)
46	填泡沫混凝土的钢筋混凝土墙板 220 1. 外粉刷 2. 钢筋混凝土空心板填充泡沫混凝土 3. 内粉刷 20 160 20 30 30	泡沫混凝土		1.26	0.49	14.2	7.9	1.7	2.6
47	膨胀珍珠岩混凝土大板 280 1. 外粉刷 2. 膨胀珍珠岩混凝土 3. 大白浆 20 280			1.70	0.25	20.6	10.3	2.0	1.8
48	混凝土、加气混凝土复合板（一） 1. 外粉刷 2. 混凝土 3. 加气混凝土 4. 混凝土板、喷白浆 20 125 125 30	加气混凝土		1.26	0.36	19.2	8.4	2.2	2.8
49	混凝土、加气混凝土复合板 280（二） 20 150 30 100 1. 外粉刷 2. 混凝土 3. 加气混凝土 4. 混凝土喷白浆	加气混凝土		1.14	0.41	18.8	8.3	2.1	2.9

序号	构造	保温材料	δ (mm)	K [W/ (m²·K)]	β	ν	ε (h)	ν_f	ε'_f (h)
50	纯加气混凝土大板 1. 外粉刷 2. 加气混凝土 3. 内粉刷 20 ‖ δ ‖20	加气混凝土	200	0.86	0.68	15.0	5.9	1.2	1.6
51			175	0.95	0.75	12.2	5.1	1.2	1.6
52	矿棉轻质复合板182 1. 钢丝网水泥板 2. 矿棉板 3. 石膏板 15‖155‖12	矿棉板		0.41	0.88	24.1	3.5	1.0	0.6
53	矿棉轻质复合板98 1. 石棉水泥板 2. 矿棉板 3. 石膏板 6‖80‖12	矿棉板		0.73	0.98	12.2	1.3	1.0	0.4
54	钢筋混凝土剪力墙 1. 釉面砖 2. 水泥砂浆 3. 钢筋混凝土 4. 内粉刷 5‖ δ ‖20 25		400	2.15	0.14	29.49	12.0	2.6	1.7
55			350	2.30	0.18	20.97	10.7	2.7	1.9
56			300	2.48	0.24	14.90	9.4	2.6	2.2
57			250	2.67	0.31	10.58	8.1	2.5	2.5
58			200	2.92	0.40	7.47	6.8	2.2	2.8

2. 屋顶的夏季热工指标

序号	构造	保温材料	δ (mm)	K [W/(m²·K)]	β	ν	ε (h)	ν_f	ε'_f (h)
1	保温层面	加气混凝土	200	0.79	0.31	35.03	10.1	2.1	2.7
2			170	0.90	0.37	26.68	9.0	2.1	2.8
3			140	1.02	0.42	20.37	8.0	2.0	2.9
4			110	1.20	0.47	15.50	7.0	1.9	3.0
5			90	1.36	0.50	12.8	6.4	1.9	3.0
6		水泥膨胀珍珠岩	200	0.49	0.33	52.91	10.1	2.0	2.8
7			150	0.63	0.42	33.51	8.3	2.0	2.9
8			120	0.74	0.46	25.45	7.3	1.9	2.9
9			90	0.93	0.50	18.91	6.5	1.9	2.9
10			70	1.10	0.52	15.15	5.9	1.8	2.9
11			60	1.22	0.54	13.36	5.7	1.8	2.9
12			50	1.36	0.55	11.63	5.4	1.7	2.9
13	1. 防水层加小豆石 2. 水泥砂浆找平层 3. 保温层 4. 隔气层 5. 承重层 6. 内粉刷	沥青膨胀珍珠岩	160	0.49	0.37	47.36	9.3	2.0	2.8
14			120	0.63	0.44	31.57	7.8	1.9	2.9
15			90	0.79	0.48	22.90	6.8	1.9	2.9
16			70	0.94	0.51	18.10	6.2	1.8	2.9
17			60	1.05	0.52	15.83	5.9	1.8	2.9
18			50	1.19	0.54	13.65	5.6	1.8	2.9
19			40	1.24	0.56	11.54	5.3	1.7	2.9
20	通风屋面	加气混凝土	200	0.63	0.20	70.15	12.2	2.1	2.6
21			170	0.70	0.24	53.05	11.2	2.1	2.6
22			140	0.77	0.28	40.12	10.1	2.1	2.7
23			110	0.86	0.33	30.30	9.0	2.1	2.8
24			90	0.94	0.37	25.08	8.3	2.0	2.8
25		水泥膨胀珍珠岩	200	0.43	0.22	94.82	12.4	2.0	2.7
26			150	0.52	0.28	59.30	10.6	2.0	2.8
27			120	0.60	0.33	44.61	9.6	2.0	2.8
28			90	0.71	0.37	33.14	8.6	2.0	2.9
29			70	0.81	0.40	26.77	7.9	2.0	2.9
30			60	0.87	0.42	23.89	7.6	1.9	2.9
31	1. 细石混凝土板 2. 通风层 3. 防水层 4. 水泥砂浆找平层 5. 保温层 6. 隔气层 7. 承重层 8. 内粉刷		50	0.94	0.44	21.19	7.3	1.9	2.9
32		沥青膨胀珍珠岩	160	0.43	0.25	82.92	11.7	2.0	2.7
33			120	0.52	0.31	54.55	10.1	2.0	2.8
34			90	0.63	0.35	39.40	9.0	2.0	2.8
35			70	0.72	0.39	31.19	8.3	2.0	2.9
36			60	0.78	0.41	27.51	7.9	1.9	2.9
37			50	0.86	0.42	24.08	7.5	1.9	2.9
38			40	0.94	0.44	20.86	7.2	1.9	2.9

3. 内墙的夏季热工指标

序号	构造	保温材料	δ (mm)	K [W/(m²·K)]	β	ν	ε (h)	ν_f	ε'_f (h)
1	砖墙		240	1.76	0.28	17.56	9.0	2.0	2.0
2			180	2.01	0.41	10.57	7.1	1.9	2.3
3			120	2.37	0.59	6.32	5.2	1.6	2.4
4	混凝土隔墙		200	2.59	0.45	7.55	6.2	2.0	2.9
5			180	2.70	0.50	6.50	5.6	1.9	2.9
6			140	2.95	0.62	4.79	4.5	1.6	2.8

序号	构造	保温材料	δ (mm)	K [W/($m^2 \cdot K$)]	β	ν	ε (h)	ν_f	ε'_f (h)
7	粉煤灰砌块隔墙 20 | 120 | 20			1.88	0.68	6.78	4.9	1.4	2.1

4. 楼板的夏季热工指标

序号	构造	保温材料	δ (mm)	K [W/($m^2 \cdot K$)]	β	ν	ε (h)	ν_f	ε'_f (h)
1	20 | 80 | 25 1. 面层 2. 钢筋混凝土楼板 3. 粉刷			3.13	0.64	4.35	4.1	1.5 / 1.5	2.8 / 2.6
2	同上，但铺羊毛地毯			1.44	0.44	13.65	5.2	1.2 / 2.0	0.5 / 2.7
3	25 | 400 | 25 1. 面层 2. 钢筋混凝土楼板 3. 吊顶空间 4. 钢板网抹灰、浊漆			1.82	0.55	8.72	5.3	1.7 / 1.3	3.0 / 1.8
4	20 | 100 | 50 30 1. 水磨石预制块 2. 砂浆找平层 3. 钢筋混凝土楼板 4. 粉刷			2.72	0.50	6.40	5.3	1.8 / 1.8	2.7 / 2.6

序号	构造	保温材料	δ(mm)	K[W/(m²·K)]	β	ν	ε(h)	νf	ε'f(h)
5	同上，但铺羊毛地毯			1.35	0.33	19.72	6.4	1.3	0.4
								2.3	2.2
6		木丝板	50	1.65	0.48	10.89	5.6	1.9	3.0
								1.3	1.0
7		木丝板	25	2.21	0.56	7.06	4.6	1.7	2.9
								1.4	1.2
8	δ‖80‖25 1. 面层 2. 钢筋混凝土楼板 3. 反贴保温层	聚苯乙烯泡沫塑料	25	1.20	0.49	14.85	4.7	1.9	2.9
								1.2	0.4

注：δ——保温层厚度，mm；

K——传热系数，W/（m²·K）；

β——传热衰减系数；

ν——1阶谐波（周期24h）温度作用下，围护结构的衰减度；

ε——1阶谐波（周期24h）温度作用下，围护结构的延迟时间，h；

ν_f——1阶谐波（周期24h）辐射热作用于室内表面时，该表面的放热衰减度；

ε'_f——1阶谐波（周期24h）辐射热作用于室内表面时，该表面的放热延迟时间，h。

墙体的负荷温差　　　　　　　　　　附录 3-9

1. 北京市墙体的负荷温差

衰减系数 β	朝向	下列作用时刻的逐时值 $\Delta t_{\tau-\varepsilon}$																							平均值 Δt_p
		1	2	3	4	5	6	7	8	9	10	11	12	13	14	15	16	17	18	19	20	21	22	23	24	
0.20	0	3	2	2	2	2	2	2	3	3	3	3	3	3	4	4	4	4	4	3	3	3	3	3	3	3
	S	6	6	6	6	6	6	7	7	7	8	9	9	9	9	9	9	9	9	8	8	8	7	7	6	8
	SW	8	7	7	7	7	7	7	8	8	9	10	10	11	11	11	11	11	11	10	10	9	9	9	9	9
	W	8	9	8	7	7	7	7	8	9	10	11	11	12	12	11	11	11	10	10	10	10	9	9	9	9
	NW	7	6	6	6	6	6	6	6	7	8	9	9	9	9	9	9	9	9	9	8	8	7	7	7	8
	N	5	5	5	5	5	5	5	6	6	6	7	7	7	7	7	9	6	6	6	6	5	5	5	5	6
	NE	6	6	7	7	7	7	8	8	8	8	9	8	8	8	9	7	7	7	7	7	7	6	6	6	8
	E	7	8	8	9	9	9	10	10	10	11	11	11	11	11	11	10	10	10	9	9	9	8	8	7	9
	SE	7	7	7	8	8	9	9	10	10	10	10	11	11	11	11	10	10	10	9	9	8	8	7	7	9
0.25	0	2	2	2	2	2	2	2	3	3	3	3	3	4	4	4	4	4	4	3	3	3	3	3	3	3
	S	5	5	5	5	5	6	6	7	7	8	9	9	10	9	9	9	9	8	8	8	7	7	6	6	8
	SW	7	7	7	6	6	7	7	8	9	10	11	12	12	12	11	11	10	10	9	9	8	8	8	8	9
	W	8	7	7	7	7	7	7	8	9	10	12	12	12	12	12	12	11	11	10	9	9	9	8	8	9
	NW	6	6	6	6	6	6	6	7	8	9	10	10	10	10	10	10	9	9	9	8	8	7	7	7	8
	N	5	4	4	4	4	5	5	6	6	7	7	7	7	7	7	8	6	6	6	5	5	5	5	5	6
	NE	6	6	6	7	7	7	8	8	8	9	9	8	8	9	7	7	7	7	7	7	6	6	6	6	8
	E	7	7	8	8	9	10	10	10	10	11	11	11	11	11	11	11	10	10	9	9	8	8	7	7	9
	SE	7	7	7	8	8	9	9	10	11	11	11	11	11	11	11	10	10	10	9	9	8	8	7	7	9

续表

衰减系数β	朝向	下列作用时刻的逐时值 $\Delta t_{\tau-\varepsilon}$																								平均值 Δt_p
		1	2	3	4	5	6	7	8	9	10	11	12	13	14	15	16	17	18	19	20	21	22	23	24	
0.35	0	2	2	2	2	2	2	2	2	3	3	3	4	4	4	4	4	4	4	4	3	3	3	3		3
	S	5	5	4	4	5	5	6	7	8	9	10	10	10	10	10	10	10	9	9	8	7	7	6	6	8
	SW	7	6	6	6	6	6	6	7	8	9	10	11	12	13	13	13	12	12	11	10	10	9	8	7	9
	W	7	7	6	6	6	6	6	7	7	7	10	11	12	13	13	13	13	13	12	11	10	10	9	8	9
	NW	6	6	5	5	5	5	5	6	6	7	8	9	10	11	11	11	11	10	10	9	9	8	7	7	8
	N	4	4	4	4	4	4	5	5	5	6	6	7	7	7	8	8	7	7	7	6	6	5	5	4	6
	NE	5	5	6	6	7	7	8	8	9	9	9	10	10	9	9	9	8	8	7	7	6	6	5		8
	E	6	6	7	8	9	10	10	11	11	12	12	12	12	12	11	11	10	10	9	9	8	7	7	6	9
	SE	6	6	6	7	7	8	9	10	11	11	12	12	12	12	11	11	10	10	9	9	8	7	7	6	9
0.45	0	2	2	2	1	1	1	2	2	2	3	3	4	4	4	4	5	4	4	4	4	4	3	3	2	3
	S	4	4	4	4	4	5	6	7	8	9	10	11	11	11	11	11	10	9	9	8	7	7	6	5	8
	SW	6	5	5	5	5	5	5	6	7	9	11	12	13	14	14	14	13	12	12	11	10	9	8	7	9
	W	7	6	5	5	5	5	5	6	7	8	10	12	13	14	15	15	14	13	13	12	10	9	8	7	9
	NW	5	5	4	4	4	4	5	5	6	7	8	9	11	12	12	12	12	11	10	9	9	8	7	6	8
	N	4	3	3	3	3	4	4	5	5	6	7	7	8	8	8	8	7	7	6	6	5	5	4		6
	NE	4	4	5	6	7	8	8	9	9	10	10	10	10	10	10	9	9	8	7	7	6	5	5		8
	E	5	5	6	7	8	10	11	12	12	12	13	13	13	12	11	11	10	9	8	8	7	6	5		9
	SE	5	5	5	6	7	8	10	11	12	12	12	13	13	13	12	11	11	10	9	8	8	7	6	5	9
0.55	0	2	1	1	1	1	1	1	2	2	3	3	4	4	5	5	5	5	5	4	4	4	3	3	2	3
	S	4	3	3	3	3	4	5	7	9	10	11	12	12	12	12	11	10	10	9	8	7	6	5	4	8
	SW	5	4	4	4	4	4	5	6	8	9	11	13	15	15	15	14	13	12	11	9	8	7	6		9
	W	6	5	4	4	4	4	5	5	7	8	10	12	14	16	16	16	15	14	13	12	10	9	8	7	9
	NW	5	4	4	3	3	4	4	5	6	7	8	10	11	13	13	13	12	12	11	10	9	7	6	6	8
	N	3	3	3	3	3	4	4	5	6	6	7	8	9	9	9	9	8	8	7	6	6	5	4	4	6
	NE	3	4	4	6	7	8	9	9	10	10	11	11	11	11	10	10	9	8	8	7	6	5	5	4	8
	E	4	4	5	7	8	10	12	12	13	13	13	13	13	13	12	11	11	10	9	8	7	6	5		9
	SE	4	4	4	5	7	8	10	11	12	13	13	13	13	13	13	12	11	11	10	9	8	7	6	4	9
0.65	0	1	1	1	1	1	1	1	2	2	3	4	4	5	5	5	5	5	5	4	4	3	2	2	2	3
	S	3	2	2	2	3	4	5	7	9	11	12	13	13	13	13	12	11	10	8	7	6	5	5	4	8
	SW	4	4	3	3	3	3	4	6	7	10	12	14	16	17	17	16	15	13	12	10	9	8	6	5	9
	W	5	4	3	3	3	4	4	5	7	8	11	13	16	18	18	17	16	15	13	11	10	8	7	6	9
	NW	4	3	3	3	3	3	4	5	6	7	9	10	12	14	14	14	13	12	11	9	8	7	6	6	8
	N	3	2	2	2	3	3	4	5	6	7	8	8	9	9	9	9	8	8	7	6	5	5	4	3	6
	NE	3	3	4	5	7	8	9	10	10	11	11	11	11	11	10	9	8	7	7	6	5	4	3		8
	E	3	3	4	6	9	11	13	14	14	14	14	14	14	13	12	11	10	9	8	7	6	5			9
	SE	3	3	3	5	7	9	11	12	14	14	14	14	13	13	12	11	9	8	7	6	5	5	4		9
0.75	0	1	1	1	0	0	0	1	1	2	3	4	4	5	5	6	6	5	5	5	4	4	3	3	2	3
	S	3	2	2	1	2	3	4	6	9	11	13	14	14	14	14	13	11	10	9	8	6	5	4	4	8
	SW	4	3	2	2	2	3	3	6	8	11	14	16	18	19	18	16	14	12	11	9	7	6	5		9
	W	4	3	3	2	2	3	4	4	6	7	10	12	16	18	20	20	18	16	14	12	10	8	7	6	9

衰减系数 β	朝向	下列作用时刻的逐时值 $\Delta t_{\tau-\varepsilon}$																								平均值 Δt_{p}
		1	2	3	4	5	6	7	8	9	10	11	12	13	14	15	16	17	18	19	20	21	22	23	24	
0.75	NW	4	3	2	2	2	2	3	4	5	7	8	10	12	14	16	16	15	13	12	10	8	7	6	5	8
	N	2	2	2	2	2	3	4	5	6	7	8	9	9	10	10	10	9	8	7	6	6	5	4	3	6
	NE	2	2	2	4	6	8	10	10	11	11	11	12	12	12	11	11	10	9	8	7	6	5	4	3	8
	E	3	2	3	4	7	10	13	15	15	15	15	15	14	13	12	11	10	8	7	6	5	4	5	4	9
	SE	3	2	2	3	5	8	10	13	14	15	15	15	15	14	13	12	11	10	9	7	6	5	4	4	9

注: 1. 制表条件 $t_{\mathrm{w,p}}=29℃$,$t_{\mathrm{N}}=26℃$,$\Delta t_{\mathrm{r}}=9.6℃$,$\rho=0.7$。

2. 当 $t_{\mathrm{N}}=26℃$ 时,本表经过修正后可适用于下列城市:

城市名称	西宁	呼和浩特	哈尔滨、长春、银川、兰州	太原	沈阳	天津	石家庄、乌鲁木齐	济南
修正值(℃)	−8	−4	−3	−2	−1	0	1	3

3. 当 $t_{\mathrm{N}}\neq26℃$ 时,表中各值应加上一个差值 $26-t_{\mathrm{N}}$。

2. 西安市墙体的负荷温差

衰减系数 β	朝向	下列作用时刻的逐时值 $\Delta t_{\tau-\varepsilon}$																								平均值 Δt_{p}
		1	2	3	4	5	6	7	8	9	10	11	12	13	14	15	16	17	18	19	20	21	22	23	24	
0.20	0	5	4	4	4	4	4	4	4	5	5	5	5	5	6	6	6	6	6	6	5	5	5	5	5	5
	S	7	7	7	7	7	7	8	8	9	9	9	10	10	10	10	10	10	9	9	9	9	8	8	8	9
	SW	9	8	8	8	8	8	9	9	10	10	11	11	12	12	12	12	12	11	11	11	10	10	10	9	10
	W	9	9	9	9	9	9	9	10	11	11	12	12	13	13	13	13	12	12	11	11	10	10	10	10	11
	NW	8	8	8	8	8	8	8	9	10	10	11	11	11	11	11	11	11	10	10	10	9	9	9	9	9
	N	7	7	7	7	7	7	7	7	8	8	9	9	9	9	9	9	9	8	8	7	7	7	7	7	8
	NE	8	8	8	9	9	9	10	10	10	10	11	11	11	11	11	11	10	10	10	9	9	9	8	8	9
	E	9	9	9	10	10	11	11	11	11	12	12	12	12	12	12	12	11	11	11	10	10	10	9	9	11
	SE	8	8	8	9	9	10	10	10	11	11	11	11	11	11	11	11	11	11	10	10	9	9	8	8	10
0.25	0	4	4	4	4	4	4	4	4	5	5	5	5	6	6	6	6	6	6	6	6	5	5	5	5	5
	S	7	7	6	7	7	7	8	8	9	9	10	10	10	10	10	10	10	9	9	9	9	8	8	7	9
	SW	8	8	8	8	8	8	8	9	9	10	10	11	12	12	12	12	12	12	11	11	10	10	9	9	10
	W	9	9	8	8	8	8	9	9	10	11	11	12	12	13	13	13	13	12	12	11	11	10	10	9	11
	NW	8	8	7	7	7	7	7	8	9	10	10	11	11	11	12	12	11	11	11	10	10	9	9	9	9
	N	6	6	6	6	6	6	7	7	7	8	8	9	9	9	9	9	9	9	8	8	7	7	7	7	8
	NE	8	8	8	8	9	9	10	10	11	11	11	11	11	11	11	11	10	10	9	9	9	8	8	8	9
	E	8	8	8	9	10	11	11	12	12	12	12	12	12	12	12	12	11	11	10	10	9	9	9	8	11
	SE	8	8	8	9	10	10	11	11	11	12	12	11	11	11	11	11	11	11	10	10	9	9	8	8	10
0.35	0	4	4	4	4	4	4	4	4	5	5	6	6	6	6	6	6	6	6	6	6	5	5	5	5	5
	S	6	6	6	6	6	6	7	8	9	9	10	11	11	11	11	11	10	10	9	9	9	8	7	7	9
	SW	8	7	7	7	7	7	7	8	9	10	11	12	13	13	13	13	13	12	11	11	10	9	9	9	10
	W	9	8	8	7	7	7	8	9	9	10	11	12	13	14	14	14	14	13	12	12	11	10	10	9	11
	NW	8	7	7	7	7	7	7	7	8	9	10	11	12	12	12	12	12	11	11	10	9	9	8	8	9
	N	6	6	6	6	6	6	6	7	7	8	9	9	10	10	10	9	9	9	8	8	7	7	6	6	8
	NE	7	7	7	8	8	9	10	11	11	11	12	12	12	11	11	11	10	9	9	9	8	8	7	7	9
	E	7	7	7	8	9	11	12	13	13	13	13	13	13	12	12	12	11	10	10	9	9	8	8	7	11
	SE	7	7	7	8	8	9	10	11	11	12	12	12	12	12	12	12	11	11	10	9	9	8	8	7	10

衰减系数 β	朝向	下列作用时刻的逐时值 Δt_{τ-ε}																							平均值 Δt_p
		1	2	3	4	5	6	7	8	9	10	11	12	13	14	15	16	17	18	19	20	21	22	23	24	
0.45	0	4	4	3	3	3	3	4	4	4	5	5	6	6	6	7	7	7	7	6	6	6	5	5	4	5
	S	6	5	5	5	5	6	7	8	9	10	11	11	12	12	12	11	11	10	10	9	9	8	7	6	9
	SW	7	7	6	6	6	6	7	7	9	10	11	13	14	15	15	14	14	13	12	12	11	10	9	8	10
	W	8	7	7	6	6	6	7	7	8	10	11	13	15	16	16	16	15	14	14	13	12	11	10	9	11
	NW	7	6	6	6	6	6	6	7	8	9	10	11	13	13	14	14	13	13	12	11	10	9	9	8	9
	N	6	5	5	5	5	6	6	7	7	8	9	9	10	10	10	10	10	9	9	8	7	7	6	6	8
	NE	6	6	6	7	8	9	10	10	11	11	12	12	12	12	12	11	11	10	9	9	8	7	6	6	9
	E	6	6	7	8	9	11	12	12	13	13	14	14	14	13	13	12	12	11	10	10	8	8	7	7	11
	SE	6	6	6	7	8	9	10	11	12	12	13	13	13	13	13	12	12	11	10	9	8	8	7	7	10
0.55	0	4	3	3	3	3	3	3	4	4	5	5	6	6	7	7	7	7	7	6	6	6	5	5	4	5
	S	5	5	4	4	5	5	6	8	9	10	11	12	13	13	12	12	11	11	10	9	8	7	7	6	9
	SW	6	6	5	5	5	5	6	7	9	10	12	14	15	16	16	15	15	14	13	12	10	9	8	7	10
	W	7	6	6	5	5	6	6	7	8	10	12	14	16	17	17	17	16	15	14	13	12	10	9	8	11
	NW	6	6	5	5	5	5	6	6	8	9	10	12	13	14	15	15	14	13	12	11	10	9	8	7	9
	N	5	5	4	5	5	5	6	7	8	8	9	10	11	11	11	11	10	10	9	9	8	7	6	6	8
	NE	5	5	6	7	8	9	10	11	11	12	12	13	13	13	12	12	11	11	10	9	8	7	7	6	9
	E	6	6	6	8	9	11	12	13	14	14	15	15	15	14	14	13	12	11	11	10	9	8	7	6	11
	SE	5	5	5	6	7	9	10	12	13	13	14	14	14	14	13	13	12	11	10	9	8	7	7	6	10
0.65	0	3	3	3	2	2	3	3	4	4	5	6	6	7	7	7	7	7	7	7	6	6	5	4	4	5
	S	5	4	4	4	4	5	6	8	10	11	12	13	13	13	13	12	12	11	10	9	8	7	6	5	9
	SW	6	5	4	4	5	5	6	7	9	11	13	15	16	17	17	16	15	14	13	11	10	9	8	7	10
	W	6	5	5	5	5	6	6	7	8	10	12	15	17	18	19	18	17	15	14	12	11	10	8	7	11
	NW	6	5	4	4	4	5	6	7	8	9	11	13	14	16	16	18	16	15	14	12	11	10	9	7	9
	N	4	4	4	4	5	5	6	7	8	9	10	11	11	12	12	12	11	11	10	9	8	7	6	5	8
	NE	5	4	5	6	8	9	10	11	12	13	13	13	13	13	12	12	11	10	9	9	8	7	6	5	9
	E	5	5	6	7	9	11	13	14	15	15	16	16	15	15	14	13	12	11	10	9	8	7	6	5	11
	SE	5	4	5	6	7	9	11	12	14	14	15	15	15	15	14	14	13	12	11	10	9	8	6	5	10
0.75	0	3	3	2	2	2	2	3	3	4	5	6	6	7	8	8	8	8	7	7	6	6	5	4	4	5
	S	4	4	3	3	3	4	5	7	9	11	13	14	14	14	14	13	12	11	10	9	8	7	6	5	9
	SW	5	4	4	4	4	4	5	6	7	9	12	15	17	18	18	17	15	13	12	10	9	7	6	5	10
	WN	6	5	4	4	4	4	5	6	9	11	14	17	19	21	20	19	17	15	13	11	10	8	7	6	11
	NW	5	4	3	4	4	4	5	6	7	8	10	12	14	16	17	17	16	15	13	12	10	9	7	6	9
	N	4	4	3	3	4	4	5	6	7	9	10	11	11	12	12	12	12	11	10	9	8	7	6	5	8
	NE	4	4	4	5	7	9	11	12	12	13	13	14	14	14	13	13	12	11	10	9	8	7	6	5	9
	E	4	4	4	5	8	10	13	15	16	16	16	16	16	15	15	14	13	12	10	9	8	7	6	5	11
	SE	4	4	4	4	6	8	10	12	14	15	16	15	15	15	14	14	13	11	10	9	8	7	6	5	10

注：1. 制表条件：$t_{W.p}=31℃$, $t_N=26℃$, $Δt_r=10.6℃$, $ρ=0.7$。

2. 当 $t_N=26℃$时，本表经过修正后可适用于下列城市：

城市名称	成　都	郑　州
修正值（℃）	−3	0

3. 当 $t_N≠26℃$时，表中各值应加上一个差值 $26-t_N$。

3. 上海市墙体的负荷温差

衰减系数 β	朝向	1	2	3	4	5	6	7	8	9	10	11	12	13	14	15	16	17	18	19	20	21	22	23	24	平均值 Δt_p
0.20	0	4	4	4	3	3	3	4	4	4	4	4	4	4	4	4	4	4	4	4	4	4	4	4	4	4
	S	6	6	6	6	6	6	6	7	7	7	8	8	8	8	8	8	8	8	7	7	7	7	6	6	7
	SW	8	7	7	7	7	7	7	8	8	9	9	10	10	10	10	10	10	10	9	9	9	9	8	8	9
	W	9	8	8	8	8	8	8	8	9	9	10	11	11	11	12	12	11	11	11	11	10	10	9	9	10
	NW	8	7	7	7	7	7	7	7	8	8	9	9	10	10	10	10	10	10	10	9	9	9	8	8	9
	N	6	6	6	6	6	6	6	6	6	7	7	7	7	7	7	7	7	7	7	7	7	6	6	6	7
	NE	7	7	8	8	8	9	9	9	9	9	10	10	10	10	9	9	9	9	8	8	8	8	7	7	9
	E	8	8	9	9	9	10	10	11	11	11	11	11	11	11	11	10	10	10	9	9	8	8	8	8	10
	SE	7	7	7	8	8	9	9	9	9	10	10	10	10	10	10	10	9	9	9	9	8	8	8	7	9
0.25	0	4	3	3	3	3	3	3	4	4	4	4	4	5	5	5	5	5	4	4	4	4	4	4	4	4
	S	6	5	5	5	6	6	6	7	7	8	8	8	8	8	8	8	8	8	7	7	7	7	6	6	7
	SW	7	7	7	7	7	7	7	8	8	9	10	10	11	11	11	11	11	10	10	10	9	9	8	8	9
	W	8	8	8	7	7	7	8	8	9	9	10	11	12	12	12	12	12	11	11	10	10	9	9	9	10
	NW	7	7	7	7	7	7	7	7	8	8	9	9	10	10	10	10	10	10	10	9	9	9	8	8	9
	N	6	5	5	5	6	6	6	6	7	7	7	7	8	8	8	8	7	7	7	7	6	6	6	6	7
	NE	7	7	7	8	8	9	9	9	9	9	10	10	10	10	9	9	9	9	8	8	8	7	7	7	9
	E	8	8	8	9	10	10	10	11	11	11	11	11	11	11	11	10	10	9	9	9	8	8	8	8	10
	SE	7	7	7	8	8	9	9	9	10	10	10	10	10	10	10	10	9	9	9	9	8	8	7	7	9
0.35	0	3	3	3	3	3	3	3	4	4	4	4	5	5	5	5	5	5	5	5	4	4	4	4	4	4
	S	5	5	5	5	5	5	6	6	7	8	8	9	9	9	9	9	8	8	8	7	7	6	6	6	7
	SW	7	7	6	6	6	6	6	7	8	9	10	11	11	12	12	12	11	11	10	10	9	9	8	8	9
	W	8	7	7	7	7	7	7	8	8	10	11	12	13	13	13	13	12	12	11	11	10	9	9	9	10
	NW	7	7	6	6	6	6	6	7	7	9	9	10	11	11	11	11	11	11	10	10	9	9	8	8	9
	N	5	5	5	5	5	5	6	6	6	7	8	8	8	8	8	8	8	7	7	7	6	6	5	5	7
	NE	6	6	7	7	8	8	9	10	10	10	10	10	10	10	10	9	9	8	8	7	7	7	7	6	9
	E	7	7	7	8	9	10	11	11	12	12	12	12	12	12	11	11	10	10	9	9	8	8	7	7	10
	SE	6	6	6	7	8	8	9	10	10	11	11	11	11	11	11	11	10	10	9	9	8	8	7	6	9
0.45	0	3	3	3	3	3	3	3	4	4	4	5	5	5	5	5	5	5	5	4	4	4	4	4	4	4
	S	5	4	4	4	4	5	5	6	6	7	9	9	9	9	9	9	8	8	7	7	6	6	5	5	7
	SW	6	6	6	5	5	5	6	6	7	8	9	10	12	13	13	12	12	11	11	10	9	9	8	7	9
	W	7	7	6	6	6	6	6	7	7	8	9	10	11	14	14	14	14	13	12	11	11	10	9	8	10
	NW	7	6	6	5	5	5	6	6	7	7	8	9	10	11	12	12	12	11	11	10	9	9	8	7	9
	N	7	5	5	5	5	5	5	5	6	7	8	8	9	9	9	9	8	8	8	7	7	6	6	5	7
	NE	5	5	6	7	8	9	10	10	11	11	11	11	11	10	10	9	9	8	8	7	7	6	6	5	9
	E	6	6	7	8	9	10	11	12	13	13	13	13	12	12	11	11	10	9	9	8	8	7	7	6	10
	SE	5	5	6	6	7	8	9	10	11	11	11	12	11	11	11	10	10	9	9	8	8	7	6	6	9
0.55	0	3	3	3	3	3	3	3	4	4	4	5	5	5	5	5	5	5	5	5	4	4	4	3	3	4
	S	4	4	4	4	5	5	6	7	8	9	10	10	10	10	10	9	9	8	8	7	7	6	5	5	7
	SW	6	5	5	5	5	5	5	6	7	9	11	13	14	14	13	13	12	11	10	9	9	8	7	6	9
	W	7	6	5	5	5	5	6	6	7	9	11	12	14	15	16	15	15	14	13	12	10	9	8	7	10
	NW	6	5	5	5	5	5	5	6	7	8	9	11	12	13	13	13	13	12	11	10	9	8	7	7	9
	N	4	4	4	4	5	5	5	6	7	8	8	9	9	9	9	9	8	8	7	7	6	5	5	5	7
	NE	5	5	6	7	8	9	10	10	11	11	11	11	11	11	11	10	9	9	8	8	7	6	6	5	9
	E	5	5	6	7	9	11	12	13	13	13	13	13	13	12	11	11	10	10	9	8	7	7	6	5	10
	SE	5	5	5	6	7	8	10	11	11	12	12	12	12	12	11	11	10	9	9	8	7	6	6	5	9

衰减系数β	朝向	下列作用时刻的逐时值 Δt_{τ-ε}																							平均值 Δt_p
		1	2	3	4	5	6	7	8	9	10	11	12	13	14	15	16	17	18	19	20	21	22	23	24	
0.65	0	3	3	2	2	2	2	3	3	4	4	5	5	5	6	6	6	6	5	5	5	4	4	4	3	4
	S	4	3	3	3	4	4	5	7	8	9	10	10	11	11	10	10	9	8	8	7	6	6	5	4	7
	SW	5	4	4	4	4	5	5	6	7	9	11	13	14	15	15	14	13	12	12	10	9	8	7	6	9
	W	6	5	5	4	5	5	5	6	7	9	11	13	15	17	17	16	15	14	13	11	10	9	8	7	10
	NW	5	5	4	4	4	5	5	6	7	9	11	13	15	15	14	13	12	11	9	8	7	6	5	4	9
	N	4	4	4	4	4	5	5	6	7	8	8	9	9	10	10	9	9	8	8	7	6	6	5	4	7
	NE	4	4	4	7	8	10	11	11	12	12	12	12	11	11	10	9	9	8	7	6	6	5	4	4	9
	E	4	4	6	7	9	11	13	14	14	14	14	14	13	13	12	11	10	9	8	7	6	5	5	4	10
	SE	4	4	4	6	7	9	10	12	12	13	13	13	12	12	11	11	10	9	8	7	7	6	5	5	9
0.75	0	3	2	2	2	2	2	2	3	3	4	4	5	5	6	6	6	6	6	5	5	5	4	4	3	4
	S	4	3	3	3	3	3	4	6	7	9	10	11	11	11	11	10	10	9	8	7	6	6	5	4	7
	SW	5	4	4	3	3	4	4	5	6	8	10	12	14	16	16	16	14	13	11	10	9	8	7	6	9
	W	5	5	4	4	4	4	5	5	6	8	10	12	15	18	19	19	17	15	13	12	10	9	7	6	10
	NW	5	4	4	3	4	4	5	5	6	7	9	11	13	16	16	16	15	13	12	10	9	8	7	6	9
	N	4	3	3	3	4	4	5	5	7	8	9	9	10	10	10	9	9	8	7	6	6	5	4	4	7
	NE	4	3	4	5	7	9	11	12	12	12	12	12	12	12	11	10	9	8	7	6	6	5	4	4	9
	E	4	4	4	6	8	11	13	15	15	15	15	14	14	13	12	11	11	10	9	8	7	6	5	5	10
	SE	4	3	3	4	6	8	10	12	13	14	14	13	13	13	12	11	10	9	8	7	7	6	5	4	9

注：1. 制表条件：$t_{W,p}=30℃$，$t_N=26℃$，$\Delta t_r=7.1℃$，$\rho=0.7$。

2. 当 $t_N=26℃$ 时；本表经过修正后可适用于下列城市：

城市名称	拉萨	台北	福州	南京、合肥、武汉、杭州、重庆、南昌、长沙
修正值（℃）	−11	0	1	2

3. 当 $t_N≠26℃$ 时，表中各值应加上一个差值 $26-t_N$。

4. 广州市墙体的负荷温差

衰减系数β	朝向	下列作用时刻的逐时值 Δt_{τ-ε}																								平均值 Δt_p
		1	2	3	4	5	6	7	8	9	10	11	12	13	14	15	16	17	18	19	20	21	22	23	24	
0.20	0	4	4	4	3	3	3	4	4	4	4	4	4	4	4	4	4	4	4	4	4	4	4	4	4	4
	S	5	5	5	5	5	5	6	6	6	6	7	7	7	7	7	7	7	7	6	6	6	6	6	6	6
	SW	7	7	7	7	7	7	7	8	8	9	9	9	10	10	10	9	9	9	9	8	8	8	7	7	8
	W	8	8	8	8	8	8	8	8	9	10	11	11	11	11	11	11	11	11	10	10	10	9	9	9	9
	NW	8	8	7	7	7	7	7	8	8	9	10	10	10	10	10	10	10	10	10	9	9	8	8	8	9
	N	6	6	6	6	6	6	7	7	7	7	8	8	8	8	8	8	8	7	7	7	7	7	6	6	7
	NE	7	7	8	8	8	9	9	9	10	10	10	10	10	10	9	9	9	9	8	8	8	8	8	7	9
	E	8	8	8	9	9	10	10	10	10	11	11	11	11	11	11	10	10	10	9	9	9	8	8	8	9
	SE	7	7	7	7	8	8	8	8	9	9	9	9	9	9	9	9	9	8	8	8	8	7	7	7	8

衰减系数β	朝向	下列作用时刻的逐时值 $\Delta t_{\tau-\varepsilon}$																							平均值 Δt_p
		1	2	3	4	5	6	7	8	9	10	11	12	13	14	15	16	17	18	19	20	21	22	23	24	
0.25	0	4	3	3	3	3	3	3	4	4	4	4	4	4	5	5	5	5	5	4	4	4	4	4	4	4
	S	5	5	5	5	5	5	6	6	6	7	7	7	7	7	7	7	7	7	7	6	6	6	6	5	6
	SW	7	7	6	6	6	7	7	7	8	8	9	9	10	10	10	10	10	9	9	9	9	8	8	7	8
	W	8	8	7	7	7	7	8	8	9	9	10	11	11	12	12	12	11	11	11	10	10	9	9	8	9
	NW	8	7	7	7	7	7	7	8	8	9	10	10	11	11	11	11	11	10	10	9	9	9	8	8	9
	N	6	6	6	6	6	6	6	7	7	7	8	8	8	8	8	8	8	8	8	7	7	7	6	6	7
	NE	7	7	7	8	8	9	9	10	10	10	10	10	10	10	10	9	9	9	9	8	8	8	7	7	9
	E	7	8	8	9	9	10	10	10	11	11	11	11	11	11	11	10	10	10	9	9	9	8	8	7	9
	ES	6	7	7	7	7	8	8	9	9	9	9	9	10	10	9	9	9	9	9	8	8	8	7	7	8
0.35	0	3	3	3	3	3	3	3	3	4	4	4	4	5	5	5	5	5	5	5	4	4	4	4	4	4
	S	5	5	4	4	5	5	5	6	6	7	7	7	8	8	8	8	7	7	7	7	6	6	6	5	6
	SW	7	6	6	6	6	6	6	7	7	8	9	10	10	10	11	11	10	10	10	9	9	8	8	7	8
	W	8	7	7	7	7	7	7	7	8	9	10	11	12	13	13	13	12	12	11	11	10	10	9	8	9
	NW	7	7	6	6	6	6	7	7	8	9	10	11	12	12	12	12	11	11	10	9	9	8	8	8	9
	N	6	5	5	5	6	6	6	7	7	7	8	8	9	9	9	9	8	8	8	7	7	7	6	6	7
	NE	6	6	7	7	8	9	9	10	10	10	11	11	11	11	10	10	10	9	9	8	8	7	7	6	9
	E	7	7	7	8	9	10	10	11	11	11	12	12	12	11	11	11	10	10	9	9	8	8	7	7	9
	SE	6	6	6	6	7	8	8	9	9	10	10	10	10	10	10	10	9	9	8	8	8	7	7	6	8
0.45	0	3	3	3	3	3	3	3	3	4	4	4	4	5	5	5	5	5	5	5	4	4	4	4	4	4
	S	4	4	4	4	4	4	5	6	6	7	7	8	8	8	8	8	8	7	7	7	6	6	5	5	6
	SW	6	6	5	5	5	5	6	6	7	8	9	10	11	12	12	11	11	10	10	9	9	8	7	7	8
	W	7	6	6	6	6	6	6	7	8	9	10	12	13	14	14	14	13	13	12	11	10	9	9	8	9
	NW	7	6	6	5	5	6	6	6	7	8	9	11	12	13	13	13	12	12	11	10	9	9	8	7	9
	N	5	5	5	5	5	6	6	7	7	8	8	9	9	9	9	9	9	8	8	8	7	6	6	5	7
	NE	5	5	6	7	8	9	10	10	11	11	11	11	11	11	11	10	10	9	9	8	8	7	6	6	9
	E	6	6	6	7	9	10	11	11	12	12	12	12	12	12	11	11	10	10	9	9	8	7	7	6	9
	SE	5	5	5	6	7	8	8	9	10	10	10	11	11	11	11	10	9	9	3	8	7	7	6	6	8
0.55	0	3	3	3	3	3	3	3	3	4	5	5	5	5	5	5	5	5	5	5	4	4	4	4	3	4
	S	4	4	4	4	4	5	6	6	7	8	8	9	9	9	8	8	8	7	7	6	5	5	4	4	6
	SW	5	5	5	4	5	5	5	6	7	8	10	11	12	12	13	12	12	11	10	9	8	8	7	6	8
	W	6	6	5	5	5	5	6	6	7	9	11	12	14	15	15	15	14	13	12	11	10	9	3	9	9
	NW	6	5	5	5	5	5	6	6	7	9	10	12	13	14	14	13	12	11	10	9	8	8	7	7	9
	N	5	4	4	4	5	5	6	7	8	10	10	10	10	10	9	8	7	7	6	6	5	5	5	5	7
	NE	5	5	5	6	8	9	10	11	11	12	12	12	12	12	11	11	10	9	8	8	7	6	6	5	9
	E	5	5	6	7	8	10	11	12	13	13	13	13	13	12	12	11	10	10	9	8	7	7	6	5	9
	SE	5	4	5	5	6	8	9	10	11	11	11	11	11	11	11	10	10	9	8	8	7	6	6	5	8
0.65	0	3	3	2	2	2	2	3	3	4	4	4	5	5	5	6	6	6	5	5	5	4	4	4	3	4
	S	4	3	3	3	3	4	5	6	7	8	8	9	9	9	9	9	9	8	8	7	6	6	5	4	6
	SW	5	4	4	4	4	5	5	6	7	9	10	12	13	14	13	13	12	11	10	9	8	7	6	5	8
	W	6	5	4	4	4	5	5	6	7	9	12	15	16	16	16	15	13	12	11	9	8	7	6	5	9
	NW	5	5	4	4	4	5	5	6	7	9	10	12	14	15	14	13	12	11	10	9	9	8	7	6	9
	N	4	4	4	4	5	5	6	7	8	9	10	10	10	10	10	9	9	8	7	6	6	5	5	5	7
	NE	4	4	5	6	8	9	11	12	12	12	12	12	12	11	11	10	9	8	7	7	6	5	5	5	9
	E	4	4	5	7	9	11	12	13	14	14	14	14	13	13	12	11	10	9	8	8	7	6	5	5	9
	SE	4	4	4	5	6	8	9	10	11	14	12	12	12	11	11	10	9	9	8	7	6	6	5	5	8

衰减系数β	朝向	\multicolumn{24}{c}{下列作用时刻的逐时值 $\Delta t_{\tau-\epsilon}$}	平均值 Δt_p

衰减系数β	朝向	1	2	3	4	5	6	7	8	9	10	11	12	13	14	15	16	17	18	19	20	21	22	23	24	平均值 Δt_p
0.75	0	3	3	2	2	2	2	2	3	3	4	4	5	5	6	6	6	6	6	5	5	4	4	4	3	4
	S	4	3	3	3	3	3	4	5	6	8	8	9	10	10	9	9	9	8	7	7	6	5	5	4	6
	SW	5	4	3	3	3	4	5	5	7	8	10	12	13	14	15	14	13	12	10	9	8	7	6	5	8
	W	5	5	4	4	4	4	5	6	7	8	10	13	15	17	18	18	16	14	13	11	10	8	7	6	9
	NW	5	4	4	3	4	4	5	6	7	8	9	12	14	15	16	16	15	13	12	10	9	8	7	6	9
	N	4	4	3	3	3	4	5	6	7	9	10	10	11	11	11	10	9	8	7	7	6	5	4		7
	NE	4	3	4	5	7	9	11	12	13	13	13	13	12	12	11	10	9	8	7	7	6	5	4		9
	E	4	4	4	5	7	10	12	14	15	15	14	14	13	12	12	11	10	9	8	7	6	5	5		9
	SE	4	3	3	4	5	7	9	10	11	12	12	12	12	11	11	10	9	8	7	6	6	5	4		8

注：1. 制表条件：$t_{w.p}=30℃$，$t_N=26℃$，$\Delta t_r=7.0℃$，$\rho=0.7$。

2. 当 $t_N=26℃$ 时，本表经过修正后可适用于下列城市：

城市名称	昆明	贵阳	桂林、南宁
修正值（℃）	−7	−4	0

3. 当 $t_N\neq26℃$ 时，表中各值应加上一个差值 $26-t_N$。

屋顶的负荷温差　　　　　　　　　　　　　　　　　　附录3-10

1. 北京市屋顶的负荷温差

吸收系数ρ	衰减系数β	1	2	3	4	5	6	7	8	9	10	11	12	13	14	15	16	17	18	19	20	21	22	23	24	平均值 Δt_p
0.90 （深色）	0.2	12	12	12	13	14	15	16	17	18	19	20	20	20	20	20	20	19	18	17	17	16	15	14	13	17
	0.3	11	10	10	11	12	13	15	17	19	20	21	22	23	22	22	21	20	19	18	17	15	14	12	11	
	0.4	8	8	8	9	11	13	16	18	20	24	25	25	25	24	22	21	19	17	16	14	12	11	9		
	0.5	8	6	6	6	8	10	13	16	20	23	25	27	27	26	24	22	20	18	16	14	12	11	9		
	0.6	6	5	4	4	6	8	12	16	20	24	27	29	30	30	29	26	24	21	18	16	14	12	9	8	
	0.7	5	4	3	3	5	8	12	16	21	25	29	31	33	32	30	27	24	21	17	15	12	10	8	6	
0.75 （中等）	0.2	10	10	10	11	11	12	13	14	15	16	16	17	17	17	17	16	15	15	14	13	12	11	11		14
	0.3	9	8	8	9	10	11	12	14	15	17	18	19	19	19	18	17	16	15	14	13	12	10	9		
	0.4	7	6	7	7	9	10	12	15	17	19	20	21	21	20	19	18	16	15	13	12	10	9	8		
	0.5	6	5	5	5	6	8	11	13	16	19	21	23	23	23	22	21	19	17	15	14	12	10	9	7	
	0.6	5	4	3	3	5	7	10	14	18	22	24	25	26	25	24	22	20	18	16	13	11	10	8	7	
	0.7	4	2	2	2	3	6	9	13	17	21	24	26	27	27	26	23	20	17	13	12	10	8	7	5	
0.45 （浅色）	0.2	6	6	6	6	6	7	8	9	9	10	10	10	10	10	10	9	9	8	8	7	7	6			8
	0.3	5	5	5	5	5	6	7	8	9	10	11	11	11	11	11	11	10	9	9	8	7	6	6	5	
	0.4	4	3	4	3	4	5	6	7	8	10	11	12	12	12	12	11	11	10	9	7	6	5	4		
	0.5	3	3	2	2	3	4	6	9	11	12	13	14	14	14	14	13	12	11	9	7	6	5	4		
	0.6	2	2	1	1	2	4	5	7	10	12	13	14	15	14	14	13	11	9	7	6	5	4			
	0.7	2	1	0	0	1	3	5	7	10	13	15	16	16	15	13	11	9	8	6	5	4	3			

注：1. 制表条件：$t_{w.p}=29℃$，$t_N=26℃$，$\Delta t_r=9.6℃$

2. 当 $t_N\neq26℃$ 时，本表经过修正后可适用于下列城市：

城市名称		西宁	呼和浩特	哈尔滨、长春	银川	兰州	太原、沈阳	天津	石家庄	乌鲁木齐	济南
修正值 （℃）	$\rho=0.90$	−7	−3	−4	−2	−3	−2	−1	0	1	3
	0.75	−7	−4	−4	−2	−3	−2	−1	0	1	3
	0.45		−4	−4	−3	−3	−2	0	1	1	3

3. 当 $t_N\neq26℃$ 时，表中各值应加上一个差值 $26-t_N$。

2. 西安市屋顶的负荷温差

吸收系数 ρ	衰减系数 β	下列作用时刻的逐时值 $\Delta t_{\tau-\varepsilon}$																							平均值 Δt_p
		1	2	3	4	5	6	7	8	9	10	11	12	13	14	15	16	17	18	19	20	21	22	23	24	
0.90 (深色)	0.2	16	16	16	17	17	18	19	20	21	22	23	24	24	24	24	23	23	22	21	20	19	18	17	17	20
	0.3	14	14	14	15	16	17	19	20	22	24	25	25	26	26	25	25	24	23	21	20	19	18	16	15	
	0.4	12	12	12	13	14	16	19	21	23	26	27	28	28	28	27	26	24	23	21	19	18	16	15	13	
	0.5	12	11	10	10	12	14	16	20	23	26	28	30	31	30	29	27	26	24	22	20	18	16	15	13	
	0.6	10	9	9	8	10	12	15	19	23	27	30	32	33	33	32	29	28	25	22	20	17	15	14	12	
	0.7	9	8	7	7	8	11	15	20	24	29	32	34	35	35	33	30	27	24	21	19	16	14	12	10	
0.75 (中等)	0.2	14	14	11	14	15	16	17	18	19	19	20	21	21	21	21	20	20	19	18	18	17	16	15	15	18
	0.3	13	12	12	13	14	15	16	18	19	20	21	22	22	22	22	21	21	20	19	18	17	16	14	13	
	0.4	11	11	11	11	12	14	16	18	20	22	23	24	24	24	23	22	21	20	19	17	16	15	13	12	
	0.5	10	9	9	9	10	12	14	17	20	22	24	26	27	25	24	23	21	19	18	17	16	15	13	12	
	0.6	9	8	7	8	9	11	13	16	20	23	26	28	29	28	27	26	24	22	19	17	16	14	12	11	
	0.7	8	7	6	6	7	10	13	17	21	25	28	30	31	30	29	27	24	21	19	17	14	13	11	9	
0.45 (浅色)	0.2	10	10	10	10	11	11	12	12	13	14	14	14	15	15	15	14	14	14	13	13	12	12	11	11	13
	0.3	9	9	9	9	10	10	11	12	13	14	15	16	16	16	15	15	15	14	14	13	12	12	11	10	
	0.4	8	8	8	8	9	10	11	13	14	15	16	17	17	17	17	16	15	14	14	13	12	11	10	9	
	0.5	8	7	7	7	8	10	12	14	15	17	18	18	17	16	15	14	13	13	12	11	11	10	9	9	
	0.6	7	6	6	6	7	9	11	13	16	18	19	20	20	19	18	18	17	16	14	13	12	10	9	8	
	0.7	6	5	5	5	5	7	9	11	14	17	19	20	21	21	20	19	17	16	14	12	11	10	8	7	

注：1. 制表条件：$t_{w.p}=31℃$，$t_N=26℃$，$\Delta t_r=10.6℃$。

2. 当 $t_N=26℃$ 时，本表经过修正后可适用于下列城市：

城市名称	成 都	郑 州
修正值（℃）	−3	0

3. 当 $t_N \neq 26℃$ 时，表中各值应加上一个差值 $26-t_N$。

3. 上海市屋顶的负荷温差

吸收系数 ρ	衰减系数 β	下列作用时刻的逐时值 $\Delta t_{\tau-\varepsilon}$																								平均值 Δt_p
		1	2	3	4	5	6	7	8	9	10	11	12	13	14	15	16	17	18	19	20	21	22	23	24	
0.90 (深色)	0.2	12	12	12	13	14	15	16	17	18	19	19	20	20	20	20	19	19	18	17	16	15	14	14	13	16
	0.3	11	10	10	11	12	13	15	17	18	20	21	22	22	22	21	20	20	18	17	16	15	14	13	12	
	0.4	9	8	9	9	11	13	15	18	20	22	23	24	24	24	23	21	20	18	17	15	14	12	11	10	
	0.5	8	7	7	7	8	10	13	16	19	22	25	26	27	26	25	23	21	19	17	16	14	12	11	9	
	0.6	7	6	5	5	7	9	12	16	20	23	26	28	28	28	27	25	22	20	18	15	13	11	10	8	
	0.7	6	4	4	4	6	9	12	16	21	25	28	31	31	31	29	26	22	19	17	14	12	10	8	7	
0.75 (中等)	0.2	11	10	10	11	11	12	13	14	15	16	17	17	17	17	16	16	15	14	14	13	12	12	11	11	14
	0.3	9	9	9	9	10	11	13	14	16	17	18	18	18	18	17	17	16	15	14	13	12	11	11	10	
	0.4	7	7	7	8	9	11	13	15	17	18	20	20	20	20	18	17	16	14	13	12	11	9	8		
	0.5	7	6	5	6	7	9	11	14	18	19	21	22	23	22	21	20	18	16	15	13	12	9	8		
	0.6	6	5	4	4	5	7	10	13	16	19	22	24	24	24	23	21	19	17	15	13	11	10	8	7	
	0.7	5	4	3	3	4	7	10	14	17	21	24	26	26	26	24	22	19	17	14	12	10	9	7	6	

吸收系数 ρ	衰减系数 β	下列作用时刻的逐时值 $\Delta t_{\tau-\varepsilon}$																							平均值 Δt_p
		1	2	3	4	5	6	7	8	9	10	11	12	13	14	15	16	17	18	19	20	21	22	23	24	
0.45 (浅色)	0.2	7	6	6	7	7	8	8	9	9	10	10	10	11	11	10	10	10	10	9	9	8	8	7	7	9
	0.3	6	5	5	6	6	7	8	9	10	10	11	11	12	12	11	11	11	10	9	9	8	7	7	6	
	0.4	5	4	4	5	5	6	8	9	10	11	12	13	13	13	12	12	11	10	9	8	7	6	5	5	
	0.5	4	4	3	3	4	5	6	8	10	12	13	14	14	14	14	13	12	11	10	9	8	7	6	5	
	0.6	3	3	2	2	3	4	6	8	10	12	14	15	15	15	15	14	12	11	10	9	7	6	5	4	
	0.7	3	2	2	2	2	4	6	8	11	13	15	16	17	17	16	14	13	11	9	8	7	6	5	4	

注：1. 制表条件：$t_{w.p}=30℃$，$t_N=26℃$，$\Delta t_r=7.0℃$。

2. 当 $t_N=26℃$ 时，本表经过修正后可适用于下列城市：

城市名称		拉　萨	台　北	福　州	南京、武汉、杭州、重庆、长沙	南　昌	合　肥
修正值 （℃）	$\rho=0.90$	−7	0	1	2	3	3
	0.75	−8	0	1	2	3	3
	0.45	−9	0	1	2	2	3

3. 当 $t_N \neq 26℃$ 时，表中各值应加上一个差值 $26-t_N$。

4. 广州市屋顶的负荷温差

吸收系数 ρ	衰减系数 β	下列作用时刻的逐时值 $\Delta t_{\tau-\varepsilon}$																							平均值 Δt_p
		1	2	3	4	5	6	7	8	9	10	11	12	13	14	15	16	17	18	19	20	21	22	23	24	
0.90 (深色)	0.2	15	15	15	15	16	17	18	19	20	21	22	22	22	22	22	22	21	20	20	19	18	17	16	16	19
	0.3	13	13	13	14	14	15	16	18	19	21	22	23	24	24	24	24	23	22	21	20	19	17	16	14	
	0.4	12	11	11	12	13	15	18	20	22	24	26	26	26	26	25	24	22	20	18	16	15	14	13	12	
	0.5	11	10	9	9	11	13	16	19	22	25	27	28	28	28	25	24	22	20	18	16	15	13	12	12	
	0.6	10	8	8	9	9	11	14	18	22	26	29	31	31	31	29	27	25	22	20	18	16	14	12	11	
	0.7	8	7	6	6	8	11	14	19	23	27	31	33	34	33	31	28	25	22	19	17	15	13	11	10	
0.75 (中等)	0.2	13	13	13	13	14	15	16	17	17	18	19	19	19	19	19	19	18	18	17	16	16	15	14	14	16
	0.3	12	11	11	12	13	14	15	17	18	19	20	21	21	21	21	20	19	18	17	16	15	14	13	12	
	0.4	10	10	10	10	12	14	15	17	19	21	22	22	22	22	21	19	18	16	14	13	12	11	11	10	
	0.5	10	9	8	8	9	11	13	16	19	21	23	25	25	25	23	22	20	19	17	16	14	13	12	11	
	0.6	8	7	7	7	8	10	14	16	19	22	24	26	27	27	25	24	22	20	18	16	14	12	11	10	
	0.7	7	6	6	6	7	9	12	16	20	23	26	28	29	28	27	24	22	20	19	17	15	13	11	10	
0.45 (浅色)	0.2	9	9	9	9	10	10	11	11	12	13	13	13	13	13	13	13	13	12	12	11	11	10	10	10	11
	0.3	8	8	8	8	9	10	10	11	12	13	14	14	14	14	14	13	13	12	12	11	10	10	10	9	
	0.4	7	7	7	7	8	9	10	12	13	14	15	16	15	15	14	14	13	12	11	10	10	9	8	8	
	0.5	7	6	6	6	7	9	11	13	14	16	17	17	17	16	15	13	12	11	10	10	9	8	8	8	
	0.6	7	6	5	5	6	7	9	12	14	16	18	18	18	16	15	13	13	12	10	9	9	8	7	7	
	0.7	6	5	4	4	5	6	8	11	13	16	18	19	19	18	17	15	14	12	11	10	8	7	7	7	

注：1. 制表条件：$t_{w.p}=30℃$，$t_N=26℃$，$\Delta t_r=7.0℃$。

2. 当 $t_N=26℃$ 时，本表经过修正后可适用于下列城市：

城市名称		昆　明	贵　阳	南　宁	桂　林
修正值 （℃）	$\rho=0.90$	−7	−3	1	1
	0.75	−7	−3	0	1
	0.45	−7	−3	0	1

3. 当 $t_N \neq 26℃$ 时，表中各值应加上一个差值 $26-t_N$。

玻璃窗温差传热的负荷温差

日较差 Δtr	代表城市	房间类型	下列计算时刻的逐时值 Δts 6	7	8	9	10	11	12	13	14	15	16	17	18	19	20	21	22	23	24	昼夜平均值	适用城市及修正值(℃)
7.0	上海,广州(tw.p=30℃)	轻	1.2	1.6	2.3	3.2	4.2	5.1	5.8	6.4	6.9	7.1	7.1	6.9	6.4	5.7	5.0	4.3	3.6	3.1	2.6	4	昆明-7
		中、重	1.5	1.8	2.4	3.2	4.0	4.7	5.4	5.9	6.3	6.6	6.7	6.5	6.2	5.6	5.0	4.4	3.9	3.4	3.0		
7.5	合肥,杭州 南京(32℃)	轻	2.9	3.4	4.2	5.2	6.2	7.1	8.0	8.6	9.1	9.3	9.3	9.1	8.6	7.8	7.0	6.3	5.6	5.0	4.5	6	
		中、重	3.3	3.6	4.3	5.1	6.0	6.7	7.5	8.0	8.5	8.8	8.9	8.7	8.3	7.7	7.1	6.5	5.9	5.4	4.9		
8.0	武汉,南昌 重庆(32℃)	轻	2.7	3.2	4.1	5.1	6.2	7.2	8.1	8.8	9.3	9.6	9.6	9.3	8.7	8.0	7.1	6.3	5.6	5.0	4.4	6	天津-3 成都-4 贵阳-6
		中、重	3.1	3.5	4.2	5.0	6.0	6.8	7.6	8.2	8.7	9.0	9.1	8.9	5.8	7.9	7.2	6.5	5.9	5.3	4.8		
8.5	长沙(32℃)	轻	2.5	3.1	4.0	5.1	6.2	7.3	8.2	8.9	9.5	9.8	9.8	9.5	8.9	8.1	7.2	6.3	5.6	4.9	4.3	6	
		中、重	2.9	3.3	4.1	5.0	6.0	6.8	7.7	8.3	8.8	9.3	9.3	9.1	8.6	8.0	7.2	6.5	5.9	5.3	4.7		
9.0	南宁,桂林 台北(30℃)	轻	0.3	0.9	1.9	3.0	4.3	5.4	6.4	7.1	7.7	8.0	8.0	7.7	7.1	6.2	5.2	4.3	3.5	2.8	2.2	4	沈阳-2 济南+2 福州+1
		中、重	0.7	1.2	2.0	2.9	3.9	4.9	5.8	6.4	7.0	7.4	7.4	7.2	6.8	6.1	5.3	4.6	3.9	3.3	2.7		
9.5	北京(29℃)	轻	-0.9	-0.3	0.8	2.0	3.3	4.5	5.5	6.3	6.9	7.2	7.2	6.9	6.2	5.3	4.3	3.4	2.5	1.8	1.1	3	哈尔滨-3 长春-3
		中、重	-0.4	0	0.8	1.8	2.9	3.9	4.9	5.6	6.2	6.6	6.6	6.4	5.9	5.2	4.4	3.6	2.9	2.2	1.6		
10.0	郑州(31℃)	轻	0.9	1.6	2.6	3.9	5.3	6.5	7.6	8.5	9.1	9.5	9.5	9.1	8.4	7.5	6.4	5.4	4.5	3.7	3.0	5	石家庄 -1
		中、重	1.4	1.9	2.7	3.8	4.9	6.0	7.0	7.7	8.3	8.7	8.8	8.6	8.1	7.3	6.5	5.6	4.9	4.2	3.5		
10.5	西安(31℃)	轻	0.7	1.4	2.5	3.9	5.3	6.6	7.8	8.6	9.3	9.7	9.7	9.3	8.6	7.6	6.4	5.4	4.5	3.6	2.9	5	
		中、重	1.2	1.7	2.6	3.7	4.9	6.0	7.1	7.9	8.5	9.0	9.0	8.8	8.2	7.4	6.5	5.7	4.9	4.1	3.4		
11.5	银川(26℃)	轻	-4.7	-4.0	-2.7	-1.2	0.3	1.8	3.0	4.0	4.7	5.1	5.1	4.7	3.9	2.8	1.6	0.4	-0.6	-1.5	-2.3	0	太原+1
		中、重	-4.2	-3.6	-2.6	-1.4	-0.1	1.1	2.3	3.1	3.8	4.3	4.4	4.1	3.6	2.7	1.7	0.7	-0.1	-0.9	-1.7		
12.0	乌鲁木齐(30℃)	轻	-0.9	-0.1	1.2	2.7	4.4	5.8	7.2	8.1	8.9	9.4	9.4	8.9	8.1	6.9	5.6	4.4	3.4	2.4	1.6	4	拉萨-12
		中、重	-0.4	0.2	1.3	2.5	3.9	5.2	6.4	7.3	8.0	8.5	8.6	8.3	7.7	6.8	5.7	4.8	3.9	3.0	2.2		
12.5	呼和浩特(25℃)	轻	-6.1	-5.3	-4.0	-2.3	-0.6	0.9	2.3	3.3	4.1	4.6	4.6	4.1	3.3	2.1	0.7	-0.5	-1.6	-2.6	-3.5	-1	兰州+1
		中、重	-5.5	-4.9	-3.8	-2.5	-1.1	0.2	1.5	2.4	3.2	3.7	3.8	3.5	2.9	1.9	0.8	-0.2	-1.1	-2.0	-2.9		
13.0	西宁(21℃)	轻	-10.3	-9.5	-8.1	-6.4	-4.6	-3.0	-1.6	-0.5	0.3	0.8	0.8	0.3	-0.6	-1.8	-3.2	-4.5	-5.7	-6.7	-7.6	-5	
		中、重	-9.7	-9.1	-7.9	-6.6	-5.1	-3.7	-2.4	-1.5	-0.7	-0.1	0	-0.3	-1.0	-2.0	-3.1	-4.2	-5.2	-6.1	-6.9		

单层钢框玻璃的日射负荷强度

1. 北京市单层钢框玻璃的日射负荷强度（W/m²）

遮阳情况	房间类型	朝向	下列计算时刻的逐时值 $J_{j\cdot\tau}$																	
			6	7	8	9	10	11	12	13	14	15	16	17	18	19	20	21	22	23	24
有内遮阳设施	非沿窗面送风 轻	S	16	34	52	92	146	196	226	226	196	146	101	73	49	26	17	13	9	7	6
		SW	19	36	53	70	84	94	152	238	310	349	343	291	204	84	49	35	24	19	14
		W	19	37	55	70	84	93	98	155	270	369	426	415	345	126	67	50	32	26	17
		NW	17	35	53	69	82	91	98	98	120	194	276	309	287	98	50	37	26	19	13
		N	50	53	57	71	82	92	96	98	94	85	73	66	76	28	15	12	8	6	5
		NE	180	277	290	249	171	131	122	115	106	94	80	62	42	21	14	10	8	6	6
		E	198	336	404	413	356	251	165	140	123	106	88	69	46	24	17	13	10	8	8
		SE	95	201	285	337	343	306	230	157	129	109	90	70	46	26	17	13	10	8	7
	中	S	17	32	49	82	130	173	198	199	177	138	102	82·	62	41	34	28	23	19	16
		SW	24	38	52	65	76	86	138	214	274	308	306	265	195	96	74	62	50	42	34
		W	27	41	55	66	78	85	90	190	243	327	374	370	312	127	94	79	63	53	43
		NW	23	37	51	64	76	82	90	90	110	178	246	276	256	93	67	57	45	38	30
		N	48	46	50	64	74	82	87	90	90	81	72	67	76	32	23	21	16	14	12
		NE	166	240	249	215	154	128	124	119	112	101	88	72	53	35	28	23	20	16	14
		E	182	293	349	358	313	230	166	151	138	123	106	87	66	45	37	30	26	21	19
		SE	91	178	249	293	300	272	213	157	138	123	106	87	65	45	36	30	26	21	19
	重	S	20	34	48	79	124	165	188	190	169	132	100	81	63	44	37	32	28	23	21
		SW	29	42	53	65	76	85	134	205	262	293	291	254	188	96	77	66	57	49	42
		W	32	45	57	69	78	85	88	138	255	312	357	352	298	124	95	82	70	60	51
		NW	27	40	52	64	74	81	86	87	107	171	235	263	243	92	67	59	49	43	37
		N	46	46	49	62	71	79	84	86	85	79	70	66	74	34	27	24	20	17	15
		NE	159	228	237	205	146	123	121	116	110	102	90	74	58	41	34	29	26	22	20
		E	177	279	331	340	298	220	162	149	138	124	109	92	72	52	45	38	34	29	26
		SE	90	167	237	279	285	259	204	152	136	123	108	91	71	51	44	38	32	28	24

注：本表之表列值乘以相应的修正系数后适用于下表中的城市：

城 市		哈尔滨	长 春	乌鲁木齐	沈 阳	呼和浩特	天 津	银 川	石家庄	太 原	济 南	西 宁	兰 州
修正系数	S	1.22	1.14	1.18	1.01	1.07	0.89	0.94	0.86	0.87	0.83	0.35	0.79
	SE、SW	1.04	1.02	1.10	0.91	1.05	0.93	1.02	0.92	0.96	0.93	1.01	0.93
	E、W	0.95	0.97	1.07	0.91	1.05	0.99	1.08	0.96	1.01	0.99	1.10	1.00
	NE、NW	0.92	0.96	1.07	0.90	1.04	1.01	1.08	0.97	1.03	1.01	1.16	1.02
	N	0.93	0.94	0.84	0.92	1.01	0.79	0.93	0.90	0.90	0.94	0.92	0.91

2. 西安市单层钢框玻璃的日射负荷强度（W/m²）

遮阳情况	房间类型	朝向	下列计算时刻的逐时值 $J_{j\cdot\tau}$																	
			6	7	8	9	10	11	12	13	14	15	16	17	18	19	20	21	22	23	24
有内遮阳设施	非沿窗面送风 轻	S	12	30	50	74	110	144	164	164	143	112	85	63	40	20	14	10	7	6	5
		SW	14	32	52	70	85	94	127	192	255	286	280	240	159	66	40	28	20	15	12
		W	15	34	53	71	85	95	100	151	250	333	374	354	276	96	57	42	27	21	15
		NW	14	32	52	70	84	94	101	101	136	206	266	278	235	84	44	32	21	16	12
		N	42	55	57	72	85	95	100	101	98	88	76	71	70	27	15	12	8	6	5
		NE	138	234	266	246	184	136	124	119	108	96	80	60	38	20	14	10	8	6	6
		E	149	276	346	364	320	233	158	137	122	106	87	65	42	23	16	12	10	7	7
		SE	70	164	233	276	280	245	184	140	121	105	86	64	41	22	15	12	9	7	6

遮阳情况	房间类型	朝向	下列计算时刻的逐时值 $J_{j,\tau}$																	
			6	7	8	9	10	11	12	13	14	15	16	17	18	19	20	21	22	23	24
有内遮阳设施	非沿窗面送风	中	S	14	29	45	66	98	127	144	145	130	106	85	67	48	32	25	21	17	15	13
			SW	20	34	50	64	77	86	115	173	227	254	250	220	154	78	60	50	41	34	28
			W	22	37	52	66	78	87	92	140	226	295	330	316	251	108	81	67	55	45	37
			NW	20	34	50	64	77	85	91	93	126	188	238	249	212	84	62	52	42	35	28
			N	40	49	51	64	76	86	91	93	91	84	73	71	70	31	24	21	16	14	12
			NE	128	204	229	213	164	129	124	121	113	102	88	71	50	34	28	23	20	16	14
			E	138	241	299	315	280	212	157	145	132	119	101	81	59	42	35	29	24	20	17
			SE	67	145	202	240	245	219	170	138	126	113	96	78	56	40	3t	27	22	19	15
		重	S	15	30	45	64	93	121	137	138	124	101	82	67	49	35	29	26	22	19	16
			SW	23	37	51	64	76	84	112	165	216	242	238	210	149	79	64	55	46	41	35
			W	28	41	55	66	78	86	90	135	215	281	315	301	241	107	82	72	60	52	45
			NW	23	36	51	64	74	84	88	90	121	179	228	237	202	82	63	55	45	40	34
			N	40	48	50	62	73	81	87	90	87	81	72	70	69	34	27	23	20	17	15
			NE	123	194	219	202	156	124	121	119	112	102	90	73	55	40	34	29	24	20	19
			E	135	230	285	299	266	202	151	142	131	120	105	86	65	49	42	36	31	27	23
			SE	66	141	193	227	234	208	163	134	123	112	98	80	60	44	38	32	28	24	21

注：本表之表列值乘以相应的修正系数后适用于下表中的城市：

城　　市		郑　　州	成　　都
修正系数	S	0.98	0.83
	SE、SW	1.00	0.94
	E、W	1.00	0.99
	NE、NW	0.99	1.03
	N	0.91	1.00

3. 上海市单层钢框玻璃的日射负荷强度（W/m²）

遮阳情况	房间类型	朝向	下列计算时刻的逐时值 $J_{j,\tau}$																	
			6	7	8	9	10	11	12	13	14	15	16	17	18	19	20	21	22	23	24
有内遮阳设施	非沿窗面送风	轻	S	9	24	42	58	85	113	129	128	110	86	69	50	30	16	10	8	6	5	3
			SW	12	27	44	58	71	80	102	165	233	271	273	231	156	64	38	27	19	14	10
			W	13	28	45	59	72	81	86	141	249	341	391	374	291	108	59	43	28	22	15
			NW	12	27	44	58	72	80	86	88	140	219	286	300	251	88	48	35	22	17	12
			N	43	56	53	62	73	81	86	86	82	74	65	67	69	26	14	10	7	6	3
			NE	148	254	288	265	198	135	115	107	96	85	70	52	32	17	13	9	8	6	6
			E	158	294	366	379	328	229	149	126	109	93	77	57	36	21	15	12	9	7	7
			SE	71	159	230	267	265	222	157	121	105	90	73	55	34	19	13	10	8	6	6
		中	S	10	23	38	52	76	99	114	114	100	81	69	53	37	26	21	17	14	12	9
			SW	16	29	42	55	65	72	94	149	207	240	243	209	149	74	57	48	38	32	27
			W	21	32	45	57	67	74	79	129	223	302	343	331	263	112	84	70	56	46	38
			NW	17	29	43	55	65	73	79	81	128	198	254	266	224	88	64	55	43	36	29
			N	42	49	48	56	66	73	78	79	77	71	64	67	69	29	22	19	15	13	10
			NE	136	220	248	229	176	128	119	113	104	93	80	64	45	31	27	22	19	15	13
			E	146	257	316	328	287	209	150	136	123	108	93	74	55	40	32	27	23	19	16
			SE	67	141	200	233	231	198	148	122	112	99	85	67	49	35	28	23	20	16	14

遮阳情况	房间类型	朝向	下列计算时刻的逐时值 $J_{j,\tau}$																	
			6	7	8	9	10	11	12	13	14	15	16	17	18	19	20	21	22	23	24
有内遮阳设施	非沿窗面送风	重																			
		S	12	24	37	50	72	94	108	108	96	79	66	53	38	27	23	20	17	15	13
		SW	21	31	44	55	64	71	91	143	196	228	231	201	143	74	59	51	44	38	32
		W	26	36	48	58	67	74	78	124	214	287	327	316	251	109	85	73	62	53	45
		NW	22	32	44	55	65	72	77	80	123	188	242	254	214	86	65	57	48	42	35
		N	41	48	46	53	63	71	76	76	74	69	63	66	67	30	24	21	17	15	13
		NE	131	209	235	217	167	123	115	110	104	94	81	66	50	37	31	27	23	20	17
		E	142	245	300	312	273	200	145	134	123	110	96	79	60	46	40	34	30	26	22
		SE	66	136	191	221	220	188	142	119	109	99	86	70	52	40	34	29	26	22	19

注：本表之表列值乘以相应的修正系数后适用于下表中的城市：

	城市	南京	合肥	武汉	杭州	拉萨	重庆	南昌	长沙	福州	台北
修正系数	S	1.10	1.11	0.95	0.97	0.99	0.91	0.87	0.87	0.80	0.88
	SE、SW	1.04	1.09	0.98	0.95	1.23	0.98	1.00	0.97	0.91	0.88
	E、W	1.02	1.07	0.99	0.95	1.36	1.00	1.06	1.02	0.98	0.91
	NE、NW	1.01	1.06	0.99	0.96	1.45	1.02	1.09	1.05	1.04	0.99
	N	1.06	1.05	0.98	1.06	1.20	1.03	1.00	1.03	1.09	1.81

4. 广州市单层钢框玻璃的日射负荷强度（W/m²）

遮阳情况	房间类型	朝向	下列计算时刻的逐时值 $J_{j,\tau}$																	
			6	7	8	9	10	11	12	13	14	15	16	17	18	19	20	21	22	23	24
有内遮阳设施	非沿窗面送风	轻																			
		S	8	26	48	65	80	92	100	100	95	86	72	52	29	15	10	7	6	5	4
		SW	9	28	49	67	81	93	99	134	186	223	228	192	122	51	31	22	15	12	8
		W	12	29	50	67	82	93	99	150	248	330	366	337	238	92	53	38	26	20	14
		NW	10	29	49	67	82	93	99	120	186	257	301	292	216	81	45	32	22	16	12
		N	36	64	72	78	86	95	100	100	95	90	87	85	69	27	16	12	9	6	5
		NE	113	226	284	285	240	172	136	123	114	98	80	58	35	20	14	10	8	7	6
		E	119	251	333	355	315	228	156	135	119	102	84	62	36	21	15	12	9	7	7
		SE	51	129	191	221	213	173	131	119	108	95	78	57	34	19	13	10	7	6	5
		中																			
		S	9	24	42	58	71	81	88	90	87	80	70	53	35	23	19	15	13	10	9
		SW	14	29	45	60	73	82	88	121	167	200	205	174	117	62	48	40	32	27	22
		W	19	32	49	64	76	85	91	137	223	293	323	300	220	100	77	64	51	43	35
		NW	16	31	48	63	74	84	90	109	169	230	267	260	196	86	65	55	44	36	30
		N	35	57	64	70	77	86	91	93	90	86	85	84	69	34	26	21	17	15	12
		NE	106	199	245	246	210	159	135	128	117	106	91	71	49	35	29	24	20	16	14
		E	112	221	288	307	276	207	154	141	129	115	98	77	55	40	32	27	23	19	16
		SE	50	115	166	192	186	155	123	117	109	99	85	66	45	32	27	22	19	15	13
		重																			
		S	10	26	42	56	67	78	85	86	84	78	67	52	35	26	21	19	15	14	12
		SW	17	30	46	60	71	80	86	116	160	191	195	167	114	92	50	43	37	31	27
		W	23	36	51	64	74	84	88	132	213	279	308	286	210	99	78	67	57	50	42
		NW	21	34	49	63	73	81	87	106	160	220	255	248	188	85	66	58	49	42	36
		N	36	56	62	67	74	82	87	88	86	84	82	81	67	35	28	24	21	17	15
		NE	102	190	233	234	200	152	130	124	116	105	92	73	53	41	35	30	26	22	20
		E	108	212	274	292	262	198	148	138	128	116	100	81	60	46	40	34	29	26	22
		SE	50	110	159	182	177	146	119	114	107	98	85	65	49	35	31	27	23	20	17

注：本表之表列值乘以相应的修正系数后适用于下表中的城市：

	城市	贵阳	桂林	昆明	南宁
修正系数	S	1.35	1.08	1.07	1.07
	SE、SW	1.14	1.09	1.06	1.01
	E、W	1.02	1.05	1.03	1.00
	NE、NW	0.99	1.03	1.01	1.01
	N	1.22	1.00	1.01	1.07

附录 3-13

设备器具散热的负荷系数 $JE_{\tau-T}$

投入使用后的小时数 $\tau-T$

房间类型	连续使用总时数	1	2	3	4	5	6	7	8	9	10	11	12	13	14	15	16	17	18	19	20	21	22	23	24
轻	1	0.56	0.25	0.06	0.03	0.20	0.02	0.01	0.01	0.01	0.01	0.01													
	2	0.56	0.81	0.30	0.09	0.05	0.04	0.03	0.02	0.02	0.01	0.01	0.01												
	3	0.56	0.81	0.87	0.34	0.11	0.07	0.05	0.03	0.03	0.02	0.01	0.01	0.01	0.01	0.01	0.01	0.01							
	4	0.57	0.81	0.87	0.90	0.36	0.13	0.08	0.06	0.04	0.03	0.02	0.02	0.01	0.01	0.01	0.01	0.01	0.01	0.01	0.01	0.01	0.01	0.01	0.01
	6	0.57	0.81	0.87	0.90	0.92	0.93	0.38	0.15	0.09	0.07	0.05	0.04	0.03	0.02	0.02	0.01	0.01	0.01	0.01	0.01	0.01	0.01	0.01	0.01
	8	0.57	0.82	0.87	0.90	0.92	0.94	0.95	0.95	0.40	0.16	0.11	0.08	0.06	0.05	0.04	0.03	0.03	0.02	0.02	0.02	0.02	0.01	0.01	0.01
	12	0.58	0.83	0.88	0.91	0.93	0.94	0.95	0.96	0.96	0.97	0.97	0.97	0.42	0.17	0.12	0.09	0.07	0.06	0.05	0.04	0.04	0.03	0.03	0.03
	16	0.60	0.84	0.89	0.92	0.94	0.95	0.96	0.97	0.97	0.98	0.98	0.98	0.98	0.98	0.98	0.99	0.43	0.18	0.13	0.10	0.08	0.06	0.05	0.05
中	1	0.56	0.19	0.04	0.03	0.03	0.02	0.02	0.02	0.02	0.01	0.01	0.01	0.01	0.01	0.01	0.01	0.01							
	2	0.56	0.75	0.24	0.08	0.06	0.05	0.04	0.03	0.03	0.03	0.02	0.02	0.01	0.01	0.01	0.02	0.01	0.01						
	3	0.56	0.76	0.80	0.27	0.11	0.08	0.07	0.06	0.05	0.04	0.03	0.03	0.02	0.02	0.02	0.02	0.02	0.02	0.02	0.01	0.01	0.01	0.01	0.01
	4	0.57	0.76	0.80	0.83	0.30	0.13	0.10	0.08	0.07	0.06	0.05	0.04	0.03	0.03	0.03	0.04	0.02	0.03	0.03	0.02	0.02	0.02	0.02	0.02
	6	0.57	0.76	0.80	0.84	0.86	0.88	0.34	0.16	0.13	0.11	0.09	0.08	0.06	0.05	0.05	0.06	0.04	0.04	0.04	0.03	0.03	0.03	0.02	0.02
	8	0.58	0.77	0.81	0.84	0.87	0.89	0.90	0.92	0.37	0.19	0.15	0.12	0.10	0.09	0.07	0.08	0.07	0.06	0.05	0.05	0.04	0.04	0.03	0.03
	12	0.60	0.78	0.82	0.85	0.88	0.90	0.91	0.92	0.93	0.94	0.95	0.96	0.40	0.22	0.18	0.17	0.14	0.10	0.09	0.08	0.07	0.06	0.05	0.04
	16	0.63	0.81	0.85	0.88	0.90	0.91	0.93	0.94	0.95	0.95	0.96	0.97	0.97	0.97	0.98	0.98	0.42	0.27	0.22	0.19	0.16	0.14	0.12	0.10
重	1	0.56	0.16	0.05	0.04	0.03	0.02	0.02	0.02	0.02	0.01	0.01	0.01	0.01	0.01	0.01	0.01								
	2	0.56	0.72	0.21	0.09	0.07	0.05	0.05	0.04	0.03	0.03	0.02	0.02	0.02	0.02	0.02	0.02	0.02	0.02	0.02	0.01	0.01			
	3	0.56	0.72	0.77	0.25	0.12	0.09	0.08	0.06	0.05	0.05	0.04	0.03	0.03	0.03	0.03	0.03	0.03	0.03	0.03	0.03	0.02	0.02	0.02	0.01
	4	0.56	0.72	0.77	0.81	0.28	0.15	0.11	0.09	0.08	0.07	0.06	0.05	0.04	0.04	0.03	0.05	0.04	0.04	0.03	0.03	0.03	0.03	0.02	0.02
	6	0.57	0.72	0.77	0.81	0.84	0.86	0.32	0.18	0.15	0.12	0.10	0.09	0.07	0.06	0.06	0.08	0.07	0.06	0.05	0.04	0.04	0.03	0.03	0.03
	8	0.58	0.73	0.78	0.81	0.84	0.86	0.88	0.90	0.36	0.21	0.17	0.14	0.12	0.10	0.09	0.12	0.10	0.09	0.08	0.07	0.06	0.05	0.04	0.03
	12	0.60	0.75	0.80	0.83	0.86	0.88	0.89	0.91	0.92	0.93	0.94	0.95	0.40	0.25	0.20	0.17	0.14	0.12	0.11	0.09	0.09	0.07	0.06	0.05
	16	0.64	0.79	0.83	0.86	0.88	0.90	0.91	0.92	0.93	0.94	0.95	0.96	0.96	0.97	0.97	0.97	0.42	0.27	0.22	0.19	0.16	0.14	0.12	0.10

照明散热的负荷系数 $JL_{\tau-T}$

房间类型	连续开灯总时数	开灯后的小时数 $\tau-T$																						
		1	2	3	4	5	6	7	8	9	10	11	12	13	14	15	16	17	18	19	20	21	22	23	24
轻	1	0.41	0.31	0.08	0.05	0.03	0.02	0.02	0.01	0.01	0.01	0.01	0.01												
	2	0.41	0.73	0.39	0.13	0.08	0.06	0.04	0.03	0.02	0.02	0.01	0.01												
	3	0.42	0.73	0.81	0.44	0.16	0.10	0.07	0.05	0.04	0.03	0.02	0.02	0.01	0.01	0.01	0.01	0.01	0.01						
	4	0.42	0.73	0.81	0.85	0.47	0.18	0.12	0.08	0.06	0.05	0.04	0.03	0.02	0.02	0.01	0.01	0.01	0.01	0.01	0.01	0.01	0.01	0.01	0.01
	6	0.42	0.73	0.81	0.86	0.89	0.91	0.51	0.21	0.14	0.10	0.08	0.06	0.05	0.04	0.03	0.03	0.02	0.02	0.01	0.01	0.01	0.01	0.01	0.01
	8	0.43	0.74	0.82	0.86	0.89	0.91	0.93	0.94	0.54	0.23	0.16	0.11	0.09	0.07	0.05	0.04	0.04	0.03	0.03	0.02	0.02	0.01	0.01	0.01
	12	0.44	0.75	0.83	0.87	0.90	0.92	0.94	0.95	0.95	0.96	0.96	0.97	0.56	0.25	0.17	0.13	0.10	0.08	0.06	0.05	0.04	0.04	0.02	0.02
	16	0.46	0.77	0.84	0.89	0.91	0.93	0.95	0.96	0.96	0.97	0.97	0.98	0.98	0.98	0.98	0.98	0.57	0.26	0.18	0.14	0.11	0.09	0.07	0.06
中	1	0.41	0.20	0.07	0.06	0.04	0.04	0.03	0.02	0.02	0.02	0.02	0.02	0.01	0.01	0.01	0.01	0.01							
	2	0.41	0.61	0.28	0.13	0.10	0.08	0.07	0.05	0.04	0.04	0.04	0.04	0.02	0.02	0.02	0.01	0.01	0.01	0.01	0.01				
	3	0.41	0.62	0.69	0.33	0.17	0.14	0.11	0.09	0.07	0.06	0.05	0.06	0.04	0.03	0.02	0.03	0.02	0.02	0.01	0.01	0.01	0.01	0.01	0.01
	4	0.42	0.62	0.69	0.74	0.38	0.21	0.17	0.13	0.11	0.09	0.07	0.08	0.05	0.04	0.04	0.03	0.03	0.02	0.02	0.02	0.02	0.01	0.01	0.01
	6	0.42	0.62	0.69	0.75	0.79	0.82	0.44	0.26	0.21	0.17	0.14	0.12	0.10	0.08	0.07	0.06	0.05	0.04	0.04	0.03	0.03	0.02	0.02	0.02
	8	0.43	0.63	0.70	0.75	0.79	0.83	0.85	0.88	0.49	0.30	0.24	0.20	0.16	0.18	0.11	0.09	0.08	0.07	0.06	0.05	0.05	0.04	0.03	0.03
	12	0.46	0.66	0.72	0.77	0.81	0.84	0.87	0.89	0.90	0.92	0.93	0.94	0.53	0.34	0.28	0.23	0.19	0.16	0.13	0.11	0.10	0.08	0.07	0.06
	16	0.51	0.70	0.76	0.80	0.84	0.87	0.89	0.91	0.92	0.93	0.94	0.95	0.96	0.96	0.97	0.97	0.57	0.37	0.30	0.25	0.21	0.17	0.15	0.12
重	1	0.41	0.19	0.06	0.05	0.04	0.04	0.03	0.03	0.02	0.02	0.02	0.02	0.01	0.01	0.01	0.01	0.01	0.01	0.01	0.01	0.01	0.01	0.01	0.01
	2	0.42	0.60	0.24	0.10	0.09	0.08	0.07	0.06	0.05	0.04	0.04	0.04	0.03	0.03	0.03	0.03	0.03	0.02	0.02	0.02	0.02	0.01	0.01	0.01
	3	0.42	0.60	0.65	0.29	0.14	0.12	0.11	0.09	0.08	0.07	0.06	0.05	0.05	0.04	0.04	0.03	0.03	0.03	0.03	0.02	0.02	0.02	0.02	0.02
	4	0.42	0.61	0.66	0.70	0.33	0.18	0.15	0.13	0.12	0.10	0.09	0.08	0.07	0.06	0.05	0.05	0.04	0.04	0.03	0.03	0.03	0.03	0.02	0.02
	6	0.43	0.61	0.67	0.71	0.74	0.78	0.39	0.24	0.20	0.18	0.16	0.14	0.12	0.10	0.09	0.08	0.07	0.06	0.05	0.05	0.04	0.04	0.03	0.03
	8	0.45	0.63	0.68	0.72	0.75	0.78	0.81	0.83	0.45	0.28	0.24	0.21	0.19	0.16	0.14	0.12	0.11	0.09	0.08	0.07	0.06	0.05	0.05	0.04
	12	0.49	0.66	0.71	0.74	0.77	0.80	0.83	0.85	0.87	0.89	0.90	0.91	0.51	0.34	0.29	0.26	0.23	0.20	0.17	0.15	0.13	0.11	0.10	0.09
	16	0.55	0.72	0.76	0.79	0.81	0.84	0.86	0.88	0.89	0.91	0.92	0.93	0.94	0.95	0.95	0.96	0.55	0.37	0.30	0.28	0.25	0.22	0.19	0.17

人体显热散热的负荷系数 $JP_{\tau-T}$

附录 3-15

房间类型	连续工作总时数	工作开始后的小时数 $\tau-T$																							
		1	2	3	4	5	6	7	8	9	10	11	12	13	14	15	16	17	18	19	20	21	22	23	24
轻	1	0.51	0.27	0.07	0.04	0.03	0.02	0.01	0.01	0.01	0.01														
	2	0.51	0.78	0.34	0.11	0.06	0.04	0.03	0.02	0.02	0.01	0.01													
	3	0.51	0.78	0.85	0.37	0.13	0.08	0.06	0.04	0.03	0.02	0.02	0.01	0.01	0.01	0.01	0.01								
	4	0.52	0.78	0.85	0.89	0.40	0.15	0.10	0.07	0.05	0.04	0.03	0.02	0.02	0.02	0.01	0.01	0.01	0.01						
	6	0.52	0.79	0.85	0.89	0.91	0.93	0.43	0.17	0.11	0.08	0.06	0.04	0.04	0.03	0.02	0.02	0.02	0.01	0.01	0.01				
	8	0.52	0.79	0.86	0.89	0.92	0.93	0.94	0.95	0.45	0.19	0.12	0.09	0.07	0.05	0.04	0.03	0.03	0.02	0.02	0.02	0.02	0.01	0.01	0.01
	12	0.53	0.80	0.86	0.90	0.92	0.94	0.95	0.96	0.96	0.97	0.97	0.98	0.47	0.20	0.14	0.10	0.08	0.06	0.05	0.04	0.04	0.03	0.03	0.02
	16	0.55	0.81	0.88	0.91	0.93	0.95	0.96	0.97	0.97	0.98	0.98	0.98	0.98	0.98	0.99	0.99	0.48	0.21	0.14	0.11	0.08	0.07	0.06	0.05
中	1	0.51	0.19	0.06	0.04	0.03	0.03	0.02	0.02	0.02	0.01	0.01	0.01	0.01	0.01	0.01									
	2	0.51	0.70	0.25	0.10	0.08	0.06	0.05	0.04	0.03	0.03	0.02	0.02	0.02	0.02	0.02	0.02	0.01	0.01						
	3	0.51	0.70	0.75	0.29	0.14	0.11	0.09	0.07	0.06	0.05	0.04	0.03	0.03	0.03	0.03	0.02	0.02	0.02	0.02	0.01	0.01	0.01	0.01	0.01
	4	0.51	0.70	0.76	0.80	0.32	0.16	0.13	0.10	0.09	0.07	0.06	0.05	0.05	0.05	0.04	0.03	0.04	0.03	0.03	0.02	0.02	0.02	0.02	0.01
	6	0.52	0.71	0.76	0.80	0.83	0.86	0.36	0.21	0.16	0.13	0.11	0.09	0.08	0.08	0.07	0.05	0.04	0.05	0.03	0.04	0.03	0.02	0.02	0.02
	8	0.53	0.71	0.77	0.81	0.84	0.86	0.89	0.90	0.41	0.23	0.19	0.15	0.13	0.11	0.09	0.07	0.06	0.05	0.05	0.04	0.03	0.03	0.03	0.02
	12	0.55	0.73	0.78	0.82	0.85	0.88	0.90	0.91	0.92	0.94	0.94	0.95	0.45	0.27	0.22	0.18	0.15	0.12	0.10	0.09	0.08	0.06	0.03	0.05
	16	0.59	0.77	0.81	0.85	0.87	0.89	0.91	0.93	0.94	0.95	0.95	0.96	0.97	0.97	0.97	0.98	0.46	0.29	0.23	0.19	0.16	0.14	0.11	0.10
重	1	0.51	0.16	0.05	0.04	0.03	0.03	0.02	0.02	0.02	0.02	0.03	0.03	0.05	0.05	0.02	0.02	0.01	0.01						
	2	0.51	0.67	0.21	0.09	0.07	0.06	0.05	0.05	0.04	0.04	0.03	0.03	0.03	0.02	0.02	0.02	0.02	0.01	0.01	0.01	0.01	0.01	0.01	0.01
	3	0.52	0.68	0.72	0.25	0.12	0.10	0.09	0.07	0.07	0.05	0.04	0.04	0.05	0.05	0.04	0.03	0.02	0.02	0.02	0.03	0.03	0.03	0.02	0.02
	4	0.52	0.68	0.73	0.76	0.26	0.15	0.13	0.11	0.09	0.08	0.07	0.06	0.05	0.05	0.04	0.06	0.05	0.05	0.04	0.03	0.05	0.04	0.04	0.03
	6	0.53	0.68	0.73	0.77	0.80	0.83	0.34	0.20	0.17	0.14	0.12	0.11	0.09	0.08	0.07	0.10	0.08	0.07	0.06	0.05	0.05	0.04	0.04	0.03
	8	0.54	0.69	0.74	0.78	0.81	0.83	0.85	0.87	0.38	0.23	0.20	0.17	0.15	0.13	0.11	0.20	0.18	0.15	0.13	0.12	0.10	0.09	0.08	0.07
	12	0.57	0.72	0.76	0.80	0.82	0.85	0.87	0.88	0.90	0.91	0.92	0.93	0.43	0.28	0.24	0.20	0.18	0.15	0.13	0.12	0.10	0.09	0.08	0.07
	16	0.62	0.73	0.80	0.83	0.85	0.87	0.89	0.90	0.92	0.93	0.94	0.95	0.95	0.96	0.96	0.97	0.46	0.31	0.26	0.22	0.19	0.17	0.15	0.13